高等学校规划教材

蒋军成　编著

SHIGU DIAOCHA YU FENXI JISHU

事故调查与分析技术
第二版

化学工业出版社

·北京·

本书在一版基础上，根据最新的法律、法规及国家标准修订。本书系统地介绍事故的定义、分类及特性，事故调查与统计分析的基本目的、程序和内容。全书阐述了事故机理及致因理论、事故分析方法、火灾与爆炸事故技术分析、重大事故后果模拟分析技术及事故预测与故障诊断技术等内容。同时还介绍了国内外典型事故案例的调查与分析、事故救援与安全管理等案例。

修订后的教材更适合作为化工、安全、消防交通运输、采矿及相关工程类专业的本科生和研究生教材，也可供安全工程技术及管理人员参考，是进行事故调查与分析和安全监督管理的实用参考书。

图书在版编目（CIP）数据

事故调查与分析技术/蒋军成编著．—2版．—北京：化学工业出版社，2009.8（2024.9重印）
高等学校规划教材
ISBN 978-7-122-06257-4

Ⅰ．事…　Ⅱ．蒋…　Ⅲ．①事故-调查②事故分析-教材
Ⅳ．X928

中国版本图书馆 CIP 数据核字（2009）第 114833 号

责任编辑：何　丽　　　　　　　　装帧设计：张　辉
责任校对：吴　静

出版发行：化学工业出版社（北京市东城区青年湖南街 13 号　邮政编码 100011）
印　　装：北京科印技术咨询服务有限公司数码印刷分部
787mm×1092mm　1/16　印张 19¼　字数 513 千字　　2024 年 9 月北京第 2 版第 15 次印刷

购书咨询：010-64518888　　　　　　售后服务：010-64518899
网　　址：http://www.cip.com.cn
凡购买本书，如有缺损质量问题，本社销售中心负责调换。

定　　价：49.00 元

前　言

　　2004 年出版的《事故调查与分析技术》一书，经过 5 年的使用，许多读者和专家反映良好，并提出了许多很好的建议。编著者在把握国内外此领域最新进展的同时，结合自己近期的研究工作和工程实践对一版图书作了部分修订与完善。修订后的教材根据国家最新的相关法律法规和标准规范，对事故及其特性、事故调查与统计分析、典型事故案例的调查与分析以及事故救援与安全管理等方面进行了补充与完善，力求再版的《事故调查与分析技术》具有全面性、前沿性、时效性和实用性的特点。修订后的教材更适合作为高等院校化工、安全、消防、交通运输、采矿及相关工程类专业的教材，也可供安全工程技术及管理人员学习与参考。

　　本书第三、四、五、六章由南京工业大学蒋军成教授修订；第一、二章由生迎夏博士修订，第七、八章由王志荣副教授修订，蒋军成教授统稿并审阅全书。

　　本书的再版得到了国家安全生产科学研究院、中国矿业大学、中国科学技术大学、北京理工大学、南京理工大学、江苏大学、中南大学、江苏省安全科学研究院等单位有关专家的大力支持，书中部分研究成果得到了国家自然科学基金项目（No. 29936110）和国家"十一五"科技支撑计划课题（No. 2007BAK22B04）的资助，在此一并表示衷心感谢！感谢一版读者所提出的宝贵意见！感谢化学工业出版社的大力支持与帮助！

　　由于水平有限，时间仓促，不妥之处在所难免，恳请读者批评指正。

编著者

2009 年 6 月于南京

第一版前言

安全和健康是人类的基本需求之一。从工业革命开始，机器等工业装置的出现，虽然提高了劳动生产率，改善了人们的生活质量，却也带来了工伤事故和职业危害。随着科学技术的进步和发展，新技术、新材料、新工艺、新设备、新产品不断涌现，火灾、爆炸、交通事故、飞机失事、船舶相撞及各种工伤事故更是频繁发生，给人们的生命和健康、个人和国家的财产带来了巨大的危害。

20世纪50年代后，工业产品的生产、核电站建设、宇宙开发、战略武器的研制等，迫使人们更加注重预防物质和能量的意外释放，防止灾难性事故的发生。为使生产和研制工作能顺利地进行下去，人们必须从事故中吸取经验教训，深刻地认识各种事故的孕育、发生、发展及消亡规律，采用科学的定性和定量方法分析、辨识和评价过程或系统的危险性、有害性及其程度，采取相应的措施，科学、有效、适时、积极地预测预防事故的发生。

编著者结合自己的研究工作和工程实践，在把握国内外该领域进展的同时编著了本书。书中系统地介绍了事故及其特性、事故调查与统计分析的基本目的、程序和内容，全面深入地阐述了事故机理及事故致因理论、事故分析方法、火灾与爆炸事故调查分析技术、重大事故后果模拟分析技术及事故预测与故障诊断技术等内容，介绍了几起国内外典型事故案例的调查与分析、事故救援与安全管理。层次清晰、内容翔实、可操作性强，突出了系统性、实用性和科学性。本书可作为高等院校化工、安全、消防及相关工程类专业的教材，也可供安全工程技术及管理人员参考，是进行事故调查与分析和安全监督管理的一本实用的参考书。

本书的编写得到了中国矿业大学、中国科学技术大学、北京理工大学、江苏大学、中南大学等单位有关专家的大力支持，得到了南京工业大学研究生重点课程建设基金的资助。南京工业大学的生迎夏同志编写了有关章节，王志荣、张巍在文字与绘图方面给予了大力帮助，在此一并表示衷心感谢！

由于水平有限，时间仓促，错误和不当之处在所难免，恳请读者批评指正。

编著者

2003 年 10 月

于南京

目　　录

第1章 概　　论

1.1 事故与事故特性

1.1.1 事故的定义

事故是指人们在进行有目的的活动过程中，突然发生的违反人们意愿，并可能使有目的的活动发生暂时性或永久性中止，造成人员伤亡或（和）财产损失的意外事件。简单来说即凡是引起人身伤害、导致生产中断或国家财产损失的所有事件统称为事故。

根据该事故定义，事故有以下 3 个特征。

① 事故来源于目标的行动过程；

② 事故表现为与人的意志相反的意外事件；

③ 事故的结果为目标行动停止，事故结果可能有：ⓐ人受到伤害，物也遭到损失；ⓑ人受到伤害，而物没有损失；ⓒ人没有伤害，物遭到损失；ⓓ人没有伤害，物也没有损失，只有时间和间接的经济损失。

上述 4 种情况中，前两者称为伤亡事故；后两者则称为一般事故，或称为无伤害事故。例如汽车相撞、飞机坠落和锅炉发生爆炸等情况，使在场或附近的人受伤，这属于人受到伤害，物也遭到损失的伤亡事故；高空作业过程中高空坠落而致使坠落者受到伤害，这属于人受到伤害，而物没有损失的伤亡事故；电气火灾，引起厂房、设备等受损，而人员安全撤离，这属于人没有受到伤害，物遭到损失的无伤害事故；在生产作业过程中，有时会突然停电而使生产作业暂时停止，但是没有造成任何的损失和伤亡事件，这就属于人和物都没有受到伤害和损失（指直接损失）的一般事故。但无论是伤亡事故还是一般事故，总是有损失存在的，事故的发生影响了人们行为的继续，从时间上给人们造成了损失，致使间接的经济损失发生。另外，从事故对人体危害的结果来看，虽然有时在生理上没有明显的表征，但是事故后果依然可能是难以预测的。所以，必须将这种无伤害的一般事故，也作为发生事故一部分加以收集、研究，以便掌握事故发生的倾向和概率，并采取相应的措施，这在安全管理上是极为重要的。

1.1.2 事故特性

事故表面现象是千变万化的，并且渗透到了人们的生活和每一个生产领域，几乎可以说事故是无所不在的，同时事故结果又各不相同，所以说事故也是复杂的。但是事故是客观存在的，客观存在的事物发展过程本身就存在着一定的规律性，这是客观事物本身所固有的本质的联系；同样客观存在的事故必然有着其本身固有的发展规律，这是不以人的意志为转移的。研究事故不能只从事故的表面出发，必须对事故进行深入调查和分析，由事故特性入手寻找根本原因和发展规律。大量的事故统计结果表明，事故具有以下三个特性。

1.1.2.1 因果性

事故因果性是指一切事故的发生都是有一定原因引起的，这些原因就是潜在的危险因素，事故本身只是所有潜在危险因素或显性危险因素共同作用的结果。在生产过程中存在着许多危险因素，不但有人的因素（包括人的不安全行为和管理缺陷），而且也有物的因素（包括物的本身存在着不安全因素以及环境存在着不安全条件等），所有这些在生产过程中通常被称之为隐患，它们在一定的时间和地点相互作用就可能导致事故的发生。事故的因果性也是事故必然性的反映，若生产过程中存在隐患，则迟早会导致事故的发生。

因果关系具有继承性，即第一阶段的结果可能是第二阶段的原因，第二阶段的原因又会引起第二阶段的结果，它们的关系如图 1-1 所示。

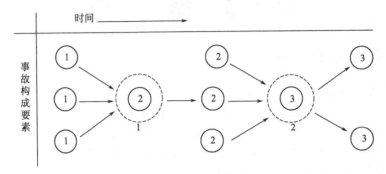

图 1-1　因果关系示意图

因果继承性也说明了事故的原因是多层次的。有的和事故有着直接联系，有的则是间接联系，绝不是某一个原因就能造成事故，而是诸多不利因素相互作用共同促成的。因此，不能把事故简单地归结为一点。在识别危险过程中是要把所有的因素都找出来，包括直接的、间接的，以至更深层次的。只有把危险因素都识别出来，事先对其加以控制和消除，事故本身才可以预防。

1.1.2.2　偶然性与必然性

偶然性是指事物发展过程中呈现出来的某种摇摆、偏离，是可以出现或不出现，可以这样出现或那样出现的不确定的趋势。必然性是客观事物联系和发展的合乎规律的、确定不移的趋势，是在一定条件下的不可避免性。事故的发生是随机的。同样的前因事件随时间的进程导致的后果不一定完全相同。但偶然中有必然，必然性存在于偶然性之中。随机事件服从于统计规律，可用数理统计方法对事故进行统计分析，从中找出事故发生、发展的规律，从而为预防事故提供依据。

美国安全工程师海因里希曾统计了 55 万件机械事故，其中死亡、重伤事故 1666 件，轻伤 48334 件，其余则为无伤害事故。从而得出一个重要结论，即在机械事故中，死亡、重伤和无伤害事故的比例为 1：29：300，其比例关系见图 1-2。

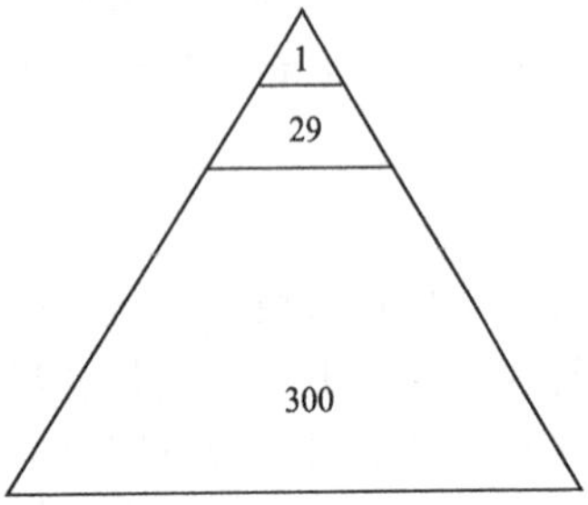

这个关系说明，在机械生产过程中，每发生 330 起意外事故，有 300 起未产生伤害，29 起引起轻伤，有 1 起是重伤或死亡。国际上把这一法则叫事故法则。对于不同行业，不同类型事故，无伤、轻伤、重伤的比例不一定完全相同，但是统计规律告诉人们，在进行同一项活动中，无数次意外事件必然导致重大伤亡事故的发生，而要防止重大伤亡事故必须减少或消除无伤害事故。所以要重视事故的隐患和未遂事故，把事故消灭在萌芽状态，否则终究会酿出大祸。

图 1-2　海因里希事故法则

用数理统计的方法还可得到事故其他的一些规律性的东西，如事故多发时间、地点、工种、工龄、年龄等。这些规律对预防事故都起着十分重要的作用。

1.1.2.3　潜伏性

事故的潜伏性是指事故在尚未发生或还未造成后果之时，是不会显现出来的，好像一切还处在"正常"和"平静"状态。但在生产中的危险因素是客观存在的，只要这些危险因素未被消除，事故总会发生的，只是时间的早晚而已。事故的这一特征要求人们消除盲目性和麻痹思想，要常备不懈，居安思危，在任何时候任何情况下都要把安全放在第一位来考虑。

要在事故发生之前充分辨识危险因素，预测事故发生可能的模式，事先采取措施进行控制，最大限度地防止危险因素转化为事故；定制事故防治和应急救援方案，使事故发生而产生的损失降低到最低。

1.1.2.4 预测性

虽然时间是一去不复返的，完全相同的事件也不会重复显现。但是，防止类似事故再现是可能的。基于人们对过去的事故积累的经验，人作为主体，通过五感（视、听、嗅、味、触）对外界条件取得信息，再经大脑综合判断可以在自然的客体中进行预测。人们在进行有目的的活动时，也一定会对自己的行动能否达到目的而进行种种预测。这种预测是根据以往积累的经验和知识，通过研究构思出一个模型，即所谓"预测模型"。若"预测模型"准确性高，在实际进行中，其活动就必然会接近于"预测模型"。但是，如果在未来的时间里出现了没有预测到的条件破坏，当对这种变化情况调整或控制不当时，就会出现外界能量作用于人体而造成人的伤害以及能量作用于物体引发的机械损坏。为此，为防止事故发生，人们在进行有目的的生产活动开始之时，就应正确掌握当时的条件，充分运用已有的经验和知识，及时加以调整和校正，以便将未来的情况预测得更加准确。

1.1.3 事故隐患的形成与发展

事故的发展过程往往是由危险因素的积聚逐渐转变为事故隐患，再由事故隐患发展为事故，事故是危险因素积聚发展的必然结果。安全生产事故隐患（以下简称事故隐患）是指生产经营单位违反安全生产法律、法规、规章、标准、规程和安全生产管理制度的规定，或者因其他因素在生产经营活动中存在可能导致事故发生的物的危险状态、人的不安全行为和管理上的缺陷。

事故隐患分为一般事故隐患和重大事故隐患。一般事故隐患是指危害和整改难度较小，发现后能够立即整改排除的隐患。重大事故隐患是指危害和整改难度较大，应当全部或者局部停产停业，并经过一定时间整改治理方能排除的隐患，或者因外部因素影响致使生产经营单位自身难以排除的隐患。

事故隐患有着其产生、发展、消亡的过程。一般说来，事故隐患的产生、发展可分为：孕育→发展→发生（即形成阶段）→伤害（损失，即消亡阶段）几个阶段。

1.1.3.1 孕育阶段

事故隐患的存在有其基础原因。例如，各项工程项目以及各种生产设备设施的设计、施工、制造过程都隐匿着危险。在生产过程中，因工业水平不高，科技含量较低，人员素质较差等因素，随时可能会产生新的危险。此时，隐患尚处于无形、隐蔽状态，只能估计或预测危险可能会出现，却不能描绘出它的具体形态。

1.1.3.2 形成阶段

随着生产的不断发展，企业管理常常出现疏漏和失控，物的状态也在不断演变，逐渐构成了可能导致事故发生的各种因素。此时，有的事故隐患已经发展为险情或"事故苗子"。在这一阶段，事故处于萌芽状态，可以具体指出它的存在。此时是发现事故隐患、预防事故发生的最佳时机，有经验的安全工作者已经可以预测事故的发生。

1.1.3.3 消亡阶段

当生产中的事故隐患被某些偶然事件触发，就产生了事故，造成财产损失和人员伤亡。事故是作为一种现象的结果而存在的。这个时候，作为现象的事故隐患已经演变为事故，该事故隐患随着事故的产生而消亡。

事故发生后要进行调查分析、处理整改，研究事故隐患的发展过程，就是为了及时识别和发现事故隐患，通过整改的手段，控制事故的发生。

1.2 事故的分类

1.2.1 自然事故与人为事故

自然事故是指由自然灾害造成的事故，如地震、洪水、旱灾、山崩、滑坡、龙卷风等引起的事故。这类事故在目前条件下受到科学知识不足的限制还不能做到完全防止，只能通过研究预测、预报技术，尽量减轻灾害所造成的破坏和损失。人为事故则是指由人为因素而造成的事故，这类事故既然是人为因素引起的，原则上就能预防。据美国20世纪50年代统计，在75000起伤亡事故中，天灾只占2％，98％是人为造成的，也就是说98％的事故基本上是可以预防的。事故之所以可以预防是因为它和其他客观事物一样，具有一定的特性和规律，只要人们掌握了这些特性和规律，事先采取有效措施加以控制，就可以预防事故的发生及减少其造成的损失。

1.2.2 常见事故类型

通常所见的事故类型如下。

（1）生产事故 生产过程中，由于操作人员违反工艺规程、岗位操作规程或操作不当等造成原料、半成品或成品损失的事故，称为生产事故。

（2）设备事故 生产装置、动力机械、电气及仪表装置、运输设备、管道、建筑物、构筑物等，出于各种原因造成损失或减产等的事故，称为设备事故。

（3）质量事故 产品质量（包括工程质量和服务质量）达不到技术标准和技术规范的事故。

（4）火灾事故 凡发生着火造成财产损失或人员伤亡的事故，称为火灾事故。

（5）爆炸事故 由于某种原因发生化学性或物理性爆炸，造成财产损失或人员伤亡的事故，称为爆炸事故。

（6）交通事故 在道路交通运输过程中发生的造成车辆损坏、人员伤亡、财产损失的事故，称为交通事故。

（7）医疗事故 在诊疗护理工作中，因医务人员诊疗护理过失，直接造成病员死亡、残废、组织器官损伤，导致功能障碍的事故。

（8）破坏事故 凡蓄意制造的事故。

（9）工伤事故 企业在册职工在生产活动所涉及的区域内，由于生产过程中存在着危险因素，突然使人体组织受到损伤或使某些器官失去正常机能，以致受伤人员立即工作中断的一切事故，称为工伤事故。

人体的伤害程度分以下三种：

① 轻伤。指损失工作日低于105日的失能伤害。

② 重伤。指相当于表定损失工作日等于和超过105日的失能伤害。

③ 死亡。

按照事故严重程度分类，事故可以分为：

① 轻伤事故。指只有轻伤的事故。

② 重伤事故。指有重伤无死亡的事故。

③ 死亡事故。死亡事故又分为重大伤亡事故和特大伤亡事故。

1.2.3 工伤事故

工伤事故的类别是按照直接使职工受到伤害的原因，或叫做引起职工伤亡的第一原因进行界定。当某一工伤事故由多种因素造成时，应按照事故的直接原因进行分类。例如，工人站在高处进行电气作业，因触电人由高处坠落而伤亡，该事故应属于触电事故，而不属于高处坠落事故。这是因为触电是造成该工人伤亡的直接原因。

根据 GB 6441—86《企业职工伤亡事故分类标准》，产业系统工伤事故的类别如下：

① 物体打击（指落物、滚石、锤击、碎裂崩块砸伤等伤害，不包括因爆炸而引起的物体打击）；

② 车辆伤害（指包括挤、压、撞、倾覆等）；

③ 机械伤害（包括绞、辗、碰、割、戳等）等；

④ 起重伤害（指起重设备有缺陷或操作过程中所引起的伤害）；

⑤ 触电（包括电击）；

⑥ 淹溺；

⑦ 灼烫（包括化学灼伤）；

⑧ 火灾；

⑨ 高处坠落（包括从架子上、屋顶上以及平地坠入坑内等）；

⑩ 坍塌（包括建筑物、土石、堆置物倒塌）；

⑪ 冒顶片帮；

⑫ 透水；

⑬ 放炮；

⑭ 火药爆炸（指生产、运输、储藏过程中发生的爆炸）；

⑮ 瓦斯爆炸（包括粉尘爆炸）；

⑯ 锅炉爆炸；

⑰ 压力容器爆炸；

⑱ 其他爆炸（包括化学爆炸、炉膛、钢水包爆炸等）；

⑲ 中毒和窒息；

⑳ 其他伤害（扭伤、跌伤、冻伤、野兽咬伤等）。

1.2.4　事故的等级

根据生产安全事故（以下简称事故）造成的人员伤亡或者直接经济损失，事故一般分为以下等级：

（1）特别重大事故　指造成 30 人以上❶死亡，或者 100 人以上重伤（包括急性工业中毒，下同），或者 1 亿元以上直接经济损失的事故；

（2）重大事故　指造成 10 人以上 30 人以下❷死亡，或者 50 人以上 100 人以下重伤，或者 5000 万元以上 1 亿元以下直接经济损失的事故；

（3）较大事故　指造成 3 人以上 10 人以下死亡，或者 10 人以上 50 人以下重伤，或者 1000 万元以上 5000 万元以下直接经济损失的事故；

（4）一般事故　指造成 3 人以下死亡，或者 10 人以下重伤，或者 1000 万元以下直接经济损失的事故。

1.3　事故报告

1.3.1　事故上报

事故发生后，事故现场有关人员应当立即向本单位负责人报告；单位负责人接到报告后，应当在 1h 内向事故发生地县级以上人民政府安全生产监督管理部门和负有安全生

---

❶ "以上"包括本数，余同。

❷ "以下"不包括本数，余同。

产监督管理职责的有关部门报告。情况紧急时，事故现场有关人员可以直接向事故发生地县级以上人民政府安全生产监督管理部门和负有安全生产监督管理职责的有关部门报告。

安全生产监督管理部门和负有安全生产监督管理职责的有关部门接到事故报告后，应当依照下列规定上报事故情况，并通知公安机关、劳动保障行政部门、工会和人民检察院：

（1）特别重大事故、重大事故逐级上报至国务院安全生产监督管理部门和负有安全生产监督管理职责的有关部门；

（2）较大事故逐级上报至省、自治区、直辖市人民政府安全生产监督管理部门和负有安全生产监督管理职责的有关部门；

（3）一般事故上报至设区的市级人民政府安全生产监督管理部门和负有安全生产监督管理职责的有关部门。

安全生产监督管理部门和负有安全生产监督管理职责的有关部门依照前款规定上报事故情况，应当同时报告本级人民政府。国务院安全生产监督管理部门和负有安全生产监督管理职责的有关部门以及省级人民政府接到发生特别重大事故、重大事故的报告后，应当立即报告国务院。必要时，安全生产监督管理部门和负有安全生产监督管理职责的有关部门可以越级上报事故情况。

安全生产监督管理部门和负有安全生产监督管理职责的有关部门逐级上报事故情况，每级上报的时间不得超过 2h。

事故报告后出现新情况的，应当及时补报。自事故发生之日起 30 日内，事故造成的伤亡人数发生变化的，应当及时补报。道路交通事故、火灾事故自发生之日起 7 日内，事故造成的伤亡人数发生变化的，应当及时补报。

1.3.2 事故报告内容

报告事故应当包括下列内容：

① 事故发生单位概况；

② 事故发生的时间、地点以及事故现场情况；

③ 事故的简要经过；

④ 事故已经造成或者可能造成的伤亡人数（包括下落不明的人数）和初步估计的直接经济损失；

⑤ 已经采取的措施；

⑥ 其他应当报告的情况。

1.3.3 事故报告其他要求

（1）事故报告应当及时、准确、完整，任何单位和个人对事故不得迟报、漏报、谎报或者瞒报。

① 报告事故的时间超过规定时限的，属于迟报；

② 因过失对应当上报的事故或者事故发生的时间、地点、类别、伤亡人数、直接经济损失等内容遗漏未报的，属于漏报；

③ 故意不如实报告事故发生的时间、地点、类别、伤亡人数、直接经济损失等有关内容的，属于谎报；

④ 故意隐瞒已经发生的事故，并经有关部门查证属实的，属于瞒报。

（2）事故发生单位负责人接到事故报告后，应当立即启动事故相应应急预案，或者采取有效措施，组织抢救，防止事故扩大，减少人员伤亡和财产损失。事故发生地有关地方人民政府、安全生产监督管理部门和负有安全生产监督管理职责的有关部门接到事故报告后，其负责人应当立即赶赴事故现场，组织事故救援。

（3）事故发生后，有关单位和人员应当妥善保护事故现场以及相关证据，任何单位和个人不得破坏事故现场、毁灭相关证据。因抢救人员、防止事故扩大以及疏通交通等原因，需要移动事故现场物件的，应当做出标志，绘制现场简图并做出书面记录，妥善保存现场重要痕迹、物证。事故发生地公安机关根据事故的情况，对涉嫌犯罪的，应当依法立案侦查，采取强制措施和侦查措施。犯罪嫌疑人逃匿的，公安机关应当迅速追捕归案。

（4）安全生产监督管理部门和负有安全生产监督管理职责的有关部门应当建立值班制度，并向社会公布值班电话，受理事故报告和举报。

1.4　事故调查

事故调查是掌握整个事故发生过程、原因和人员伤亡及经济损失情况的重要工作，根据调查结果，分析事故责任，提出处理意见和事故预防措施，并撰写事故调查报告书。伤亡事故调查是整个伤亡事故处理的基础。通过调查可掌握事故发生的基本事实，以便在此基础上进行正常的事故原因和责任分析，对事故责任者提出恰当的处理意见，对事故预防提出合理的防范措施，使职工从中吸取深刻教训，并促使企业在安全管理上进一步进行完善。

1.4.1　事故调查程序

经抢救与事故现场保护处理后，就开始对事故进行调查。主要程序包括组成调查组，进行现场勘察、人员调查询问、事故鉴定、模拟试验等，并收集各种物证、人证、事故事实材料（包括人员、作业环境、设备、管理、事故过程材料）。调查结果是进行事故分析的基础材料。《企业职工伤亡事故调查分析规则》（GB 6442—1986）中关于事故的调查程序规定如下：

（1）成立事故调查小组。

（2）事故的现场处理。

（3）物证搜集。

（4）事故事实材料的搜集。

（5）证人材料搜集。

（6）现场摄影。

（7）事故图绘制。

（8）事故原因分析。

（9）事故调查报告编写。

（10）事故调查结案归档。

1.4.2　事故调查组织及原则

1.4.2.1　事故调查组的组成

事故调查组的组成应当遵循精简、效能的原则。根据事故的具体情况，事故调查组由有关人民政府、安全生产监督管理部门、负有安全生产监督管理职责的有关部门、监察机关、公安机关以及工会派人组成，并应当邀请人民检察院派人参加，如图 1-3 所示。事故调查组成员应当具有事故调查所需要的知识和专长，并与所调查的事故没有直接利害关系。事故调查组组长由负责事故调查的人民政府指定，主持事故调查组的工作。

（1）轻伤事故、重伤事故　由企业负责人或其指定人员组织生产、技术、安全等有关人员及工会成员参加调查组，进行事故调查。

（2）死亡事故　由企业主管部门会同企业所在地安全监督管理部门、公安部门、工会组成调查组，进行事故调查。

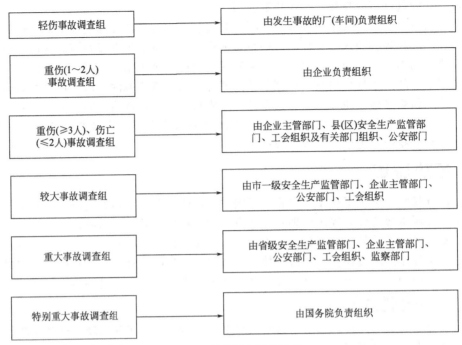

图 1-3　事故调查组的组成

（3）重大事故　按照企业隶属关系，由省、自治区、直辖市企业主管部门或者国务院有关主管部门会同行政部门、公安部门、监察部、工会组成调查组，进行调查。

（4）死亡、重伤事故　调查组应当邀请人民检察院派员参加，还可以邀请其他部门的人员和有关专家参加。

1.4.2.2　事故调查组的职责

（1）查明事故发生的经过、原因、人员伤亡情况及直接经济损失；

（2）认定事故的性质和事故责任；

（3）提出对事故责任者的处理建议；

（4）总结事故教训，提出防范和整改措施；

（5）提交事故调查报告。

1.4.2.3　事故调查应遵循的原则

事故调查处理应当按照实事求是、尊重科学的原则，及时、准确地查清事故原因，查明事故性质和责任，总结事故教训，提出整改措施，并对事故责任者提出处理意见。

（1）实事求是、尊重科学　对事故的调查处理要揭示事故发生的内外原因，找出事故发生的机理，研究事故发生的规律，制定预防重复发生事故的措施，做出事故性质和事故责任的认定，依法对有关责任人进行处理，因此，事故调查处理必须以事实为依据，以法律为准绳，严肃认真地对待，不得有丝毫的疏漏。

（2）"四不放过"　即事故原因没有查清楚不放过；事故责任者没有受到处理不放过；职工群众没有受到教育不放过；防范措施没有落实不放过。这四条原则互相联系，相辅相成，成为一个预防事故再次发生的防范系统。

（3）公正、公开　公正，就是实事求是，以事实为依据，以法律为准绳，既不准包庇事故责任人，也不得借机对事故责任人打击报复；更不得冤枉无辜。公开，就是对事故调查处理的结果要在一定范围内公开，以引起全社会对安全生产工作的重视，吸取事故的教训。

（4）分级管辖原则　事故的调查处理是依照事故的严重级别来进行的。根据目前我国有关法律、法规的规定，生产安全事故调查和处理依据《生产安全事故报告和调查处理条例》（国务院 493 号令）进行。

1.4.2.4　事故调查组的权利

（1）调阅一切与事故有关的档案资料；

（2）向事故当事人及有关人员了解与事故有关的一切情况；

（3）事故现场处理必须经调查组许可；

（4）任何单位或个人不得干涉调查组工作。

1.4.2.5　事故调查组成员应遵循的规范

（1）遵循对本单位和外单位人员不分亲疏、一视同仁的原则。

（2）对信息、事实或物证不得采取歪曲、隐藏或销毁的态度。

（3）力求将所有可用于确定事故原因的、经证实的、记录下来的信息，提供给调查组的任何成员。

（4）处理任何可能不利于某些人、单位或机构的信息要特别谨慎，必须有事实证明。时刻记住调查过程中的批评始终是对事不对人（包括单位或机构）。

（5）调查过程中要查明和分析与事故有关的所有事实、情况和状态。

（6）完全依据个人的经验作出判断和评估要特别谨慎，因为个人的经验往往并不是最正确的。

（7）不要匆忙地作出结论，特别是在调查的初期。积极地收集和分析各种事实，即使它们初看起来似乎与事故无关。必须注意，如果只从个人看来是正确的一个方向寻求答案，可能发生差错并使一些初看并不重要的信息丧失掉。

（8）与其他单位参加调查的人员讨论问题时要委婉和客观，当不同意他们的观点时要拿出论据，平静地进行商讨。

（9）凡是提出来商讨的问题，自己首先要把它弄清楚。

（10）遵守调查纪律，严格保密制度。

1.4.3　事故分析与处理

1.4.3.1　事故性质

对事故性质的认定可以《企业职工伤亡事故调查分析规则》、《企业职工伤亡事故分类标准》、《安全生产法》、《生产安全事故报告和调查处理条例》等国家法律、法规和标准为依据。

事故的性质分为责任事故和非责任事故。

1.4.3.2　事故原因分析

我国事故调查原因分析主要依据国家标准《企业职工伤亡事故调查分析规则》。在标准中对事故的直接原因、间接原因的分析都有明确的规定。

在分析事故时，应从直接原因入手，逐步深入到间接原因，从而掌握事故的全部原因。再分清主次，进行责任分析。事故调查人员应注重导致事故发生的每一个事件，同样要注重各个事件在事故发生过程中的先后顺序。

在事故原因分析时通常要明确以下内容：

① 在事故发生之前存在什么样的征兆。

② 不正常的状态是在哪儿发生的。

③ 在什么时候首先注意到不正常的状态。

④ 不正常状态是如何发生的。

⑤ 事故为什么会发生。

⑥ 事件发生的可能顺序以及可能的原因（直接原因、间接原因）。

⑦ 分析可选择的事件发生顺序。

1.4.3.2.1　事故原因分析的基本步骤

在进行事故调查原因分析时，通常按照以下步骤进行分析：

① 整理和阅读调查材料。

② 分析伤害方式。按以下几方面进行分析：受伤部位，受伤性质，起因物，致害物，伤害方式，不安全状态，不安全行为。

③ 确定事故的直接原因。

④ 确定事故的间接原因。

1.4.3.2.2　事故直接原因的分析

在国家标准《企业职工伤亡事故调查分析规则》中规定，属于机械、物质或环境的不安全状态；人的不安全行为。情况者为直接原因。

两者在国家标准《企业职工伤亡事故分类标准》中有具体规定。

（1）机械、物质或环境的不安全状态

1）防护、保险、信号等装置缺乏或存在缺陷

① 无防护。包括：无防护罩；无安全保险装置；无报警装置；无安全标志；无护栏或护栏损坏；（电气）未接地；绝缘不良；局部通风机无消音系统、噪声大；危房内作业；未安装防止"跑车"的挡车器或挡车栏；其他。

② 防护不当。包括：防护罩未在适当位置；防护装置调整不当；坑道掘进、隧道开凿支撑不当；防爆装置不当；采伐、集材作业安全距离不够；放炮作业隐蔽所有缺陷；电气装置带电部分裸露；其他。

2）设备、设施、工具、附件有缺陷

① 设计不当，结构不符合安全要求。包括：通道门遮挡视线；制动装置存在缺欠；安全间距不够；拦车网有缺欠；工件有锋利毛刺、毛边；设施上有锋利倒梭；其他。

② 强度不够。包括：机械强度不够；绝缘强度不够；起吊重物的绳索不符合安全要求；其他。

③ 设备在非正常状态下运行。包括：设备带"病"运转；超负荷运转；其他。

④ 维修、调整不良。包括：设备失修；地面不平；保养不当、设备失灵；其他。

3）个人防护用品用具——防护服、手套、护目镜及面罩、呼吸器官护具、听力护具、安全带、安全帽、安全鞋等缺少或存在缺陷

① 无个人防护用品、用具。

② 所用的防护用品、用具不符合安全要求。

4）生产（施工）场地环境不良

① 照明光线不良。包括：照度不足；作业场地烟、雾、尘弥漫，视物不清；光线过强。

② 通风不良。包括：无通风；通风系统效率低；风流短路；停电、停风时放炮作业；瓦斯排放未达到安全浓度放炮作业；瓦斯超限；其他。

③ 作业场所狭窄。

④ 作业场地杂乱。包括：工具、制品、材料堆放不安全；采伐时，未开"安全道"；"迎门"树、"坐殿"树、搭挂树未作处理；其他。

⑤ 交通线路的配置不安全。

⑥ 操作工序设计或配置不安全。

⑦ 地面滑。包括：地面有油或其他液体；冰雪覆盖；地面有其他易滑物。

⑧ 贮存方法不安全。

⑨ 环境温度、湿度不当。

（2）人的不安全行为

1）操作错误，忽视安全，忽视警告

① 未经许可开动、关停、移动机器。

② 开动、关停机器时未给信号。

③ 开关未锁紧，造成意外转动、通电或泄漏等。

④ 忘记关闭设备。

⑤ 忽视警告标志、警告信号。

⑥ 操作错误（指按钮、阀门、扳手、把柄等的操作）。

⑦ 奔跑作业。

⑧ 供料或送料速度过快。

⑨ 机械超速运转。

⑩ 违章驾驶机动车。

⑪ 酒后作业。

⑫ 客货混载。

⑬ 冲压机作业时，手伸进冲压模。

⑭ 工件紧固不牢。

⑮ 用压缩空气吹铁屑。

⑯ 其他。

2）造成安全装置失效

① 拆除了安全装置。

② 安全装置堵塞，失掉了作用。

③ 调整的错误造成安全装置失效。

④ 其他。

3）使用不安全设备

① 临时使用不牢固的设施。

② 使用无安全装置的设备。

③ 其他。

4）手代替工具操作

① 用手代替手动工具。

② 用手清除切屑。

③ 不用夹具固定、用手拿工件进行机加工。

5）物体（指成品、半成品、材料、工具、切屑和生产用品等）存放不当

6）冒险进入危险场所

① 冒险进入涵洞。

② 接近漏料处（无安全设施）。

③ 采伐、集材、运材、装车时未离危险区。

④ 未经安全监察人员允许进入油罐或井中。

⑤ 未"敲帮问顶"开始作业。

⑥ 冒进信号。

⑦ 调车场超速上下车。

⑧ 易燃易爆场所有明火。

⑨ 私自搭乘矿车。

⑩ 在绞车道行走。

⑪ 未及时瞭望。

7) 攀、坐不安全位置（如平台护栏、汽车挡板、吊车吊钩）

8) 在起吊物下作业、停留

9) 机器运转时加油、修理、检查、调整、焊接、清扫等工作

10) 有分散注意力行为

11) 在必须使用个人防护用品、用具的作业或场合中，忽视其使用

① 未戴护目镜或面罩。

② 未戴防护手套。

③ 未穿安全鞋。

④ 未戴安全帽。

⑤ 未戴呼吸护具。

⑥ 未戴安全带。

⑦ 未戴工作帽。

⑧ 其他。

12) 不安全装束

① 在有旋转零部件的设备旁作业时穿过于肥大服装。

② 操纵带有旋转零部件的设备时戴手套。

③ 其他。

13) 对易燃、易爆等危险物品处理错误

1.4.3.2.3　事故间接原因的分析

《企业职工伤亡事故调查分析规则》（GB 6442—1986）中规定，属以下情况为间接原因：

① 技术和设计上有缺陷——工业构件、建筑物、机械设备、仪器仪表、工艺过程、操作方法、维修检验等的设计，施工和材料使用存在问题。

② 教育培训不够。未经培训，缺乏或不懂安全操作技术知识。

③ 劳动组织不合理。

④ 对现场工作缺乏检查或指导错误。

⑤ 没有安全操作规程或不健全。

⑥ 没有或不认真实施事故防范措施；对事故隐患整改不力。

⑦ 其他。

1.4.3.3　事故责任分析

事故责任分析是在查明事故的原因后，分清事故的责任，使企业领导和职工从中吸取教训，改进工作。事故责任分析中，应通过调查和分析事故的直接原因和间接原因，确定事故直接责任者和领导责任者及其主要责任者。并根据事故后果对事故责任者提出处理意见。

（1）直接责任者　指其行为与事故的发生有直接关系的人员。

（2）主要责任者　指对事故的发生起主要作用的人员。有下列情况之一时，应由肇事者或有关人员负直接责任或主要责任：

① 违章指挥、违章作业或冒险作业造成事故。

② 违反安全生产责任制和操作规程，造成事故。

③ 违反劳动纪律，擅自开动机械设备或擅自更改、拆除、毁坏、挪用安全装置和设备，造成事故。

（3）领导责任者　指对事故的发生负有领导责任的人员。有下列情况之一时，有关领导应负领导责任：

① 由于安全生产规章、责任制度和操作规程不健全，职工无章可循，造成事故；

② 未按规定对职工进行安全教育和技术培训，或职工未经考试合格上岗操作，造成事故；

③ 机械设备超过检修期限或超负荷运行，设备有缺陷又不采取措施，造成事故；

④ 作业环境不安全，又未采取措施，造成事故；

⑤ 新建、改建、扩建工程项目，安全卫生设施不与主体工程同时设计、同时施工、同时投入生产和使用，造成事故。

根据事故责任的大小，对事故责任者进行不同程度处罚，处罚的形式有行政处罚、经济处罚和刑事处罚。

1.4.4　事故教训

"前车之鉴，后事之戒"说明了总结事故教训的道理。通过对事故、事件原因的分析，找出引以为戒的教训，再制定有针对性的整改措施，达到防止事故发生的目的，尤其是对防止同类事故再次发生有着非常大的实用价值。很多安全生产法规、制度和技术标准都是吸收事故教训的结果。实践证明，事故的发生与其原因有着一定的因果关系，通过总结事故教训，消除发生事故的原因，可防止事故。

总结事故教训要与确定的事故发生的原因和事故性质为依据。一般来说，总结事故教训可从以下几个方面来考虑：

① 是否贯彻落实了有关的安全生产的法律、法规和技术标准。

② 是否制定了完善的安全管理制度。

③ 是否制定了合理的安全技术防范措施。

④ 安全管理制度和技术防范措施执行是否到位。

⑤ 安全培训教育是否到位，职工的安全意识是否到位。

⑥ 有关部门的监督检查是否到位。

⑦ 企业负责人是否重视安全生产工作。

⑧ 是否存在官僚主义和腐败现象，因而造成了事故的发生。

⑨ 是否落实了有关"三同时"的要求。

⑩ 是否有合理有效的事故应急救援预案和措施等。

1.4.5　整改措施

整改措施也称安全对策措施，即针对发生事故的类别、原因、性质采取相应的安全对策措施。整改措施主要分为安全技术、安全管理及教育培训3个方面。

（1）安全技术整改措施　针对不同的事故及其原因采取相应的安全技术整改措施有：

① 防火防爆技术措施；

② 电气安全技术措施；

③ 机械安全技术措施。

（2）安全管理整改措施　与安全技术整改措施处于同一层面上的安全管理整改措施，在企业安全生产工作中起着同样重要的作用。如果将安全技术整改措施比作计算机系统内的硬件设施，那么安全管理整改措施则是保证硬件正常发挥作用的软件。安全管理整改措施通过一系列管理手段将企业的安全生产工作整合、完善、优化，将人、机、物、环境等涉及安全生产工作的各个环节有机地结合起来，在保证安全的前提下正常开展企业生产经营活动，使安全技术对策措施发挥最大的作用。

① 建立安全管理制度。

② 建立并完善生产经营单位的安全管理组织机构和人员配置。

③ 保证安全生产投入。

（3）安全培训和教育　生产经营单位应进行全员的安全培训和教育。

① 单位主要负责人和安全生产管理人员的安全培训教育，侧重于国家有关安全生产的法律、法规、行政规章和各种技术标准、规范，具备对安全生产管理的能力，取得安全管理岗位的资格证书。

② 从业人员的安全培训教育在于了解安全生产知识，熟悉有关的安全生产规章制度和安全操作规程，掌握本岗位的安全操作技能。

③ 特种作业人员必须按照国家有关规定经专门的安全作业培训，取得特种作业操作资格证书。

④ 加强对新职工的安全教育、专业培训和考核，新职工必须经过严格的3级安全教育和专业培训，并经考试合格后方可上岗。对转岗、复工人员应参照新职工的办法进行培训和考试。

1.4.6　事故调查报告书

事故调查报告书是根据调查结果、由事故调查组撰写的事故调查文件，死亡、重伤事故调查报告书经调查组全体人员和单位负责人签字后，按规定上报。

1.4.6.1　事故调查报告书的内容

事故调查报告书的核心内容反映对事故的调查分析结果，即反映事故发生的全过程和原因所在、工伤造成的人员伤亡和经济损失情况、事故的责任者及其责任情况、事故处理意见和防范措施的建议等，具体内容如下：

① 事故发生单位概况；

② 事故发生经过和事故救援情况；

③ 事故造成的人员伤亡和直接经济损失；

④ 事故发生的原因和事故性质；

⑤ 事故责任的认定以及对事故责任者的处理建议；

⑥ 事故防范和整改措施。

根据事故严重与复杂程度，事故调查通常分为专项调查（如管理调查、技术调查等）和综合事故调查。如果事故过程和原因比较简单明确，一般只需提供报告。否则，除了提供综合报告外，还需提供专项分析报告。专项调查报告内容主要侧重于事故发生过程、事故鉴定或模拟试验、事故发生原因、事故责任、事故预防措施等。

1.4.6.2　事故调查报告书的撰写要求

（1）事故发生过程调查分析要准确　事故到底是怎样发生的，这对分析原因和分析责任有直接关系。因此，必须把情况调查准确。如死亡事故在发生时现场没有见证人，则难以查准，要想分析准确，必须对工艺要求、死者操作习惯及身体情况、施工的操作环境条件和事故前的详细情况了解清楚，并广泛听取群众意见，取得统一的准确情况并进行分析研究。论述时，可按事故发生之前、之时及之后的时间序列进行描述，事故发生的人、物、环境状态、事故发展情况等都应交代清楚。

（2）原因分析要明确　根据发生事故的特点，结合生产、技术、设备和管理等方面进行分析，哪些是直接原因，哪些是间接原因。分析要细致，事实要有证据，内容要有说服力。为责任分析和采取防范措施奠定基础。

（3）责任分析要明确　在原因已知的基础上，分析每条原因应该由谁负责。一般分为：

直接责任、主要责任、领导责任（包括教育、检查、措施不当）。根据具体内容必须将责任落实到人头，如技术安全措施不当应由技术负责人负责。一个单位连续发生重大伤亡事故就要追究其法人的责任。凡是说明承担责任的内容，必须实事求是，证据准确可靠。

（4）对责任者处理要严肃　对造成事故的责任者，要以教育为主，对违反安全生产规章制度、工作不负责任以致造成重大事故的责任者，必须予以处罚，情节严重的，移交司法部门。凡遇下列情况者都应给予严肃处理。

① 已发现明显的事故征兆，未及时采取措施消除事故隐患，以致发生重大伤亡事故者。

② 不执行规章制度，带头或指使违章作业，造成重大伤亡事故者。

③ 已发生过伤亡事故，仍不接受教训；有预防措施，不积极组织实施，又发生同类伤亡事故者。

④ 经常违反劳动纪律和操作规程，屡教不改，以致引起事故而造成他人伤亡者。

⑤ 无故拆除安全设备和安全装置，以致造成重大伤亡者。

⑥ 工作严重不负责或失职造成重大事故者。

（5）预防措施要具体　只有预防事故的措施具体，才能更好落实。否则，措施就无法落实，变成空话、废话。预防事故的措施要根据造成事故的漏洞，以及整个生产过程安全薄弱环节的实际情况制订。其项目要具体，执行要有负责人，完成要定期限，并明确规定负责检查执行情况的责任人。如果有措施，因不积极落实，又造成重大伤亡事故，措施执行人要受到更加严肃的处理。

（6）调查组成员要签字　调查组成员对事故情况、原因分析、责任分析、处理建议、防范措施等取得统一或基本统一后，每个调查组成员要在调查报告上签字，有不同意见，可在签字时注明具体保留意见。签字之后，即宣布调查组任务已完成。

事故调查报告书完成后，企业领导必须及时认真讨论和研究调查报告，并尊重调查组的意见。因为调查组成员来自不同岗位、职务和专业，特别是他们深入事故现场，掌握了第一手材料。企业领导不得任意修改调查组报告。为了便于上级准确地掌握情况，及时批复，公司、企业领导对调查报告如有不同意见可以提出，与调查报告同时上报。

同时，事故调查结束后，企业接到调查报告书批复的处理决定后，要向群众宣布调查处理结果，教育职工吸取教训并落实措施。

第2章 事故统计分析

认真做好事故的调查、统计和分析工作对企业安全生产有着非常重要的意义。通过统计与分析，可以掌握企业的安全生产情况。统计数据使人们了解在某段时间内事故的发生情况和经济损失情况，在一定程度上反映了企业、部门安全生产工作的成绩和问题。通过事故分析，可以发现本系统、本单位事故发生的规律，查找事故隐患，有的放矢地采取措施，强化制度管理，改进安全技术管理，消除事故隐患，保护职工的安全健康，促进生产发展。例如，火灾事故的统计，能够帮助人们了解和掌握各种生产的火灾危险程度、结构的耐火性以及各种防火技术措施和消防设施的效用。火灾事故的统计、分析内容应当包括火灾发生的时间、地点、经过、损失情况和事故发生的原因，消除火灾条件以及火灾预防方法等。报告书应当附有火灾发生区域的略图，图中应当指出建筑物间的距离、产生火灾的危险等级、建筑物的耐火性、火灾发生时的风向和风力以及灭火器具的配置等。

事故的登记和统计应当做到时间及时、数据准确、内容齐全。企业的事故登记和统计是一项严肃认真的工作，在组织生产的过程中，要善于运用这些统计数字进行综合分析，以指导安全生产。

2.1 事故统计内容

国家相关法律、法规规定事故统计应按《生产安全事故统计制度》执行，各级主管部门必须及时、准确填报伤亡事故报表；与此同时用人单位及其主管部门还应建立事故统计的档案，其内容包括以下几个方面。

① 职工伤亡事故登记表。
② 事故调查报告及批复或者事故处理决定。
③ 现场调查记录、图纸、照片等。
④ 技术鉴定、检验结论和实验报告。
⑤ 人证、物证材料。
⑥ 直接经济损失材料。
⑦ 医疗单位对伤亡人员的诊断书（证明）。
⑧ 发生事故的工艺条件、操作情况和设计资料。
⑨ 有关事故的通报、简报和文件等。

2.1.1 事故单位情况

（1）单位名称　发生事故单位的名称。
（2）单位地址　发生事故单位的省、地区、县，无单位时，填写发生事故地的省、地区、县。
（3）单位通讯地址　发生事故单位的通讯地址。
（4）单位代码　是指工商部门或民政部门在企业注册时给企业的代码。
（5）邮政编码　发生事故单位的邮政编码。
（6）联系电话　发生事故单位负责人的联系电话。
（7）从业人员数　发生事故时该单位的从业人员数。
（8）企业规模　按国家国有资产监督管理委员会对企业规模的划分，具体可分为下表几种。

01	02	03	04	05	06	07
特大	大型一	大型二	中型一	中型二	小型	未定

（9）经济类型　按国家统计局和原国家工商行政管理局《关于划分企业登记注册类型的规定》（国统字［1998］200 号）的规定分类如下。

① 国有企业是指企业全部资产归国家所有，并按《中华人民共和国企业法人登记管理条例》规定登记注册的非公司制的经济组织。

② 集体企业是指企业资产归集体所有，并按《中华人民共和国企业法人登记管理条例》规定登记注册的经济组织。

③ 股份合作企业是指以合作制为基础，由企业职工共同出资入股，吸收一定比例的社会资产投资组建，实行自主经营，自负盈亏，共同劳动，民主管理，按劳分配与按股分红相结合的一种集体经济组织。

④ 联营企业是指两个及两个以上相同或不同所有制性质的企业法人或事业单位法人，按自愿、平等、互利的原则，共同投资组成的经济组织。

⑤ 有限责任公司是指根据《中华人民共和国公司登记管理条例》规定登记注册，由两个以上，五十个以下的股东共同出资，每个股东以其所认缴的出资额对公司承担有限责任，公司以其全部资产对其债务承担责任的经济组织。

⑥ 股份有限公司是指根据《中华人民共和国公司登记管理条例》规定登记注册，其全部注册资本由等额股份构成并通过发行股票筹集资本，股东以其认购的股份对公司承担有限责任，公司以其全部资产对其债务承担责任的经济组织。

⑦ 私营企业是指由自然人投资设立或由自然人控股，以雇佣劳动为基础的营利性组织。包括按照《公司法》、《合伙企业法》、《私营企业暂行条例》规定登记注册的私营有限责任公司、私营股份有限公司、私营合伙企业和私营独资企业。

⑧ 港、澳、台商投资企业包括合资经营企业（港或澳、台资），合作经营企业（港或澳、台资），港、澳、台商独资经营企业，港、澳、台商投资股份有限责任公司。

⑨ 外商投资企业包括中外合资经营企业，中外合作经营企业，外资企业，外商投资股份有限公司。

⑩ 其他企业是指上述①～⑨之外的其他经济组织。

其中，煤矿企业在填写国有企业时又分国有重点煤矿和国有地方煤矿。

（10）所在行业、行业大类、行业中类、行业小类　按国家标准 GB/T 4754—94《国民经济行业分类与代码》分为 16 门类，92 大类、368 中类、846 小类。

（11）主管部门　发生事故企业的上级主管。

2.1.2　事故情况

（1）发生地点　事故发生地省、地区、县及具体地点。

（2）发生日期　事故发生的年、月、日。

（3）发生时间　事故发生的时间，时、分。

（4）事故类别　常见的事故类型见 1.2.2 中所述。

（5）人员伤亡总数　事故造成的死亡、重伤、轻伤人数。

（6）非本企业人员伤亡　造成非本企业死亡、重伤、轻伤的人数。

（7）事故原因　事故原因分为：01 技术和设计有缺陷；02 设备设施工具附件有缺陷；03 安全设施缺少或有缺陷；04 生产场所环境不良；05 个人防护用品缺少或有缺陷；06 没有安全操作规程或不健全；07 违反操作规程或劳动纪律；08 劳动组织不合理；09 对现场工作缺乏检查或指挥错误；10 教育培训不够缺乏安全操作知识；11 其他。

（8）受害人损失工作日

（9）直接经济损失　按 GB 6721—86《企业职工伤亡事故经济损失统计标准》进行计算。

（10）是否结案　指安全生产监督管理机关是否对此案进行了批复。

（11）起因物　常见的起因物有：锅炉，压力容器，电气设备，起重机械，泵、发动机，企业车辆，船舶，动力传送机构，放射性物质及设备，非动力手工具，电动手工具，其他机械，建筑物及构筑物，化学品，煤，石油制品，水，可燃性气体，金属矿物，非金属矿物，粉尘，梯，木材，工作面（人站立面），环境，动物，其他。

（12）致害物　常见的致害物有：煤、石油产品，木材，水，放射性物质，电器设备，梯，空气，工作面（人站立面），矿石，黏土、砂、石，锅炉、压力容器，大气压力，化学品，机械，金属件，起重机械，噪声，蒸气，手工具（非动力），电动手工具，动物，企业车辆，船舶等。

（13）不安全状态

① 防护、保险、信号等装置缺乏或有缺陷。

② 设备、设施、工具、附件有缺陷。

③ 个人防护用品用具缺少或有缺陷。

④ 生产（施工）场地环境不良。

（14）不安全行为

① 操作错误、忽视安全、忽视警告。

② 造成安全装置失效。

③ 使用不安全设备。

④ 手代替工具操作。

⑤ 物品存放不当。

⑥ 冒险进入危险场所。

⑦ 攀、坐不安全位置。

⑧ 在起吊物下作业、停留。

⑨ 机器运转时加油、修理、检查、调整、焊接、清扫等工作。

⑩ 有分散注意力行为。

⑪ 在必须使用个人防护用品用具的作业或场合中，忽视其使用。

⑫ 不安全装束。

⑬ 对易燃、易爆等危险物品处理错误。

2.1.3　事故概况

事故概况主要填写事故发生的经过、原因分析、事故教训、防范措施、结案处理情况及其他要说明的情况。

2.1.4　人员情况

（1）姓名　死亡、重伤、轻伤人员的姓名。

（2）性别　死亡、重伤、轻伤人员的性别。

（3）年龄　死亡、重伤、轻伤人员的年龄。

（4）工种　死亡、重伤、轻伤人员的工种。典型工种有：商品送货员、冷藏工、加油站操作工、仓库保管工、机舱拆解工、农艺工、家畜饲养工、水产品干燥工、农机修理工、带锯工、铸造工、电镀工、喷砂工、钳工、车工、油漆工、电工、电焊工、冷作工、绕线工、电机（汽机）装配工、制铅粉工、仪器调修工、热力运行工、电系操作工、开挖钻工、河道修防工、木工、砌筑工、泵站操作工、安装起重工、筑路工、下水道工、沥青加工工、机械煤气发生炉工、液化石油气罐装工、道路清扫工、配料工、炉前工、酸洗工、拉丝工、碳素制品加工工、炼胶工、纺织设备保全工、挡车工、造纸工、电光源导丝制造工、油墨颜料制作工、酿酒工、制革鞣制工、圆珠笔芯制作工、塑料注塑工、工具装配工、试验工、机车司机、汽车驾驶员、汽车维修工、船舶水手、灯塔工、无线电导航发射工、中小型机械操作工、电影洗片工、水泥制成工、玻璃熔化工、玻璃切裁工、玻纤拉丝工、玻璃钢压型工、砖瓦成型工、包装工、卷烟工、合成药化学操作工、CT 组装调试工、计算机调试工、电解工、配液工、挤压工、研磨工、线材轧制工、成衫染色工、钟（表）零件制造工、陶瓷机械成型工、检验工、制卤工、糖机工、生牛（羊）乳预处理工、皮鞋划裁工、釉料工、车站（场）值班员、汽车客运服务员、邮电营业员、文件修复工、石棉纺织工、建筑石膏制备工、塔台集中控制机务员、海洋水文气象观测工、长度量具计量检定工、中药临方制剂员、天文测量工、印制电路照相制版工、钨铜粉末制造工、单品制备工、光敏电阻制造工、光电线缆绞制工、石油钻井工、采煤工、中式烹调师、旅店服务员、尸体防腐工、印刷工、牛羊屠宰工、制粉清理工、化工操作工、化纤操作工、超声探伤工、水产养殖工、调剂工。

（5）工龄　死亡、重伤、轻伤人员的工龄，以年计算。

（6）文化程度　死亡、重伤、轻伤人员的文化程度按下列内容进行填写：初中以下，高中、中专，大专，大学，硕士以上。

（7）职务职称　死亡、重伤、轻伤人员的职务职称按下列内容进行填写：工人，科长，厂长、经理，助理工程师，工程师，高工以上，其他。

（8）伤害部位　颅脑、面颌部、眼部、鼻、耳、口、颈部、胸部、腹部、腰部、脊部、上肢、腕及手、下肢、踝及脚。

（9）伤害程度　死亡、重伤、轻伤。

（10）受伤性质　一般分为电伤，倒塌压埋伤，辐射损伤，割伤、擦伤，刺伤，骨折，扭伤，切断伤，冻伤，烧伤，烫伤，中暑，冲击伤，生物致伤，化学性灼伤，撕脱伤，中毒，挫伤、轧伤、压伤，多重伤害等。

（11）就业类型　正式工、合同工、临时工、农民工。

（12）死亡日期　伤亡人员死亡日期：年、月、日。

（13）停止工作日期　受伤人员停止工作日期：年、月、日。

（14）恢复工作日期　受伤人员恢复工作日期：年、月、日。

（15）损失工作日　按 GB 6441—86《企业职工伤亡事故分类标准》中的附录 B"损失工作日计算表"计算。

（16）赔偿金额　包括丧葬费、抚恤金等。

2.1.5　煤矿企业情况

（1）煤矿经济类型　国有（原国有重点、原国有地方）煤矿企业、集体煤矿企业、私营煤矿企业。

原国有重点煤矿：指原国家统配煤矿。

原国有地方煤矿：军工（垦）、劳改及其他系统县级以上开办煤矿。

国家控股煤矿：按国有煤矿统计。

集体煤矿：乡、村办矿。包括股份合作企业、联营企业、有限责任公司、股份有限公司办矿。

私营煤矿：个体办矿。包括港澳台商投资企业、外商投资企业办矿、其他企业等办矿。

（2）事故发生地点分类　地面、采煤面、掘进头、上下山、大巷、井筒、其他。

（3）事故属别　事故属别分为煤炭生产（包括原煤生产、非原煤生产）和基本建设（重点建设、地方建设）。

① 原煤生产

a. 正式移交生产矿井，企业从事井下生产人员在煤炭生产过程中发生的事故。

b.生产矿井地面工业广场原煤生产服务系统,如:矿山压风、通风、排水、选煤、供电、调度通信、矸石山、支架(柱)检修、矿灯房、自救器等发生的事故。

② 非原煤生产 企业不直接从事原煤生产以外工业生产过程中发生的事故,例如:企业直属基建、机修厂、火工品生产、电厂、洗煤等单位从事非煤生产发生的事故。

③ 基本建设 正在施工的新建矿井、分期投产尚未移交部分发生事故的矿井(只统计列入国家计划的基建矿井)。

④ 致害原因 冒顶、片帮、支架伤人、放炮、明电、瓦斯突出、摩擦、撞击、失爆、吸烟、墩罐、跑车、轨道事故、输送事故、设施伤人、触电、触响瞎炮、地质水、老空水、地面水、跑浆、煤自燃。

⑤ 煤矿企业事故类别 瓦斯、水害、顶板、放炮、机电、运输、其他。

⑥ 煤矿工种分类 采煤、掘进、运输、通风、机电、干部、救护、巷修、其他。

⑦ 百万吨死亡率。

2.2 事故统计指标体系

目前,我国安全生产涉及到工矿企业(包括商贸流通企业)、道路交通、水上交通、铁路交通、民航飞行、农业机械、渔业船舶等行业。各有关行业主管部门针对本行业特点,制定并实施了各自的事故统计报表制度和统计指标体系来反映本行业的事故情况。指标通常分为绝对指标和相对指标。绝对指标指反映伤亡事故全面情况的绝对数值,如事故起数、死亡人数、重伤人数、轻伤人数、直接经济损失、损失工作日等。相对指标指伤亡事故的两个相联系的绝对指标之比,表示事故的比例关系,如千人死亡率、千人重伤率、百万吨死亡率等。如图2-1所示。

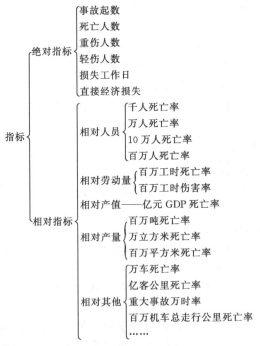

图 2-1 事故统计指标

我国生产安全事故统计指标体系分为四大类。

2.2.1 综合类伤亡事故统计指标体系

综合类伤亡事故统计指标体系包括:事故起数、死亡事故起数、死亡人数、受伤人数、直接经济损失、重大事故起数、重大事故死亡人数、特大事故起数、特大事故死亡人数、特别重大事故起数、特别重大事故死亡人数、重大事故率、特大事故率。

2.2.2　工矿企业类伤亡事故统计指标体系

工矿企业类伤亡事故统计指标体系包括：煤矿企业伤亡事故统计指标、金属和非金属矿企业（原非煤矿山企业）伤亡事故统计指标、工商企业（原非矿山企业）伤亡事故统计指标、建筑业伤亡事故统计指标、危险化学品伤亡事故统计指标、烟花爆竹伤亡事故统计指标。

这 6 类统计指标均包含伤亡事故起数、死亡事故起数、死亡人数、重伤人数、轻伤人数、直接经济损失、损失工作日、重大事故起数、重大事故死亡人数、特大事故起数、特大事故死亡人数、特别重大事故起数、特别重大事故死亡人数、千人死亡率、千人重伤率、百万工时死亡率、重大事故率、特大事故率。另外，煤矿企业伤亡事故统计指标还包含百万吨死亡率。

2.2.3　行业类统计指标体系

（1）道路交通事故统计指标　包括：事故起数、死亡事故起数、死亡人数、受伤人数、直接财产损失、重大事故起数、重大事故死亡人数、特大事故起数、特大事故死亡人数、特别重大事故起数、特别重大事故死亡人数、万车死亡率、10 万人死亡率、生产性事故起数、生产性事故死亡人数、重大事故率、特大事故率。

（2）火灾事故统计指标　包括：事故起数、死亡事故起数、死亡人数、受伤人数、直接财产损失、重大事故起数、重大事故死亡人数、特大事故起数、特大事故死亡人数、特别重大事故起数、特别重大事故死亡人数、百万人火灾发生率、百万人火灾死亡率、生产性事故起数、生产性事故死亡人数、重大事故率、特大事故率。

（3）水上交通事故统计指标　包括：事故起数、死亡事故起数、死亡和失踪人数、受伤人数、直接经济损失、重大事故起数、重大事故死亡人数、特大事故起数、特大事故死亡人数、特别重大事故起数、特别重大事故死亡人数、沉船艘数、千艘船事故率、亿客公里死亡率、重大事故率、特大事故率。

（4）铁路交通事故统计指标　包括：事故起数、死亡事故起数、死亡人数、受伤人数、直接经济损失、重大事故起数、重大事故死亡人数、特大事故起数、特大事故死亡人数、特别重大事故起数、特别重大事故死亡人数、百万机车总走行公里死亡率、重大事故率、特大事故率。

（5）民航飞行事故统计指标　包括：飞行事故起数、死亡事故起数、死亡人数、受伤人数、重大事故万时率、亿客公里死亡率。

（6）农机事故统计指标　包括：伤亡事故起数、死亡事故起数、死亡人数、重伤人数、轻伤人数、直接经济损失、重大事故起数、重大事故死亡人数、特大事故起数、特大事故死亡人数、特别重大事故起数、特别重大事故死亡人数、重大事故率、特大事故率。

（7）渔业船舶事故统计指标　包括：事故起数、死亡事故起数、死亡和失踪人数、受伤人数、直接经济损失、重大事故起数、重大事故死亡人数、特大事故起数、特大事故死亡人数、特别重大事故起数、特别重大事故死亡人数、千艘船事故率、重大事故率、特大事故率。

2.2.4　地区安全评价类统计指标体系

地区安全评价类统计指标体系包括死亡事故起数、死亡人数、直接经济损失、重大事故起数、重大事故死亡人数、特大事故起数、特大事故死亡人数、特别重大事故起数、特别重大事故死亡人数、亿元国内生产总值（GDP）死亡率、10 万人死亡率。

部分事故统计指标的意义与计算方法。

（1）千人死亡率　一定时期内，平均每千名从业人员，因伤亡事故造成的死亡人数。

$$千人死亡率 = \frac{死亡人数}{从业人员数} \times 10^3$$

（2）千人重伤率　一定时期内，平均每千名从业人员，因伤亡事故造成的重伤人数。

$$千人重伤率 = \frac{重伤人数}{从业人员数} \times 10^3$$

（3）百万工时死亡率　一定时期内，平均每百万工时，因事故造成死亡的人数。

$$百万工时死亡率 = \frac{死亡人数}{实际总工时} \times 10^6$$

（4）百万吨死亡率　一定时期内，平均每百万吨产量时，事故造成的死亡人数。

$$百万吨死亡率 = \frac{死亡人数}{实际产量（t）} \times 10^6$$

（5）重大事故率　一定时期内，重大事故占总事故的比率。

$$重大事故率 = \frac{重大事故起数}{事故总起数} \times 100\%$$

（6）特大事故率　一定时期内，特大事故占总事故的比率。

$$特大事故率 = \frac{特大事故起数}{事故总起数} \times 100\%$$

（7）百万人火灾发生率　一定时期内，某地区平均每100万人中，火灾发生的次数。

$$百万人火灾发生率 = \frac{火灾发生起数}{地区总人口} \times 10^6$$

（8）百万人火灾死亡率　一定时期内，某地区平均每100万人中，火灾造成的死亡人数。

$$百万人火灾死亡率 = \frac{火灾造成的死亡人数}{地区总人口} \times 10^6$$

（9）万车死亡率　一定时期内，平均每一万辆机动车辆中，造成的死亡人数。

$$万车死亡率 = \frac{机动车造成的死亡人数}{机动车数} \times 10^4$$

（10）10万人死亡率　一定时期内，某地区平均每10万人中，因事故造成的死亡人数。

$$10万人死亡率 = \frac{死亡人数}{地区总人口} \times 10^5$$

（11）亿客公里死亡率　一定时期内，按运送旅客人数和里程统计的死亡率，即一个客运飞行单位平均每亿客公里发生的飞行事故中造成的旅客死亡数。

$$亿客公里死亡率 = \frac{死亡人数}{运营旅客人数 \times 运营公里总数} \times 10^8$$

（12）千艘船事故率　一定时期内，平均每千艘船发生事故的比例。

$$千艘船事故率 = \frac{一般以上事故船舶总艘数}{本省（本单位）船舶总艘数} \times 10^3$$

（13）百万机车总走行公里死亡率　一定时期内，一个铁路运输单位平均百万机车总走行公里发生的运行事故中造成的旅客死亡数。

$$百万机车总走行公里死亡率 = \frac{死亡人数}{机车总走行公里} \times 10^6$$

（14）重大事故万时率　一定时期内，一个客运飞行单位平均飞行每万小时发生的重大事故的起数。

$$重大事故万时率=\frac{重大事故起数}{飞行总小时}\times10^4$$

（15）亿元国内生产总值（GDP）死亡率 某时期内，某地区平均每生产亿元国内生产总值时造成的死亡人数。

$$亿元国内生产总值（GDP）死亡率=\frac{死亡人数}{国内生产总值（元）}\times10^8$$

2.3 生产安全事故报表制度

真实完整地收集和记录每起事故数据是进行统计分析的基础。事故所包含的信息量要能够体现事故致因的科学原理，体现判定事故原因的正确方法。《生产安全事故统计制度》（安监总统计〔2008〕63号）设计了两张基层报表，用来收集和记录企业发生的每起事故。在两张基层报表的基层上，可以方便地派生出其他的统计报表。

2.3.1 统计范围

中华人民共和国领域内从事生产经营活动中发生的造成人员死亡、重伤（包括急性工业中毒）或者直接经济损失的生产安全事故。其中：火灾、道路交通、水上交通、铁路交通、民航飞行、农业机械、渔业船舶等事故由其主管部门统计，每月抄送同级安全生产监督管理部门。

2.3.2 统计内容

主要包括事故发生单位的基本情况、事故发生的起数、死亡人数、重伤人数、急性工业中毒人数、单位经济类型、事故类别、事故原因、直接经济损失等。

2.3.3 报表种类及填报单位

《生产安全事故情况》工矿商贸A1表、《生产安全事故情况（续）》工矿商贸A2表、《各类生产安全事故综合情况》综合B1表、《地区生产安全事故情况》综合B2表，工矿商贸C1~C6表是各级安全生产监督管理部门统计工作表，不上报。

《火灾事故情况》行业表D1-1、《火灾死亡事故情况》行业表D1-2、《火灾重伤事故情况》行业表D1-3、《火灾直接经济损失事故情况》行业表D1-4，由公安消防部门填报，并抄送同级安全生产监督管理部门；

《道路交通事故情况》行业表D2-1、《道路交通死亡事故情况》行业表D2-2、《道路交通重伤事故情况》行业表D2-3、《道路交通直接经济损失事故情况》行业表D2-4，由公安道路交通管理部门填报，并抄送同级安全生产监督管理部门；

《水上交通事故情况》行业表D3-1、《水上交通死亡事故情况》行业表D3-2、《水上交通重伤事故情况》行业表D3-3、《水上交通直接经济损失事故情况》行业表D3-4，由交通海事部门填报，并抄送同级安全生产监督管理部门；

《铁路交通事故情况》行业表D4-1、《铁路交通死亡事故情况》行业表D4-2、《铁路交通重伤事故情况》行业表D4-3、《铁路交通直接经济损失事故情况》行业表D4-4，由铁道部门填报，并抄送同级安全生产监督管理部门；

《民航飞行事故情况》行业表D5-1、《民航飞行死亡事故情况》行业表D5-2、《民航飞行重伤事故情况》行业表D5-3、《民航飞行直接经济损失事故情况》行业表D5-4，由民航部门填报，并抄送同级安全生产监督管理部门；

《农业机械事故情况》行业表D6-1、《农业机械死亡事故情况》行业表D6-2、《农业机械重伤事故情况》行业表D6-3、《农业机械直接经济损失事故情况》行业表D6-4，由农机监理部门填报，并抄送同级安全生产监督管理部门；

《渔业船舶事故情况》行业表 D7-1、《渔业船舶死亡事故情况》行业表 D7-2、《渔业船舶重伤事故情况》行业表 D7-3、《渔业船舶直接经济损失事故情况》行业表 D7-4，由渔业部门填报，升抄送同级安全生产监督管理部门；

《房屋建筑与市政工程事故情况》行业表 D8-1、《房屋建筑与市政工程死亡事故情况》行业表 D8-2、《房屋建筑与市政工程重伤事故情况》行业表 D8-3、《房屋建筑与市政工程直接经济损失事故情况》行业表 D8-4，由建设部门填报，并抄送同级安全生产监督管理部门；

《特种设备事故情况》行业表 D9-1、《特种设备死亡事故情况》行业表 D9-2、《特种设备重伤事故情况》行业表 D9-3、《特种设备直接经济损失事故情况》行业表 D9-4，由特种设备监察部门填报，并抄送同级安全生产监督管理部门。

2.3.4 报表的报送程序

各单位、各级安全生产监督管理部门和煤矿安全监察机构以及有关部门要按规定逐级报送。

2.3.5 报送时间

省级安全生产监督管理部门、省级煤矿安全监察机构，在每月 6 日前报送上月的事故统计报表（工矿 A1～A2 表）。

各行业部门在每月 6 日前将上月生产安全事故统计报表（行业 D1～D9）抄送同级安全生产监督管理部门。

省级以下各级机构、各单位报送统计报表种类及报送时间由省级机构规定。

各省级安全生产监督管理部门和煤矿安全监察机构、单位主管部门、生产经营单位都要遵守《统计法》，按规定填报生产安全事故统计报表。对于不报、漏报、迟报或伪造、篡改数字的要依法追究其责任。

2.4 伤亡事故经济损失计算

伤亡事故经济损失计算方法和标准按照《企业职工伤亡事故经济损失统计标准》进行计算。伤亡事故经济损失是指企业职工在劳动生产过程中发生伤亡事故所引起的一切经济损失，包括直接经济损失和间接经济损失。

2.4.1 直接经济损失

直接经济损失指因事故造成人身伤亡及善后处理支出的费用和毁坏财产的价值。

2.4.2 间接经济损失

间接经济损失指因事故导致产值减少、资源破坏和受事故影响而造成其他损失的价值。

2.4.3 直接经济损失的统计范围

（1）人身伤亡后所支出的费用　包括：①医疗费用（含护理费用）；②丧葬及抚恤费用；③补助及救济费用；④歇工工资。

（2）善后处理费用　包括：①处理事故的事务性费用；②现场抢救费用；③清理现场费用；④事故罚款和赔偿费用。

（3）财产损失价值　包括：①固定资产损失价值；②流动资产损失价值。

2.4.4 间接经济损失的统计范围

① 停产、减产损失价值。

② 工作损失价值。

③ 资源损失价值。

④ 处理环境污染的费用。

⑤ 补充新职工的培训费用。

⑥ 其他损失费用。

国外在计算事故间接损失时，除考虑产量损失外，还考虑以下几项：

① 负伤者的时间损失；

② 负伤者以外的人员的时间损失（如照料负伤者的人员时间损失等）；

③ 领导者的时间损失（如事故调查、根据规定提出事故报告等占用的时间）；

④ 救护者、医院有关人员等时间的损失；

⑤ 机械工具材料及其他的财产损失；

⑥ 负伤者复工后、能力低下引起劳动生产率下降的损失；

⑦ 因事故影响职工情绪、诱发其他事故发生的损失。

2.4.5 经济损失计算方法

（1）经济损失计算 见公式

$$E = E_d + E_i$$

式中，E 为经济损失，万元；E_d 为直接经济损失，万元；E_i 为间接经济损失，万元。

（2）工作损失价值计算

$$V_W = \frac{D_L M}{SD}$$

式中，V_W 为工作损失价值，万元；M 为企业上年税利（税金加利润），万元；S 为企业上年平均职工人数；D 为企业上年法定工作日数，日；D_L 为一起事故的总损失工作日数，死亡一名职工按 6000 个工作日计算，受伤职工视伤害情况按 GB 6441—86《企业职工伤亡事故分类标准》的附表确定，日。

（3）固定资产损失价值 按下列情况计算。

① 报废的固定资产，以固定资产净值减去残值计算。

② 损坏的固定资产，以修复费用计算。

（4）流动资产损失价值 按下列情况计算。

① 原材料、燃料、辅助材料等均按账面值减去残值计算。

② 成品、半成品、在制品等均以企业实际成本减去残值计算。

（5）事故已处理结案而未能结算的医疗费、歇工工资等，采用测算方法计算（见《企业职工伤亡事故经济损失统计标准》附录 A）。

（6）对分期支付的抚恤、补助等费用，按审定支出的费用，从开始支付日期累计到停发日期，见《企业职工伤亡事故经济损失统计标准》附录 A。

（7）停产、减产损失，按事故发生之日起到恢复正常生产水平时止，计算其损失的价值。

2.4.6 经济损失的评价指标

（1）千人经济损失率 计算按下式：

$$R_S = \frac{E}{S} \times 1000$$

式中，R_S 为千人经济损失率；E 为全年内经济损失，万元；S 为企业平均职工人数，人。

（2）百万元产值经济损失率 计算按下式：

$$R_V = \frac{E}{V} \times 100$$

式中，R_V 为百万元产值经济损失率；E 为全年内经济损失，万元；V 为企业总产值，万元。

2.4.7 事故伤害损失工作日

事故伤害损失工作日的计算，在《事故伤害损失工作日标准》（GB/T 15499—1995）中给出了比较详细的说明。标准规定了定量记录人体伤害程度的方法及伤害对应的损失工作日数值。该标准适用于企业职工伤亡事故造成的身体伤害。

标准共分以下几方面计算损失工作日：

① 肢体损伤；

② 眼部损伤；

③ 鼻部损伤；

④ 耳部损伤；

⑤ 口腔颌面部损伤；

⑥ 头皮、颅脑损伤；

⑦ 颈部损伤；

⑧ 胸部损伤；

⑨ 腹部损伤；

⑩ 骨盆部损伤；

⑪ 脊柱损伤；

⑫ 其他损伤。

在每一类中又有许多小的类别，在计算事故伤害损失工作日时，可以从大类到小类分别查表得到。

① 死亡或永久性全失能伤害按 6000 日计。

② 永久性部分失能伤害按表 2-1、表 2-2 计算，表中未规定数值的暂时失能伤害按歇工天数计算。对于永久性失能伤害无论其歇工天数多少，损失工作日均按表定数值计算。

③ 各伤害部位累计数值超过 6000 日者，仍按 6000 日计算。

表 2-1　截肢或完全失去机能部位损失工作日换算表

机能部位	工　作　日				
		拇指	食指	中指	无名指	小指
手	远端指骨	300	100	75	60	50
	中间指骨	—	200	150	120	105
	近端指骨	600	400	300	240	200
	掌骨	900	600	500	450	400
腕部截肢	1300					
		拇趾	二趾	中趾	无名趾	小趾
脚	远端趾骨	150	35	35	35	35
	中间趾骨	—	75	75	75	75
	近端趾骨	300	150	150	150	150
	骨（包括舟骨、距骨）	600	350	350	350	350
踝部	2400					
上肢	肘部以上任一部位（包括肩关节）				4500	
	腕以上任一部位，且在肘关节或低于肘关节				3600	
下肢	膝关节以上任一部位（包括髋关节）				4500	
	踝部以上，且在膝关节或低于膝关节				3000	

表 2-2　骨折损失工作日换算表

骨折部位	损失工作日	骨折部位	损失工作日
掌骨、指骨	60	肱骨外科颈	70
桡骨下端	80	锁骨	70
尺骨、桡骨干	90	胸骨	105
肱骨髁上	60	跖骨、趾骨	70
肱骨干	80		

2.5　事故统计的基本方法

在安全技术和管理中,数理统计等方法得到普遍重视和应用。例如,对安全状况和动态的分析与评价等工作,调查统计的对象不仅是已发生的事故,还包括可能发生事故的潜在危险因素的分析及预测,对发生的事故原因及应采取的措施的判断首先要求具备一套完整的基础资料和准确数据。

2.5.1　综合指标法

综合指标是通过调查统计和整理所得到的反映事故特征的统计指标。按其反映的总体现象数量特征的不同可分为总量指标、相对指标、平均指标。综合指标法是运用综合指标对事故进行数量分析的主要方法之一。

2.5.1.1　总量指标

总量指标又称统计绝对数,是用来反映事故发展的规模、水平的综合指标。

(1)总量指标按其反映总体内容的不同,分为总体单位总量和总体标志总量。总体单位总量是总体内所有单位的总数。总体标志总量是总体中各单位标志值的总和。总体单位总量和总体标志总量并不是固定不变的,二者随研究目的不同而变化。

(2)总量指标按其反映时间状况的不同分为时期指标和时点指标。时期指标是反映事故在一段时间发展变化结果的总量指标。时点指标是反映事故在某一时间(瞬间)状况上的总量指标。

(3)总量指标按其所采用计量单位的不同分为实物指标、财产指标和工作日指标。总量指标的作用有 3 点。

① 总量指标是计算相对指标和平均指标的基础。

② 总量指标是对事故总体认识的起点。

③ 总量指标是编制计划、实行经营管理的主要依据。

2.5.1.2　相对指标

相对指标又称统计相对数,它是两个有联系的现象数值的比率,用以反映现象的发展程度、普遍程度或比例关系。在统计分析中运用相对指标,可使人们能够更清楚地认识事故要素、事故之间的关系,可以使不能直接对比的事故找到关联的基础。相对指标数值的表现形式分为有名数和无名数两种。无名数是一种抽象化的计算单位,多以倍数、成数、百分数或千分数表示。相对指标计算要求严格保持两指标的可比性。

(1)结构相对指标　在对总体分组的基础上,以总体总量作为比较标准,求出各组总量占总体总量的比重,来反映总体内部组成情况的综合指标,结构相对指标能够反映总体内部结构和现象的类型特征。

$$结构相对指标 = \frac{各组（或部分）总量}{总体总量}$$

（2）比例相对指标　总体中不同部分数量对比的相对指标，用以分析总体范围内事故的各个类型、各个系统之间的比例关系。

$$比例相对指标 = \frac{总体中某一部分数值}{总体中另一部分数值}$$

（3）比较相对指标　不同单位的同类事故数量对比而确定的相对指标，用以说明某一类事故在同一时间各单位的不平衡程度，以表明同类事故在不同条件下的数量对比关系。

$$比较相对指标 = \frac{甲单位某指标值}{乙单位同类指标值}$$

（4）强度相对指标　两个性质不同而有联系的总量指标之间的对比，用来表明某一类事故现象在另一类事故现象中发展的强度、密度和普通程度。

$$强度相对指标 = \frac{某种现象总量指标}{另一个有联系而性质不同的现象总量指标}$$

2.5.1.3　平均指标

平均指标又称统计平均数，用以反映事故总体各单位某一数量标志在一定时间、地点条件下所达到的一般水平。平均指标的特点：把总体各单位标志值的差异抽象化了；平均指标是一个代表值，代表总体各单位标志值的一般水平。平均指标的作用：可以反映总体各单位变量分布的集中趋势；可以用来比较同类现象在不同单位的发展水平，以说明生产水平、安全工作质量的差距；可用来分析事故现象之间的依存关系。

（1）数值平均数

① 算术平均数。总体标志总量除以总体单位总量，它是计算事故平均指标最常用的方法和最基本形式。

a. 简单算术平均数适用于未分组的统计资料。

$$\bar{x} = \frac{\sum x}{n} \tag{2-1}$$

式中，$\bar{x}$ 为算术平均数；x 为各单位标志值；$\sum$ 为总和符号；n 为总体单位数。

b. 加权算术平均数适用于分组的统计资料。

$$\bar{x} = \frac{\sum xf}{f} \tag{2-2}$$

式中，$\bar{x}$ 为算术平均数；x 为各单位标志值；$\sum$ 为总和符号；f 为标志值出现的次数（权重）。

当 $f_1 = f_2 = \cdots = f_n$ 时，　$\bar{x} = \frac{\sum xf}{f} = \frac{f\sum x}{nf} = \frac{\sum x}{n}$

加权算术平均数的大小受各组变量值的大小和各组变量值出现的次数或比重两个因素的影响。之所以称为权重，是由于各组变量值出现次数的多少或比重的大小对平均数的形成起着权衡轻重的作用。在实际应用加权算术平均数时，需注意权重的选择。

② 调和平均数。标志值倒数的算术平均数的倒数，又称倒数平均数。

a. 简单调和平均数

$$\bar{x} = \frac{n}{\sum \frac{1}{x}} \tag{2-3}$$

b. 加权调和平均数

$$\bar{x} = \frac{\sum m}{\sum \frac{m}{x}} \tag{2-4}$$

如果设 $m = xf$，则 $f = \dfrac{m}{x}$，这时 $\bar{x} = \dfrac{\sum fx}{\sum f} = \dfrac{\sum m}{\sum \dfrac{m}{x}}$ （2-5）

式中，f 为权重；m 为各组标志总量。

③ 几何平均数　此处不作具体介绍。

（2）位置平均数

① 众数。现象总体中最普遍出现的标志值。在分配数列中，具有最多次数的那个组的标志值就是众数。在组距分组资料中，众数的近似值

$$m_0 = L_{m_0} + d_{m_0} \dfrac{f_{m_0} - f_{m_{0-1}}}{(f_{m_0} - f_{m_{0-1}}) + (f_{m_0} - f_{m_{0+1}})}$$ （2-6）

式中，m_0 为众数；L_{m_0} 为众数组下限；d_{m_0} 为众数组组距；f_{m_0} 为众数组的次数；$f_{m_{0-1}}$ 为众数组前一组的次数；$f_{m_{0+1}}$ 为众数组后一组的次数。

② 中位数。把现象总体中的各单位标志值按大小顺序排列，处于数列中点位置的标志值就是中位数。在组距数列条件下，中位数的数值可分别采用下限公式和上限公式进行计算，结果应该是一致的。

中位数下限公式　　　　　$$m_e = L + \dfrac{\dfrac{\sum f}{2} - S_{m-1}}{f_m} \times i$$ （2-7）

式中，m_e 为中位数；L 为中位数所在组的下限；$\sum f$ 为次数之和；S_{m-1} 为中位数所在组的以下累计次数；f_m 为中位数所在组的次数；i 为中位数所在组的组距。

中位数上限公式　　　　　$$m_e = U - \dfrac{\dfrac{\sum f}{2} - S_{m+1}}{f_m} \times i$$ （2-8）

式中，m_e 为中位数；U 为中位数所在组的上限；$\sum f$ 为次数之和；S_{m+1} 为中位数所在组的以上累计次数；f_m 为中位数所在组的次数；i 为中位数所在组的组距。

2.5.1.4　变异指标

变异指标又称标志变动度，它综合反映事故在各个系统、地方的差异程度或离散程度。在生产性企业，它反映事故在各种设备、各个工段（工序）的单位标志值的差异程度和离散程度。

变异指标有三个方面的作用，即反映事故单位标志值的离中趋势；说明平均指标的代表程度；测定现象变动的均衡性和稳定性。

变异指标愈大，标志变动程度愈大；变异指标愈小，标志变动程度愈小，相关概念及公式如下。

（1）全距　最大标志值与最小标志值之差。

$$R = X_{max} - X_{min}$$ （2-9）

式中，R 为全距；X_{max} 为最大标志值；X_{min} 为最小标志值。

（2）平均差　各单位标志值对算术平均数的离差绝对值的算术平均数，又称平均离差。

简单平均差　　　　　$$MD = \dfrac{\sum |x - \bar{x}|}{n}$$ （2-10）

加权平均差　　　　　$$MD' = \dfrac{\sum |x - \bar{x}| f}{\sum f}$$ （2-11）

（3）标准差　标准差又称方差，为测定标志变异最主要的指标，是总体各单位标志值对算术平均数离差的平方的算术平均数。

简单标准差　　　　　$$\sigma = \sqrt{\dfrac{\sum (x - \bar{x})^2}{n}}$$ （2-12）

加权标准差
$$\sigma' = \sqrt{\frac{\sum (x - \bar{x})^2 f}{\sum f}}$$
(2-13)

（4）变异系数　变异指标与算术平均数之比的相对变异指标，有全距系数、平均差系数和标准差系数。最常用的是标准差系数。

标准差系数
$$V_\sigma = \frac{\sigma}{\bar{x}}$$
(2-14)

2.5.2　抽样推断法

抽样推断是在抽样调查的基础上，利用事故样本的实际资料计算事故样本指标，并据以推算总体相应数量特征的一种统计分析方法。抽样推断是根据随机原则，从总体中抽取部分实际数据，运用数理统计方法，对总体某一现象的数量性作出具有一定可靠程度的估计判断。它是建立在随机抽样的基础上，运用概率估计，由部分推算整体的一种研究方法。抽样推断的误差可以事先计算并加以控制。

2.5.2.1　基本概念

（1）总体　指所要认识的研究对象全体，它是由所研究范围内具有某种共同性质的全体单位所组成的集合体。一般用 N 表示。

（2）样本总体　又称子样，它是从全集总体中随机抽取出来，作为代表这一总体的那部分单位组成的集合体。一般用 n 表示。作为推断对象的总体是确定的，而且是惟一的。作为观察对象的样本不是确定的，也不是惟一的，而是可变的。

（3）参数　由总体各单位的标志值或标志属性决定的全集指标称为参数。常用的总体参数有总体平均数、方差、标准差以及总体成数等。

（4）统计量　根据样本各单位标志值或标志属性计算的综合指标称为统计量。与总体指标相对应的有样本平均数、方差、标准差以及样本成数等。对一个总体，参数是确定不变的，而统计量则随着样本不同而不同。

（5）样本容量　一个样本所包含的单位数。

（6）样本个数　又称样本可能数目，是指从一个总体中可能抽取的样本个数。一个总体可能抽取多少样本，和样本容量以及抽样方法等因素有关。

（7）重复抽样　也称回置抽样，从总体 N 个单位中，用重复抽样的方法，随机抽取 n 个单位构成一个样本，则共可抽取 N^n 个样本。

（8）不重复抽样　也称不回置抽样，从总体 N 个单位中，用不重复抽样的方法，抽取 n 个单位样本，全部可能抽取的样本数目为 $N(N-1)\cdots(N-n+1)$ 个，重复抽样的样本个数总是大于不重复抽样的样本个数。

抽样误差是指由于随机抽样的偶然因素使样本各单位的结构不足以代表总体各单位的结构，而引起抽样指标和全及指标之间的绝对离差，因此又称为随机误差。它不包括登记误差，也不包括系统性误差。影响抽样误差大小的主要因素有以下 4 点。

① 总体各单位标志值的差异程度。

② 样本的单位数。

③ 抽样方法。

④ 抽样调查的组织形式。

2.5.2.2　抽样类型

抽样组织设计的基本原则是保证随机原则的实现。一般来说，有以下几种抽样方式。

（1）简单随机抽样（单纯随机抽样）　它按随机原则直接从总体 N 个单位中抽取 n 个单位作为样本，保证总体中每个单位的中选机会相等。它是最基本也是最简单的抽样组织形式，适用于均匀分布的总体。所抽单位数的计算有两种方式。

平均数样本单位数 $\qquad n=\dfrac{t^2\sigma^2}{\Delta_x^2}$ （重复抽样） (2-15)

$$n=\dfrac{Nt^2\sigma^2}{N\Delta_x^2+t^2\sigma^2}$$ （不重复抽样） (2-16)

成数样本单位数 $\qquad n=\dfrac{t^2p(1-p)}{\Delta_p^2}$ （重复抽样） (2-17)

$$n=\dfrac{Nt^2p(1-p)}{N\Delta_p^2+t^2p(1-p)}$$ （不重复抽样） (2-18)

式中，σ^2 为总体参数方差；Δ_x 为一定的误差范围；Δ_p^2 为抽样极限误差的平方；t 为极限误差的概率度；p 为总体参数比例。

（2）类型抽样（分层抽样） 类型抽样是先对总体各单位按主要标志加以分组，然后再从各组中按随机的原则抽选一定单位构成样本。这样可提高样本的代表性。它适用于总体标志值悬殊较大的总体。

抽样平均数 $\qquad \overline{x}=\dfrac{\sum\limits_{i=1}^{n}n_i\overline{x}_i}{n}$ (2-19)

抽样平均误差 $\qquad \mu_x=\sqrt{\dfrac{\overline{\sigma_i^2}}{n}}$ （重复抽样） (2-20)

$$\mu=\sqrt{\dfrac{\overline{\sigma_i^2}}{n}\left(1-\dfrac{n}{N}\right)}$$ （不重复抽样） (2-21)

式中，$\overline{x}$ 为分层抽样总体平均数的估计值；n 为总体单位数；$\overline{\sigma_i^2}$ 为各分层抽样方差的平均值；n_i 为第 i 层的总体单位数；$\overline{x}_i$ 为第 i 层的样本均值。

（3）等距抽样（机械抽样或系统抽样） 它按某一标志对总体各单位进行排队，然后依一定顺序和间隔来抽取单位。作为排队的标志可以是无关标志，也可以是有关标志，但要注意避免抽样间隔与现象本身的周期性节奏相重合，引起系统误差。它适用于均匀分布的总体，且其抽样误差一般小于简单随机抽样的误差。等距抽样的方法有半距中点取样和对称取样两种。

抽样平均数 $\qquad \overline{x}=\dfrac{\sum x}{n}$ (2-22)

（4）整群抽样（集团抽样） 它将总体各单位划分成许多群，然后从其中随机抽取部分群，对中选群进行全面调查。适用于没有总体单位的原始记录可利用的情况。整群抽样都采用不重复抽样的方法。设总体分为 R 群，每群有 M 个单位，现在从中抽 r 群进行全面调查，则

抽样平均数 $\qquad \overline{x}=\dfrac{1}{r}\sum\limits_{i=1}^{r}x_i$ (2-23)

抽样平均误差 $\qquad \mu_x=\sqrt{\dfrac{\delta^2}{r}\left(\dfrac{R-r}{R-1}\right)}$ (2-24)

其中 $\delta^2=\dfrac{\sum(\overline{X}_i-\overline{X})^2}{R}$ 或 $\delta^2=\dfrac{\sum(\overline{x}_i-\overline{x})^2}{r}$，为群平均数的群间方差。

式中，$\overline{x}$ 为样本均值；r 为样本群数；$\overline{x}_i$ 为样本中第 i 群标志值的单位均值；R 为总体群数；δ^2 为样本群间方差；$\overline{X}_i$ 为第 i 群标志值的单位平均数；$\overline{X}$ 为总体标志值的单位平均数。

利用抽样推断法，可以在抽样的基础上，运用数理统计，对某一系统的事故数量作出具有一定可靠程度的估计判断。同样，它也可应用于公路的某一路段和生产企业的某一工序或

工段，甚至可以是设备中的某一部位。

2.5.3 假设检验

假设检验是利用样本的实际资料来检验事先对总体某些数量特征所作的假设是否可信的一种统计分析方法。假设检验的目的在于判决原假设的总体和当前抽样所取的总体是否发生了显著的差异。假设检验的基本思想是首先对所研究的命题提出一种假设——无显著差异的假设，并假定这一假设成立，然后由此导出其必然的结果。

在进行假设检验时，要事先确定一个可允许的作为判断界限的小概率标准，这个小概率标准就是统计假设检验中的显著性水平。依据显著性水平的大小把概率分布划分为两个区间，小于给定标准的概率区间称为拒绝区间，大于这个标准则为接受区间。

提出假设是假设检验的首要步骤。原假设 H_0，又称虚无假设或零假设，是人们所要检验的假设，它常常是根据已有的资料或经过周密考虑后确定的。备择假设 H_1，又称择一假设，即原假设被否定之后而采取的逻辑对立的假设。

假设检验的步骤如下。

① 根据题意，建立原假设 H_0 和备择假设 H_1。

② 选择检验的显著性水平，求出相应的临界值。

③ 确立检验统计量，并依据样本信息计算检验统计量的实际值。

④ 将实际求得的检验统计量取值与临界值进行比较，做出拒绝或接受原假设的决策。

单侧检验指所要检验的样本所取自的总体参数偏高（大）或偏低（小）于某个特定值时，所选择使用的一种单方面的检验方法，其原假设取不等式形式。

左单侧检验指所要检验的样本所取自的总体参数偏低（小）于某个特定值时，所使用的检验方法。

$$H_0: M \geqslant M_0 \qquad H_1: M < M_0$$

或

$$H_0: P \geqslant P_0 \qquad H_1: P < P_0$$

式中，H_0 为原假设，又称零假设或虚无假设；H_1 为备择假设，又称对立假设或替换假设；P 为原假设需要验证的参数；P_0 为某一估计值；M_0 为原假设总体平均数；M 为备择假设的总体平均数。

左单侧检验的临界值为 $-t_\alpha$，若 $-t \leqslant -t_\alpha$，则拒绝假设，否则就接受原假设。

右单侧检验指所要检验的样本所取自的总体参数偏高（大）于某个特定值时，所使用的检验方法。

$$H_0: M \leqslant M_0 \qquad H_1: M > M_0$$

或

$$H_0: P \leqslant P_0 \qquad H_1: P > P_0$$

右单侧检验的临界值为 t_α，若 $t \geqslant t_\alpha$，则拒绝原假设，否则就接受原假设。

双侧检验所关心的问题是检验样本平均数和总体平均数，或样本成数与总体成数有没有显著差异，而不问差异的方向是正差或负差时，所采用的统计检验方法，其原假设取等式。

$$H_0: M = M_0 \qquad H_1: M \neq M_0$$

或

$$H_0: P = P_0 \qquad H_1: P \neq P_0$$

双侧检验的下临界值为 $-t_{\alpha/2}$，上临界值为 $t_{\alpha/2}$，如果 $t \geqslant t_{\alpha/2}$ 或 $-t \geqslant -t_{\alpha/2}$，就拒绝原假设；否则就接受原假设。

总体平均数的假设检验指通过抽样平均数与原检验总体平均数的对比，来判断所要检验的总体平均数与原总体平均数是否发生显著性差异。在大样本的情况下，总体平均数的假设检验可以应用正态分布检验法。即首先提出原假设，再根据给定的显著水平，确定假设的接受区间和拒绝区间；然后根据实际调查的样本平均数 $\bar{x}$ 与原假设总体平均数 M_0 求实际的临界值（概率度）t。

$$t = \frac{\overline{x} - M_0}{\sigma / \sqrt{n}} \qquad (2\text{-}25)$$

将实际求得的 t 值与原假设的临界值 t_α 作比较。

① 在双侧检验中，若 $t \geqslant t_{\alpha/2}$，或 $-t \leqslant -t_{\alpha/2}$，拒绝原假设，否则接受原假设。

② 在左单侧检验中，如果 $-t \leqslant -t_\alpha$，拒绝原假设，否则接受原假设。

③ 在右单侧检验中，如果 $t \geqslant t_\alpha$，拒绝原假设，否则接受原假设。

成数亦称比例或比率，是指有某种性质的个体数目在全部总体中所占的比率或者在一定条件下某事件的发生概率。对于总体成数的假设检验，其检验方法与总体平均数的检验方法基本相同，是基于二项分布的原理。在大样本情况下，可转化为近似正态分布情况来处理。其检验统计量可用下式计算。

$$t = \frac{\rho - \rho_0}{\sqrt{\rho_0(1 - \rho_0)}} \qquad (2\text{-}26)$$

两类错误的分析指用假设检验的方法来对原假设的真实性做出拒绝或接受的判断时，这种判断并不能保证不犯错误，做到百分之百的正确，而总要承担一定的风险。在检验时所作的判断将会出现四种可能，如表 2-3 所示。

表 2-3　假设检验判断的四种可能结果

原假设状态行动决策	H_0 真实	H_0 不真实
接受 H_0	正确	第二类错误
拒绝 H_0	第一类错误	正确

第一类错误是弃真错误，它拒绝了真实的原假设，犯此类错误的概率就是显著水平的大小 α。

第二类错误是纳伪错误，它接受了不真实的原假设，犯此类错误的概率是 β。

第一类错误与第二类错误是一对矛盾，降低犯第一类错误的概率必然会提高犯第二类错误的概率；反之亦然。

符号检验是非参数检验方法中最简单而又常用的一种检验方法。它是建立在以"＋"或"－"两个差数符号表示样本数据与假设参数值或者成对数据之间的关系基础上的非参数检验方法，它适用于单样本和配对样本场合。

秩和检验适用于检验两个独立的样本是否来自具有相同位置特征的总体。其检验步骤如下。

① 提出原假设 H_0 和备择假设 H_1。

② 从总体中分别抽取容量为 n_1、n_2 的两个独立随机样本，并把样本容量较小的总体称为总体 $1(n_1 \leqslant n_2)$。

③ 将两个样本混合并按顺序自小到大排序，数值相同的取其位置的简单算术平均值作为它们的秩。

④ 计算来自总体 1 的 n_1 个样本数据的秩和 t。

⑤ 给定显著水平 α，查秩和检验表（n_1，$n_2 < 10$），确定临界值；或查正态分布表（n_1，$n_2 > 10$），确定临界值。

⑥ 作出检验决策。

2.5.4　统计模型分析

统计模型分析法就是借助统计和其他数学方法对客观现象的运行过程和结果的数量模拟。运用统计模型可以分析客观事故、隐患总量、结构、变动趋势，还可以反映事故与事故、事故与隐患之间的关联程度、关系的密切程度以及现象的来龙去脉。

统计所研究的各类事故是不断变化发展的，事故与事故、事故与隐患之间是相互联系的。事故的发展变化和相互联系是普遍存在的，其具体表现又是不同的。有些事故的联系比较直接，有些则比较间接，有些现象的联系关系数量特点比较明显，有些则不够明显。统计从数量方面对各种联系、发展中的事故进行研究，其最重要的任务就是找出适合的联系模型，应用联系模型来反映、分析、研究和推测事故。

应用统计模型是对事故的发展变化、相互联系进行研究，它以数学模型反映、分析、研究事故，加强了定量研究的手段。统计模型有很多种，如相关回归分析模型，各种统计预测模型，各种函数等。这些统计模型研究某些事故之间的联系以及发展变化规律，这些联系和规律既可以是静态的也可以动态的。

各项具体统计分析研究工作都有其特定的目的，都有一定的基本任务要求。统计分析工作的目的要求不同，对统计模型的选择也不同。研究相互关系，就要选择相关回归统计模型，而且还要根据事故间相关关系的方向和程度，决定所选择的回归模型的具体形式。研究变化发展规律，就应选择统计预测模型，并要根据现象的具体表现和预测的不同目的，决定统计预测模型的具体种类。

选择统计模型，还必须根据被研究的事故要素的相互联系特点和发展变化规律的不同，选择适应事故特点和规律的统计模型。对确实存在相关关系的现象，而且能搜集到自变量和因变量的数量资料时，可以用相关回归分析模型对它加以分析，也可对未来的发展变化规律进行预测。反之，如果现象之间并无显著相关关系，却一定要对它使用相关回归模型，就只能是一种数字游戏，没有任何现实作用。

这个问题不但表现在选择统计模型的类型中，而且更具体地表现在选择统计模型的具体形式上。如在统计预测模型中，仅时间序列统计预测模型就有很多种类。如何根据被研究事故的发展变化规律来选择具体的时间序列统计预测模型，是一个十分重要的问题。它需要分析人员认真细致地观察事故时间序列，分析时间序列的变动特点，找出其发展变化的规律性，这样才能选择适当的统计模型来反映它，也才能根据统计预测模型对事故未来的发展变化做出预测。否则统计预测模型不但不能正确地反映事故的发展规律，反而会对事故未来的表现做出不客观的估计，这对理论研究和实际工作都是有害的。

在统计分析中，利用统计模型对事故做准确的分析，将误差降到最低限度，是每个研究者所希望的，也是选择统计模型时的一个重要标准。各种统计模型对事故的反映和分析能力也有所不同，有的在研究和分析问题的产生方面比较准确，有的则在反映现象间相互联系方面比较准确。

在对事故进行分析研究中，经常会遇到对一种事故有多种统计模型可用，或是一种统计模型适用于多种事故的情况。在未对事故做实际分析之前，并不能确定哪种统计模型在分析研究问题时产生的误差最小，在这种情况下，通常是应用几种不同的适用的统计模型，同时对某种事故进行分析研究，并分别测算它们在分析研究问题中产生的误差，然后将各种不同统计模型研究问题的误差加以比较，选择产生误差最小的统计模型，作为最终决定采用的分析模型。

统计模型对被研究现象的适用性，最终可以通过应用统计模型分析研究问题中产生误差的大小来衡量。但有些统计模型虽然可以对事故做出较精确的分析结果，但其数学知识水平要求过高，运算工作量过大，所需费用比较高，花费时间也比较长，这类统计模型在实际应用中将受到很大的限制，或者说在条件不具备的情况下，它不具有实际适用性。

统计分析人员在选择统计模型时，必须根据研究问题所具备的各种客观条件，选择适合事故特点和规律的模型。如果各方面条件，包括分析人员业务素质、费用、时间条件等都比较充裕，当然必须以统计模型分析问题结果的精确度作为主要因素来考虑；但是如果各方面条件有限，那就只能在适当的允许误差范围内，选择方法简单、运算量小、费用和时间花费较少的统计模型，对事故进行分析研究。下面主要介绍回归分析模型。

回归分析是指对具有相互依存关系的变量，通过建立回归分析模型研究某一变量对另一变量的平均变动的影响程度的方法。研究某一变量对另一变量的影响的前提条件必须是这两个变量之间具有相关关系。因此，建立回归分析模型首先要进行相关分析。在事故统计分析中，利用回归分析，对事故与事故要素之间进行相关分析就能确定其他事故要素与事故发生的相关度。

2.5.4.1　相关分析的基本问题

（1）函数关系与相关关系　事故要素与事故之间是相互联系、相互制约的。按照变量之间的关系可分为两种类型，一类是确定性的函数关系，另一类是相关关系。函数关系是指变量之间存在着严格的依存关系，即自变量每取一个值，相应的因变量必然有一个确定值，并且可以用一个数学表达式来反映这种关系。一般来说，在这种情况下，任意两个变量 x 与 y 之间可用函数关系表示。

$$y = f(x) \tag{2-27}$$

相关关系也是指现象之间存在的相互依存关系，即当一个现象发生数量变化时，另一个现象也会相应地发生数量变化，但这种关系是非确定性的依存关系，即当一个现象的数量确定了，另一个现象的变量往往同时出现几个不同的数值，这些数值围绕着它们的平均数上下波动。例如，在供水系统中，供水管网是互通的，由于某一设备出现故障，就会出现管网水压的波动，部分地方甚至出现停水。

在相关分析中，通常把具有相互依存关系的两个变量中作为根据的变量叫做自变量，发生对应变化的变量叫做因变量。例如，流量、温度、压力等都是自变量，而相应的产量、能耗、磨损等则是因变量。自变量一般用 x 表示，因变量一般用 y 表示。有时，两个变量可以互为依存。例如，温度是反应速率的根据，反应速率也可以说是温度的依据。在这种情况下，则要根据研究目的来确定哪个是自变量、哪个是因变量。

（2）相关关系的种类　事故因素之间的关系是很复杂的，根据相关关系的方向、程度和表现形式，相关关系可以进行以下分类。

① 按变量之间相互关系的方向，可分为正相关和负相关　当起影响作用的因素增大（或减小）时，被影响作用的因素增大（或减小），这种关系称为正相关。当起影响作用的因素增大（或减小）时，被影响因素却反而减小（或增大），此时称为负相关。

② 按相关分析因素的多少，可分为单相关和复相关　简单的两个因素之间的相关关系称为单相关，也叫一元相关，它只是用来研究一个自变量和一个因变量的关系。三个以上因素间的相关关系称为复相关，也叫多元相关，它是以单相关为基础的一个自变量同多个因变量的关系。这种复相关在事故统计分析中是普遍存在的。

③ 按变量之间的相互联系的表现形式，可分为直线相关和曲线相关　当自变量 x 发生变动时，因变量 y 值随着发生大致均等的变动（增加或减少），从图形上反映，观察点分布近似为直线形式，称为直线相关。直线相关也叫一元线性相关。其散点如图 2-2 所示。当自变量 x 值发生变动时，因变量 y 值也随之发生变动（增大或减小），但这种运动不是均匀的，用图形反映，观察点分布为各种不同的曲线形式，称为曲线相关，其散点如图 2-3 所示。

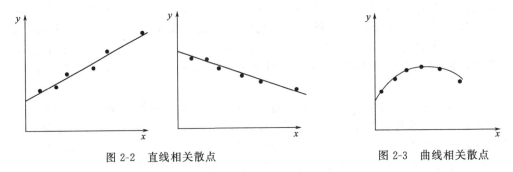

图 2-2　直线相关散点　　　　　　　图 2-3　曲线相关散点

④ 按相关程度，可分为完全相关和零相关　因变量完全随着自变量的变动而变动时，称变量 x 与 y 完全相关，表现在图形上，所有观察点都分布在一条直线（或曲线）上，见图 2-4，此时相关关系就是函数关系。当自变量变动时，因变量完全不随之作相应地变动，称为零相关，其散点如图 2-5 所示。

（3）相关分析的内容　事故要素之间的依存关系，大多数是相关关系。从数量上分析要素之间相互关系的理论称为相关分析。相关分析主要有两方面的内容。

① 确定要素之间有无关系以及相关关系的具体表现形式。

② 确定相关关系的密切程度。判断相关关系密切程度的方法，主要通过相关图表和相关系数。

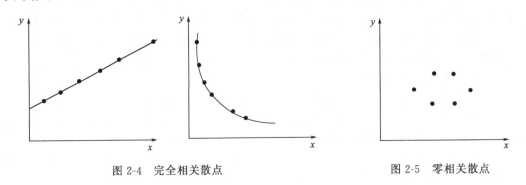

图 2-4　完全相关散点　　　　　　　图 2-5　零相关散点

2.5.4.2　相关分析的方法

确定现象之间是否有关及相关关系类型，首先取决于分析人员所具有的专业知识、工作经验、判断能力；其次可以通过制作相关表或相关图，直观地判断现象之间有无关系及关系的具体形式。

（1）相关表　相关表是根据两个相关的变量，即自变量 x 与因变量 y 的对应关系的数值编制成数据表。通过相关表可以初步看出各变量之间的相关关系。

（2）相关图　相关图也称为散点图，它是根据客观现象的原始数据绘制的。其绘制原理是利用直角坐标系，其中 x 轴代表自变量，y 轴代表因变量，将两个变量对应的原始数据描出相应的坐标，这样可以表明相关点的分布状况。通过相关图可以大致看出两个现象之间有无关系以及是什么样的关系、密切程度如何。相关图可以帮助研究者粗略地判断相关关系的形式及关系密切程度。它是研究分析者选择回归方程的依据之一。

（3）相关系数

① 相关系数的概念。相关系数是反映客观现象之间相关关系及关系密切程度的统计分析指标。在直线相关条件下，可反映出两个变量之间的相关关系密切程度和方向。相关系数是进行相关分析的主要方法之一。

相关系数计算结果的值域，是在绝对值 0 至 1 之间。相关系数为 0，表示 x、y 两现象之间没有线性关系；相关系数越接近于 0，表示相关关系程度越弱；相关系数绝对值等于 1，表示两要素完全相关，即成直线函数关系；相关系数越接近于 1，表示相关关系程度越强；相关系数为 +1 时是正相关，相关系数为 -1 时是负相关。

根据经验，一般认为相关系数绝对值低于 0.3 者为不相关，0.3～0.5 为低度相关，0.5～0.8 为显著相关或密切相关，0.8 以上为高度相关。

② 相关系数的计算。相关系数的大小取决于自变量数列的标准差、因变量数列的标准差和两个数列的协方差 3 个因素。

a. 自变量数列的标准差

$$\sigma_x = \sqrt{\frac{\sum(x - \bar{x})^2}{n}} \tag{2-28}$$

式中，σ_x 为自变量数列的标准差；x 为自变量的变量值；$\bar{x}$ 为自变量数列的平均值，$\bar{x} = \frac{\sum x}{n}$；$n$ 为自变量数列的项数。

b. 因变量数列的标准差

$$\sigma_y = \sqrt{\frac{\sum(y - \bar{y})^2}{n}} \tag{2-29}$$

式中，σ_y 为因变量数列的标准差；y 为因变量数列的变量值；$\bar{y}$ 为因变量数列的平均值，$\bar{y} = \frac{\sum y}{n}$；$n$ 为因变量数列的项数。

c. 两个数列的协方差

$$\sigma_{xy}^2 = \frac{\sum(x - \bar{x})(y - \bar{y})}{n} \tag{2-30}$$

式中，σ_{xy}^2 为两数列的协方差；$(x - \bar{x})$ 为自变量数列各变量值与平均值的离差；$(y - \bar{y})$ 为因变量数列各变量值与平均值的离差。

根据自变量数列的标准差、因变量数列的标准差和两个数列的协方差，可以计算相关系数，基本公式如下所示。

$$r = \frac{\sigma_{xy}^2}{\sigma_x \sigma_y} \tag{2-31}$$

③ 相关系数的其他计算公式。相关系数的计算方法有许多，下面介绍最常见的几个计算方法。

a. 用积差法测定相关系数的公式

$$r = \frac{\sum(x - \bar{x})(y - \bar{y})}{n\sigma_x \sigma_y} \tag{2-32}$$

式中，r 为相关系数；$\bar{x}$ 为 x 变量数列平均数；$\bar{y}$ 为 y 变量数列平均数；σ_x 为 x 变量数列标准差；σ_y 为 y 变量数列标准差。

用积差法测定相关系数的公式与计算相关系数的基本公式的对等关系可从数学上加以证明。

$$r = \frac{\sigma_{xy}^2}{\sigma_x \sigma_y} = \frac{\dfrac{\sum(x - \bar{x})(y - \bar{y})}{n}}{\sigma_x \sigma_y} = \frac{\sum(x - \bar{x})(y - \bar{y})}{n\sigma_x \sigma_y} \tag{2-33}$$

b. 用积差法测定相关系数公式的简化式

$$r = \frac{\sum(x - \bar{x})(y - \bar{y})}{\sqrt{\sum(x - \bar{x})^2 \cdot \sum(y - \bar{y})^2}} \tag{2-34}$$

此公式和计算相关系数的基本公式在数学上也是对等的。

$$r = \frac{\sigma_{xy}^2}{\sigma_x \sigma_y} = \frac{\dfrac{\sum (x-\bar{x})(y-\bar{y})}{n}}{\sqrt{\dfrac{\sum (x-\bar{x})^2}{n} \cdot \dfrac{\sum (y-\bar{y})^2}{n}}} = \frac{\dfrac{1}{n}\sum (x-\bar{x})(y-\bar{y})}{\dfrac{1}{n}\sqrt{\sum (x-\bar{x})^2 \cdot \sum (y-\bar{y})^2}}$$

$$= \frac{\sum (x-\bar{x})(y-\bar{y})}{\sqrt{\sum (x-\bar{x})^2 \cdot \sum (y-\bar{y})^2}} \tag{2-35}$$

如果在积差法测定相关系数公式的简化式中令

$$\sum (x-\bar{x})^2 = L_{xx}$$
$$\sum (y-\bar{y})^2 = L_{yy}$$
$$\sum (x-\bar{x})(y-\bar{y}) = L_{xy}$$

则相关系数公式可简写为

$$r = \frac{L_{xy}}{\sqrt{L_{xx}L_{yy}}} \tag{2-36}$$

c. 测定相关系数的简捷公式

$$r = \frac{n\sum xy - \sum x \sum y}{\sqrt{n\sum x^2 - (\sum x)^2} \cdot \sqrt{n\sum y^2 - (\sum y)^2}} \tag{2-37}$$

d. 在分组资料条件下，可采用下列公式计算相关系数

$$r = \frac{\sum (x-\bar{x})(y-\bar{y})f}{\sqrt{\sum (x-\bar{x})^2 f} \cdot \sqrt{\sum (y-\bar{y})^2 f}} \tag{2-38}$$

或

$$r = \frac{\sum f(\sum xyf) - (\sum xf)(\sum yf)}{\sqrt{\sum f(\sum x^2) - \sum (xf)^2} \cdot \sqrt{\sum f(\sum y^2) - \sum (yf)^2}} \tag{2-39}$$

④ 相关系数的方向和程度的决定。相关系数为正还是为负，其程度如何，主要取决于协方差 σ_{xy}^2 的符号。各相关点的符号取决于 $(x-\bar{x})(y-\bar{y})$ 的数值，若 $x>\bar{x}$ 时，对应的 $y>\bar{y}$，或 $x<\bar{x}$ 时，对应的 $y<\bar{y}$，则 $(x-\bar{x})(y-\bar{y})$ 的乘积总为正数，这个相关点就是正相关点。若 $x>\bar{x}$ 时，对应的 $y<\bar{y}$，或 $x<\bar{x}$ 时，对应的 $y>\bar{y}$，则 $(x-\bar{x})(y-\bar{y})$ 的积为负数，这样的相关点就是负相关点。若 $x=\bar{x}$ 或 $y=\bar{y}$ 时，则 $(x-\bar{x})(y-\bar{y})$ 的积为 0，说明这个点是零相关点。正因为如此，相关数的方向取决于离差乘积总和 $\sum (x-\bar{x})(y-\bar{y})$，其值为正，就是正相关，为负就是负相关，为 0 就是零相关。

根据 $\sum (x-\bar{x})(y-\bar{y})$ 的结果，不仅可以确定两个现象之间是否相关和相关的方向，而且可以依据其数值大小，判断相关的密切程度。若数值大，表明相关关系密切，相反，则相关关系不密切。但是 $\sum (x-\bar{x})(y-\bar{y})$ 受其项数多少的影响，项数多，数值可能较大，项数少，数值可能较小。将这个总和除以项数就可以消除项数多少的影响，即求出平均每一项的离差乘积，这就是协方差指标。相关系数实际上是通过协方差来说明相关关系密切程度的。协方差是用绝对数表现的平均值，它的大小与变量值本身数值的大小有关，也就是与离差数值大小有关，而且和计算单位也有关。因此，只用协方差的绝对值还不能说明相关关系的密切程度，需要消除离差大小的影响。这正是计算相关系数时用 σ_{xy}^2 与 σ_x、σ_y 的乘积相比的原因，这样结果就可以成为相对数，消除了离差大小的影响。

2.5.4.3 回归分析的模型

相关分析的主要任务是研究诸多变量间的相互关系的表现形式和密切程度，是对现象进行回归分析的前提。回归分析是在相关分析的基础上，进一步研究现象之间变化规律的方法。回归分析包括如何根据观测的数据，确定变量的自变量和因变量；确定统计回归分析模型的类型及数学表达式；对回归分析模型进行评价；根据自变量的给定值确定因变量的

数值。

（1）回归分析模型的种类　按照统计研究对象和目的的不同，回归分析模型可进行如下划分。

① 简单回归与多元回归。回归分析模型按照具有相关关系的变量个数划分，可分为简单回归分析模型和多元回归分析模型。

简单回归分析模型是指只有一个自变量和一个因变量的回归分析模型。其数学表达式是线性回归方程，即

$$y_c = a + bx \tag{2-40}$$

式中，x 为自变量及其数值；a 为截距；b 为直线的斜率，也称回归系数；y_c 为根据因变量 y 推算出来的直线上的估计值，也称趋势值或理论值。

多元回归分析模型也称复回归分析模型，是指由多个自变量和一个因变量组成的回归分析模型。它与简单回归分析模型相比，增加了自变量的个数，从而扩展了方程式，其模型为

$$y_c = a + b_1 x_1 + b_2 x_2 + \cdots + b_n x_n \tag{2-41}$$

② 线性回归与非线性回归。回归分析模型按照变量间相互关系的形态来分，可分为线性回归分析模型和非线性回归分析模型。线性回归分析模型是指反映变量之间关系的为直线趋势的模型形态。其模型公式为线性回归方程。非线性回归分析模型是指反映变量之间相互关系的为某种曲线趋势的模型形态。可用一定的曲线方程式来表达变量之间的平均变化关系。常用的非线性回归分析模型有以下几种。

a. 抛物线方程：$y_c = a + bx + cx^2$

b. 对数曲线方程：$y_c = a + b\lg x$

c. 指数曲线方程 $y_c = ab^x$

d. 幂函数方程：$y_c = ax^b$

e. 双曲线方程：$\dfrac{1}{y_c} = a + \dfrac{b}{x}$

f. s 型曲线方程：$y_c = \dfrac{1}{a + be^x}$

上述各式中，x 为自变量；y 为因变量；y_c 为因变量 y 的估计值；a，b，c 为参数。

除上述分类外，根据简单回归和多元回归与线性回归和非线性回归的交替使用，还有简单线性回归和简单非线性回归，多元线性回归和多元非线性回归等不同类型。

（2）线性回归模型的建立　当根据原始资料绘制成相关图表，判断为直线相关后，可以用许多方法建立线性回归方程式，最常用的是最小二乘法。最小二乘法的数学依据是实际值（观察值）与理论值（趋势值）离差平方和最小，据此配合直线方程式，所得出的直线为"最优配合"直线。具体方法如下

$$Q = \sum (y - y_c)^2 = 最小值 \tag{2-42}$$

用直线方程 $y_c = a + bx$ 代入式（2-42）得

$$Q = \sum (y - a - bx)^2 = 最小值 \tag{2-43}$$

用求二元函数极值的方法，求 a 与 b 的值。因为 Q 是 a、b 的二元函数，所以由极值存在的必要条件应有

$$\begin{cases} Q'_b = -2\sum (y - a - bx)x = 0 \tag{2-44} \\ Q'_a = -2\sum (y - a - bx) = 0 \tag{2-45} \end{cases}$$

将上式整理，得出求 a、b 的方程组

$$\begin{cases} \sum xy = a\sum x + b\sum x^2 \tag{2-46} \\ \sum y = na + b\sum x \tag{2-47} \end{cases}$$

由式(2-46)和式(2-47)组成的方程组称为最小二乘法标准方程组。由此方程组可解得 a 和 b，再代入线性方程，就得到线性趋势方程。

$$y_c = a + bx \qquad (2\text{-}48)$$

（3）非线性回归模型的建立　事故因素的变动，有的随着时间的进展按直线变化，也有的呈现出各种形状的曲线变化，即非线性趋势。一般用抛物线来表示。此外，发展趋势还有指数曲线型、坎泊茨曲线型等各种各样的趋势线。下面仅以抛物线形为例，对非线性趋势模型加以说明。抛物线的一般方程为

$$y_c = ax^2 + bx + c$$

此抛物线方程的二级增长量是相等的，如表 2-4 所示。

表 2-4　抛物线方程计算表

x	$y_c = ax^2 + bx + c$	增长量	二级增长量
0	c	—	—
1	$a+b+c$	$a+b$	—
2	$4a+2b+c$	$3a+b$	$2a$
3	$9a+3b+c$	$5a+b$	$2a$
4	$16a+4b+c$	$7a+b$	$2a$
…	…	…	…

从表 2-4 中可以看出，各期的二级增长量均为 2a。

因为抛物线方程是三元一次方程，有 a、b、c 三个参数，因此必须建立三个方程组，才能解得参数。为了得到三个方程，首先要将原数列资料三等分组，采用平均法求出各组平均值，然后分别代入抛物线方程 $y = ax^2 + bx + c$，就能得出三个方程，组成联立方程组而解得 a、b、c 的值。

对于其他常用的非线性回归模型可作适当的变换，将原来的回归方程转化为求变换的线性回归方程问题。利用变换后的统计变量值计算线性回归方程，再代回原来的变量，得出非线性回归分析模型。

（4）多元回归分析模型的建立　多元回归分析模型是一个因变量 y 与两个或两个以上自变量之间关系的数学模型。例如，一个化工产品的产量不仅受生产装置的设计能力影响，还受所用催化剂、市场价格、员工操作、装置的运行状况等因素的影响。由于客观因素各方面的联系，因此就需要进一步研究统计这类问题的方法。多元回归分析模型可以分为多元线性回归分析模型和多元非线性回归分析模型，在此只阐述最一般的多元线性回归分析模型。

设 y 为因变量，$x_1, x_2, \cdots, x_n$ 为自变量，则多元线性回归方程为

$$y_c = a_0 + a_1 x_1 + a_2 x_2 + \cdots + a_n x_n \qquad (2\text{-}49)$$

式中，y_c 为 y 的复回归估计值；a_0 为常数项；$a_1, a_2, \cdots, a_n$ 为 y 对 $x_1, x_2, \cdots, x_n$ 的回归系数。

y 对某一变量的回归系数，表示当其他自变量都固定时，该自变量变化一个单位而使 y 平均改变的数值，也通称为偏回归系数。复回归方程的确定，就是求出常数项 a_0 和偏回归系数 $a_1, a_2, \cdots, a_n$，可通过最小二乘法求得。

假设因变量 y 与 n 个变量 $x_1, x_2, \cdots, x_n$ 之间具有多元线性关系。N 组统计资料值为：$(y_k, x_{k1}, x_{k2}, \cdots, x_{kn}) k = 1, 2, \cdots, N$，则复回归方程为：$y_c = a_0 + a_1 x_1 + a_2 x_2 + \cdots + a_n x_n$。由最小二乘法知道，$a_0, a_1, a_2, \cdots, a_n$ 应使全部 $y_k(k = 1, 2, 3, \cdots, N)$ 与回归值 $y_{ck}(k = 1, 2, 3, \cdots, N)$ 的偏差平方和 Q 达到最小，即 $Q = \sum (y_k - y_{ck})^2 = \sum (y_k - a_0 - a_1 x_1 - \cdots - a_n x_n)^2$ 为最小。

根据微积分中的极值定理，$a_0, a_1, a_2, \cdots, a_n$ 应是下列方程组的解。

$$
\begin{cases}
\dfrac{\partial Q}{\partial b_0} = -2\sum(y_k - y_c) = 0 \\
\dfrac{\partial Q}{\partial b_1} = -2\sum(y_k - y_{ck})x_{ki} = 0
\end{cases}
\qquad i = 1, 2, 3, \cdots, N
\tag{2-50}
$$
$$\tag{2-51}$$

或

$$
\begin{cases}
\sum(y_k - a_0 - a_1 x_1 - \cdots - a_n x_n) = 0 \\
\sum(y_k - a_0 - a_1 x_1 - \cdots - a_n x_n)x_{kj} = 0
\end{cases}
\qquad j = 1, 2, 3, \cdots, N
\tag{2-52}
$$
$$\tag{2-53}$$

2.5.4.4 估计标准误差及判定系数

回归分析模型的理论值 y_c 实际上是一个平均值，而回归分析模型则是反映两个变量之间一般数量关系。由于各种偶然因素的影响，理论值 y_c 与实际观测值 y 之间总不会一致，一般来说，各理论值与实际值之间的平均差异越少说明回归分析模型拟合度越高，代表性也就越强。

（1）估计标准差　是评价回归分析模型拟合度的一项重要指标值。它是理论值 y_c 与实际观测值 y 之间的估计误差的平均值。其公式为

$$
S_y = \sqrt{\frac{\sum(y - y_c)^2}{n - 2}}
\tag{2-54}
$$

式中，S_y 为估计标准误差；y 为实际观测值；y_c 为理论值；n 为项数。

从式（2-54）可以看出，估计标准误差实际上是个平均误差。该数值越大，说明所有点离回归线越远，回归方程的代表性越小；数值越小，说明所有点愈靠近回归线，回归方程的代表性越大。如果 $S_y = 0$，说明实际观测值与理论值之间没有差距，所有点都落在回归线上，这时回归方程具有完全的代表性。故可用 y_c 作为评价回归方程拟合度的指标。

根据估计标准误差 S_y 的数值可以确定估计值的置信区间，以说明直线回归分析模型的准确度。S_y 的计算公式如式（2-48）所示。一般情况下，对于服从正态分布的变量值 y，可利用回归分析模型 y_c 和估计标准误差 S_y 进行表述；落在 $y_c \pm S_y$ 的区间内的变量值约占 68.3%；落在 $y_c \pm 2S_y$ 的区间内的变量值约占 95.45%；落在 $y_c \pm 3S_y$ 的区间内的变量值约占 99.73%。

$$
S_y = \sqrt{\frac{\sum(y - y_c)^2}{n - 2}} = \sqrt{\frac{\sum(y - a - bx)^2}{n - 2}}
\tag{2-55}
$$

估计标准误差 S_y 本身的大小决定了回归分析模型对因变量分析的拟合度，S_y 愈小，回归分析模型拟合愈好。

（2）判定系数和相关系数

① 总离差平方和的分解。在建立线性回归分析模型时，因变量的实际观测值 y 是上下波动的，对于每一个所取得的观测值来说，这种变化的大小可以通过该观测值 y 与因变量的平均值 $\bar{y}$ 之间的离差 $y - \bar{y}$ 来表示。$\bar{y}$ 代表用 y 的平均数所做的一条水平直线，而全部观测值与平均值的总差额可由这些离差的平方和 $\sum(y - \bar{y})^2$ 来表示，称之为总离差平方和，记为：$S_\text{总} = \sum(y - \bar{y})^2$。

总离差包括两部分，一部分是从回归方程 y_c 到平均线 $\bar{y}$ 的差，即（$y_c - \bar{y}$），称之为回归离差。将全部观测点上的 y_c 与 $\bar{y}$ 的离差进行加和，用回归离差平方和 $\sum(y_c - \bar{y})^2$ 表示，可记为：$S_\text{回} = \sum(y_c - \bar{y})^2$。总离差的另一部分是从观测值 y 到回归方程 y_c 的差，即（$y - y_c$），称之为剩余离差。将全部观测值 y 与回归方程 y_c 的离差进行总和，用剩余离差平方和 $\sum(y - y_c)^2$ 表示，可记为：$S_\text{剩} = \sum(y - y_c)^2$。

通过上述讨论可知，总离差等于回归离差加剩余离差，即

$$(y-\bar{y})=(y_c-\bar{y})+(y-y_c) \tag{2-56}$$

总离差平方和与回归平方和、剩余平方和也有如下关系，即

$$\sum(y-\bar{y})^2=\sum(y_c-\bar{y})^2+\sum(y-y_c)^2 \tag{2-57}$$

这就是说，总离差平方和可以分解为两部分，一部分是回归离差平方和，它是由于因变量 y 受自变量 x 影响而产生的，是可以解释的，所以也称之为可以说明的离差平方和；另一部分是剩余离差平方和，它是不能作出具体解释的，所以也称之为不能说明的离差平方和，它同前述的估计标准误差具有同样意义，只是没有被平均和开方。其关系可用式 (2-58) 表述。

$$S_y=\sqrt{\frac{S_{剩}}{n-2}} \tag{2-58}$$

式中，$S_{剩}$ 为剩余离差平方和。

② 判定系数与相关系数的关系。判定系数也称为可决系数，是用来判定估计标准差 S_y 或估计标准方差 S_y^2 大小的一个基准指标，用它可以评价回归分析模型拟合的优劣，反映配合方程的适合程度。其公式为

$$r^2=\frac{S_{回}}{S_{总}} \tag{2-59}$$

式中，r^2 为判定系数；$S_{回}$ 为回归离差平方和；$S_{总}$ 为总离差平方和。

从式(2-59)可以看出判定系数是回归离差平方和占总离差平方和的比重，说明了可以解释的差异占总差异的比重，比重越高，可解释的部分越多，回归分析模型拟合度也就越优。

判定系数的值域为 $0{\leqslant}r^2{\leqslant}1$，判定系数的平方根就是相关系数，即

$$r=\pm\sqrt{\frac{S_{回}}{S_{总}}}$$

因此，相关系数也可以根据判定系数计算。判定系数越高，相应的相关系数也就越高。

S_y 越接近于 0，说明模型与样本数据的偏差越小，可信程度越高；S_y 值越大，模型偏离样本数据越大，可信度也就越差，因此总是力求有一个较小的 S_y 值。但在实际应用中，S_y 往往较大，因此在评估模型优劣时，通常采用 S_y/y 作为判断标准。当 $S_y/y{<}15\%$ 时，可认为模型为优，说明样本实际值与模型预测值之间的差异较小，模型模拟效果较好。

第3章 事故机理及致因理论

现代工业生产工艺条件、设备装置及管理水平情况各异，生产过程中事故的类型是繁多的，事故现象也是千变万化的，因而事故机理也各不相同。本章将把事故机理主要归类为几种主要类型加以介绍。

3.1 物理性作用

3.1.1 破裂

按金属材料破裂的现象不同，容器、管道的破裂可分为韧性破裂、脆性破裂、疲劳破裂、腐蚀破裂和蠕变破裂等五种形式。

3.1.1.1 韧性破裂

韧性破裂是指容器、管道在压力作用下，器壁上产生的应力超过材料的强度极限而发生断裂的一种破坏形式。

生产装置、容器、管道通常采用碳钢及低合金钢材料制造，材料中一般含有脆性夹杂物，内部压力使器壁、管壁受到拉伸。在拉应力的作用下，材料表面产生较大的塑性变形，塑性变形严重的地方即材料中的夹杂物处首先破裂；或使夹杂物与基体界面脱开而形成显微空洞（又称微孔），随着系统内压力的升高，空洞逐渐长大和聚集，其结果便形成裂纹，乃至最后导致韧性破裂。

因此说，韧性破裂实际上是材料中显微空洞形成和长大的过程，而且一般是在表面上发生较大塑性变形之后发生的。从应力的角度进行分析，在拉应力的作用下，表面的平均应力达到材料的屈服极限时，材料将产生明显的塑性变形。如果压力继续升高，致使表面平均应力超过材料的强度极限时，容器或管道即发生韧性破裂。

(1) 韧性破裂的主要特征

① 破裂的材料具有明显的形状改变和较大的塑性变形，对容器来说也就是其直径增大、器壁变薄，其最大圆周伸长率常达 10% 以上，体积增大率也往往超过 10%，有的甚至达 20%。

② 断口宏观分析呈暗灰色纤维状，没有闪烁的金属光泽，断口不齐平，而且与主应力方向成 45°，即与轴向平行，与半径方向成一夹角。

③ 破裂一般不产生碎片，只是裂开一个口或偶然发现有少许碎片。

④ 发生韧性破裂时，其实际爆破压力与计算的爆破压力相接近。

(2) 韧性破裂的主要原因

① 超压、安全阀失灵、操作失误（如错开阀门）、检修前后忘记拆装盲板、不凝性气体未排出、违章超负荷运行、容器内可燃性气体混入空气或高温引起物料分解发生的化学燃烧爆炸、液化气体充装过量或储存温度过高、温度升高时压力剧升等，均会引起容器超压而破裂。

② 器壁厚度不够或使用中变薄；设计制造不合理或误用设备，造成器壁厚度不够；介质的腐蚀冲刷或长期闲置不用又没有采取有效的防腐措施和妥善保养，导致器壁大面积腐蚀，壁厚严重变薄。

3.1.1.2 脆性破裂

脆性破裂是指容器在破裂时没有宏观的塑性变形，器壁平均应力远没有达到材料的强度极限，有的甚至低于屈服极限，其破裂现象和脆性材料的破坏很相似。又因它是在较低的应力状态下发生的，故又称低应力破坏或低应力脆断。

发生低应力脆性断裂的必需条件有三个：一是设备、容器本身存在缺陷或几何形状发生突变；二是存在一定的水平应力；三是材料韧性很差。

大部分低温压力容器所受的载荷是属于静载荷范围，而制造这些容器所选用的钢材为具有体心立方晶格的铁素体型钢。其断裂的机理有剪切断裂和解理断裂两种。随温度的降低，在水平应力的作用下，由剪切断裂逐步转变到解理断裂，材料韧性也随之降低。

脆性破裂包括开裂和裂纹扩展两个阶段。所谓开裂是指从已经存在的缺陷处开始发生不稳定的裂纹，一般存于韧性较差的缺陷处（在开裂时，缺陷尖端处的一小块材料所受的应变速度与容器的工作载荷速度相同，由于低温压力容器一般所受的是静载荷，则缺陷尖端处的一小块材料所受的应变速度也是静载速度）。所谓裂纹扩展，是指容器开裂后形成的裂纹不断扩大。由于脆性断裂的扩展速度非常快（接近于声速 340m/s），因此，在裂纹扩展过程中，裂纹尖端处材料所受的应变速度相当于动载的极高速度。当裂纹尖端处材料的应变超过材料的负荷极限时，裂纹便开始迅速扩展，以致造成材料或容器在低应力状态下发生脆断。

脆性破裂不仅与材料的韧性有关，而且和存在的缺陷大小及外加的水平应力有关。

低温压力容器可能发生的破坏主要是低应力脆性断裂。其破裂的主要特征有如下几点。

① 容器破裂时一般无明显的塑性变形，破裂之前没有或者只有局部极小的塑性变形。

② 断口宏观分析呈金属晶粒状并富有光泽，断口平直且与主应力方向垂直。

③ 破裂通常为瞬间发生，常有许多碎片飞出。破坏一旦发生，裂纹便以极快的速度扩展。

④ 破坏时的名义工作应力较低，通常低于或接近于材料的屈服极限。

⑤ 破坏一般在较低温度下发生，且在此温度下材料的韧性很差。

⑥ 破裂总是在缺陷处或几何形状突变处首先发生。

导致脆性破裂的主要原因有以下几个方面。

① 低温。很多材料在低温下工作时，韧性降低，抗冲击能力下降，此时，材料由塑性变为脆性，易产生脆性破裂。

② 材料存在缺陷。通常指夹渣和裂纹，有的是选材的问题，有的是在热处理过程中由于消除应力热处理温度太低，未能很好地改善材料韧性并消除残余应力，而升温速度控制不住，致使产生消除应力退火裂纹，裂纹处会引起高度应力集中，在容器水压试验和在正常压力下运行时发生突然破坏。

③ 焊接区和焊缝处有缺陷。在设备制造中，一般焊接区存在的缺陷较多，因焊接金属、熔合线和热影响区的韧性常较母材要低，又有残余应力存在，所以裂纹往往沿着焊接区扩展。焊缝处的缺陷通常是指夹渣、未焊透、过热、错边和热影响区焊缝裂纹等，或焊后未作消除应力退火处理就做水压试验，或焊接过程中曾中断预热，残余氢在高残余拉应力区聚集而产生裂纹扩展等，这些都是导致材料塑性降低而破裂的原因。

④ 材料中的磷、硫含量过高及应力腐蚀都将会恶化材料的机械性能，从而引起脆性破裂。

3.1.1.3 疲劳破裂

疲劳破裂是指材料在反复加压、卸压过程中而在低应力状态下突然发生的破坏形式。

金属材料的疲劳破裂过程基本上分疲劳裂纹核心的产生和疲劳裂纹的扩展两个阶段。疲劳裂纹的核心是由于金属材料在交变载荷作用下，在其表面、晶界及非金属夹杂物等处产生不均匀的晶粒滑移而引起的，即在交变应力作用下，在金属表面产生晶粒滑移带，由于滑移带的交叉，滑移带穿过或终止在晶界处，便会形成局部高应力区，最后在滑移带两个平行滑移面之间所形成的空洞棱角处和晶界处产生疲劳裂纹核心；疲劳裂纹扩展是由于交变应力的继续作用,晶粒的位向不同于晶界的阻碍作用,微裂纹由沿最大切应力方向逐渐转向与主应力垂直方向并逐步扩展,直至最后发生疲劳断裂。承受交变循环载荷而引起的疲劳破坏与静载荷条件下的破坏的本质区别是,它不是由于产生过大的塑性变形或过大的应力而引起明显的塑性变形导致破坏,而是由于交变循环载荷的作用,逐渐形成微裂纹,并逐步扩展,最后发生疲劳断裂,且没有明显的塑性变形。

（1）疲劳破裂的主要特征

① 破坏时无明显的塑性变形。

② 由断口宏观分析可见到疲劳裂纹产生、扩展和最后断裂等各具特色的区域,前两者较光滑,后者比较粗糙。

③ 从产生开裂的部位来看,一般都是在局部应力很高的地区。

④ 从裂纹的形成、扩展直到最后断裂,发展缓慢,不像脆断那么迅速,并破成许多碎片,只是一般的开裂,出现裂缝口。

⑤ 疲劳破裂通常是在操作温度、压力大幅度波动且频繁启动、停车的情况下发生。

（2）疲劳破裂的主要原因

① 承受交变循环载荷。如频繁启动和停车,反复的加压和卸载,压力、温度周期性波动且波动幅度较大。

② 过高的局部应力。由于结构、安装的需要或材料的缺陷使个别部位产生高度的应力集中,或由于振动而产生较大的局部应力。

③ 高强度低合金钢的广泛应用和特厚材料的应用增加,材料本身和焊缝处往往很容易形成各种缺陷。

3.1.1.4 蠕变破裂

蠕变破裂是指金属材料长期在高温条件下受应力的作用而产生缓慢、连续的塑性变形而产生的破裂。

长期在高温条件下运行的设备,由于受到热应力的作用,器壁将产生缓慢、连续的塑性变形,如使压力容器的体积逐渐增大,就产生蠕变变形,严重时在低应力状态下便会发生蠕变破裂。一般材料的蠕变破裂温度为它熔化温度的 $25\%\sim35\%$,钛钢及合金钢的蠕变温度通常为 $350\sim400\,^\circ\!C$。

蠕变破裂的主要特征有以下几点。

① 蠕变破裂只发生在高温容器或装置中,破裂时有明显的塑性变形,其变形量与材料在高温下的塑性有关。

② 由断口晶相分析可以发现微观晶相组织有明显变化,如晶粒长大、再结晶与回火效应、碳化物分解、合金组织球化（或石墨化）等。

③ 长期在高温和应力作用下,破裂时的应力低于材料正常操作温度下的抗拉强度。

导致蠕变破裂的主要原因有两点。

④ 设计时选材不合理,如选用了常温时塑性良好而高温时变脆的材料,或采用一般碳钢代替蠕变性能良好的合金钢。

⑤ 操作不佳,维护不周,导致设备运行中可能出现局部过热。

3.1.1.5 腐蚀破裂

腐蚀破裂是指容器壳体由于受到腐蚀介质的作用而产生破裂的一种破坏形式。腐蚀破裂的形式大致可分成五类,即均匀腐蚀、点腐蚀、晶间腐蚀、应力腐蚀和疲劳腐蚀。腐蚀破裂有物理性作用的结果,也有化学性作用的结果。

均匀腐蚀是由于设备大面积出现腐蚀现象,从而使器壁变薄、强度不够导致的塑性破坏。

点腐蚀（又称点蚀）是由于潮湿介质、氯或其他介质在金属表面形成腐蚀电池发生电化学腐蚀，从而使其表面形成穿孔或局部腐蚀深坑，它将引起应力集中。在交变循环载荷作用下，有可能发生韧性破裂或脆性破坏。

晶间腐蚀是一种局部的、选择性的腐蚀破坏。这种腐蚀破坏通常沿着金属材料的晶粒边缘进行。腐蚀性介质渗入到金属材料深处，金属晶粒之间的结合力因腐蚀而破坏，从而使材料的机械性能（强度和塑性）下降或完全丧失，只要用很小的外力就会被破坏。

应力腐蚀是金属材料在拉伸应力和特定的腐蚀环境共同作用下，以裂纹形式发生的腐蚀破坏。应力腐蚀破裂有 3 个要素。

（1）应力　这里所指的是拉应力，它可以是焊接、热加工、热处理等引起的材料残余应力，也可能是由载荷、操作或振动等原因引起的外加应力或热应力。事故调查表明，由制造加工的残余应力引起的应力腐蚀破裂可占 80% 左右。

（2）腐蚀　这里指特定的材料与介质的腐蚀。应力腐蚀破裂大多是晶间型的，由于电化学腐蚀在材料表面产生微裂纹，金属晶粒间的结合力随之降低，在拉应力的作用下则加速腐蚀，使表面的裂纹向材料内部扩展。一般的应力腐蚀破裂仅发生在特定腐蚀介质（合金）的组合环境中。在通常采用的碳钢、低合金钢和奥氏体不锈钢制造的设备中，常见的引起应力腐蚀破裂的腐蚀介质如表 3-1 所示。

表 3-1　常见引起应力腐蚀破裂的腐蚀介质

材　　料	腐蚀介质	材　　料	腐蚀介质
碳钢和低合金钢	NaOH 溶液 硝酸盐 酸性 H_2S 水溶液 海　水 液　氨 CO_2-CO-H_2O 碳酸盐	奥氏体不锈钢	热碱(NaOH、KOH、LiOH) 氯化物水溶液 聚连多硫酸 高温高压含氧高纯水

（3）破裂　裂纹扩展的最后结果是破裂。由于应力腐蚀结果使裂纹根部产生应力集中，然后逐步扩展，直至发生脆性破裂。破裂有晶间裂纹和穿晶裂纹两种，晶间裂纹是指破裂沿晶间进行，而穿晶裂纹没有明显的晶界选择性。总之，破裂的外观是以裂纹形式表现的。

疲劳腐蚀（又称腐蚀疲劳）是金属设备在腐蚀介质和交变拉应力共同作用下而发生腐蚀破坏的一种形式。

腐蚀使金属表面局部损坏并促使疲劳裂纹的形成、扩展，而交变拉应力又破坏金属表面的保护膜，促进表面腐蚀的产生，因此，腐蚀与疲劳是互相促进的。

石油化工和化学工业所使用的压力容器，其工作条件十分苛刻，既承受压力的作用，又承受温度的作用，而且压力和温度是波动的，且波动范围又很大。此外，还要受到各种环境（包括材料、腐蚀介质）的影响，因此事故是大量的、频繁的和复杂的。但大量统计资料表明，石油化学工业所发生的化工设备事故中，最多的是疲劳破裂和应力腐蚀破裂事故。据日本统计的 17 年中石油化工厂化工设备的 306 起事故中，疲劳断裂占 30% 左右，应力腐蚀断裂占 22.6%；英国调查的 100300 个容器中，在使用期间共发生 132 起破坏事故（其中 7 起是灾难性的），其中因疲劳裂缝引起的事故占 36%，而因疲劳裂纹、腐蚀裂纹引起的破坏事故占裂纹扩展造成设备破坏总数的 60% 以上。在腐蚀破裂事故中，应力腐蚀破裂也是最危险而且又较为常见的一种破坏事故，美国杜邦公司的调查也有类似的数据。

从腐蚀介质的不同看，化肥厂、化工厂、炼油厂中经常发生的腐蚀破裂事故有 5 种，即渗碳腐蚀、氢脆、苛性脆化、硫化氢腐蚀、氯脆和 CO、CO_2 气体腐蚀。

① 渗碳腐蚀。指在处理 CO、CO_2 或烃的高温装置和管道的金属表面上析出碳，从而破坏金属氧化膜保护层的破坏形式。

② 氢脆（又称渗氮脱碳腐蚀）　指在高温高压下，氢气渗入到钢材内，与金属材料内的渗碳体相互作用生成甲烷（即氢使碳甲烷化）逸出而使碳钢脱碳，以致造成材料的强度与塑性大幅度降低的破坏形式。

③ 苛性脆化（又称碱脆）　指废热锅炉或水夹套汽包等设备在高温条件下，水质中的浓碱生成钠盐，在热碱溶液的腐蚀和抗应力共同作用下而发生的破坏形式。

④ 硫化氢腐蚀　指硫化氢对器壁产生应力腐蚀或腐蚀疲劳，促使裂纹形成、裂纹扩展，最后导致破裂的一种破坏形式。

⑤ 氯脆　指奥氏不锈钢在高温氯化物水溶液中引起的应力腐蚀破裂现象，造成破裂的介质是含氯离子的冷却用水。不锈钢的不锈性是由于材料在适当的电位范围内、表面阳极极化形成了钝化膜的缘故。而水中氯离子的存在，特别是高温浓缩氯离子的存在，使不锈钢表面的钝化膜遭到破坏。在拉应力的作用下，破裂的钝化膜来不及修补而在此处形成腐蚀坑（或裂纹），成为腐蚀电池的阳极区，在电化学腐蚀过程中，使腐蚀坑向纵深发展，以至造成应力腐蚀断裂。

⑥ CO、CO_2 气体的应力腐蚀　指充装 CO、CO_2 或它们的混合气体的设备，在较高温度和水分存在的情况下产生应力腐蚀，从而导致断裂的破坏形式。

• 腐蚀破裂的主要特征有以下几点。

① 渗碳腐蚀的不锈钢金属表面呈孔蚀状，且在焊接部分和热影响区腐蚀特别严重。

② 由氢脆而破裂的容器的金属表面及断口上有鼓泡现象（氢脆特征）。

③ 发生碱脆断裂的容器，其断口与主拉伸应力方向基本垂直，且粘附有磁性氧化铁物质。

④ 发生硫化氢腐蚀容器的器壁上有一层银灰色、多孔、松散的易剥落层，即腐蚀生成物——硫化铁。

⑤ 发生氯脆的设备表面有腐蚀坑存在。其裂纹通常是穿晶型的，并且带分支，类似河流状。

• 导致腐蚀破裂的主要原因有以下几点。

① 高温、易产生局部过热区、处理 CO、CO_2 或烃类介质的设备，易发生渗碳腐蚀。

② 高压、水分多、露点高条件下的合金材料易产生应力腐蚀。

③ 氢与硫共存、腐蚀条件恶劣，易发生硫化氢引起的应力腐蚀。

④ 高温、高压、碳含量高的铁碳合金设备，易发生氢脆。

⑤ 高温氯化物溶液下的奥氏体不锈钢设备，有较高的冷却残余应力及振动应力，高温、高压的氯化物水溶液是发生氯离子引起奥氏体不锈钢应力腐蚀破裂的必要条件。

⑥ CO、CO_2 或 $CO+CO_2+H_2O$ 或 $CO+CO_2+N_2$ 等混合气体中加水，均会引起应力腐蚀。

3.1.2　物理爆炸

物理爆炸（或物理性爆炸）是指由于物理的原因引起的物质的状态发生突变而导致的爆炸现象。其爆炸前后的物质种类与化学成分均不发生变化。

容器及设备因物理爆炸而破裂通常有两种情况：一种是在正常操作压力下发生的；一种是在超压情况下发生的。而正常工作压力下发生的设备破裂，有的是在高应力下破坏的，即由于设计、制造、腐蚀等原因，使化工设备在正常操作压力下器壁的平均应力超过材料的屈服极限或强度极限而破坏；有的是在低应力下破坏的，即由于低温、材料缺陷、交变载荷和局部应力等原因，使化工设备在正常操作压力下器壁的平均应力低于或远低于材料的屈服极限而破坏。正常操作压力下发生的破坏常见于脆性破裂、疲劳破裂和应力腐蚀破裂。

化工设备在超压情况下发生物理爆炸而破裂，一般是由于没有按规定装设安全泄放装置或装置失灵、液化气体充装过量且严重受热膨胀、操作失误或违章超负荷运行等原因而引起超压导致爆炸破裂，这种破坏形式一般属于韧性破裂。发生物理爆炸时，尽管有时升压速度也比较快，但有一段增压过程。

例如，锅炉与废热锅炉、水夹套汽包、化工容器与设备试压（不包括违章用氧、可燃性气体补压）、石油液化气瓶在正常操作压力和超压下引起的爆炸均属于物理爆炸。

发生物理爆炸破裂后，如何判断是在正常操作压力还是在超压情况下发生的，一般可从以下两个方面进行分析。

一是从破裂的一般特征进行分析。如果破坏前没有超压迹象和超压的可能性甚小，从破坏的主要特征看基本上是属于脆性破裂、疲劳破裂和应力腐蚀破裂，此时可认为是在正常操作压力下发生的。如果有超压的迹象和可能性，而且属于韧性破裂，很可能是在超压情况下发生的。

二是通过破裂压力验算和爆炸能量计算来进行分析。如果从破裂特征看，基本上属于韧性破裂，但经破裂压力的验算，其结果与正常操作压力相差不大，同时计算所得的在正常操作压力下的爆炸能量又远远大于根据现场破坏情况计算得到的破坏能量，一般情况下也可判断为正常操作压力下的破坏；如果按壁厚验算的破裂压力远远大于正常操作压力，而同时按正常操作压力计算的爆炸能量小于现场破坏的能量，此种情况可判断为超压情况下发生的破坏。

3.1.3 磨损与疲劳

3.1.3.1 磨损

在化工机器试车、运行过程中，由于设计、制造、安装、检修方面的问题，或缺乏正确的操作、维护知识，都有可能造成机器零部件损坏和破坏性事故。其事故常见的原因是运动部位的磨损、材料的塑性变形和疲劳破坏。

按照磨损造成摩擦表面破坏的机理，可分为黏着磨损、磨料磨损和腐蚀磨损3种。

（1）黏着磨损　当两个金属零件表面直接接触，其间没有润滑油膜隔开，即没有形成完全润滑时的磨损称黏着磨损。此种磨损是化工机器摩擦零件中最常见的磨损形式，由于相互接触的两个金属表面凹凸不平，接触面积很小，因此，接触应力很大，大到足以超过材料的屈服强度极限而发生塑性变形，从而使凹凸表面彼此黏着在一起。当两个金属表面产生相对滑动时，凹凸表面因抗剪强度较低而被剪断造成磨损。

黏着磨损的速度与接触压力、磨损面积和摩擦距离成正比，而与材料的压缩屈服极限成反比。

压缩机、风机、泵和离心机的主轴与轴承之间、活塞与活塞环之间的磨损为黏着磨损。

（2）磨料磨损　当两个零件表面之间由于存在尘埃、金属屑或积炭等坚硬的磨粒时所造成的磨损称磨料磨损。这种磨损是由于气体净化不好，工艺流程中的气体含有大量杂质，润滑油中含有金属屑、杂质，以及高温下润滑油分解形成积炭等造成的。如气缸与活塞环之间的磨损。

（3）腐蚀磨损　由于腐蚀作用使金属氧化物剥落，致使金属表面间发生的机械磨损称腐蚀磨损。此种磨损往往与黏着、磨料磨损结合在一起同时产生。而且，空气、腐蚀性介质的存在将会加剧腐蚀磨损。腐蚀磨损按腐蚀的速度不同又分为氧化磨损、特殊介质腐蚀磨损和微动磨损三种。其中最容易使机件断裂的是微动磨损。

微动磨损是指采用机械方法（如过盈配合等）连接的两个零部件表面上在动载荷的作用下发生相对运动，使零部件表面产生近似于坑蚀、点蚀的腐蚀形态的磨损，又称咬蚀、摩擦腐蚀或磨蚀疲劳。微动磨损将降低机件的使用寿命，使其在低于疲劳极限的受力状态下发生破裂。

机器的嵌合部位（如键与键槽的配合处、连杆螺栓的螺母与连杆的结合面）、过盈配合处，虽没有宏观的相对位移，但在交变的脉动载荷和振动的作用下，会产生微小的相对滑动。此时表面产生大量的微小的磨损氧化粉末。由于微动磨损集中在局部区域，而摩擦面又永远保持接触，使其表面的质点被扯松、移动，甚至出现氧化质点，通常还伴随着表面局部麻点破坏，如同磨料加速磨损一样，因此兼有氧化、磨料和黏着磨损的作用。在微动磨损的构件表面上出现咬蚀损伤的硬化区，上面浮有红色、暗红色（Fe_2O_3）或黑色的腐蚀产物，形成坑蚀和点蚀的腐蚀形态，在配合表面上，留有氧化斑痕、擦伤痕迹等，甚至出现咬蚀疲劳裂纹。

咬蚀造成了表面应力集中和残余拉应力，削弱了疲劳强度，比较容易引起表面初始裂纹，并有可能扩展，致使连接件断裂。

3.1.3.2　疲劳

机器的主要运动部件，如活塞式压缩机的曲轴、连杆、连杆螺栓，透平压缩机和离心泵的转子、叶轮及离心机的转子、转鼓等，都是在交变载荷下工作，它们经过较长时间运行后，未经产生明显的塑性变形而发生突然断裂的现象称疲劳。由于零件内部有缺陷，在交变载荷作用下形成表面微裂纹，随后迅速达到失稳、扩展，并横贯和渗透到金属本体，以致零件的有效截面积逐渐缩小，应力不断增加，当应力超过材料的断裂强度极限（或疲劳极限）时，即发生突然断裂。疲劳断裂具有颇大的危险性，经常会导致零部件的解体。

影响疲劳的因素见表 3-2。

表 3-2　影响疲劳的因素

工作条件	载荷特征(应力状态、应力循环不对称度等)
	载荷交变频率
	工作温度、工作介质
零件几何形状与表面质量	尺寸因素、表面粗糙度、表面耐蚀性、缺口效应
材料性质及状态	化学成分、金相组织、纤维方向、内部缺陷
表面处理及残余应力	表面冷作硬化、表面热处理、表面涂层

零件的疲劳极限将直接影响零件的疲劳寿命。

同一种材料，在不同应力状态下工作，其疲劳极限是不相同的。由于应力分布及不同应力状态下的切应力与正应力之比不同，则弯曲疲劳极限 σ_1、拉压疲劳极限 σ_{1p} 和扭转疲劳极限 τ_1 之间满足如下的关系。

钢 　　　　　　　　　　　$\sigma_{1p} = 0.85\sigma_1$ 　　　　　　　　　　（3-1）

　　　　　　　　　　　　$\tau_1 = 0.55\sigma_1$ 　　　　　　　　　　（3-2）

铸铁 　　　　　　　　　　$\sigma_{1p} = 0.60\sigma_1$ 　　　　　　　　　　（3-3）

　　　　　　　　　　　　$\tau_1 = 0.80\sigma_1$ 　　　　　　　　　　（3-4）

由上述关系可知，在最大应力相等的条件下，对钢材来说，σ_{1p} 和 τ_1 均小于 σ_1，而且扭转时的交变剪切应力比拉伸时的拉应力更容易使材料产生滑移，易发生疲劳损伤。

零件在交变载荷（例如附加弯矩）作用下，应力循环不对称度（即平均应力，表示应力幅度占最大应力的比例）愈高，则金属材料断裂前所能承受的应力循环次数越多，疲劳寿命越长。

实验表明，平均应力越大，疲劳极限越高，所允许的交变应力幅度越小，疲劳损伤也就越小；零件在超过疲劳极限的应力下继续工作，直到断裂时，所能经受的应力循环次数（称过载荷持久值）越多，零件抵抗过载荷损伤的能力则越高。

实验还表明，金属材料在低于或接近于疲劳极限下运行一定次数后，其疲劳极限还会提高，也就是延长了疲劳寿命，此现象称次载荷锻炼。因此，新制造的机器一般先在空载或部分载荷条件下跑合一段时间，以便各摩擦表面磨合得更好，提高疲劳抗力、延长使用寿命。

金属晶粒的细化程度将直接影响疲劳极限的大小。晶粒细化后，由于晶界可增大疲劳裂纹扩展的障碍，因此，在交变应力作用下，可减小不均匀滑移的程度，推迟疲劳裂纹核心的形成，从而有效地提高疲劳强度，延长其疲劳寿命。但晶粒细化后会降低循环韧性。

经锻造或加工成型的零件，若纤维流方向与主应力方向平行，则疲劳极限就比纤维流与主应力方向垂直时要高，而且材料强度越高，疲劳极限的差别就越大。

对于承受交变弯曲或扭转载荷的机器零件，由于横截面上的应力分布不均匀，表面层的应力最大。因此，它是最容易形成疲劳核心的地方。特别是红装（或热套）的配合表面易形成咬蚀损伤，机体在低于疲劳极限的受力状态下发生咬蚀疲劳断裂，故采用表面强化工艺可有效提高疲劳极限。常用的表面强化处理方法有：表面冷作硬化（喷丸、滚压、滚压抛光）；表面热处理（表面渗碳、渗氮、氰化、表面高频淬火及火焰淬火）；表面镀层（镀铬、镀镍、镀镉）和表面涂层（塑料膜）。表面强化后，不仅可直接提高金属表层的强度，从而提高疲劳极限，而且可使零件表层产生残余压应力，降低交变载荷作用下的表面拉应力，使其不易产生疲劳裂纹和扩展。

机器的零部件在交变载荷作用下，容易产生疲劳断裂之处称疲劳源（即疲劳裂纹发源地）。疲劳源一般是零件的表面，因此，零件的表面质量及状态对疲劳极限影响很大。如零件表面有缺陷（如刀痕、拉伤、钢印记号、磨削裂纹），加之键槽、油孔、台肩、拐角和螺纹等缺口，由于这些地方应力集中，是零部件的最薄弱环节。因此，零件可在较低的应力或较短的寿命下发生疲劳断裂。应力集中的程度不仅与缺口的形状有关，而且还与材料的性质、零件表面粗糙度等有关。

叶片焊缝的热影响区和焊缝本身的缺陷（焊接缩孔、气孔等）是产生疲劳断裂破坏的薄弱环节，也易形成疲劳源。小裂纹在交变载荷作用下，在较低应力时，经过亚临界扩展也会很快达到裂纹的临界尺寸，从而迅速达到失稳扩展，发生突然断裂。

3.1.4 噪声与振动

3.1.4.1 噪声

随着机械急骤地大型化、高速化，噪声对职工身体健康造成的伤害也越来越大。机器是一种噪声源，尤其是风机、离心式压缩机、活塞式压缩机所产生的噪声声级高［透平压缩机的噪声可达 90～95dB(A)］，涉及面广。长期在较高的噪声级下工作，不仅能损伤职工的听觉，对神经、心脏及消化系统也会产生不良影响。而且还会使职工的情绪烦躁，降低工作效率，甚至还会引起事故。因此，为减少噪声对环境的污染，各国都制定了限制噪声的标准，如表 3-3 所示。

噪声源主要包括空气动力性噪声、机械噪声和电磁噪声 3 种类型。

往复活塞式压缩机的噪声主要是气体流经吸、排气阀、气缸、中间冷却器和连接管路的气流强烈脉动引起的空气动力性噪声（其中吸气时的空气动力性噪声最大）和运动机构的动力平衡性差或基础设计不合理（比如活塞、十字头、连杆、曲柄、阀片等运动部件的冲击）而产生的机械噪声，以及电动机、柴油机所产生的电磁噪声。

表 3-3　噪声允许声级标准/dB(A)

		噪声下允许的工作时间/h	8	4	2	1	0.5	0.25
标准及适应部门	美国职业安全和保健标准规范		90	95	100	105	110	115
	英国劳工部规范		90	93	96	99	101	107
	国际标准化组织规范		85	87	89	92	95	100
	中国工业企业噪声卫生标准	新建、扩建、改建企业	85	88	91	94	97	100
		现有企业最宽限度	90	93	96	99	102	105
		最高不得超过	115					

往复活塞式压缩机的转速较低，一般为 $500\sim800\text{r/min}$，因此，多为低频噪声。但是这种低频噪声往往与厂房或临近某些建筑结构产生共鸣，使噪声声级提高。往复活塞式压缩机噪声声级 L_W 可由下式估算。

$$L_W = 75 + 10\lg N \quad \text{dB(A)} \tag{3-5}$$

式中，N 为轴功率，kW。

离心式压缩机的噪声主要是高速流体流经通流元件时所产生的流体噪声和汽轮机、齿轮所产生的噪声。

流体噪声由旋转噪声和涡流噪声组成。旋转噪声是由于叶片在高速旋转过程中不断地压迫气体，使其产生一个个压强脉冲，并迫使周围气体质点迅速起伏变化，从而造成声波。旋转噪声与叶片末端的速度有关，大约与转速的 10 次方成正比。

涡流噪声是由于叶片在气流中高速旋转，在叶片背部产生气体涡流，并不断地产生分裂和滑脱，即相当于一个个脉冲，并以声波的形式向外传播，形成一种宽频带噪声。其噪声大小大约与转速的 $5\sim6$ 次方成正比。离心式压缩机噪声级可按下式估算。

$$L_W = 20\lg N + 50\lg(u_2/2625) + 84 \quad \text{dB(A)} \tag{3-6}$$

式中，N 为轴功率，kW；u_2 为叶轮圆周速度，m/s。

轴流式压缩机与离心式压缩机产生噪声的原理基本相同，只是声传播方式略有不同。

上述介绍的噪声声级计算式只是经验公式，准确的噪声声级必须采用声级表，按标准测量方法测定。

3.1.4.2　振动

机器在运行中，由于种种原因而产生的机组强烈异常的振动是机器常见的一种故障。强烈的振动将带来可怕的后果。它不但会导致连接件接头松脱、基础松动、支撑移动，焊缝、绝缘破坏，附属仪表工作不稳定，加剧运动件与静止件的磨损和引起泄漏等故障，而且还会降低机器的性能，产生很大的噪声，恶化工作条件，严重影响机器运转的可靠性，甚至引起机器、容器、管道疲劳断裂，造成爆炸等破坏性事故。同时，振动本身还直接危害职工的身体健康，引起神经系统和心血管疾病。

3.1.5　电气事故机理

3.1.5.1　触电事故

触电事故是电流的能量直接或间接作用于人体造成的伤害，可分为电击和电伤。

(1) 电击　是电流通过人体内部，人体吸收局外能量受到的伤害。主要伤害部位是心脏、中枢神经系统和肺部。人体遭受数十毫安电流电击时，时间稍长即会致命。电击是全身性伤害，但一般不在人身表面留下大面积明显的伤痕。

低压系统的触电事故大多数是电击造成的。按其形成方式可分为以下 3 种电击，如图 3-1所示。

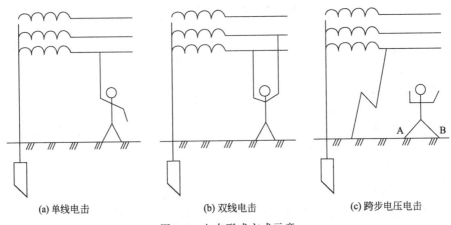

| (a) 单线电击 | (b) 双线电击 | (c) 跨步电压电击 |

图 3-1 电击形成方式示意

单线电击是人体站立在地面，手部或其他部位触及带电导体造成的电击，如图 3-1(a)所示。接地电网中单线电击的危险性一般都大于相同电压的不接地电网中单线电击的危险性。

双线电击是人体不同部位同时触及对地电压不同的两相带电导体造成的电击，如图 3-1(b) 所示。双线电击的危险性大于单线电击的危险性。

跨步电压电击是人的两脚处在对地电压不同的两点造成的电击。图 3-1(c) 表示带电导线接地，接地点周围地面带电，A、B 两点电位不同，人体承受跨步电压遭到电击的情况。

(2) 电伤 指电流转变成其他形式的能量对人体造成的伤害。有两种表现形式。

① 电能转化成热能造成的电弧烧伤和灼伤。

② 电能转化成化学能或机械能造成的电印记、皮肤金属化和机械损伤等。电弧温度可高达 6000℃，除烧伤人体表面外，还会伤及体内，造成死亡或残废。电伤多是局部性伤害，并在人体表面留有明显的伤痕。

3.1.5.2 电气火灾和爆炸

(1) 温度过高 电气线路、电动机、电力变压器、开关设备、插座、电灯、电炉、电焊机等电气设备如设计、安装、运行、维修不当，均可能成为电气火灾和爆炸的原因。

① 短路。短路电流高达正常电流的数十倍，将产生大量的热，破坏绝缘并引燃易燃物品。电气设备或电气线路由于电压击穿，酸、碱等的腐蚀，外物破坏，受潮、受热，以及由于老化均可能失去绝缘性能，并发展为短路；由于操作不慎，小动物侵入也可能造成短路。

② 过载。线路或设备长时间过载也会导致温度过高。由于设计不合理或使用不当均可能造成过载。如短时工作制的设备处于频繁的运行、异步电动机频繁启功、堵转或缺相运行等都会导致温度过高。

③ 接触不良。焊接质量低劣，连接不紧密，触头不平，接触压力不够均可能导致接触处过热。铜、铝接头是电接触的薄弱环节，容易过热。

④ 铁心发热。电气设备铁心短路或长时间过电压均可能造成铁心过热。

⑤ 散热不良。电动机、电灯等电气设备散热不良或通风道堵塞将导致发热。

(2) 电火花 电火花温度很高，能量集中释放，是很危险的引燃源。常见电火花有以下几种。

① 工作火花。包括操作开关、插销、启动装置产生的火花，继电器、接触器正常动作时产生的火花，以及电刷末端产生的火花等。

② 电气设备事故火花。包括熔断器动作、接头松动、短路、接地以及机械碰撞产生的火花。

③ 雷电火花。包括直雷击、感应雷、球雷放电以及二次放电的电弧或电火花。

④ 静电火花。指由工艺过程中积累的静电发生放电产生的火花。

⑤ 电磁感应火花。由空间强电磁场，特别是高频电磁场感应而产生的放电火花。

（3）静电　生产过程中静电的主要来源是接触起电。处于绝缘状态的两种不同材料紧密接触后迅速分开时，将分别带有等量异性电荷。导体能由其周围的一个或一些带电体感应带电。物体也可通过其他物体的电荷迁移或电子流的冲击而直接带电。

① 按照起电原因不同可分为接触起电、破断起电、感应带电和电荷迁移。

a. 接触起电。发生在固体-固体、液体-液体或固体-液体的分界面上。气体一般不能由这种方式带电，但如果气体中悬浮有固体颗粒或液滴，则固体颗粒或液滴均可以由接触方式带电，以致这种气体能够携带静电荷。

两种不同的固体紧密接触，其间距小于 2.5×10^{-9} m 时，少量电荷从一种材料迁移到另一种材料上，于是两种材料带异性电荷，材料之间出现 1V 量级的接触电位差。将两种材料分离时，必须做功以克服异性电荷之间的吸引力，同时，两种材料之间电位差也将增大。在分离过程中，若还有一些接触，这个增大的电位差有将电荷跨过分界面拉回的趋势。若是两种导体在分离时电荷完全复合，每一导体带电都为零。如果一种材料或两种材料都是非导体，则不能完全复合，分开的材料上会保留部分电荷。因为接触时两表面间的间隙极小，所以，尽管保留的电荷量极小，但在分离后两表面之间的电位差很容易达到数千伏。如果将相接触的两材料互相摩擦，分离后带电将会增加。

液体的接触带电主要取决于离子的出现。一种极性的离子（或粒子）吸附于分界面上并吸引极性相反的离子，于是在邻近表面处形成一个电荷扩散层。当液体相对分界面流动时，就将扩散层带走，产生异性电荷的分离。同固体中的情况一样，只要液体的非导电性能阻止电荷复合，分离时将因做功而产生高电压。这种过程在固体-液体和液体-液体交界面都会发生。

b. 破断起电。不论材料破断前其内电荷分布是否均匀，破断后均可能在宏观范围导致正负电荷分离，即产生静电。固体粉碎、液体分裂过程的起电都属于破断起电。

c. 感应带电。任何带电体周围都有电场，放入此电场中的导体能改变周围电场的分布，同时在电场作用下，导体上分离出极性相反的两种电荷。如果该导体与周围绝缘则将带有电位，称为感应带电。由于导体带有电位，加上它带有分离开来的电荷，因此，该导体能够发生静电放电。

d. 电荷迁移。当一个带电体与一个非带电体相接触时，电荷将按各自电导率所允许的程度在它们之间分配，这就是电荷迁移。当带电雾滴或粉尘撞击在固态物体上（如静电除尘）时，会产生有力的电荷迁移。当气体离子流射在初始不带电的物体上时，也会出现类似的电荷迁移。

② 按照带电物体形态的不同，可分为固体带电、液体带电、粉体带点、气体带点、人体带点等 5 类。

a. 固体带电。绝缘材料正越来越多地用于生产设备和构件。此种材料的体积电阻率和表面电阻率分别超过 $10^{12}\Omega \cdot$ m 和 $10^{12}\Omega$，因此，电荷在其上能保持很长时间（时间常数大于 20s 左右）。绝大多数合成聚合物属于这类材料。

绝缘材料很容易通过接触起电而带电。在相互接触的表面上由于摩擦而产生大量电荷。此外，当带电的液体和粉体流经绝缘材料时，也能使材料带电。

绝缘体电阻率很高，以致其上能够保持的最大电荷量不由传导性决定，而由带电表面附近的大气击穿强度决定。理论研究表明，当表面远离接地金属时，对常温常压下的空气，最大面电荷密度大约为 $30\mu C/m^2$。对于面积很大的绝缘体薄膜，击穿所需电荷密度决定于是否有接地金属接近或接触。当带电一侧及相对一侧没有金属时，电荷产生的电场大致在两侧等量垂直向外。当薄膜背面有接地金属时，则引起电场重新分布，大部分电力线指向金属，剩下少量从表面向外，在这种情况下，薄膜能够带上比 $30\mu C/m^2$ 大得多的面电荷密度而不发生放电。当薄膜与金属涂层或衬里接触时，从表面指向外部的场线更少。

b. 液体带电。液体加工的工艺是多样的，下面为不同运动状态下液体中电荷产生的机理。

ⓐ 单相液体在管道中的流动。液体流经管道时发生分离，流出管口的液体是带电的。其电荷量大小决定于许多因素，其中之一就是流动状态，湍流比层流产生更多的电荷。对于单相液体层流，其产生的电荷与流动速度成正比，湍流时则与流动速度的平方成正比，因此湍流危险性更大。以下介绍的主要是液体流动为湍流状态下电荷的产生。

对于单相流体，如果电导率足够低，以致能够积累和保持危险的电荷，其流出无限长管道时的电荷密度按如下经验公式计算。

$$\rho \approx 5v \tag{3-7}$$

式中，ρ 为电荷密度，$\mu C/m^2$；v 为液体的线速度，m/s。

满足下列关系的管道可以认为是无穷长管道。

$$L > 3v\tau \tag{3-8}$$

$$\tau = \frac{\varepsilon_r \varepsilon_0}{\gamma} \times 10^{12} \tag{3-9}$$

式中，L 为管道长度，m；τ 为液体的松弛时间，s；ε_r 为液体的相对介电常数；ε_0 为真空介电常数，$\varepsilon_0 = 3.85 \times 10^{-12} F/m$；$\gamma$ 为液体的电导率，pS/m。

ⓑ 液-液混合物或液-固混合物在管道中的流动。当这些混合物通过管道抽送时，产生电荷的方式与单相液体相同，因为分界面有所增加，产生电荷的速率比单相时大。电荷密度不易计算。

ⓒ 液体穿过过滤网和过滤器的流动。滤网和网纱是很粗的过滤器，其目数一般小于350目（孔的线度为 $30\mu m$），它们主要用来滤去液体中的大颗粒。通常情况下，它们不引起静电电流的明显增加。因此，在考虑单相流体时可忽略。如果有第二相存在，它们将加强分散，使系统其他地方电荷量增加。

细孔过滤器会构成高静电发生器。一般情况下，过滤越细密，电荷产生量越大。通过微孔过滤器产生的电流比通过管道产生的电流大几个数量级。液体离开这种过滤器时的电荷密度多在 $10\mu C/m^2$ 到 $5000\mu C/m^2$ 之间。细孔过滤器的电荷产生量是很难准确预计的，即使同类过滤器也能给出相差很大的结果。

细孔过滤器产生的静电电流决定于液体流动速率、液体电导率、液体中的离子类型，以及决定于过滤器微孔表面状态。通常，产生的电流随流动速率的增大而增大。当液体电导率很低时（$0.1pS/m$），随液体电导率的增加，产生的电流起伏也增大。其原因在于随着液体电导率的增加，液体中离子浓度增大。当液体电导率较高时，由于松弛，电荷的复合过程使得过滤器中产生的电荷又随液体电导率的继续增加而减小。其原因是由于自然条件及液体内离子浓度的千差万别，以及液体与过滤器微孔分界面的复杂性，通过过滤产生的电流量很难预测。

ⓓ 固体或液体向液体内的注入。任何注入过程（例如水向烃类液体中的注入过程）都产生电荷，这种产生电荷的过程非常复杂。液相的电导率的降低将阻滞松弛作用，从而促进注入时电位升高。

ⓔ 液体的飞溅。当液体从管口流出时，有两个过程将会产生带电的雾云。

当液体分裂成液滴，在管路内产生的电荷将分散到各液滴上，从而形成带电雾云。

如果液柱喷到障碍物上，在接触部位能产生额外的电荷，从而使形成的雾云带更多的静电。其电位既决定于障碍物表面的特征和清洁度，又决定于液体内粒子的类型和浓度。一般情况下，液体的导电性越好，电荷的产生量越大。例如：水的喷注比油的喷注产生的电量大，但水油混合物能够产生比二者都大的电荷量。

ⓕ 喷嘴的液滴喷射。从喷嘴喷出的雾气流将会大量带电。管道内侧液层受气流切向力的作用被解体为许多液滴以及液滴沿管道内的表面运动，均使喷出的液滴带电。电量的大小将决定于液体的电导率和气体速度等。

ⓖ 搅拌和混合。在搅拌和混合过程中，液体的任何运动部位均产生静电，电量大小决定于液体电导率和液体与相接触的固体表面之间的相对运动。因其湍流较小，产生的电荷量一般小于液体流经管道或细孔过滤器时产生的电荷量。但在某些混合过程中也会发生灾害。

c. 粉体带电。粉体会大量产生接触起电。电荷产生量通常是很难预计的。只要粉体与不同的表面接触，例如在搅拌、研磨、筛滤、倒入过程中，以及空气输送过程中，都可能起电。

悬浮在空气中的粉体所携带电荷量不会超过某一限值。因为在此限制以上，每个颗粒表面的电场强度将足够使其周围的空气电离，从而将电荷泄漏掉。表面场强决定于粉粒大小、形状及表面电荷密度。对于完全分散的颗粒，其能保持的最大表面电荷密度为 $10\mu C/m^2$。随着各粉粒相互接近，粉云边界处场强增大，如果发生放电，所携带电荷总量将减少。

单位质量粉体携带的电荷称为荷质比。荷质比是解决粉体静电现象的重要参数之一。对于球形粉粒，荷质比由下式求出。

$$q = \frac{3\sigma}{\rho r} \tag{3-10}$$

式中，q 为荷质比，$\mu C/kg$；σ 为面电荷密度，$\mu C/m^2$；ρ 为粉粒密度，kg/m^3；r 为粉粒半径，m。

对于悬浮在空气中完全分散的粉体，当 σ 接近 $10\mu C/m^2$ 时，达到最大荷质比。粉粒较小的粉体能携带较大的电荷量。

d. 气体带电。纯净气体或气体混合物（例如大气）的运动，产生静电的量是极小的。然而悬浮在气体中的液体或固体颗粒能够产生和携带较多的静电电荷。这些粒子可能是外部物质，如锈皮、水滴，也可能使气体本身的凝聚物，如固体二氧化碳（干冰）、液化的薄雾或湿气中的液滴。带电是由粒子的接触起电产生的。分离开的电荷可能留在与气体相接触的各类装备上，如管道或喷嘴上。气流也会使其周围的任何孤立导体感应带电。

e. 人体带电。人体的体电阻率很低，可视为导体。当人体穿着绝缘鞋或站在绝缘地板上时，人体能够通过接触起电而带电。人体也能通过感应而带电，最为常见的是由于穿着的衣物带电。常见的人体带电过程有以下几种。

ⓐ 人体从椅子上站立起来或擦拭墙壁等过程（最初的电荷分离发生在衣物和其他相关物体外表面，然后，人体由感应带电）。

ⓑ 人体在高电阻率材料制成的地毯等绝缘地板上的走动（最初的电荷分离发生在鞋和地板之间，然后，对于导电性鞋，人体由电荷传递而带电；对于绝缘鞋，人体因感应而带电）。

ⓒ 脱下外衣时的静电。这是发生在外层衣物与内层衣物之间的接触起电，人体则经过电荷传递或感应而带电。

ⓓ 液体或粉体从人拿着的容器内倒出（该液体或粉体把一种极性的电荷带走，将等量

异性电荷留在人体上)。

ⓔ 与带电材料的接触。如对高度带电粉体取样时的带电。

带电人体储存的总能量由表达式 $\frac{1}{2}CU^2$ 给出，典型的人体电容在 100pF 到 300pF 之间。并非所有储存在人体上的能量都是放电火花的，其释放能量的大小决定于放电的环境。当混合物最小引燃能量约小于 100mJ 时，应采取防范措施。

在许多情况下衣物能够带电。如果人体接地，衣物一般不会发生严重的火花放电，因为带电衣物发出的电力线中，只有一小部分指向人体。衣物的放电受材料的电阻率限制，放电的能量也很小。除了最小引燃能量很低的场合，例如氧气很充足和处理易爆物的场合，放电没有危险性。然而，若将一件衣服脱去，其上的电荷将容易保留且容易发生危险的火花放电。

3.2 化学性作用

3.2.1 燃烧

燃烧是可燃物与助燃物（氧或氧化剂）发生的一种发光放热的化学反应。是在单位时间内产生的热量大于消耗热量的反应。它包括产生局部急剧反应带的发火过程和反应带向未反应部分传播的传播过程。

3.2.1.1 燃烧条件

燃烧必须同时具备三个条件，即可燃性物质，助燃性物质和点火源。三者同时存在，相互作用，燃烧方可产生。

燃烧反应在本质上属于氧化-还原反应，参加反应的物质必须含有氧化剂和还原剂，也就是通常所说的助燃物和可燃物。助燃物主要是氧、氟、氯，一些含氧酸及其盐也可作助燃物（如 HNO_3、NH_4NO_3、$KClO_3$、$KMnO_4$）。许多金属（如铁、铝、镁等）和非金属单质（如氢、碳、硫等）可作可燃物，有机化合物（如甲烷、汽油、木材、合成高分子材料等）几乎都是可燃物。

$$H_2 + Cl_2 \rule[0.5ex]{2em}{0.4pt} 2HCl + 184.3kJ$$
$$C + O_2 \rule[0.5ex]{2em}{0.4pt} CO_2 + 393.5kJ$$
$$S + O_2 \rule[0.5ex]{2em}{0.4pt} SO_2 + 296.9kJ$$
$$3Fe + 2O_2 \rule[0.5ex]{2em}{0.4pt} Fe_3O_4 + 111.7kJ$$
$$CH_4 + 2O_2 \rule[0.5ex]{2em}{0.4pt} CO_2 + 2H_2O + 825.0kJ$$

以上反应都为燃烧反应。

要使可燃物和助燃物发生化学反应，还必须具有点火源，明火、电火花、摩擦和撞击火花、静电火花、化学反应热、高温表面、雷电火花、光和射线、压缩升温等均可作为点火源。

可燃物、助燃物和点火能源是燃烧得以发生的三个必要条件，也就是通常说的燃烧三要素。但是，有时即使上述三个要素都具备，燃烧也并不一定发生，这是因为燃烧对可燃物和助燃物有一定的浓度和数量要求，对点火源有一定的强度和能量要求。例如甲烷的浓度小于5%或空气中氧气含量小于12%的甲烷不能燃烧。当空气中氧气含量小于14%时，木材也不会燃烧。对于甲烷-空气混合气体，当温度低于甲烷的自燃点时，燃烧不会发生。电焊火星的温度高达1200℃，可以点燃爆炸性混合气体。但如果落在木块上，通常不会引起燃烧。因为木块所需的点火能量远大于爆炸性混合气体，火星的温度虽高，但能量不足，故不能引燃木材。由此可见，具备一定数量的浓度的可燃物和助燃物以及具备一定强度和能量的点火能源同时存在，并且发生相互作用，才是引起燃烧的必要条件。

3.2.1.2　燃烧过程

大多数可燃物质的燃烧是在蒸气或气态下进行的。由于可燃物质的聚集状态不同，其受热所发生的燃烧过程也不同。具体示意如图 3-2。

① 气体最易燃烧，燃烧所需热量只用于本身的氧化分解，并使其达到燃点。

② 液体在点火源作用下，先蒸发成蒸气，然后蒸气氧化分解而燃烧。

③ 固体燃烧分两种情况：对于硫磷等简单物质，受热时首先熔化，继之蒸发变为蒸气进行燃烧，无分解过程；对于复杂物质，受热时首先分解为物质的组成部分，生成气态和液态产物；然后，气态、液态产物的蒸气着火燃烧。

如果是复杂的化合物，在受热时可燃物继续熔化、分解、蒸发、氧化、着火、燃烧，只要助燃物源源不断地供给，燃烧就一直进行到可燃物烧完为止。

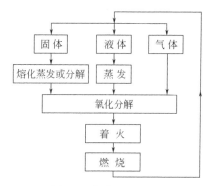

图 3-2　燃烧过程示意

3.2.1.3　燃烧形式

由于可燃物质存在状态不同，其燃烧形式亦不同。

（1）均一系燃烧　指在同一相中进行的燃烧。如氢气在氧气中的燃烧、煤气在空气中的燃烧。

（2）非均一系燃烧　指可燃物与助燃物并非同相，如石油（液相）、木材（固相）在空气（气相）中的燃烧。

（3）混合燃烧　可燃气体或可燃粉尘、助燃气体在容器内或空间中扩散混合，其浓度在爆炸范围内，遇火源即会发生燃烧，产生一个小火球，此火球在混合气体所分布的空间中迅速扩大，直到把混合气全部烧尽。但是，在某种条件下，也可能转化为爆炸。很多火灾、爆炸事故是由混合燃烧引起的，失去控制的混合燃烧往往会造成重大的经济损失和人员伤亡。

（4）扩散燃烧　当可燃气体（如氢气、丙烷、汽油蒸气等）从管口、管道或容器的裂缝等处流向空气时，由于可燃气体和空气互相扩散混合，其混合浓度达到爆炸范围的部分遇火源即能着火燃烧。它们形成的火焰叫扩散焰。

（5）蒸发燃烧　系指可燃液体蒸发产生可燃蒸气的燃烧，萘、硫磺等可燃固体借加热升华或熔融成蒸发物而进行的燃烧亦属蒸发燃烧。

（6）分解燃烧　固体可燃物（如木材、煤、橡胶等）、高沸点液体和低熔点的固体物质（如重油、蜡、沥青等）燃烧时，首先受热分解，放出可燃气体，这种气体被点燃产生火焰，放出的热量使可燃物不断地分解，燃烧不断地进行下去。

（7）表面燃烧（均热性燃烧）　可燃性固体（木材等）燃烧热解的结果是使其碳化，在已生成无定形碳的固体表面上所进行的燃烧为表面燃烧。铝箔、镁条等金属的燃烧即属于此种燃烧。

（8）完全燃烧与不完全燃烧　根据燃烧反应进行的程度（燃烧产物）分为完全燃烧和不完全燃烧。

3.2.1.4　燃烧种类

燃烧现象按其形式的条件和瞬间发生的特点，分为着火、闪燃、自燃 3 种。

（1）着火　可燃物受到外界火源直接作用而开始的持续燃烧现象叫做着火。这是日常生产、生活中最常见的燃烧现象。可燃物开始着火所需要的最低温度叫做燃点，也称着火点。

可燃物质的燃点越低，越容易着火。

气体、液体、固体可燃物都有燃点。但是，燃点对可燃气体和易燃液体没有多大实际意义。因为可燃气体除氨外，其燃点都大大低于零度；而易燃液体的燃点仅比闪点高 $1\sim5℃$。但是，燃点对于可燃固体和闪点比较高的可燃液体具有实际意义。控制这些物质的温度在燃点以下，是预防火灾发生的一个重要措施。在灭火时采用的冷却法，其原理就是将燃烧物质的温度降到它的燃点以下，使其燃烧过程自动中止。

表 3-4 为某些可燃物的燃点。

表 3-4　某些可燃物的燃点

物质名称	燃点/℃	物质名称	燃点/℃	物质名称	燃点/℃
黄磷	34	麻绒	150	粘胶纤维	235
松节油	53	漆布	165	松木	250
樟脑	70	蜡烛	190	有机玻璃	260
灯油	86	布匹	200	涤纶	390
赛璐珞	100	麦草	200	锦纶-6	395
橡胶	120	硫	207	聚乙烯	400
纸	130	豆油	220	聚丙烯	400
棉花	150	烟叶	222	锦纶-66	415

（2）闪燃　任何一种液体的表面上都有一定数量的蒸气存在，蒸气的浓度取决于该液体所处的温度，温度越高则蒸气浓度越大。在一定温度下，易燃、可燃液体表面上的蒸气和空气的混合气体与火焰接触时，能闪出火花，但随即熄灭。这种瞬间燃烧的过程叫闪燃。液体能发生闪燃的最低温度叫闪点。液体在闪点温度下，蒸发速度较慢，表面上积聚的蒸气遇火一瞬间即已烧尽，而新的蒸气还未来得及补充，故火一闪即灭，不能发生持续燃烧。当温度稍高于闪点时，易燃、可燃液体随时都有遇火源而被点燃的危险。所以闪点是液体可以引起火灾危险的最低温度。液体的闪点越低，它的火灾危险性越大。中国的防火规范按闪点的高低把它们分为两类四级，如表 3-5 所示。一些常见易燃和可燃液体的闪点如表 3-6 所示。

表 3-5　液体分类分级

类　别	级　别	闪点/℃	举　　　　例
易燃	一	$t\leqslant28$	汽油、甲醇、乙醇、苯、甲苯、丙酮、二硫化碳等
液体	二	$28<t\leqslant45$	煤油、丁醇、松节油等
可燃	三	$45<t\leqslant120$	戊醇、柴油、重油、酚等
液体	四	$t>120$	润滑油、甘油、桐油等

表 3-6　几种常见易燃和可燃液体的闪点

液体名称	闪点/℃	液体名称	闪点/℃	液体名称	闪点/℃
汽油	$-58\sim10$	甲醇	9	冰醋酸	40
石油醚	-50	乙醇	11	戊醇	49
二硫化碳	-45	醋酸丁酯	13	酚	79
丙酮	-17	辛烷	16	乙二醇	100
苯	-14	醋酸戊酯	25	二苯醚	115
醋胺乙酯	1	煤油	$28\sim45$	甘油	160
甲苯	4	松节油	32	菜籽油	163
二氯乙烷	8	丁醇	35	桐油	239

（3）自燃　可燃物质在没有外界火源的直接作用下受热或自身发热，并由于散热受到阻碍，使热量蓄积，温度逐渐上升，当达到一定温度时发生的自行燃烧现象，叫做自燃。可燃物质不需点火源的直接作用就能发生自行燃烧的最低温度，叫做自燃点。

影响可燃物自燃点的因素较多。固体物质的粒度、形状就有一定的影响，通常粒度越细则自燃点越低。可燃性气体和液体蒸气的浓度对自燃温度有较大的影响，在爆炸上限和下限浓度时则自燃温度较高，而在其浓度略大于化学计算浓度时，自燃温度最低，通常所说的可燃气和液体蒸发的自燃点指的就是这个最低的自燃温度。表 3-7 列出了一些固体、液体、气体可燃物的自燃点。

表 3-7　几种可燃物的自燃点

物质名称	自燃点/℃	物质名称	自燃点/℃	物质名称	自燃点/℃
三硫化四磷	100	汽油	280	硫化氢	292
赛璐珞	150～180	柴油	350～380	乙炔	305
赤磷	200～250	棉籽油	370	丁烷	408
松香	240	重油	380～420	丙烯	458
木材	250～350	乙醇	392	乙烯	490
煤	400～500	菜籽油	446	丙烷	493
涤纶纤维	440	豆油	460	乙烷	515
二硫化碳	102	甲醇	470	氢	572
乙醚	170	甲醛	430	一氧化碳	609
煤油	240～290	丙酮	540	甲烷	632
石脑油	277	甲苯	552	氨	651

自燃按其引燃源分为自热燃烧和受热自燃两种。

（1）自热燃烧　可燃物质因内部所发生的化学、物理或生物化学过程而产生热量，这些热量在适当条件下逐渐积聚，使物质温度上升到自燃点而燃烧，这种现象称为自热燃烧。在常温下的空气中能发生化学、物理、生化作用放出氧化热、分解热、吸附热、聚合热、发酵热等热量的物质，均有可能发生自热燃烧。植物油（如亚麻仁油、棉籽油等）由于分子中含有不饱和的双键（—C＝C—）较易和空气中氧发生作用放出氧化热；金属硫化物（硫化铝、硫化铁等）容易和空气中的氧发生氧化作用；硝化棉及其制品（如赛璐珞、影片、油漆等）在常温下会自发分解放出分解热，而且它们的分解反应具有自催化作用；液态氰化氢，若含有微量水分，极易因发生聚合作用而放出聚合热；植物和农副产品（如稻草、木屑、粮食等）若含有水分，会因发酵而放出发酵热。上述几种物质在积热不散的条件下，温度会逐渐升高到自燃点，导致自燃。

（2）受热自燃　可燃物质在外部热源作用下，使温度逐渐升高，当达到其自燃点时，即可着火燃烧。这种现象称为受热自燃。

在生产和生活中，可燃物由于接触高温表面（如蒸气管道、热的设备等）；加热或烘烤过度（如熬炼沥青、油浴温度过高、烘干木材等）；机械运转失常，缺少润滑油，摩擦生热；电气设备以及线路过载；或使用不当等原因，均可导致可燃物自燃。

在生产厂房中，若有可能出现可燃性气体、液体蒸气或可燃粉尘，与它们接触的任何物体，如电气设备、反应缸罐、蒸汽管道，其外表面的温度必须控制在这些可燃物的自燃点以下。

3.2.2　化学爆炸

化学爆炸（或化学性爆炸）又称化学反应爆炸，它是指物质发生极迅速、剧烈的化学反应而产生大量热量和气体产物，高温高压的产物对外膨胀做功而引起的瞬间爆炸现象。

按化学爆炸时所发生化学变化的不同，一般可分为简单分解爆炸、复杂分解爆炸和爆炸性混合物爆炸三类。这三类爆炸，除简单分解的可爆物不一定发生燃烧反应，爆炸时所需热量是由可爆物本身分解产生的以外，其他类型可爆物质爆炸时均伴有剧烈的燃烧现象。

在工业生产中发生的化学爆炸事故，绝大部分是爆炸性混合物爆炸。

所谓爆炸性混合物爆炸，是指可燃性气体、蒸气与空气混合达到一定的浓度后，遇引燃源而发生的异常激烈的燃烧爆炸。这种混合物称爆炸性混合物。

爆炸性混合物爆炸必需的条件有3个。

① 具有可燃的易爆物质　如水煤气、半水煤气混合气体以及氢气、一氧化碳、乙炔、丙烷、氨、乙醚等与空气（或氧）的混合物。

② 上述的可燃易爆气体与空气（或氧）混合达到一定范围　如半水煤气与空气混合为8.1%～70.5%时，便有可能爆炸。

③ 有点火源　该混合物遇到明火或微小发火能量的激发，如火焰、焊接时产生的火花、电弧、机械撞击火花、静电起火和电器火花等，但需要注意的是，这种爆炸性混合物，在高压、高温情况下，在没有明火或静电作用时，同样可能发生化学爆炸，如设备升压、卸压时，由于气流速度太高，产生高温引爆或高温下积炭自燃等。

通过对爆炸性混合物爆炸必备条件的分析，生产过程中发生爆炸性混合物爆炸的可能性较大的场所多为石油化工和化学工业生产企业，因为处理易燃易爆气体或蒸气的化工设备到处可见，空气又是常见的助燃物质，并且大量存在，无孔不入；同时设备运行、安装、检修过程中难免遇到点火源。因此，在石油化工和化学工业生产中，由于密封装置失效、设备管道腐蚀或断裂以及安装检修不良、操作失误等原因，可燃性气体从工艺装置、设备、管道内泄漏或喷射到厂房或周围的大气中，或由于负压操作、系统串气、水封不严或失效，空气窜入到化工装置、设备内，可燃性气体与空气（或氧）混合形成爆炸性混合气体，若遇到明火或高温就有发生化学爆炸的危险。

爆炸性混合物与火源接触时，会有自由基生成，成为链锁反应的作用中心。点火后，热和链锁载体向大气传播，在传播过程中，促使邻近层的混合物迅速发生化学反应，此后，这层混合物又成为热和链锁体的传播源，继续传播，将引起一层又一层的混合物燃烧。其火焰速度也随一系列链锁反应逐渐加速，从每秒几米增至数百米，甚至高达上千米，即爆轰，并且火焰温度也随之剧升，以致产生巨大能量，造成严重的破坏和伤害。

3.2.2.1　爆炸极限

可燃气体、蒸气或粉尘和空气构成的混合物，并不是在任何浓度下遇火源都能燃烧爆炸，而只是在一定的浓度范围内才能发生燃烧、爆炸。在此浓度范围内，浓度不同，火焰蔓延速度也不相同。当混合物含量稍多于化学计算浓度时，混合物的放热量最大，火焰蔓延速度最快，燃烧也最剧烈。可燃物浓度增加或减少都会减少发热量，减慢蔓延速度。当浓度低于某一最低浓度或高于某一最高浓度，火焰便不能蔓延，燃烧也就不能进行。在火源作用下，可燃气体、蒸气或粉尘在空气中恰足以使火焰蔓延的最低浓度，称为该气体、蒸气或粉尘与空气混合物的爆炸下限，也称燃烧下限。同理，恰足以使火焰蔓延的最高浓度，称为爆炸上限，也称燃烧上限。上限和下限统称爆炸极限或燃烧极限。浓度在上、下限之间的范围内，在火源作用下能够引起燃烧或爆炸；在此范围之外，则不会着火，更不会爆炸。浓度在爆炸上限以上，若空气能补充进来，则随时有发生燃烧、爆炸的危险。因此，对浓度在上限以上的混合气，通常仍认为它们是危险的。

粉尘的爆炸极限用单位体积中所含可燃性粉尘的质量（g/m^3 或 mg/L）表示。可燃气体、蒸气的爆炸极限通常以体积百分数表示。氢气的爆炸范围为 4.0%～75%，一般石油产品蒸气的爆炸范围约为 1%～6%，四个碳以下的气体烃爆炸范围大致在 1.9%～15% 之间，部分可燃气体的爆炸极限列于表 3-8。

　　单组分可燃气体、蒸气的爆炸极限可以从各种手册中查到，多组分可燃气体的爆炸极限通常用计算的方法获得。

表 3-8　部分可燃气体的爆炸极限

分类		可燃性气体或蒸气	分子式	相对分子质量	爆炸极限			
					/%		/mg/L	
					下限	上限	下限	上限
无机物		氢	H_2	2.0	4.0	75	3.3	63
		二硫化碳	CS_2	76.1	1.25	44	40	1400
		硫化氢	H_2S	34.1	4.3	45	61	640
		氢化氰	HCN	27.1	6.0	41	68	460
		氨	NH_3	17.0	15.0	28	106	200
		一氧化碳	CO	28.0	12.5	74	146	860
		氧硫化碳	COS	60.1	12.0	29	300	725
碳氢化合物	不饱和烃	乙炔	C_2H_2	26.0	2.5	81	27	880
		乙烯	C_2H_4	28.0	3.1	32	36	370
		丙烯	C_3H_6	42.0	2.4	10.3	42	180
	饱和烃	甲烷	CH_4	16.0	5.3	14	35	93
		乙烷	C_2H_6	30.1	3.0	12.5	33	156
		丙烷	C_3H_6	44.1	2.2	9.5	40	174
		丁烷	C_4H_{10}	58.1	1.9	8.5	46	206
		戊烷	C_5H_{12}	72.1	1.5	7.8	45	234
		己烷	C_6H_{14}	86.1	1.2	7.5	43	270
		庚烷	C_7H_{16}	100.1	1.2	6.7	50	280
		辛烷	C_8H_{18}	114.1	1.0	—	48	—
	环状烃	苯	C_6H_6	78.1	1.4	7.1	46	230
		甲苯	C_7H_8	92.1	1.4	6.7	54	260
其他化合物	含氧衍生物	环氧乙烷	C_2H_4O	44.1	3.0	80	55	1467
		乙烯	$(C_2H_5)_2O$	74.1	1.9	48	59	1480
		乙醛	CH_3CHO	44.1	4.1	55	75	1000
		丙酮	$(CH_3)_2CO$	58.1	3.0	11	72	270
		乙醇	CH_3OH	46.1	4.3	19	82	360
		甲醇	C_9H_5OH	32.0	7.3	36	97	480
		醋酸戊酯	$C_9H_{14}O_2$	130	1.1	—	60	—
		醋酸乙酯	$C_4H_8O_2$	88.1	2.5	9	92	330
	含氮衍生物	吡啶	C_3H_5N	79.1	1.8	12.4	59	410
		甲胺	CH_3NH_2	31.1	4.9	20.7	63	270
		二甲胺	$(CH_3)_2NH$	45.1	2.8	14.4	52	270
		三甲胺	$(CH_3)_3N$	59.1	2.0	11.6	49	285
	含卤素衍生物	氯乙烯	C_2H_3Cl	62.5	4.0	22	104	570
		氯乙烷	C_2H_5Cl	64.5	3.8	15.4	102	410
		氯甲烷	C_2H_4Cl	50.5	10.7	17.4	225	370
		二氯乙烷	C_2H_4Cl	99.0	6.2	16	256	660
		三溴甲烷	CH_3Br	94.9	13.5	14.5	534	573

　　根据理·查特里法则计算，当混合气体中含有两种以上成分的可燃气体或蒸气时，它们的爆炸极限可根据理·查特里法则计算，其计算公式如下。

$$X_{1m} = \frac{1}{\dfrac{n_a}{X_{1a}} + \dfrac{n_b}{X_{1b}} + \dfrac{n_c}{X_{1c}} + \cdots} \times 100\% \tag{3-11}$$

$$X_{2m} = \cfrac{1}{\cfrac{n_a}{X_{2a}} + \cfrac{n_b}{X_{2b}} + \cfrac{n_c}{X_{2c}} + \cdots} \times 100\% \tag{3-12}$$

式中，X_{1m} 为混合气体的爆炸下限；X_{2m} 为混合气体的爆炸上限；n_a，n_b，n_c，$\cdots$ 为可燃混合气中，a, b, c, $\cdots$ 各组分的体积分数；$n_a + n_b + n_c + \cdots = 100\%$；$X_{1a}$，$X_{1b}$，$X_{1c}$，$\cdots$ 为混合气体中各可燃气组分的爆炸下限；X_{2a}，X_{2b}，X_{2c}，$\cdots$ 为混合气体中各可燃气组分的爆炸上限。

由于理·查特里法则推导时引入了各可燃气组分同时着火的假设，所以式（3-11）和（3-12）适用于计算反应活性和催化活性相近的各种碳氢化合物混合气的爆炸极限，对其他可燃性气体混合物的计算结果会引起偏差，但亦有一定的参考价值。

根据经验公式计算，含有惰性气体组分的可燃气体混合物的爆炸极限可用下式计算。

$$X_{Bm} = X_m \cfrac{1 + \cfrac{B}{1-B}}{1 + X_m \cfrac{B}{1-B}} \times 100\% \tag{3-13}$$

式中，X_{Bm} 为含惰性气体的可燃混合物的爆炸极限；X_m 为混合气体中可燃混合气的爆炸极限；B 为惰性气体含量。

爆炸极限通常是在常温、常压等标准条件下测定出来的数据，它不是固定的物理常数。不同的物质有不同的爆炸极限。

3.2.2.2　爆炸影响因素

同一种可燃气体、蒸气的爆炸极限也不是固定不变的。它随温度、压力、含氧量、惰性气体含量、火源强度等因素的变化而变化。

① 初始温度　混合物着火前的初温升高，会使爆炸极限范围扩大，爆炸危险性便会增加。

② 初始压力　混合气体的初始压力增大，上限显著提高。例如甲烷的爆炸范围在 100kPa 下为 5.3%～14%，在 1000kPa 下为 5.7%～17.2%。这种混合气体在减压的情况下，低于临界压力，混合物则无燃烧爆炸的危险，所以在化工生产中，对于一些燃爆危险大的物料的生产、储存，往往采用临界压力以下的条件进行。

③ 含氧量　混合物中的含氧量增加，爆炸上限提高，爆炸范围扩大，爆炸危险性增加。例如含氧量达到一定的浓度时，可使混合物不燃烧。所以惰性气体可用于防火和灭火。

④ 点火源　点火源的强度高，热表面的面积大，火源与混合物的接触时间长，会使爆炸范围扩大，增加燃烧、爆炸的危险性。

由于爆炸极限的影响因素较多，所以在生产条件下控制危险浓度时，应结合具体情况进行考虑，并应适当留出一个安全裕度，以确保生产安全。

发生化学爆炸时的主要特征有以下几点。

a. 发生化学爆炸一般都是在瞬间进行的，同时伴有激烈的燃烧反应；容器破裂时还会出现火光和闪光现象。

b. 爆破后的容器一般碎裂成许多的碎片，其断口有脆性破裂的特征。

c. 事故后检查安全阀和压力表，安全阀有泄压的迹象，压力表的指针撞弯或回不到零位。

d. 容器爆炸时，一般有二次空间化学爆炸的迹象，如在容器内和室内有燃烧痕迹或残留物，有时还会听到二次响声。

3.2.3　腐蚀

参与化学反应的介质以及反应的生成物大多是有腐蚀性的，一方面腐蚀使金属壁变薄、变脆，致使设备提早报废，影响产量；另一方面，腐蚀可使设备造成严重的跑、冒、滴、漏等现象，污染环境。更为严重的是，腐蚀将使设备破裂。因此，对腐蚀问题必须给以高度重视。

腐蚀可分为化学腐蚀与电化学腐蚀。

3.2.3.1　化学腐蚀

化学腐蚀是指金属与周围介质发生化学反应而引起的破坏，在腐蚀过程中不产生电流。化学腐蚀的产物大多是形成不同厚度的膜（称表面膜），此膜对金属的腐蚀速度影响很大。

金属与干燥空气中的氧或其他氧化剂作用生成金属氧化膜，而金属原子（或离子）和介质中的原子（或离子）向膜中扩散，它们相遇后产生化学反应，形成新的腐蚀产物，从而使表面膜加厚。

化学腐蚀中最常见的是气体腐蚀，即铁碳合金的高温氧化和高温高压下的氢腐蚀。

铁碳合金高温氧化反应式为

$$Fe + \frac{1}{2}O_2 \longrightarrow FeO$$

铁碳合金高温高压下氢腐蚀反应式为

$$Fe_3C + 2H_2 \longrightarrow 3Fe + CH_4$$

这是一种脱碳反应。反应的结果，首先是金属晶界附近的渗碳体转变为铁素体，并且生成甲烷气。随着反应的进行和甲烷的聚集，形成局部高压，引起应力集中，使晶界变宽，形成更大的裂纹或在金属表层夹杂形成鼓泡。

3.2.3.2　电化学腐蚀

电化学腐蚀是指金属与电解质溶液间产生电化学作用而引起的腐蚀破坏，在腐蚀过程中有电流产生。

由于金属有自由电子存在，故金属具有导电性。当金属的两端有电位差时，自由电子便产生定向流动而导电。又因电解质溶液中极性水分子的水化作用，会全部或部分地解离出带正电的阳离子和带负电的阴离子。如碱分子解离为带正电荷的金属离子（Me^+）和带负电荷的氢氧根离子（OH^-）；酸分子解离为氢离子（H^+）和酸根离子（R^-）；盐分子解离为金属离子（Me^+）和酸根离子（R^-）。因此，电解质溶液可以导电。这样，这些离子在直流电场的作用下，阳离子向负极移动，阴离子向正极流动并在电极上放电而形成电流，故电解质溶液为离子导电。

金属与电解质溶液在交界面上形成双电层，如同一个充满了电的电容器的两个极板，溶液带正电（或负电），金属带负电（或正电），它们之间的电位差就构成金属在该电解质溶液中的电极电位。电化学腐蚀就是发生在金属与电解质交界面的双电层上。实际上，电化学腐蚀是由于金属与电解质溶液构成了原电池而发生的。

3.3　工业中毒事故

3.3.1　工业毒物侵入人体的途径及危害

毒物侵入人体可通过呼吸道、皮肤和消化道等途径。生产条件下的化学物质，主要是通过呼吸道和皮肤侵入人体；而生活性中毒则以消化道进入为主。工业中毒时经消化道进入则是次要的。它往往是用被毒物污染的手取食或吸烟，或黏附于咽部的毒物经消化道进入胃肠的。生产中发生意外事故时，毒物有可能直接冲入口腔。

3.3.1.1　经呼吸道侵入

人体肺泡的表面积约 $90 \sim 160 m^2$，每天吸入空气达 $12 m^3$，重约 $12 kg$。空气在肺泡内的慢流速（接触时间长）、肺泡内的丰富血流和薄的肺泡壁都有利于吸收，所以呼吸道是生产性毒物进入人体的最重要途径。在生产环境中，即使空气中有害物质含量较低，每天也将有一定量的毒物通过呼吸道侵入人体。

由于从鼻腔至肺泡整个呼吸道各部分的不同，对毒物的吸收程度也不同，表面积愈大，停留时间愈长，吸收量愈大。同时，气态有毒物质与肺泡组织壁两侧分压大小以及呼吸深度、速度、循环速度有关，而这些因素又与劳动强度有关。环境温度、湿度、接触毒物的条件（如同时有溶剂存在）也都影响吸收量。对于肺泡内的二氧化碳，可能对增加某些物质的溶解度有影响，从而促进毒物的吸收。

3.3.1.2　经皮肤侵入

有些毒物可透过无损皮肤和毛囊的皮脂被吸收。经表皮进入体内的毒物需经三种屏障。第一是皮肤的角质层，一般分子量大于300的物质，不易透过无损皮肤。第二是位于表皮角质层下面的连接角质层，其表皮细胞富有固醇磷脂，它能阻碍水溶性物质的通过，但不能阻碍脂溶性物质透过。毒物通过该屏障后即扩散，经乳头毛细血管进入血液。第三是表皮与真皮连接处的基膜。脂溶性毒物经表皮吸收后，还需有水溶性，才能进一步扩散和吸收。所以水、脂都溶的物质（如苯胺）易被皮肤吸收。只脂溶而水溶极微的苯，经皮肤吸收量较少。与脂溶性物质共同存在的溶剂，对毒物的吸收影响不大。

毒物经皮肤进入毛囊后，可绕过表皮的屏障直接透过皮脂腺细胞和毛囊壁而进入真皮，再从下面向表皮扩散。但这个途径不如经表皮吸收重要。电解质和某些重金属，特别是汞在紧密接触后可经此途径被吸收。操作中如被溶剂沾染皮肤，可促使毒物贴附于表皮和经毛囊而被吸收。

某些气态毒物如浓度较高时，即使在室温条件下，也可同时通过以上两种途径吸收。

毒物通过汗腺吸收并不重要。手掌和足蹠的表皮虽有很多汗腺，但没有毛囊，毒物只能通过表皮屏障而被吸收。由于这些部分表皮的角质层，故不易吸收。

如果表皮屏障的完整性被破坏，如外伤、灼伤等，可促进毒物的吸收。潮湿也可促进皮肤吸收，特别是对于气态物质更为重要。有机溶剂经常沾染皮肤，使皮肤表面的类脂质溶解，在一定程度上也可促进毒物的吸收。

黏膜吸收毒物的能力远较皮肤强，部分粉尘也可以通过黏膜吸收。

3.3.1.3　经消化道侵入

毒物可通过口腔进入消化道而被吸收。

胃肠道的酸碱度是影响毒物吸收的重要因素。胃内容物能促进或阻止毒物通过胃壁的吸收。胃液是酸性，对弱碱性物质可增加其电离，从而减少其吸收；而对弱酸性物质，则具有阻止电离的作用，因而增加其吸收。脂溶性和非电离的物质能渗透通过胃的上皮细胞，但是胃内的食物，蛋白质和黏液蛋白类等则可减少毒物的吸收。

小肠吸收毒物同样受到上述条件的影响。最重要的因素是肠内的碱性环境和较大的吸收面积。碱性物质在胃内不易被吸收，待到达小肠后，即转化为非电离物质而可被吸收。

小肠内分布有不少酶系统，可以使已与毒物结合的蛋白质或脂肪分解，从而释放出游离的毒物而促进其吸收。在小肠内，物质可经细胞壁直接透入细胞。此种吸收方式对毒物的吸收起重要作用，特别是对分子的吸收，在化学结构上与天然物质相似的毒物可以通过主动的渗透而被吸收。

制约结肠中吸收的条件和小肠相同，但因结肠面积小，所以其吸收较为次要。

3.3.2　工业毒物对人体的危害

毒物吸收后，通过血液循环分布到全身各组织或器官，由于毒物本身的理化特性及各组织的生化、生理特点，进而破坏人的正常生理机能，导致中毒性危害。中毒可分为急性中毒、亚急性中毒、慢性中毒三种情况。但有些中毒只有急性型而无明显慢性中毒现象，另一些则主要表现为慢性型，而很少有急性中毒（锰、铅中毒）。工业中毒以慢性为多见，急性中毒仅见于事故场合，一般较为少见，但危害甚大。此外亚急性中毒基本属于急性中毒范畴。

3.3.2.1　急性中毒对人体的危害

急性中毒指短时间内大量毒物迅速作用于人体后所发生的病变，由于毒物不同，对人体危害的器官、组织及其危害程度也不一样。

（1）对呼吸系统的危害　刺激性气体、有害蒸气和粉尘对呼吸系统损害有以下几种表现。

① 窒息状态　可由以下各原因造成。

a. 呼吸道机械性阻塞，如氨、氯、二氧化硫等急性中毒时所引起的喉痉挛和声门水肿，当病情严重时可发生呼吸道机械性阻塞而窒息死亡。

b. 呼吸持久抑制，可由高浓度的刺激性气体（如硫化氢）等引起迅速的反射性呼吸抑制；麻醉性毒物以及有机磷农药等可直接抑制呼吸中枢，有机磷农药可抑制神经肌肉接头的传递功能，引起呼吸肌瘫痪。单纯性窒息性气体如甲烷等和稀释空气中的氧，化学性窒息气体如一氧化碳、苯胺等，能形成高血红蛋白而影响正常携氧功能，它们最终使呼吸中枢因缺氧而受到抑制。

② 呼吸道炎症　水溶性较大的刺激性气体，如氨、氯、二氧化硫、三氧化硫、铬酸、氯甲基甲醚、四氯化硅等，对局部黏膜产生强烈的刺激作用，引起充血和水肿。吸入刺激性气体以及镉、锰、铍烟尘等可引起化学性肺炎。

③ 肺水肿　中毒性水肿常由吸入大量水溶性的刺激性气体和蒸气引起。如氯、氨、氮氧化物、光气、硫酸二甲酯、溴甲烷、臭氧、氧化镉、羰基镍、部分有机氟化物、二氟一氯甲烷等。浓度极高且水溶性大的刺激性气体，如氯、氨、二氧化硫，三氧化硫和硒化氢等，重度中毒早期即可引起肺水肿。

（2）对神经系统的危害

① 急性中毒脑病　引起中毒性脑病的工业毒物，即所谓的"亲神经性毒物"，常见的有四乙基铅、有机汞、有机锡、磷化氢、铊、汽油、苯、二硫化碳、溴甲烷、环氧乙烯、甲醇及有机磷农药等。

上述毒物所产生的中毒性脑病常表现有神经系统症状，如头晕、头痛、乏力、恶心、视力模糊、幻视（如红视、黄视）、障碍、复视，以及不同程度的意识障碍、昏迷、抽搐等。

有的以精神神经系统症状为主。患者有癔病样发作或类神经分裂症、躁狂症、忧郁症。如语言重复、兴奋、夸大，或表现为神经错乱、多疑、恐惧。以上中毒症状在急性四乙基铅、二硫化碳、有机锡中毒现象中多见。有的以植物神经系统失调为主要表现，如脉搏减慢、血压和体温降低、多汗等。

对于多发性神经炎，常见于溴甲烷、铊化合物、一氧化碳等中毒现象中，患者呈现四肢疼痛、肢端麻木、感觉过敏或减退甚至消失且伴有腱反射迟钝或消失等。

② 神经衰弱症候群　见于某些轻度急性中毒或中毒后的恢复期。

（3）对血液系统的危害　急性职业中毒可导致白细胞增加或减少，高铁血红蛋白的形成及溶血等。

① 白细胞数变化　大部分急性中毒均呈现白细胞总数和中性细胞的增高。从事苯及含苯混合物作业的工人和放射性作业者，可引起白细胞减少。

② 血红蛋白变性　毒物引起的血红蛋白变性以高铁血红蛋白症为最多，硫血红蛋白症较少。硝基苯及苯胺的代谢产物具有使正常血红蛋白转为高铁血红蛋白的毒性。急性中毒时，由于血红蛋白的变性、带氧功能受到障碍，患者常有缺氧症状，如头昏、胸闷、乏力等，甚至发生意识障碍和昏迷。同时，皮肤黏膜发生紫绀，常在口唇、耳廓和牙床等处明显。

③ 溶血性贫血　常见于砷化氢、苯肼、苯胺、硝基苯等中毒，其中尤以砷化氢为严重。吸入砷化氢后，数小时内可引起大量溶血，病人剧烈头痛、浸寒、寒战、发热、恶心、呕吐等，并出现血红蛋白尿。由于红细胞迅速减少，导致组织缺氧，病人有头昏、胸闷、气急、心动过速和心前区痛等。严重者可引起休克和急性肾功能衰竭。苯胺和硝基苯急性中毒引起的溶血，一般在中毒后 2～3 天出现。

（4）对泌尿系统的危害　在急性中毒时，有许多毒物可引起肾脏损害，尤其以汞和四氯化碳等引起的急性肾小管坏死性肾病最为严重。砷化氢急性中毒引起的严重溶血，由于组织严重缺氧和血红蛋白结晶阻塞肾小管，也可引起类似的坏死性肾病。此外，乙二醇、锡、铋、铀、铅、铊等也可引起中毒性肾病。

（5）对循环系统的危害

① 心肌损害　有些毒物如锑、砷、磷、四氯化碳、有机汞农药等中毒可引起急性心肌损害，甚至使心肌严重缺氧。

② 心律失常　在三氯乙烯、汽油、苯等有机溶剂的急性中毒中，毒物刺激 β-肾上腺素受体而致心室颤动。氯化钡、氯乙基汞也可引起心律失常。

③ 肺原性心脏病　刺激性气体引起严重中毒性肺水肿时，由于渗出大量血浆及肺循环阻力的增加，可能出现肺原性心脏病。

（6）消化系统的危害

① 急性肠胃炎　急性汞、砷、铅等中毒，可发生严重恶心、呕吐、腹痛、腹泻等酷似急性肠胃炎的症状。剧烈呕吐和腹泻可以引起失水和电解质、酸碱平衡紊乱，甚至发生休克。

② 中毒性肝炎　有些毒物主要引起肝脏损害，称为"亲肝性"毒物，该毒物常见的有磷、锑、四氯化碳、硝基苯、三硝基甲苯、氯仿及一些肼类化合物等。

急性中毒性肝炎有两种，一种是以全身或其他系统症状为主，肝脏损坏较轻或不明显，多为轻型无黄疸型，患者肝脏可有轻度肿大，有或无压痛，肝功能异常或伴有恶心、食欲减退等；另一种则是以肝脏损害为主，肝脏肿大，肝区痛，黄疸发展迅速，为重型或急性或亚急性肝坏死型。

3.3.2.2　慢性中毒对人体的危害

（1）对神经系统的危害

① 中毒性脑、脊髓损害　可见于慢性中毒，如严重的四乙基铅、铅、汞、锰等中毒，可致精神障碍、智力迟钝、癫痫发作及帕金森氏综合征等。

② 中毒性周围神经炎　周围神经炎常见为四肢远端的痛、触觉减退。也有指、趾麻木、疼痛，痛觉过敏或蚁走感等感觉异常。严重者有下运动神经元瘫痪和营养障碍等，先为指、趾肌力减退，以后逐渐影响到上下肢，以致发生肌肉萎缩和腱反射迟钝或消失。各种毒物引起的感觉障碍和运动障碍的程度也不同，如二硫化碳、有机溶剂等中毒常以感觉障碍为主；而铊、砷等重金属中毒则以混合型周围神经病变为主。

③ 神经衰弱症　慢性中毒的早期症状最为常见，如头痛、头昏、倦怠、失眠、心悸，有时可以发生性欲减退等。

（2）精神障碍，可造成慢性中毒精神病　较轻的类似神经官能症，较重者表现为躁狂或忧郁症，严重者可发展成中毒性精神病，可见于四乙基铅、二硫化碳中毒等现象中。

（3）对血液系统的危害　苯、放射性物质等可抑制血细胞核酸的合成，从而影响细胞有丝分裂，产生血细胞再生障碍。苯的氨基和硝基化合物、苯肼、砷化氢等中毒可引起溶血性贫血。

（4）对消化系统的危害　一般重金属或一些有机溶剂中毒可影响食欲、口内有异味、上腹部不适、腹胀、腹泻等轻重不等的消化道症状。有的可以产生慢性中毒性肝炎、易疲劳、食欲不振、恶心或腹胀等，且伴有肝区疼痛。

（5）对呼吸系统的危害　长期接触氯、氮氧化物等刺激性气体，对上呼吸道、支气管及肺泡的刺激可引起黏膜等的慢性炎症。相应的症状有流涕、嗅觉减退、咳嗽、胸闷、气促等，有的可发生支气管哮喘。铬酸雾可引起鼻穿孔。

（6）对泌尿系统的危害　慢性中毒引起的肾脏损害与急性中毒相同。肾脏受损害，尿中可出现蛋白质、红细胞、白细胞和管型。镉中毒产生特殊的蛋白尿。

（7）其他　锑、砷、磷等中毒可引起心肌和血管病变。慢性锰中毒可有肾上腺皮质功能减退。氟、镉、磷可造成骨骼病变。氯乙烯聚合釜清洗可发生肢端溶骨症、肝血管肉瘤。长期接触性激素，可引起异性化改变。

3.3.2.3　工业粉尘对人体的危害

工业粉尘多来源于固体原料、产品的粉碎、研磨、筛分、混合以及粉状物料的干燥、输送、包装等过程。

工业粉尘对人体危害最大的是直径在 $0.5 \sim 5 \mu m$ 的粒子，低于此值者虽能侵入肺中，但可能部分随同空气一起被呼出；高于此值者，在空气中很快沉降，即使部分侵入肺部也会大部分被截留在上呼吸道，而在打喷嚏、咳嗽时随同痰液排出。在工业生产中大部分粉尘颗粒直径在 $0.5 \sim 5 \mu m$ 之间，对人体危害最大。

粉尘的化学性质、物理形态、溶解度以及作用部位的不同对人体的危害也不同。一般说，很多刺激性粉尘落于皮肤可引起皮炎。夏日多汗，粉尘易堵塞毛孔引起毛囊炎、脓皮病等。碱性粉尘在冬季可引起皮肤干燥。粉尘作用于眼内，刺激结膜引起结膜炎或麦粒肿。而皮毛加工厂的粉尘、黄麻的粉尘对某些人有致敏作用，吸入后可引起支气管哮喘。长期吸入这些粉尘，刺激上呼吸道黏膜，会引起鼻炎、咽炎、气管炎和支气管炎等。

棱角锐利的粗糙硬尘比软的圆形非结晶性的粉尘更易损伤上呼吸道黏膜，且易停滞下来。

对于主要起机械作用的粉尘，其溶解度越大而危害越小；对主要起化学作用的粉尘来说，其溶解度越大，危害亦越大。

当长期吸入一定量粉尘时，就会引起各种肺尘埃沉着病，游离二氧化硅、硅酸盐等粉尘可引起肺脏弥漫性、纤维性病变的产生。

① 硅沉着病　在生产中长期吸入含有游离二氧化硅为主的粉尘，能引起肺间质广泛纤维化等现象。病情发展迅速的病人，常伴有肺气肿、胸膜增厚和慢性气管炎。严重的硅沉着病，可导致肺原性心脏病。

② 硅酸盐沉着病　由于吸入含有结合的二氧化硅粉尘（如石棉、滑石、云母等粉尘）所致。如石棉沉着病就是硅酸盐沉着病中最常见的一种。其主要临床表现同硅沉着病相似。但慢性支气管炎症状出现较早，病情较重。

③ 煤肺尘埃沉着病　由于吸入煤尘所致。

④ 金属沉着症　由于吸入某些金属或其氧化物的粉尘（如锡、铁、钡等）所致。

⑤ 混合性肺尘埃沉着病　由于吸入多种性质的粉尘所致。

⑥ 植物性肺尘埃沉着病　由于吸入植物性粉尘（如棉尘、谷尘等）所致。

肺尘埃沉着病的发生同被吸入粉尘的化学成分、空气中粉尘的浓度、颗粒大小，接触粉尘时间长短、劳动强度和人体健康状况等，都有密切关系。

3.3.3　工业毒物对皮肤的危害

皮肤是人体抵御外界刺激的第一道防线，由于皮肤接触外在刺激的机会最多，在许多毒物的刺激下会造成皮肤危害。

（1）皮炎和湿疹　皮炎和湿疹最为常见，一般首先发生于直接接触毒物的部位，如手、前臂、面、颈等暴露部位，以及皮肤易受摩擦的部位。常因工作服污染或沾染化学物质的手接触引起病变。急性皮炎首先在接触部位产生痒或烧灼感，出现红斑、水肿，或有丘疱疹、水疱和大疱、糜烂、渗出、结痂等。

（2）痤疮和毛囊炎　接触矿物油类如柴油、机油、润滑油、重油类、沥青、煤焦油、氯及氯化物以及激素生产的工人易患痤疮和毛囊炎。

（3）溃疡　铬酸、砷、锑、氟化物、氯化锌、氢氧化钙及各种强酸、强碱等，均可引起接触部位皮肤溃疡。铬酸形成的溃疡病变似鸟眼状。氟化物中以氢氟酸的腐蚀作用及渗透能力为最强。接触高浓度的氢氟酸疼痛剧烈，接触后不经处理溃疡可达骨部，皮肤呈现坏死状。

（4）脓疱疹　接触砷、锑化合物的工人，四肢和躯干部位会产生粟粒状以致绿豆大小的脓疱疹。

（5）皮肤干燥、破裂　经常接触有机溶剂、碱性物质，可使接触部位脱脂、粗糙，干燥冬季可产生破裂。

（6）新生物　接触沥青、煤焦油、柴油和高沸点馏分的油类，手背、腕部、前臂、足背及膝周围会出现疣状赘生物。

（7）色素变化　接触酚醛、环氧树脂等所致的部分化学性接触皮炎消失后，会出现色素减退甚至色素缺失。接触对苯二酚，烷基酚可产生白癜风损害。橡胶工人接触煤焦油、沥青及高沸点馏分矿物油类，在面、颈、前臂会产生色素沉着。经常接触砷化物的工人，亦可呈现局限或弥漫性的色素沉着。

（8）药物性皮炎　皮肤接触或口鼻吸入化学物品，可产生麻疹、血管神经性水肿、猩红热样麻疹红斑以及多形红斑。

（9）皮肤瘙痒　铜屑或不少低浓度化学性刺激物与皮肤接触后可产生皮肤瘙痒。

（10）皮肤附属器官及口腔的病变　急性有机磷中毒及五氯酚中毒均有多汗现象；砷、锂及其化合物、铊化物及氯丁二烯可引起毛发脱落；二（三）硝基苯酚、对苯二胺、三硝基甲苯、甲萘醌等能使皮肤、毛发、指甲变黄；长期接触苯酚可引起皮肤黄褐病；长期在高浓度乙酸的环境下工作，可引起手部皮肤发黑；长期接触铜化合物后，面、手、头发、结膜可染成浅黄色或浅黑绿色。呋喃类化合物可引起手、足，尤其是足蹠出现黄褐色色素沉着。接触钼丝的工人手部可染成蓝色。

砷、铊中毒，指甲可出现白色条纹。漂白粉能使指甲变暗、发脆变薄。氧化钙可使指甲呈匙甲或偏平，接触其他碱液亦可有此损害。制造葡萄糖及丝绸工人可产生甲沟炎。汞、铅中毒能在齿龈部位形成灰蓝色线。慢性汞中毒常出现口腔黏膜溃疡、龈炎。铋化物及氟化物亦可引起龈炎。

3.3.4　工业毒物对眼部的危害

化学物质对眼的危害，可发生于某种化学物质与组织直接接触造成伤害；也可发生于化学物质进入体内，引起视觉病变或其他眼部病变。

3.3.4.1　接触性眼部损伤

化学物质的气体、烟尘或粉尘接触眼部，或化学物质的碎屑、液体飞溅到眼部，可发生色素沉着、过敏反应、刺激性炎症和腐蚀灼伤。例如醌、对苯二酚可使角膜、结膜染色。银、汞可沉着于角膜或结膜内。某些人接触汞化合物，可发生眼睑皮炎，结膜充血、水肿。刺激性较强的化学物质短时间接触，可引起急性角膜、结膜炎，角膜表层水肿、上皮脱落、结膜充血，水肿，患眼灼痛、怕光、流泪；刺激性较弱的化学物质长期接触，可引起慢性结膜炎或睑缘炎。

腐蚀性化学物质，如硫酸、盐酸、硝酸、氢氧化钾、烧碱、石灰和氨水等同眼部接触，可使接触处角膜、结膜立即坏死糜烂。同时碱由接触处迅速向深部渗入，可损坏眼球内部，发生虹膜睫状体炎、青光眼、白内障。灼伤溃疡可致眼球穿孔，愈后遗留角膜白斑、新生血管、睑球粘连、倒睫、睑内翻和兔眼。可致视力严重减退、失明或眼球萎缩。

3.3.4.2　中毒所致眼部损伤

由化学物质中毒所造成的眼部损害有如下几种。

① 黑矇　一氧化碳、氰化物、有机汞中毒，由于毒物作用于大脑枕叶皮质所致。

② 视野缩小　急性一氧化碳、有机砷、有机汞、碘酸钾、三硝基甲苯、氯喹、奎宁、四氯甲烷、三碘甲烷、二硫化碳、甲醇等中毒，由于毒物作用于视网膜周边及视神经外围的神经纤维所致。

③ 中心暗点　急性铊、二硫化碳、氯甲烷、碘酸钾、甲醇、溴甲烷、三碘甲烷、四氯甲烷、三硝基甲苯、氯喹等中毒，由于毒物作用于视神经中轴及黄斑而引起。

④ 幻视　急性溴化物、溴甲烷等中毒。毒物作用于大脑皮层所致。

⑤ 复视　急性一氧化碳、二硫化碳、铊、有机锡、甲醇、氯甲烷、溴甲烷、三氯乙烯、氯喹等中毒。

⑥ 瞳孔缩小　见于有机磷、三碘甲烷等中毒。

⑦ 眼睑病变　急性铊、有机汞、甲醇等中毒可致睑下垂，致敏性物质可引起睑水肿。

⑧ 眼球震颤　二硫化碳、溴化物、有机汞等中毒。

⑨ 白内障　萘、四氢萘、十氢萘、硝基萘、二硝基酚、三硝基甲苯等慢性中毒。

⑩ 视网膜及脉络膜病变　视网膜化学物质沉着，见于接触银、汞、萘、四氢萘等；视网膜水肿，见于急性碘化物、甲醇等中毒。

⑪ 视神经病变　视神经乳头水肿见于急性有机锡、一氧化碳、三氯乙烯等中毒；视神经乳头炎见于甲醇等中毒；球后视神经炎，见于急性一氧化碳、锰、氯甲烷、三碘甲烷、三氯乙烯等中毒；视神经萎缩，见于铊、有机锡、有机砷、二硫化碳、氰化物、三碘甲烷、四氯甲烷、硝基三氯甲烷、三乙烯、二硝基氯苯、甲醇等中毒。

3.3.5　工业毒物与致癌

人们在长期生产过程中，由于某些化学物质的致癌作用，可使人体产生肿瘤。这种对机体能诱发癌变的物质称为致癌原。

现在已经发现的工业致癌物质较多，结构各异。根据对人体的致癌性质的不同可分为确认致癌原（Proved Carcinogen）、疑似致癌原（Suspected Carcinogen）和潜在致癌原（Potential Carcinogen）等 3 种。某些化合物的致癌情况列于表 3-9 和表 3-10。

职业性肿瘤多见于皮肤、呼吸道及膀胱，少量见于肝和血液系统。由于致癌病因与发病学尚有许多基本问题未弄清楚，加之在生产环境以外的自然环境中也可接触到各种致癌因素，因此要确定某种癌是否仅由职业因素引起是不容易的，必须有较充分的根据。目前国外在此方面的研究工作报道较多，表 3-9、表 3-10 所列举的资料仅供参考。

表 3-9　已被基本确认的工业致癌原

名　称	作用器官	影　响　人　群	接触年限	比不接触人群发病率提高倍数	动物试验
铬酸盐	肺	铬提炼工	12～22	21～30	大鼠注入铬酸钙引起肺癌
镍	肺、鼻	羰基法炼镍工	21～30	5～10(肺) 100～900(鼻)	不溶性镍对许多动物均有致癌性
3,4-苯并芘类多环芳烃	肺、皮肤(阴囊)	煤气炉工、焦油工、沥青工、页岩石油品接触者	9～23	2～7	大量动物实验表明对皮肤有致癌性,必须与石棉、氧化铁尘等混合吸入才能引起肺癌
芥子气(氯乙基硫醚)	肺、气管、喉、鼻	芥子气生产者、战争毒气受害者	7.4(平均)	37	卤醚致癌已在大鼠中证实
氯甲甲醚	肺	有关化工工人	3～14	8	氯甲甲醚、二氯甲醚对动物有强烈的致癌性
石棉	肺、胸膜	继发于石棉肺病人、石棉矿场、造船建筑等接触工人	25 数日～数十年	6～28 常人罕见	石棉注入各种动物的胸腹膜腔均能引起间皮细胞瘤
α-萘胺联苯胺	膀胱、肾盂	焦油、染料、化工工人	16(2-萘胺) 16(联苯胺)	61　19	在狗致癌试验中证实
4-氨基联苯1-萘胺等芳香胺	膀胱、肾盂	焦油、染料、化工工人	22(1-萘胺)	16	—
砷	皮　肤	无机砷农药接触者、工业接触者	—	—	德国曾有因饮用含砷的泉水而致地方高发病率的报道

表 3-10　疑似致癌原

名称	作用器官	影响人群	发病情况	动物试验
砷	肺	含砷金属矿工、冶炼工	英国某冶炼厂 8047 名工人,25年统计肺癌发病率为常人的 8 倍	仅为可疑结果,多为实验阴性
苯	骨髓	用苯作溶剂的工人	严重苯中毒病人中,有白血病发病报道	尚未获得阳性结果
氯乙烯	肝	氯乙烯聚合工	英国、美国、瑞典、德国等已报道肝血管肉瘤	动物实验有阳性报道
镉	前列腺	氧化镉接触工人	英国某厂报道有 7 例,均为老年人	大鼠引起睾丸癌
铍	骨肉瘤、肺	—	人群中无肿瘤发病报道	许多动物,包括猴也获阳性报道
亚硝胺	各脏器	有关化工工人	英国化工工人试制时曾发生肝损害,未发现肿瘤	许多动物实验表明为强烈致癌剂,能引起许多脏器和组织的肿瘤
某些硬木屑	鼻窦	南英格兰家具工人	正常人中此癌极罕见,接触者发病率为常人的 100 倍	

3.4　人的因素

3.4.1　心理与态度

心理是客观事物在脑中的反映,它是感觉、知觉、思维、情感、性格、能力等功能的总称。人的心理是人脑的运动形式,或者说是人脑各种机能的活动形式。人的心理是在社会条件和语言环境的影响下发展起来的,因而与动物的心理有着本质的区别。人的心理不是一般物质的运动,而是人的机体、首先是人脑这种以特殊方式组织起来的物质的机能、活动过程或运动。人脑的不同区域有相对的分工，各具有不同的作用，某一区域的损伤和病变会招致与之相应的心理活动的紊乱以致丧失。人的机体是一个整体，人脑是其中的一个组成部分，是心理活动的主要器官。人脑的活动是与机体的其他部分的活动相互协调、不可分割的。人认识世界还有赖于内外感受器官的特异传入神经冲动，人脑要保持工作状态也有赖于非特异的传入神经冲动。丧失了大多数外围感官的人会长期陷入睡眠状态。人通过实践活动不仅认识客观世界，也改变客观世界，而心理就是人对客观现实的主观能动反映或反应。人能作用于周围环境，就是以其主观见之于客观的行动过程。这个过程实现的一个前提是心理过程（如思维、意向等）的内部物质变化。通过肌肉活动而见之于客观的行动，客观物质化了的行动才能给客观环境以影响。常见的活动包括的范围很广，都是借助于人的机体的肌肉活动，诸如发声、表情、动作，特别是人手的动作等。在心理的发生和发展上，社会条件是一个至关重要的决定因素。随着人类社会演进，人类生活和文化的不断提高，人的心理也日益向前发展。社会文化以加速度前进，人类心理也加速度地发展。

对某种事物或对象所持有的一种肯定或否定的心理倾向是态度，它是外界刺激与个体行为之间的中介因素，个体对外界刺激的反应会受到自己态度的调节，在心理学上常把态度看成是一种"行为的准备"。态度包含了 3 种心理成分。

① 认知　指对态度对象（如吸烟、文学、管理）的知觉、理解、信念和评价。认知成分中既包括对某人某事之所知，也包括对某人某事的评价——赞同或反对。

② 情感　指人们对态度对象的情感体验。

③ 行为意向　指人们对态度对象意欲表现出来的行为，即当个体对态度对象必须有所表示时，他将怎样行动。

在态度的三种心理成分中，认知是情感的基础，而情感常导致行为的结果。虽然说认知、情感和行为意向三者之间是协调一致的，但是情感成分尤为重要。

态度在人的心理生活中有各种不同的表现。它可以针对具体的人或事，也可指向生活中某一类概括的事物，并由此组成对整个世界、人生等概括的态度体系。一个人已形成的个性倾向性、世界观、价值观等就是一个人的态度体系。人们是否会对事物有肯定或否定的态度，取决于该事物对人所具有的价值大小，或者说该事物对人的意义。

由于环境与条件的不同，每个人具有不同的价值观。价值的内涵和大小决定于人的需要、兴趣和价值观等个性倾向。态度直接显示个体的中心价值和自我意向。

态度影响行为，但不一定决定行为，态度和行为之间不是简单的因果关系。首先态度的概括程度对行为的调节作用各有不同，态度的对象越是具体的事物，态度也越具体，那么它与行为的相关性就越高；其次由于态度对象本身的矛盾和复杂性，导致个体态度的复杂性，导致行为并不总是一致的；同时许多情感因素也影响行为；最后个体的切身体验会加强态度与行为的一致关系。

态度的形成与变化有 3 个阶段。

① 顺从　顺从阶段的个体没有深刻的认知和情感，比较表面化，行为受外部条件控制。

② 同化　是自愿接受和认同某种观点、信念的阶段，有较多的情绪、情感加入，已不是外界压力和条件下的态度。

③ 内化　将所接受的信念纳入自己的价值体系，成为人格的一部分，一种态度到了内化的阶段才是稳固的。

费斯廷格认为，个体对世界的认知包含了知识、观念、态度等多种元素。这些元素之间有的相关，有的无关；有的是协调的，有的则是失调的。当认知元素之间是失调的时候，个体心理就会失去平衡而发生不愉快，甚至有压迫感。为了保持平衡与协调，人们就要设法解除失调状态。真正的态度改变，发生在使认知失调的元素之间。态度改变的方式一是改变一种认知元素，二是增加新的认知元素，三是强化某一元素的重要性。

员工对自己的工作所保有的一般性的满足与否的态度称为工作满意度，一个人对工作的满意度水平高，对工作就可能持积极的态度；相反，对工作的满意度水平低，就可能对工作持消极态度。影响工作满意度的态度主要有以下五个因素，即工作的挑战性；合适的报酬；支持性的工作环境；融洽的人际关系；个人特征与工作的匹配。

一个人在心理上对其工作的认同程度和迷恋程度称之为工作投入，它是一个人认为自身的工作绩效对自我价值的重要程度。工作投入程度高的员工对他所从事的工作有强烈的认同感，出勤率高，离职率低。

员工对于特定组织及组织目标的认同，并希望维持自己作为组织成员的身份，这称之为组织承诺，是工作投入的深入和扩展。最早提出组织承诺的是贝克（H. S. Becher），他认为组织承诺是由于员工对组织的投入的增加，而使员工不得不继续留在该组织的一种心理现象。阿伦和梅耶（N. J. Allen ＆ J. P. Meyer）提出 3 种形式的承诺。

① 感情承诺　员工之所以对组织忠诚和努力工作，主要是由于对组织有深厚的感情（而不是物质利益）。

② 继续承诺　为了不失去已有的位置和多年投入所换来的福利待遇，员工不得不继续留在该组织。

③ 规范承诺　由于长期形成的社会责任感和社会规范的约束，员工为了尽自己的责任而留在组织中。

3.4.2　心理压力

心理压力又称紧张（stress）或应激，是由各种充满紧张性的刺激物（应激源）所引起的一类非特定性的反应。这些反应包括生理的和心理的两部分。紧张源又称紧张刺激物，或者说是造成紧张的原因，布朗斯坦（J. J. Braunstein）将它们分成 4 类。

① 躯体性　即借助于人的肉体而直接产生刺激作用的刺激物，如强烈的噪声、振动、高温、辐射、微生物和疾病等。

② 心理性　指发端于个人头脑中的各种紧张性信息，如心理冲突、挫折感、凶事预感等。

③ 社会性　指造成个体生活风格上的变化并要求对其适应和应付的社会生活情境、生活事件和变故，如离婚、失业、亲人死亡、升学、考试、战争等。

④ 文化性　指要求人们适应和应付的生活的文化方面，如旅行、留学、语言不通等。

3.4.2.1　潜在来源

① 工作因素　常见的主要有超负荷工作、时间压力、任务不明、工作责任大、工作条件恶劣和职位变动等。

② 工作环境　常见的主要有人际关系、文化氛围、管理机构和管理水平以及各种构成环境因素的不确定性。

③ 个人因素　常见的主要有家庭问题、经济问题、角色冲突和内心冲突、挫折以及个人特性等。

3.4.2.2　对人的影响

（1）对健康的影响　过度紧张对人的身体是有害的，忧虑能使一个人生病，一些突发性的激烈事件能使人瞬间崩溃，而那些持续性的生活压力和工作压力慢慢吞噬着人的精力，消耗着人的情感。

过度紧张或长期的心理压力之所以会对人的身心造成重大影响，是因为在遇到紧急情况时，人的身体会有一系列的生理反应。人所承受的心理压力越多、越重，人的能量消耗也就越快、越多，其结果会降低人的防卫和抵抗疾病的能力，加速人的衰老过程，甚至走向死亡。

处于紧张状态下的个体，尤其是应对不良者，发生感染和细胞恶变的危险性增大；而在应急状态下，由于某些器官或系统过度活动，激素分泌紊乱，会造成头痛、失眠、高血压病、消化性溃疡、某些风湿性或变态性疾病、冠心病等。

（2）对情绪的影响 紧张导致的情绪反应有很多，常见的有恐惧、焦虑、失助感、忧郁、愤怒、敌意、自怜等。有紧张情绪的员工可能会开始推托工作，或者走向另一个极端去承担过多的任务；他们会丢三落四，变得越来越浮躁；原本十分和气的人会变得暴躁；有的人会变得愤世嫉俗、难以相处；或者十分自负，甚至变成偏执狂；他们会经常无法保持感情平衡，在完全不适宜的场合表现出毫无根据的敌意。

（3）对工作绩效的影响 当一个人不能确知未来时，紧张情绪会提醒他，要为可能发生的事情做好充分的准备；当遇到不熟悉的情况时，紧张情绪会使人迅速调动各种能量全力应付；当必须作出选择时，也会有一种紧张情绪，对于作决策的人，紧张往往会起到促进的作用。

从健康的角度看，过度的紧张是不利的，但是适当的紧张可以提高人们的工作效率，还有助于培养创造性思维的能力，继而带来成功的喜悦和奋斗的乐趣。只要能控制好诸如时间、工作、生活、人际关系等方面的压力和紧张情绪，紧张往往又会变成为人们生活和工作的动力。

人们不能对紧张是有害的、或是有益的作出绝对的判断。紧张水平较低时，人们不可能受到充分的挑战；紧张水平过高时，人们受到的压力太大，鼓励或威胁过多，致使动机过强，反而得不到最佳发挥。只有在一定限度内，紧张的增强才能使活动效率提高。

3.5 伤亡事故致因理论

为了预防事故，人们必须弄清伤亡事故发生机理，查明事故原因——事故致因因素，通过消除、控制事故致因因素，防止事故发生。

随着社会的发展，科学技术的进步，人们在长期与各种事故作斗争的过程中不断总结经验，加深对事故发生规律的认识，逐渐形成许多事故致因理论。

早在 1919 年，英国的格林伍德（M. Greenwood）和伍兹（H. H. Woods）对许多工厂伤亡事故发生次数的数据进行了统计检验。结果发现，工人中的某些人较其他人更容易发生事故。之后，另外一些研究者也得到了类似的结论。从这种结果出发，他们把容易发生事故的个人的内在倾向称作事故频发倾向（Accident Proneness）。根据他们的观点，少数工人具有事故频发倾向，是事故频发倾向者。频发倾向者的存在是大部分工业事故中发生的原因。如果减少频发倾向者，就可减少事故。那个时代的就业率很低，有浩大的就业预备大军供工业企业挑选，企业安全工作的一项重要内容就是人员选择，通过严格的生理、心理检验，从众多的待业人员中选择智力、学历、性格特征及身体协调性等方面优秀的人才就业。由优秀人才运作工厂，显然会比较安全。

几乎在同一个时期，美国的海因里希（W. H. Heinrich）根据当时工业安全的实践，提出了后来闻名于世的工业安全原理。它涉及了工业事故发生的因果论，操作者与机械的交接面问题，事故发生的频度与伤害严重度之间的关系，不安全行为的背后原因，安全工作与其他的生产管理机能之间的关系，进行安全工作的基本责任及安全与生产之间的关系等工业安全中最重要、最基本的问题。该理论自问世以来得到了世界各国广大安全工作者的承认，并成为他们从事安全工作的理论基础。

海因里希曾经调查了 75000 件工伤事故，发现 98％的事故是可以预防的。在可预防的工业事故中，以人的不安全行为为主要原因的事故占 88%，而机械的、物质的不安全状态为主要原因的事故仅占 10% 左右。这种统计结果表明，几乎所有的工业伤亡的事故都是由于工人的不安全行为引起的。即使有些事故是由于物质的不安全状态引起的，其不安全状态的产生也是由于工人的错误所致。因而，海因里希理论也和事故频发倾向理论一样，把大多数工业事故的责任都归因于工人的不注意或其他错误。这种观念正是那个时代生产力发展水平及生产关系的反映。

随着生产力的发展，安全生产状况的变化，人们的安全观念也发生了变化。到第二次世界大战时期，已经出现了高速飞机、雷达及各种自动化机械。为防止和减少飞机飞行事故而出现了人机工程学及事故判定技术等，对安全工程的发展产生了深刻的影响。

在第二次世界大战期间使用的军用飞机速度快，战斗力强。但是，它们的操纵装置和仪表也非常复杂。飞机操纵装置和仪表的设计往往超出人的能力，或者容易引起驾驶员误操作而导致严重事故。为了防止飞行事故，飞行员要求改变那些看不清的仪表的位置，改变与人的能力不适应的操纵机构和操纵方法。这些要求推动了人机工程学的研究，人机工程学的兴起，标志着人与机械关系的重大变化，即以前是以机械为中心，按机械特性训练工人，让工人来满足机械特性的要求；现在是以人为中心，根据人的生理、心理特征设计机械，使机械适合人的操作。

事故判定技术（Critical Incident Technique）最初被用于确定军用飞机事故原因的研究。这是一种调查研究不安全行为及不安全状态的方法，其目的在于通过消除不安全行为及不安全状态来防止事故。这是一种在事故发生之前采取措施防止事故的技术。事故判定技术的应用，使预防事故工作由以前的事故后采取措施变为事故发生之前就采取措施，实现防患于未然。

二战后，人们对所谓的事故频发倾向的概念提出了新的见解。明兹（A. Mintz）和布卢姆（M. L. Blum）建议用事故遭遇倾向（Accident Liability）取代事故频发倾向的概念。事故遭遇倾向包括事故频发倾向及与事故发生有关的环境条件两个方面。有些人较其他人更容易发生事故与他们从事的生产作业有较高的危险性有关。有的专家认为，大多数事故是由事故频发倾向者引起的观念是错误的，更不能把事故的责任简单地说成是工人的不注意。于是，人们比较地注重了机械、物质的危险性质在事故致因中的重要地位。

安全观念变化的另一个重要方面是，人们逐渐地认识到了管理因素作为背后原因在事故致因中的重要作用。博德（F. Bird）认为，人的不安全行为或物的不安全状态是事故的直接原因，必须加以追究，但是，它们只不过是深层原因的征兆，是管理上缺陷的反映。只有找出深层的、背后的原因，改进管理工作，才能有效地防止事故。阿达姆斯（Adams）把人的不安全行为及物的不安全状态称作战术失误，而把管理失误称作战略失误，着重强调了管理因素在事故发生中的关键性作用。

能量转移论的出现，是人们对伤亡事故发生机理认识方面的一大飞跃。1961 年和 1966 年，吉布森（Gibson）和哈登（Haddon）提出了一种新概念，即事故是一种不正常的、或不希望的能量转移。麦克法兰特（McFerland）指出，所有的伤害事故（或损坏事故）都是因为接触超过机体组织（或结构）抵抗力的某种形式的过量的能量或有机体与周围环境的正常能量交换受到干扰（如窒息、淹溺等）造成的。因而，各种形式的能量非正常转移是构成伤害的直接原因。同时，人们也常常通过控制能量，或控制作为能量达及人体媒介的能量载体来预防伤害的发生。

能量转移论也对事故发生时造成伤害的随机性的实质进行了说明，即人体对每一种形式的能量都有一定的忍耐程度。事故发生伤害与否及伤害的严重程度，除了与接触的能量的大小有关外，还取决于与能量接触的时间与频率、力的集中程度。哈登认为，可以利用屏蔽防止不希望的能量转移。屏蔽理论为人们指出了如何采取能量屏蔽措施防止伤亡事故的发生。

战略武器研制、宇宙开发及核电站建设等，使得许多作为现代先进科学技术标志的大规模复杂系统相继问世，设备、生产工艺及产品越来越复杂。这些复杂的系统，往往是由数以千万计的元件、部件组成，元部件间以非常复杂的关系相连接，在它们被研制及使用过程中往往涉及高能量，这些系统中的微小差错也可能导致灾难性的事故，其安全性问题更受到了人们的关注。

在开发研制、使用及维护这些大规模复杂系统的过程中，人们逐渐萌发了系统安全的基本思想。所谓系统安全（System Safety），是在系统寿命周期内应用系统安全管理及系统安全工程原理，识别危害（Hazard）并使其危险性（Risk）减至最小，从而使系统在规定的性能、时间和成本范围内达到最佳的安全程度。

系统安全包括很多区别于传统安全的创新概念。在事故致因理论方面，人们改变了只注重操作者的不安全行为而忽略硬件的故障在事故致因中作用的传统观念，开始考虑如何通过改善系统的可靠性来提高复杂系统的安全性，从而避免事故的发生。

随着科学技术的进步和生产力的发展，在科技发展及生产力发展的不同阶段，产生了与之相适应的事故致因理论，事故致因理论是指导事故预防工作的基本理论。常见的事故致因理论如下。

3.5.1 事故因果连锁

工业伤亡事故的发生是许多事故致因因素相互复杂作用的结果。为了研究方便，人们往往把工业伤亡事故概括地描述成一系列互为因果的事件发生、发展的过程。海因里希最早提出了事故因果连锁理论。随着对事故发生机理认识的深入，此后又涌现了许多以新的理论为背景的事故因果连锁理论。这些因果连锁理论形象地揭示了工业伤亡事故的实质，也指明了预防事故的根本原则。

3.5.1.1 海因里希的因果连锁

海因里希的工业伤亡事故的因果连锁过程可用图 3-3 形象描述。即人员伤亡的发生是由于事故，事故的发生是由于人的不安全行为和物的不安全状态，不安全行为或不安全状态是由于人的缺点造成的，人的缺点是由于不良环境诱发的，或者是由于先天的遗传因素造成的。

海因里希最初提出的连锁过程包括如下 5 个因素。

（1）遗传及社会环境　可能造成鲁莽、固执、贪婪及其他性格上的缺点的遗传因素，妨碍教育、助长性格上的缺点发展的社会环境，是造成性格上的缺点的原因。

（2）人的缺点　鲁莽、过激、神经质、暴躁、轻率、缺乏安全操作知识等先天或后天的缺点，是产生不安全行为或造成物的危险状态的直接原因。

（3）人的不安全行为或物的不安全状态　诸如在起重机的吊荷不停留、不发信号就启动机器，工作时间打闹或拆除安全防护装置等不安全行为，没有防护齿轮、扶手，照明不良等机械、物的不安全状态等，是事故的直接原因。

（4）事故　这里把事故定义为，由于物体、物质、人或放射线的作用或反作用，使人员受到伤害或能受到伤害的，出乎意料之外的，失去控制的事件。

（5）伤害　直接由于事故而产生的人的伤害。

人们用多米诺骨牌来形象地描述海因里希的这种因果连锁关系，得到图 3-3 那样的骨牌系列。多米诺骨牌系列中，一颗骨牌被碰倒了，将引发连锁反应，其余的几颗骨牌将相继被碰倒。如果移去中间一颗骨牌，则系列被中断，连锁被破坏。企业安全工作的中心，就是防止人的不安全行为，消除机械的或物质的不安全状态，中断事故连锁的进程而避免事故的

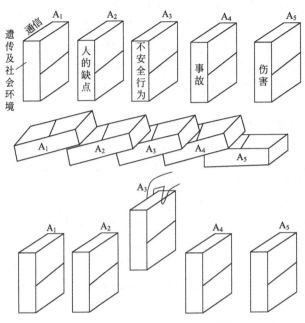

图 3-3　海里因希事故因果连锁图

发生。

海因里希事故因果连锁理论强调了消除不安全行为和不安全状态在事故预防工作中的重要地位，这一点多少年来一直得到广大安全工作者的认可。但是，该理论的局限性是把不安全行为和不安全状态的发生完全归因于工人的缺点。

3.5.1.2　博德的因果连锁

博德（Frank Bird）提出的事故因果连锁理论如图 3-4 所示。

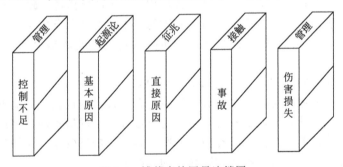

图 3-4　博德事故因果连锁图

（1）控制不足——管理　事故连锁中一个最重要的因素是安全管理。安全管理人员应该充分理解，他们的工作要遵循专业管理的理论和原则。因此，安全管理人员应懂得管理的基本理论和原则。控制是管理机能（计划、组织、指导、协调及控制）中的一种机能。安全管理中的控制是指损失控制，包括对人的不安全行为，物的不安全状态的控制。它是安全管理工作的核心。

一些工业企业，由于种种原因，完全依靠工程技术上的改进来预防事故，既不经济，也不现实。实践证明，只有通过专门的安全管理工作，经过较长时间的努力，才能防止事故的发生。管理者必须认识到，只要生产条件没有实现高度安全化，就有发生事故及伤害的可能性，因而安全活动中必须包含有针对事故连锁中所有要因的控制对策。

（2）基本原因——起源论 所谓起源论，是在于找出问题基本的、背后的原因，而不仅停留在表面的现象上。只有这样，才能实现有效地控制。管理系统是随着生产的发展而不断完善的，十全十美的管理系统并不存在。由于管理的欠缺，使得导致事故的基本原因出现。这里，既包括个人原因，也包括与工作有关的原因。个人原因包括缺乏知识或技能，动机不正确，身体上或精神上的问题；工作方面的原因包括操作规程不合适，设备、材料不合格，通常的磨损及异常的使用方法等。只有找出这些基本原因才能有效地控制事故的发生。

（3）直接原因——征兆 不安全行为或不安全状态是事故的直接原因，这一直是最重要的、必须加以追究的原因。但是，直接原因只不过是象基本原因那样的深层原因的征兆，一种表面的现象。在实际工作中，如果只抓住了作为表面现象的直接原因而不追究其背后隐藏的深层原因，就永远不能从根本上杜绝事故的发生。另一方面，安全管理人员应该能够预测及发现这些作为管理欠缺的征兆的直接原因，采取恰当的改善措施；同时，为了在经济上可能及实际可行的情况下采取长期的控制对策，必须努力找出其基本原因。

（4）事故——接触 这里把事故定义为最终导致人员肉体损伤、死亡和财物损失的不希望的事件，是人的身体或构筑物、设备与超过其阈值的能量的接触，或人体与妨碍正常生理活动的物质的接触。于是，防止事故就是防止接触。为了防止接触，可以采取隔离、屏蔽、防护、吸收及稀释等技术措施。

（5）伤害损失——管理 博德的模型中的伤害，包括工伤、职业病，以及对人员精神方面，神经方面或全身性的不利影响。人员伤害及财物损坏统称为损失。

在许多情况下，可以采取恰当的措施使事故造成的损失最大限度地减少。如对受伤人员的迅速抢救，对设备进行抢修等。

3.5.2 轨迹交叉论

如前所述，人的不安全行为或（和）物的不安全状态是引起工业伤害事故的直接原因。但是，在工业事故致因研究中，关于人的不安全行为和物的不安全状态在事故发生过程中所起作用的认识却很不一致。

根据海因里希理论，几乎所有的工业伤害事故都是由于人的不安全行为造成的。但是现在，越来越多的人认识到，一起工业事故之所以能够发生，除了人的不安全行为之外，一定存在着某种不安全条件。斯奇巴（Skiba）指出，生产操作人员与机械设备两种因素都对事故的发生有影响，并且机械设备的危险状态对事故的发生作用更大些。他认为，只有当两种因素同时出现时，才能发生事故。

按事故因果连锁理论，事故的发生过程可以描述为：基本原因→间接原因→直接原因→事故→伤害。

这里分别考虑人与物两个连锁系列。其中人的系列包括遗传、社会环境与管理上的缺陷，人的缺点，由于遗传、社会环境及企业管理上的缺陷造成的职工心理、生理上的缺陷，安全意识低下，缺乏安全知识及安全技能等缺点，人的不安全行为。

与此相类似，物的系列包括以下 3 个方面。

（1）设计、制造缺陷 设计错误和制造缺陷使机械、产品具有隐患。如利用有缺陷或不合要求的材料，设计计算错误或结构上不合理，使用有毛病的材料，错误的加工方法，生产操作造成的缺陷等。

（2）使用、维修保养过程中潜在的或显露的故障和毛病 机械设备等随着使用时间的延长，产生磨损、老化、腐蚀而容易发生故障。超负荷运转，维修保养不良，都可能促成物的不安全状态。

（3）物的不安全状态 物的因素的系列中，机械或物品从设计、制造阶段开始，随着时间的推移向着不安全状态发展运动，其运动轨迹是 a→b→c。人的因素也类似地按 A→B→C

的轨迹运动。

在事故发展过程中，人的因素系列的运动轨迹与物的因素系列的运动轨迹的交点，就是事故发生的时间与空间，即人的不安全行为和物的不安全状态出现于同一时间、同一空间，则将在此时间、空间发生事故。这种观点被称作轨迹交叉论。

值得注意的是，许多情况下人与物又互为因果。如有时是设备的不安全状态导致了人的不安全行为；而人的不安全行为又会促进设备的不安全状态出现。实际上事故往往不是简单地按照人、物两个系列的轨迹进行的，而是呈现非常复杂的因果关系，如图3-5所示。

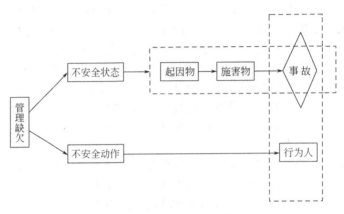

图 3-5　轨迹交叉论示意

3.5.3　能量观点的因果连锁

3.5.3.1　能量观点的基本理论

能量在生产过程中是不可缺少的，人类利用能量做功以实现生产目的。如果能量失去控制而作用于人体，其作用超出了人的承受能力，则人员将受到伤害。

在正常的生产过程中，能量受到种种的约束和限制，按照人们的意图流动。当能量超越了这些约束或限制，则发生能量的溢出或释放。这里把能量的约束或限制称作屏蔽，其作用是阻止能量的溢出。

3.5.3.2　防止能量转移的措施

① 限制能量。如限制运动部件的速度和尺寸，采用低电压设备，用安全的溶剂等。
② 防止能量蓄积。如用保险丝防止过负荷，尖端放电，接地等。
③ 防止能量释放。如密封、绝缘、安全带等。
④ 缓慢释放能量。如安全阀、减振装置、破裂片、汽车坐椅、安全带等。
⑤ 开辟能量泄放渠道。如接地及按时间或空间把能量与人隔离。
⑥ 在能量上设置屏蔽。如在设备上装备防护装置，安装消声器等。
⑦ 在人与能量之间加屏蔽。如人行通道加栏杆、防火门等。
⑧ 在被保护的人、物上加屏蔽。如劳动保护用品中的防护靴、安全帽等。
⑨ 提高阈值，提高承受能量转移的能力。如用耐损坏的材料，对人员进行选择等。
⑩ 治疗或修理。如急救、抢修等。
⑪ 恢复。恢复正常状态。

在生产过程中，也有两种能量相互作用的情况。例如，一台吊车在移动过程中碰坏化工装置而引起事故。对于两种能量相互作用的情况，人们应考虑设置两个系列的能量屏蔽，一组设置于两种能量之间，另一组设置在能量与人员之间。

3.5.3.3 伤害事故的 3 种类型

根据能量的观点，按能量流与被害者之间的关系，可以把伤害事故分为三种类型。

① 能量按人们规定的那样在能量渠道中流动，人员意外地进入能量流通的渠道而被害。设置屏蔽，防止人员进入，可以避免此类事故。除了防护装置那样物理的屏蔽外，还有警告、劝阻等信息形式的屏蔽。

② 被害者没有过失，而能量意外地从原来的渠道里脱出，使人员受害。按事故发生时间与伤害发生时间之间的关系，又可分为两种情况。一是事故发生的瞬间即受到伤害，甚至受害者尚不知发生了什么就遭受了伤害。在这种情况下没有时间采取措施去避免伤害。为此，必须全力以赴地避免事故的发生。二是事故发生后有时间采取对策防止受害，如火灾发生时，远离火灾现场的人们可能采取恰当的逃离、避难等伤害。事故发生后人的行为决定他们的生死存亡。

③ 能量流意外的脱离原来的渠道而开辟新的渠道；被害者进入新开通的能量渠道而受到伤害。这种事故发生的概率很低。

3.5.3.4 事故因果模型

扎别塔基斯（Michael Zabetakis）把能量转移论引入到事故因果连锁论中，建立了新事故因果模型，如图 3-6 所示。

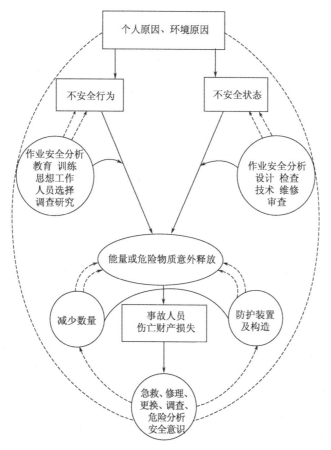

图 3-6 能量观点事故因果模型

实际上，大多数事故是由于过量的能量（机械的、电气的、化学的、热的、电离辐射的）或危险物质（一氧化碳、二氧化碳、硫化氢、甲烷及水等）预想不到的释放引起的。而且，几乎没有例外的，这种能量释放的发生又是由于不安全行为或不安全状态造成的。不安全行为的危险行动或状态，不过是一种外观的征兆。基本原因往往因为管理方针政策及决策方面的问题，以及个人和环境因素。

（1）直接原因　能量释放或危险物质的释放是事故的直接原因。为防止事故的发生，可以通过改进装置、材料及设施，防止能量意外释放。通过训练，提高工人识别危险的能力，采取佩戴个人防护用品等措施，防止逸出的能量转移到人体。

（2）间接原因　这里把不安全行为或不安全状态看作是事故的间接原因。它们是管理缺欠，控制不当，缺乏知识，对现存危险的错误估价，或其他个人因素等基本原因的征兆。

为了从根本上预防事故，必须查明事故的基本原因，并采取对策。基本原因包括 3 方面。

① 领导者的安全意识及政策　包括生产及安全目标，职员配备，资料利用，责任及职权范围的划分，职工的选择，训练、安排，指导及监督，信息传递方法；设备、器材及装置的采购、维修及设计；正常及异常时的操作规程；设备的维修保养等。

② 个人因素　动机、能力、知识、训练、安全意识、任务、动作、身体及精神状态、反应时间、个人的兴趣等。

③ 环境因素　温度、压力、湿度、粉尘、有毒有害气体、蒸汽（气）、通风、噪声、照明、周围的状况（容易滑倒的地面、障碍物、不可靠的支持物、有危险的物体）等。

上述诸因素往往相互关联，在采取措施时，必须充分注意。

3.5.4　变化-失误连锁

工业生产过程中的诸因素在不停地变化，人们的工作也要随时与之相适应。否则将发生管理失误或操作失误，最终导致事故及伤害或损坏，如图 3-7 所示。

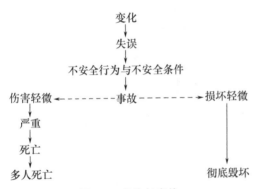

图 3-7　变化与事故

在安全管理工作中，变化被看作一种潜在的事故致因。人们应特别注意如下的一些变化并采取相应的措施。

（1）社会变化　社会的政治经济变化将影响企业人员的思想。企业要采取相应措施，保证安全生产。

（2）宏观的和微观的变化　宏观的变化是指企业总体上的变化，如领导人的更换、新职工录用、人员调整、生产状况的变化等。微观的变化是指一些具体事物的变化。安全管理人员应发现其背后隐藏的问题，及时采取恰当的对策。

（3）计划内与计划外的变化　对于有计划进行的变化，应事先进行危害分析并采取安全措施；对于没有计划的变化，首先是发现变化，然后根据发现的变化采取改善措施。

（4）实际的变化和潜在的或可能的变化　通过观察和调查可以发现实际存在的变化，发现潜在的或可能出现的变化则要经过分析研究。

（5）时间的变化　随时间的流逝，性能低下或劣化，并与其他方面的变化相互作用。

（6）技术上的变化　采用新工艺、新技术或开始新的工程项目。

（7）人员的变化　人员的各种变化可影响人的工作能力，引起操作失误及不安全行为。

（8）劳动组织的变化　如交接班不好等，会造成工作不衔接或配合不好，进而导致不安全行为。

（9）操作规程的变化　操作规程的变化可能需要一些时间才能被适应。

许多情况下，变化是不可避免的，关键在于及时发现或预测，采取恰当的对策。

事故因果连锁论反映了事故的不同层次的因果关系。但是，只用有限的几颗骨牌表现复杂的事故过程未免有些过于粗略，简单。

事故往往是由众多的原因造成的，并且经历了相当复杂的事故过程。在工业生产过程中，对生产条件的控制往往是很严格的，一次失误或故障不至引起事故。在这种情况下，伤害事故的发生常常包含有许多因果关系。这些因果关系之间或能相互串联或并联，呈现较复杂的关系。相应的，从事故预防的角度看，在事故发展进程中有不止一次的机会可以中断事故进程，避免事故。

3.6　流变-突变理论

事物的安全演变过程具有流变-突变的特点，即事物发展过程一般符合"R-M"规律。

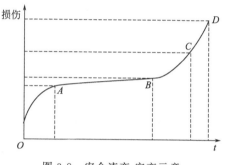

"R-M"的全过程（如图 3-8）可以表述为：当某一新事物诞生后的初期（*OA* 阶段），损伤量随时间呈减速递增，新秩序在此期间逐渐形成和完善。当新秩序发展到成熟阶段时（*AB* 阶段），完善的新秩序使损伤量匀速缓慢增加。经过一个稳定增加的时期后，原秩序将再次向无序方向发展，进而使损伤量开始加速增大（*BC* 段）。任何事物都具有其固有的损伤量承受能力或界限。超出此限后，事物将发生安全突变。事物发生安全突变时的损伤值即为该事物的临界损伤量。当原秩序被破坏后，事物又开始回归到一个新的安全状态，即损伤量为新的近似零值，原事物的秩序消失，从而又形成了另一个同类新事物诞生的起点（*D* 点）。物质世界就是在安全到危险的无限循环中存在和发展的。

图 3-8　安全流变-突变示意

3.6.1　物理模型

在对事物的安全流变-突变特征有了定性认识的基础上，可以建立安全流变-突变的物理模型，并对事物的安全状态进行定量描述。

3.6.1.1　基本元件的特征

安全流变-突变物理模型由 4 组元件组成，见图 3-9。

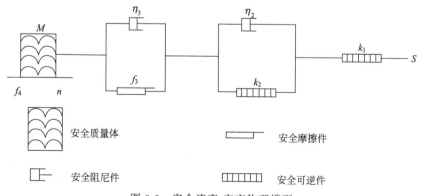

图 3-9　安全流变-突变物理模型

（1）安全可逆元件　在外界广义力作用下发生安全损伤变形，变形量遵循胡克定律，其安全意义是可恢复安全损伤。可用式（3-14）描述。

$$S_H = 2ke_H \qquad (3\text{-}14)$$

式中，S_H 为可修复损伤广义作用力；k 为表征事物可修复损伤过程的系数；e_H 为可修复损伤。

（2）安全阻尼元件　在外界力作用下发生安全损伤，安全损伤速度与力成正比。可用式（3-15）描述。

$$S_N = 2\eta e_N \qquad (3\text{-}15)$$

式中，S_N 为引起永久损伤的广义力；η 为反映永久损伤过程的系数；e_N 为表征事物永久损伤形成程度的系数，为永久损伤。

（3）安全摩擦件 f_3（f_3 为常数）　f_3 为反映事物抵抗外界影响的容度，当外界影响小时，事物内部的系统受不到损伤，摩擦件对系统起保护作用，相当于保护层；当外界影响大时，摩擦件开始运动，产生永久损伤。

（4）安全质量体　该元件可想象为具有一定质量的物体。但其质量随损伤的增大而不断衰减，当到达事物的寿命时，元件质量变为 0。当外界作用力大于初始摩擦力时，质量体开始运动、并且服从牛顿第二定律。由于质量体的质量不断减小，即使外界作用力不变，质量体的运动也要呈现加速趋势。质量体在安全科学中的意义是安全的边界容度。当外界或内部作用小时，质量体不运动，其他元件工作，系统只形成大量的可恢复损伤和小部分永久损伤，系统的本质特征不会受影响；当外界或内部作用大时，质量体开始滑动，形成稳定的不可恢复的损伤，经过一段时间或一定的永久损伤后，安全边界容度值降低，内部永久损伤形成加速之势。

3.6.1.2　安全流变-突变模型

安全流变-突变模型的整个系统可分为 5 个层次，每个层次的功能和机理各不相同，从外向内依次分为外界广义力区、可立即恢复损伤区、可缓慢恢复损伤区、安全本质损伤区、安全本质损伤加速区。如图 3-10 所示。

图 3-10　模型框图

（1）外界广义力区　指一切外部对事物有影响作用的总称，它通过事物内部而对事物起作用。它可以是看得见、摸得着的；也可以是无形、无迹的，如辐射和磁场等。它的作用方式可能各种各样，有些事物或系统一旦诞生，那么就存在其他因素对它的影响。实际研究中作用力为零的现象不存在。不同事物所受的力不可能相同，有时甚至是数量级的差别。对于同一事物，外界变化范围不大时，可以认为是受相同的作用力。如研究人的寿命规律时，外部环境较稳定，生理、心理变化不大，可以按定常力作用下分析。

（2）可立即恢复损伤区　为第 1 保护区，它由 1 个安全可逆元件构成，能对外界作用立即形成反应，把作用能以可恢复损伤的形式存储起来，一旦外界作用消失，对事物的危险势也立即消失。k_1 为可恢复损伤系数，k_1 越大储存外界作用的能力越大。

（3）可缓慢恢复损伤区　为第 2 保护区，由安全阻尼和安全可逆 2 个元件组成，它的特点是对作用力不能立即引起应有的损伤，有个时间滞后段，当外力消失后损失不能立即恢复，而是经过一段时间后缓慢回复到原始位置。η_2、k_2 共同组成自修复因子。从安全学的观点看，就是事物经过自身缓慢调养能够远离危险，达到事物的安全状态。对人的身体而言，就是得小病后通过生理系统的自我调理恢复到如初的过程。对社会而言，即社会上一度出现动荡，经多方采取措施还可恢复太平，所出现的损伤不引起本质特征的恶化。

（4）本质损伤区　为事物内部不可修复的损伤区，由安全阻尼和摩擦件组成。当传到本质区的作用力较小时，摩擦件相当于 1 个保护事物的强度元件，它可抵抗外部的作用力，从而不产生事物的本质损伤；当传到本质区的作用力较大时，摩擦件消耗一部分外力，把剩余的力作用于阻尼元件，形成本质损伤。f_3、η_3 共同构成本质损伤因子。

（5）本质损伤加速区　该区由质量体元件构成，是描述事物损伤开始加速的元件。如果外界作用超过某一定值，就会引起内部本质损伤加速元件运动，它能消化或吸收一部分外界作用。一开始它的消化或吸收能力为一定值 f_4，但运行后，安全质量体的质量随损伤的增大而不断减小，是损伤的单调递减函数。即使在外界作用力不变的情况下，质量体形成的损伤也要加速。由于质量体的不断减小，保护事物免受加速损伤的能力逐渐降低，大量外界力作用于事物的本质损伤加速区，事物的损伤速度越来越快，损伤程度越来越大，直到整个事物被完全破坏。

3.6.2　数学模型

在上述物理模型的基础上，根据物理模型中组合元件的特性，可以进一步得出安全损伤量与外界广义作用力 S 的关系式，即安全科学"R-M"的数学模型。

（1）当 $S < f_3$ 时，本质损伤区、本质损伤加速区内没有运动。

损伤量
$$e = \frac{S}{k_1} + \frac{S}{2k_2}\left[1 - \exp\left(-\frac{k_2}{\eta_2}t\right)\right] \tag{3-16}$$

损伤速度
$$\dot{e} = \frac{S}{2\eta_2}\exp\left(-\frac{k_2}{\eta_2}t\right) \tag{3-17}$$

损伤加速度
$$\ddot{e} = -\frac{Sk_2}{2\eta_2^2}\exp\left(-\frac{k_2}{\eta_2}t\right) \tag{3-18}$$

式中，e、$\dot{e}$、$\ddot{e}$ 为损伤量、损伤速度和损伤加速度；t 为时间变量。

（2）当 $f_3 < S < f_4$ 时，本质损伤区开始运动。

损伤量
$$e = \frac{S}{k_1} + \frac{S}{2k_2}\left[1 - \exp\left(-\frac{k_2}{\eta_2}t\right)\right] + \frac{S - f_3}{\eta_3}t \tag{3-19}$$

损伤速度
$$\dot{e} = \frac{S}{2\eta_2}\exp\left(-\frac{k_2}{\eta_2}t\right) + \frac{S - f_3}{\eta_3} \tag{3-20}$$

损伤加速度
$$\ddot{e} = -\frac{Sk_2}{2\eta_2^2}\exp\left(-\frac{k_2}{\eta_2}t\right) \tag{3-21}$$

（3）当 $S > f_4$ 时，根据事物安全损伤的发展规律，设 m 是损伤量 e_4 的单调递减函数，即 $m = g(e_4)$，研究、分析的事物不同，此函数的表达式亦不同。

当 $t = 0$ 时，$e_4 = 0$，且 $m = M$（M 表示事物的初始安全质量）；

当 $t = T$ 时，$e_4 = L$，且 $m = 0$，T 是事物的理想极限寿命，L 是事物的最大损伤量。

将外界广义作用力 F 与安全质量 m 之间的作用关系视为符合牛顿第二定律，则有 $F = m\ddot{e}_4$，其中 $F = S - f_4$，$S - f_4 = m\ddot{e}_4$，$\ddot{e}_4 = (S - f_4)/m$；$\ddot{e}_4$ 为安全损伤加速度。则

$$\ddot{e}_4 = (S - f_4)\frac{1}{g(e_4)} \tag{3-22}$$

$$\dot{e}_4 = (S - f_4)\int\frac{1}{g(e_4)}\mathrm{d}t + c_1 \tag{3-23}$$

$$e_4 = (S - f_4)\iint\frac{1}{g(e_4)}\mathrm{d}t + c_1 t + c_2 \tag{3-24}$$

上述方程的通解也可表示为

$$t = \int \frac{\mathrm{d}e_4}{\sqrt{c_1 + 2\int \frac{S - f_4}{g(e_4)}\mathrm{d}e_4}} + c_2 \tag{3-25}$$

其中 c_1、c_2 为常数，按边界条件可求解式(3-24)。则事物总的损伤量有如下公式。

损伤量

$$e = \frac{S}{k_1} + \frac{S}{2k_2}\left[1 - \exp\left(-\frac{k_2}{\eta_2}t\right)\right] + \frac{S - f_3}{\eta_3}t + e_4 \tag{3-26}$$

损伤速度

$$\dot{e} = \frac{S}{2\eta_2}\exp\left(-\frac{k_2}{\eta_2}t\right) + \frac{S - f_3}{\eta_3} + \dot{e}_4 \tag{3-27}$$

损伤加速度

$$\ddot{e} = -\frac{Sk_2}{2\eta_2^2}\exp\left(-\frac{k_2}{\eta_2}t\right) + \ddot{e}_4 \tag{3-28}$$

数学模型中各符号的安全意义如下。

S——影响事物安全损伤的外界广义作用力。对于某一事物，在一定条件下可以按定值考虑。如在人类历史的长河中，人的一生在社会没有巨大的变化时，可以视为常数。

m——事物的安全质量。从事物诞生起就具有的一种安全本质量，它反映在外界作用下事物损伤的衰减程度，m 越大越容易阻碍外界作用力的影响。但它随损伤的增大而不断衰减。

k_1——可立即修复损伤因子。它能把外界作用力以弹性潜能的形式保存下来，当外界作用消失后，原来形成的损伤可立即修复。

k_2，η_2——事物自缓慢可恢复损伤因子。这两个因子的变化会影响事物早期流变速度的大小。

f_3——事物的本质损伤门限值。当外界作用力小于 f_3 时，外界作用不会引起事物的本质损伤，产生的损伤可修复达到原始状态；当外界作用力大于 f_3 时，作用力就会形成对事物的永久损伤。

η_3——安全本质损伤因子。影响事物不可修复损伤程度的大小。

f_4——安全流变-突变损伤加速门限值。当外界作用力小于 f_4 时，损伤不会引起加速，只能缓慢随时间变化；当外界作用力大于 f_4 时，安全质量体开始衰减，损伤形成加速之势。

上述是用事物绝对损伤量的大小反映事物的安全过程，因为不同事物的绝对损伤量大小各不相同，所以不便发现事物内在的统一规律，这里用归一化方法求取事物相对安全损伤量 D 的大小。

$$D = \frac{e_1 + e_2 + e_3 + e_4}{\int_0^T (\dot{e}_1 + \dot{e}_2 + \dot{e}_3 + \dot{e}_4)\mathrm{d}t} \tag{3-29}$$

在日常生活中，许多安全问题可以化为两组元件的模型图，即第 2 与第 4 组元件共同构成事物的安全流变-突变模型；第 1 和第 3 组元件随时间变化关系比较稳定，可以认为是常数。它们的关系如图 3-11，从图中可以清晰地看出用第 2 与第 4 组元件就可描述事物的流变状态，每个元件的安全意义也可进一步得到明确。即 k_2 为事物的强度系数；η_2 为事物内部的磨损系数；M 为事物的初始安全质量，是事物安全的本质特征量；T 为事物的理想极限寿命值；S 为事物外部环境作用的总和；f_4 为影响事物安全质量加速损伤的门限值。简化后的方程可表述为

$$e = e_2 - e_1 \tag{3-30}$$

安全科学"R-M"模型的特征规律也可用安全损伤速度图和安全损伤立体示意图来展示，图 3-12 为安全损伤速度曲线。不管另一参数如何变化，速度曲线呈 U 形，即速度从变小→稳定→变大。

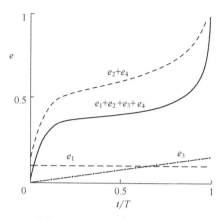

图 3-11　安全流变-突变关系

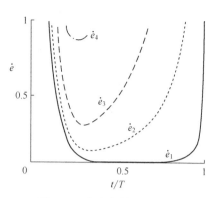

图 3-12　安全损伤速度曲线

第4章 事故分析方法

4.1 事故树分析（FTA）

4.1.1 方法概述
4.1.1.1 事故树含义

事故树分析（Fault Tree Analysis，FTA）又称故障树分析，是从结果到原因找出与灾害有关的各种因素之间因果关系和逻辑关系的分析法。这种方法是把系统可能发生的事故放在图的最上面，称为顶上事件，按系统构成要素之间的关系，分析与灾害事故有关的原因。这些原因可能是其他一些原因的结果，称为中间原因事件（或中间事件）；继续往下分析，直到找出不能进一步往下分析的原因为止，这些原因称为基本原因事件（或基本事件）。图中各因果关系用不同的逻辑门连接起来，由此得到的图形象一棵倒置的树。

FTA法是20世纪60年代初由美国贝尔电话研究所在研究导弹发射控制系统的安全性时开发出来的，取得了成功的经验。后相继被应用于航天航空工业及核动力工业的危险性识别和定量安全评价。1974年美国原子能委员会发表了关于核电站的危险性评价报告（即著名的拉斯姆逊报告），该报告用FTA法从数量上说明了核电站的安全性，得到了世界各国的关注，并相继应用到其他工业。

我国在1978年由天津东方化工厂首先将事故树分析法用于高氯酸生产过程中的危险性分析，对减少和预防事故发生取得了明显的效果。之后，很快在化工、冶金、机械、航空等工业部门得到普遍的推广和应用。它具有以下几个特点。

① 由于事故树分析法是采用演绎方法分析事故的因果关系，能详细找出系统各种固有的潜在的危险因素，为安全设计、制定安全技术措施和安全管理要点提供了依据。

② 能简洁、形象地表示出事故和各种原因之间的因果关系及逻辑关系。

③ 在事故树分析中，顶上事件可以是已经发生的事故，也可以是预想的事故。通过分析找出原因，采取对策加以控制，从而起到预测、预防事故的作用。

④ 可以用于定性分析，求出危险因素（原因）对事故影响的大小；也可用于定量分析，由各危险因素（原因）的概率计算出事故发生的概率，从数量上说明是否能满足预定目标值的要求，从而采取对策措施的重点和轻、重、缓、急顺序。

⑤ 可选择最感兴趣的事故作为顶上事件进行分析。这和事件树不同，因为事件树是由一个故障开始的，而引起的事故不一定是使用者最感兴趣的。

⑥ 分析人员必须非常熟悉对象系统，具有丰富的实践经验，能准确和熟练地应用分析方法。往往出现不同分析人员编制的事故树和分析结果不同的现象。

⑦ 复杂系统的事故树往往很庞大，分析、计算的工作量大。

⑧ 进行定量分析时，必须知道事故树中各事件的故障数据；若这些数据不准确，定量分析就不可能进行。

4.1.1.2 事故树分析的基本步骤

① 熟悉分析系统。首先要详细了解所要分析的对象，包括工艺流程、设备构造、操作条件、环境状况及控制系统和安全装置等。同时还可广泛搜集同类系统发生过的事故。在调查事故时尽量做到全面，不仅要掌握本单位的事故情况，还要了解同行业类似系统或设备以及国外相关事故资料，以便确定所要分析的事故类型都含有哪些内容，供编制事故树时进行危险因素分析。

② 确定分析对象系统和要分析的对象事件（顶上事件）。通过试验分析、事故树分析以及故障类型和影响分析确定顶上事件（何时、何地、何类）；明确对象系统的边界、分析深度、初始条件、前提条件和不考虑条件。熟悉系统并收集相关资料（工艺、设备、操作、环境、事故等方面的情况和资料）。

③ 确定分析的边界。在分析之前要明确分析的范围和边界，系统内包含哪些内容。特别是化工、石油化工生产过程都具有连续化、大型化的特点，各工序、设备之间相互连接，如不划定界限，得到的事故树会很庞大。

④ 确定系统事故发生概率、事故损失的安全目标值。

⑤ 调查原因事件。顶上事件确定之后，就要分析与之有关的各种原因事件，也就是找出系统的所有潜在危险因素的薄弱环节，包括设备元件等硬件故障、软件故障、人为差错以及环境因素。凡与事故有关的原因都找出来，作为事件树的原因事件。原因事件的定义也要确切，要简单扼要说明故障类型及发生条件，不能含糊不清。

⑥ 确定不予考虑的事件。与事故有关的原因各种各样，但有些原因根本不可能发生或发生机会很小，如导线故障、雷电、飓风、龙卷风等，编制事故树时一般不予考虑，但要事先说明。

⑦ 确定分析的深度。在分析原因事件时，要分析到哪一层为止，需事先确定。分析得太浅，可能发生遗漏；分析得太深，则事故树就会过于庞大繁琐。具体深度应视分析对象而定。

⑧ 编制事故树。从顶上事件起，一级一级往下找出所有原因事件直到最基本的事件为止，按其逻辑关系画出事故树。每个顶上事件对应一株事故树。

⑨ 定性分析。按事故树结构进行简化，求出最小割集和最小径集，确定各基本事件的结构重要度。

⑩ 定量分析。找出各基本事件的发生概率，计算出顶上事件的发生概率，求出概率重要度和临界重要度。

⑪ 结论。当事故发生概率超过预定目标值时，从最小割集着手研究降低事故发生概率的所有可能方案，利用最小径集找出消除事故的最佳方案；通过重要度（重要系数）分析确定采取对策措施的重点和先后顺序，从而得出分析、评价的结论。

具体分析时，要根据分析的目的、人力物力条件、分析人员的能力等选择上述步骤的全部或部分内容实施分析。对事故树规模很大的复杂系统进行分析时，可应用事故分析软件，利用计算机进行定性、定量分析。

4.1.2 事故树的编制

事故树的表示符号见表 4-1。

4.1.2.1 编制事故树

① 顶上事件放在最上端，将其所有直接原因事件（中间事件）列在第二层，并用逻辑门连接上下层事件（输出、输入事件）；再将第二层各事件的所有原因事件写在对应事件的下面（第三层），用适当的逻辑门把第二、三层事件连接起来；如此层层向下，直至找出全部基本事件（或根据需要分析到必要的事件）为止，从而构成一株完整的事故树。

② 完成每个逻辑门的全部出入事件后再去分析其他逻辑门的输入事件。两个逻辑门不能直接连接，必须通过中间事件连接。

4.1.2.2 简化事故树

事故树编制完成后，需要应用数学方法对事故树中在不同位置重复的基本事件进行简化处理，然后才能进行定性、定量分析，否则就可能造成分析的错误。

表 4-1　事故树的表示符号

种类	符号	名称	意义
事件符号	□	顶上事件或中间原因事件	表示由许多其他事件相互作用而引起的事件。这些事件都可进一步往下分析,处在事故树的顶端或中间
	○	基本事件	事故树中最基本的原因事件,不能继续往下分析,处在事故树的底端
	◇	省略事件	由于缺乏资料不能进一步展开或不愿继续分析而有意省略的事件,也处在事故树的底部。
	⌂	正常事件	正常情况下应该发生的事件,位于事故树的底部
逻辑门符号	A·B₁B₂	与门	表示 B_1、B_2 两个事件同时发生(输入)时,A 事件都可能发生(输出)
	A+B₁B₂	或门	表示 B_1 或 B_2 任一事件单独发生(输入)时,A 事件都可能发生(输出)
	A·aB₁B₂	条件与门	表示 B_1、B_2 两个事件同时发生(输入)时,还必须满足条件 a,A 事件才发生(输出)
	A+aB₁B₂	条件或门	表示 B_1 或 B_2 任一事件单独发生(输入)时,还必须满足条件 a,A 事件才发生(输出)
	A-a-B	限制门	表示 B 事件发生(输入)且满足条件 a 时,A 事件才能发生(输出)
转移符号	△	转入符号	表示在别处的部分树,由该处转入(在三角形内标出从何处转入)
	△	转出符号	表示这部分树由此处转移至他处(在三角形内标出向何处转移)

常用的简化事故树方法有布尔代数法和行列法,此处不作具体介绍。

4.1.3　事故树定性分析

事故树的定性分析包括求最小割集、最小径集和基本事件结构重要度分析。

4.1.3.1　最小割集

(1) 割集与最小割集　在事故树中凡能导致顶上事件发生的基本事件的集合称作割集;割集中全部基本事件均发生时,则顶上事件一定发生。

最小割集是能导致顶上事件发生的最低限度的基本事件的集合（即割集中任一基本事件不发生时,顶上事件就不会发生）。

(2) 最小割集的求法　对于已经简化的事故树,可将事故树结构函数式展开,所得各项即为最小割集;对于尚未简化的事故树（图 4-1）,结构函数式展开后的各项,尚需用布尔代数运算法则进行处理,方可得到最小割集。下面以尚未简化的事故树为例予以求解。

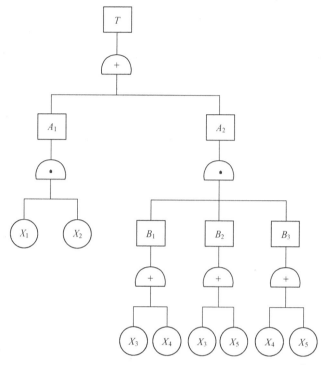

图 4-1　未经简化的事故树

未经化简的事故树，其结构函数表达式为

$$T = A_1 + A_2 \tag{4-1}$$
$$= A_1 + B_1 B_2 B_3 \tag{4-2}$$
$$= X_1 X_2 + (X_3 + X_4)(X_3 + X_5)(X_4 + X_5) \tag{4-3}$$
$$= X_1 X_2 + X_3 X_3 X_4 + X_3 X_4 X_4 + X_3 X_4 X_5 + X_4 X_4 X_5 + X_4 X_5 X_5 +$$
$$\quad X_3 X_3 X_5 + X_3 X_5 X_5 + X_3 X_4 X_5 \tag{4-4}$$

上述展开式共计 9 项，应用布尔代数运算法则，显然

$$X_3 X_3 X_4 \text{ 与 } X_3 X_4 X_4 \qquad X_4 X_4 X_5 \text{ 与 } X_4 X_5 X_5 \qquad X_3 X_3 X_5 \text{ 与 } X_3 X_5 X_5$$
$$X_3 X_4 \qquad\qquad\qquad X_4 X_5 \qquad\qquad\qquad X_3 X_5$$

而 $X_3 X_4 X_5$ 可归入 $X_3 X_4$ 或 $X_4 X_5$ 或 $X_3 X_5$ 中，因此得到该事故树的最小割集为 4 个，即

$$P_1 = \{X_1 X_2\} \qquad P_2 = \{X_3 X_4\} \qquad P_3 = \{X_4 X_5\} \qquad P_4 = \{X_3 X_5\}$$

4 个最小割集表达了顶上事故 T 发生的 4 种模式；以 $P_4 = \{X_3 X_5\}$ 为例，若 X_3、X_5 两个基本事件同时发生，则 X_3 使 B_1、B_2 均发生，X_5 导致 B_3 发生，B_1、B_2、B_3 同时发生则 A_2 发生，故 T 发生。其余模式的物理意义类同。

4.1.3.2　最小径集

最小径集又称最小通集，在事故树中凡是不能导致顶上事件发生的最低限度的基本事件的集合，称作最小径集。在最小径集中，去掉任何一个基本事件，便不能保证一定不发生事故。因此最小径集表达了系统的安全性。

最小径集的求法是将事故树转化为对偶成功树，成功树的最小割集即事故树的最小径集。

成功树的转化方法是将事故树的各项逻辑门作如下改变，即或门变成与门，与门变成或门，基本树形不变。图 4-1 所示的事故树，可转化为图 4-2 所示的对偶成功树。

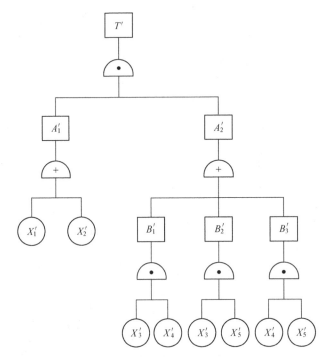

图 4-2　事故树的对偶成功树

求取的成功树最小割集，即

$$T'=A'_1×A'_2 \tag{4-5}$$

$$=A'_1×(B'_1+B'_2+B'_3)=(X'_1+X'_2)(X'_3X'_4+X'_3X'_5+X'_4X'_5) \tag{4-6}$$

$$=X'_1X'_3X'_4+X'_1X'_3X'_5+X'_1X'_4X'_5+X'_2X'_3X'_4+X'_2X'_3X'_5+X'_2X'_4X'_5 \tag{4-7}$$

此处 6 个割集，已无法再简化，故即为最小割集。

由此得到事故树的 6 个最小径集为

$$K_1=\{X_1X_3X_4\} \qquad K_2=\{X_1X_3X_5\} \qquad K_3=\{X_1X_4X_5\}$$

$$K_4=\{X_2X_3X_4\} \qquad K_5=\{X_2X_3X_5\} \qquad K_6=\{X_2X_4X_5\}$$

上述 6 个最小径集，表达了防止事故发生的 6 种模式。

4.1.4　事故树定量分析

定量分析是在求出各基本事件发生概率的情况下，计算事故树顶上事件的发生概率，求出概率重要度和临界重要度。

事故树顶上事件（事故）发生概率的计算过程采用下面方式分步进行。

① 收集树中各基本事件的发生概率。

② 从下面的基本事件开始计算每一个逻辑门输出事件的发生概率。

③ 将计算过的逻辑门输出事件的概率代入它上面的逻辑门，计算其输出概率，依次上推，直达顶部事件，最终求出的即为该事故的发生概率。

对或门连接的事件，其计算公式为

$$P_a=1-\prod_{i=1}^{n}(1-q_i)$$

对与门连接的事件，其计算公式为

$$P_a = 1 - \prod_{i=1}^{n} q_i$$

式中，$\prod$ 为连乘符号；P_a 为输出事件 a 的概率；q_i 为第 i 个输入事件的概率；n 为输入事件的个数。

4.1.5　基本事件的结构重要度分析

结构重要度分析就是不考虑基本事件发生概率的多少，仅从事故树结构上分析各基本事件的发生对顶上事件的影响程度。

事故树是由众多基本事件构成的，这些基本事件对顶上事件均产生影响，但影响程度是不同的，在制定安全防范措施时必须有个先后次序，轻重缓急，以便使系统达到经济、有效、安全的目的。结构重要度分析虽然是一种定性分析方法，但在目前缺乏定量分析数据的情况下，这种分析显得尤为重要。

结构重要度分析方法归纳起来有两种：第一种是计算出各基本事件的结构重要系数，将系数由大到小排列各基本事件的重要顺序；第二种是用最小割集和最小径集近似判断各基本事件的结构重要系数的大小，并排列次序。

4.1.5.1　计算求取各基本事件的结构重要系数

假设某事故树有几个基本事件，每个基本事件的形态都有两种，即

$$x = \begin{cases} 1 & \text{表示基本事件状态发生} \\ 0 & \text{表示基本事件状态不发生} \end{cases}$$

已知顶上事件是基本事件的状态函数，顶上事件的状态用 Φ 表示，$\Phi(x) = \Phi(X_1, X_2, X_3, \cdots, X_n)$，则 $\Phi(x)$ 也有两种状态，即

$$\Phi(x) = \begin{cases} 1 & \text{表示基本事件状态发生} \\ 0 & \text{表示基本事件状态不发生} \end{cases}$$

在其他基本事件状态都不变的情况下，基本事件 X_i 的状态从 0 变到 1，顶上事件的状态变化有以下三种情况。

（1）$\Phi(0_i, x) = 0 \to \Phi(1_i, x) = 0$　则

$$\Phi(1_i, x) - \Phi(0_i, x) = 0$$

此时，不管基本事件是否发生，顶上事件都不发生。

（2）$\Phi(0_i, x) = 0 \to \Phi(1_i, x) = 1$　则

$$\Phi(1_i, x) - \Phi(0_i, x) = 1$$

此时，顶上事件状态随基本事件状态的变化而变化。

（3）$\Phi(0_i, x) = 1 \to \Phi(1_i, x) = 1$　则

$$\Phi(1_i, x) - \Phi(0_i, x) = 0$$

此时，不管基本事件是否发生，顶上事件也都不发生。

上述三种情况，只有第二种情况是基本事件 X_i 发生，顶上事件也发生，这说明 X_i 事件对事故发生起着重要作用，这种情况越多，X_i 的重要性就越大。

对有 n 个基本事件构成的事故树，n 个基本事件两种状态的组合数为 $2n$ 个。把其中一个事件 X_i 作为变化对象（从 0 变到 1），其他基本事件的状态保持不变的对照组共有 2^{n-i} 个。在这些对照组中属于第二种情况 $[\Phi(1_i, x) - \Phi(0_i, x) = 1]$ 所占的比例既是 X_i 事件的结构重要系数，用 $I\Phi(i)$ 表示，可以用式（4-8）求得，即

$$I\Phi(i) = \frac{1}{2^{n-1}} \sum \Phi[(1_i, x) - \Phi(0_i, x)] \tag{4-8}$$

下面以图 4-3 所示的事故树为例，具体说明个基本事件结构重要系数的求法。

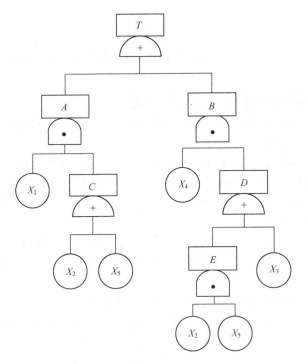

图 4-3　事故树

此事故树有 5 个基本事件，按照二进制列出所有基本事件两种状态的组合数，共有 $2^5 = 32$ 个，这些组合列于表 4-2。为便于对照，将 32 组分成左右两部分各占 16 组，然后根据事故树图或最小割集确定 $\Phi(0i,x)$ 和 $\Phi(1i,x)$ 的值，以 0 和 1 两种状态表示。

表 4-2　基本事件与顶上事件状态值

X_1	X_2	X_3	X_4	X_5	$\Phi(0i,x)$	X_1	X_2	X_3	X_4	X_5	$\Phi(1i,x)$
0	0	0	0	0	0	1	0	0	0	0	0
0	0	0	0	1	0	1	0	0	0	1	1
0	0	0	1	0	0	1	0	0	1	0	0
0	0	0	1	1	0	1	0	0	1	1	1
0	0	1	0	0	0	1	0	1	0	0	1
0	0	1	0	1	0	1	0	1	0	1	1
0	0	1	1	0	1	1	0	1	1	0	1
0	0	1	1	1	1	1	0	1	1	1	1
0	1	0	0	0	0	1	1	0	0	0	0
0	1	0	0	1	0	1	1	0	0	1	1
0	1	0	1	0	0	1	1	0	1	0	0
0	1	0	1	1	1	1	1	0	1	1	1
0	1	1	0	0	0	1	1	1	0	0	1
0	1	1	0	1	0	1	1	1	0	1	1
0	1	1	1	0	1	1	1	1	1	0	1
0	1	1	1	1	1	1	1	1	1	1	1

由表 4-2 可见，X_1 在左半部的状态值都为 0，右半部都为 1，右半部和左半部对应找出 $\Phi(1i,x) - \Phi(0i,x) = 1$ 的组合共有 7 个，因此，基本事件 X_1 的结构重要系数

$$I\Phi(1) = \frac{7}{2^{5-1}} = \frac{7}{16}$$

基本事件 X_2 在表中左右两侧，其状态值都分成上下两部分，每部分 8 组，在同一侧上下部分对照找出 $\Phi(1i,x)-\Phi(0i,x)=1$ 的组合只有 1 个，故

$$I\Phi(2)=\frac{1}{16}$$

同理可得出：$I\Phi(3)=\frac{7}{16}$　$I\Phi(4)=\frac{5}{16}$　$I\Phi(5)=\frac{5}{16}$

按各基本事件 $I(1)$ 值的大小排列起来，其结果为：

$$I\Phi(1)=I\Phi(3)>I\Phi(4)=I\Phi(5)>I\Phi(2)$$

用计算基本事件结构重要系数的方法进行结构重要度分析，其结果较为精确，但很繁琐。特别当事故树比较庞大、基本事件个数比较多时，要排列为 2^n 个组合是很困难的，有时即使是使用计算机也难以进行。

4.1.5.2　最小割集或最小径集近似判断各基本事件的结构重要系数

通过最小割集或最小径集近似判断基本事件结构重要系数的方法虽然精确度比计算求取结构重要系数法差一些，但操作简便，因此目前应用较多。用最小割集或最小径集近似判断结构重要系数的方法也有几种，这里只介绍其中一种，就是用四条原则来判断，这四条原则可描述如下。

（1）单事件最小割（径）集中基本事件结构重要系数最大。

例如，某事故树有三个最小径集：

$$P_1=\{X_1\}\qquad P_2=\{X_2,X_3\}\qquad P_3=\{X_4,X_5,X_6\}$$

第一个径集只含有一个基本事件 X_1，按此原则 X_1 的结构重要系数最大。即

$$I\Phi(1)>I\Phi(i)\qquad i=2,3,4,5$$

（2）仅出现在同一个最小割（径）集中的所有基本事件结构重要系数相等。

例如，上述事故树中 X_2，X_3 只出现在第二个最小径集，在其他最小径集中都未出现，所以 $I\Phi(2)=I\Phi(3)$，同理，$I\Phi(4)=I\Phi(5)=I\Phi(6)$

（3）仅出现在基本事件个数相等的若干个最小割（径）集中的各基本事件结构重要系数依出现次数而定，即出现次数少，其结构重要系数小；出现次数多，其结构重要系数大；出现次数相等，其结构重要系数相等。

例如，某事故树有三个最小割集：

$$K_1=\{X_1,X_2,X_3\}\quad K_2=\{X_1,X_3,X_4\}\quad K_3=\{X_1,X_4,X_5\}$$

此事故树有 5 个基本事件，都出现在含有 3 个基本事件的最小割集中。X_1 出现 3 次，X_3、X_4 出现 2 次，X_2、X_5 只出现 1 次，按此原则，得

$$I\Phi(1)>I\Phi(3)=I\Phi(4)>I\Phi(5)=I\Phi(2)$$

（4）两个基本事件出现在基本事件个数不等的若干个最小割（径）集中，其结构重要系数依下列情况而定。

a. 若它们在最小割（径）集中重复出现的次数相等，则在少事件最小割（径）集中出现的基本事件结构重要系数大。

例如，某事故树有 4 个最小割集

$$K_1=\{X_1,X_3\}\quad K_2=\{X_1,X_4\}\quad K_3=\{X_2,X_4,X_5\}\quad K_4=\{X_2,X_5,X_6\}$$

X_1、X_2 两个基本事件都出现 2 次，但 X_1 所在的两个最小割集都含有 2 个基本事件，而 X_2 所在的两个最小割集，都含有 3 个基本事件，所以 $I\Phi(1)>I\Phi(2)$。

b. 若它们在少事件最小割（径）集中出现次数少，在多事件最小割（径）集中出现次数多，以及其他更为复杂的情况，可用下式（4-9）近似判别计算。

$$\sum I(i)=\sum_{X_i\in K_j}\frac{1}{2^{n_i-1}}\tag{4-9}$$

式中，$I(i)$ 为基本事件 X_i 结构重要系数的近似判别值，$I\Phi(i)$ 大则 $I(i)$ 也大；$X_i \in K_j$ 为基本事件 X_i 属于 K_j 最小割（径）集；n_i 为基本事件 X_i 所在最小割（径）集中包含基本事件的个数。

假设某事件数共有 5 个最小径集

$$P_1 = \{X_1, X_3\} \quad P_2 = \{X_1, X_4\} \quad P_3 = \{X_2, X_4, X_5\} \quad P_4 = \{X_2, X_5, X_6\} \quad P_5 = \{X_2, X_6, X_7\}$$

基本事件 X_1 与 X_2 比较，X_1 出现 2 次，但所在的两个最小径集中都含有 2 个基本事件，X_2 出现 3 次，所在的 3 个最小径集都含有 3 个基本事件，根据这个原则判断，则

$$I(1) = \frac{1}{2^{2-1}} + \frac{1}{2^{2-1}} = 1$$

$$I(2) = \frac{1}{2^{3-1}} + \frac{1}{2^{3-1}} + \frac{1}{2^{3-1}} = \frac{3}{4}$$

由此可知 $I\Phi(1) > I\Phi(2)$。

利用上述四条原则判断基本事件结构重要系数大小时，必须从第一至第四条按顺序进行，不能单纯使用近似判别式，否则会得到错误的结果。

用最小割集或最小径集判断基本事件结构重要顺序其结果应该是一样的。选用哪一种要视具体情况而定。一般来说，最小割集和最小径集哪一种数量少就选用哪一种，这样对包含的基本事件容易比较。例如，图 4-3 的事故树含 4 个最小割集

$$K_1 = \{X_1, X_3\} \quad K_2 = \{X_1, X_5\} \quad K_3 = \{X_3, X_4\} \quad K_4 = \{X_2, X_4, X_5\}$$

3 个最小径集

$$P_1 = \{X_1, X_4\} \quad P_2 = \{X_1, X_2, X_3\} \quad P_3 = \{X_3, X_5\}$$

显然用最小径集比较各基本事件的结构重要顺序比用最小割集方便。

根据以上 4 条原则判断：X_1，X_3 都各出现 2 次，且 2 次所在的最小径集中基本事件个数相等，$I\Phi(1) = I\Phi(3)$，X_2，X_4，X_5 都各出现 1 次，但 X_2 所在的最小径集中基本事件个数比 X_4，X_5 所在最小径集的基本事件个数多，故

$$I\Phi(4) = I\Phi(5) > I\Phi(2)$$

由此可得各基本事件的结构重要顺序为

$$I\Phi(1) = I\Phi(3) > I\Phi(4) = I\Phi(5) > I\Phi(2)$$

在这个例子中，近似判断法与精确计算各基本事件结构重要系数方法的结果是相同的。

分析结果说明，仅从事故树结构来看，基本事件 X_1 和 X_3 对顶上事件发生影响最大，其次是 X_4 和 X_5，X_2 对顶上事件影响最小。据此，在制定系统防灾对策时，首先要控制住 X_1 和 X_3 两个危险因素，其次是 X_4 和 X_5，X_2 要视情况而定。

基本事件的结构重要顺序排出后，也可以作为制定安全检查表、找出日常管理和控制要点的依据。

4.1.6 应用示例

以一般工厂的中、小型汽油、柴油库的燃烧爆炸事故作为顶上事件为例，进行事故树定性分析评价。

油库燃爆的事故树分析如图 4-4 所示。

4.1.6.1 事故树定性分析

（1）求最小割（径）集　根据事故树最小割（径）集最多个数的判别方法判断，图 4-4 所示事故树最小割集最多为 144 个，最小径集 11 个。所以从最小径集入手分析较为方便。

该事故树的成功树如图 4-5 所示。

结构函数式如下。

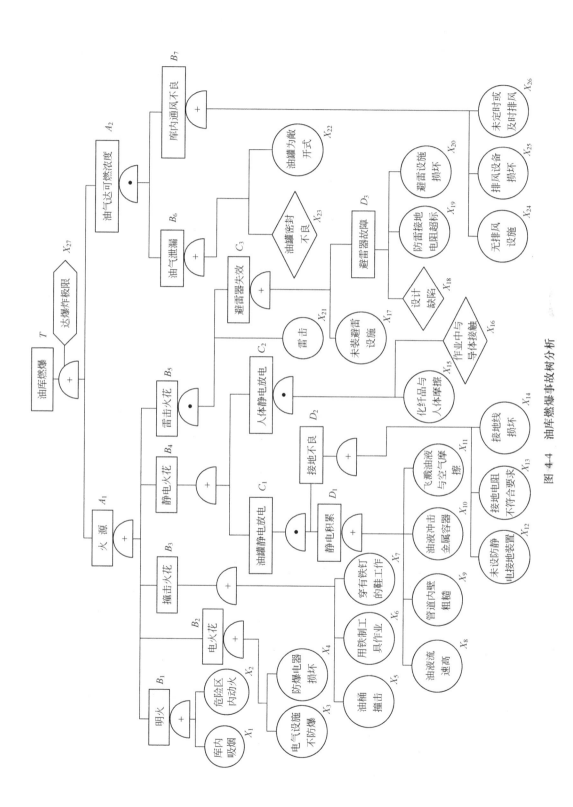

图 4-4　油库燃爆事故树分析

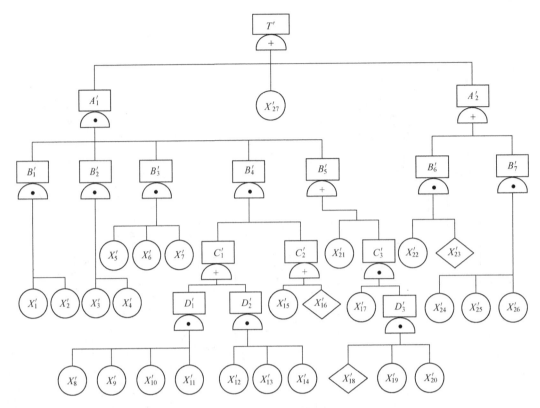

图 4-5　图 4-4 的成功树

$$T = A'_1 + A'_2 + X'_{27} \tag{4-10}$$

$$= B'_1 B'_2 B'_3 B'_4 B'_5 + B'_6 + B'_7 + X'_{27} \tag{4-11}$$

$$= X'_1 X'_2 X'_3 X'_4 X'_5 X'_6 X'_7 C'_1 C'_2 (X'_{21} + C'_3) + X'_{22} X'_{23} + X'_{24} X'_{25} X'_{26} + X'_{27} \tag{4-12}$$

$$= X'_1 X'_2 X'_3 X'_4 X'_5 X'_6 X'_7 (D'_1 + D'_2)(X'_{15} + X'_{16})(X'_{21} + X'_{17} D'_3)$$
$$+ X'_{22} X'_{23} + X'_{24} X'_{25} X'_{26} + X'_{27} \tag{4-13}$$

$$= X'_1 X'_2 X'_3 X'_4 X'_5 X'_6 X'_7 X'_8 X'_9 X'_{10} X'_{11} X'_{15} X'_{17} X'_{18} X'_{19} X'_{20}$$
$$+ X'_1 X'_2 X'_3 X'_4 X'_5 X'_6 X'_7 X'_8 X'_9 X'_{10} X'_{11} X'_{15} X'_{21}$$
$$+ X'_1 X'_2 X'_3 X'_4 X'_5 X'_6 X'_7 X'_8 X'_9 X'_{10} X'_{11} X'_{16} X'_{17} X'_{18} X'_{19} X'_{20}$$
$$+ X'_1 X'_2 X'_3 X'_4 X'_5 X'_6 X'_7 X'_8 X'_9 X'_{10} X'_{11} X'_{16} X'_{21}$$
$$+ X'_1 X'_2 X'_3 X'_4 X'_5 X'_6 X'_7 X'_{12} X'_{13} X'_{14} X'_{15} X'_{17} X'_{18} X'_{19} X'_{20}$$
$$+ X'_1 X'_2 X'_3 X'_4 X'_5 X'_6 X'_7 X'_{12} X'_{13} X'_{14} X'_{15} X'_{21}$$
$$+ X'_1 X'_2 X'_3 X'_4 X'_5 X'_6 X'_7 X'_{12} X'_{13} X'_{14} X'_{16} X'_{17} X'_{18} X'_{19} X'_{20}$$
$$+ X'_1 X'_2 X'_3 X'_4 X'_5 X'_6 X'_7 X'_{12} X'_{13} X'_{14} X'_{16} X'_{21}$$
$$+ X'_{22} X'_{23} + X'_{24} X'_{25} X'_{26} + X'_{27} \tag{4-14}$$

从而得出 11 个最小径集为

$P_1 = \{X_1, X_2, X_3, X_4, X_5, X_6, X_7, X_8, X_9, X_{10}, X_{11}, X_{15}, X_{17}, X_{18}, X_{19}, X_{20}\}$

$P_2 = \{X_1, X_2, X_3, X_4, X_5, X_6, X_7, X_8, X_9, X_{10}, X_{11}, X_{15}, X_{21}\}$

$P_3 = \{X_1, X_2, X_3, X_4, X_5, X_6, X_7, X_8, X_9, X_{10}, X_{11}, X_{16}, X_{17}, X_{18}, X_{19}, X_{20}\}$

$P_4 = \{X_1, X_2, X_3, X_4, X_5, X_6, X_7, X_8, X_9, X_{10}, X_{11}, X_{16}, X_{21}\}$

$P_5 = \{X_1, X_2, X_3, X_4, X_5, X_6, X_7, X_{12}, X_{13}, X_{14}, X_{16}, X_{17}, X_{18}, X_{19}, X_{20}\}$

$$P_6 = \{X_1, X_2, X_3, X_4, X_5, X_6, X_7, X_{12}, X_{13}, X_{14}, X_{15}, X_{21}\}$$
$$P_7 = \{X_1, X_2, X_3, X_4, X_5, X_6, X_7, X_{12}, X_{13}, X_{14}, X_{15}, X_{16}, X_{17}, X_{18}, X_{19}, X_{20}\}$$
$$P_8 = \{X_1, X_2, X_3, X_4, X_5, X_6, X_7, X_{12}, X_{13}, X_{14}, X_{16}, X_{21}\}$$
$$P_9 = \{X_{22}, X_{23}\}$$
$$P_{10} = \{X_{24}, X_{25}, X_{26}\}$$
$$P_{11} = \{X_{27}\}$$

（2）结构重要度分析　因为 X_{27} 是单事件最小径集，所以 $I\Phi(27)$ 最大。X_{22}，X_{23} 同在一个最小径集中；X_{24}，X_{25}，X_{26} 同在一个最小径集中，X_1，X_2，X_3，X_4，X_5，X_6，X_7 同在 8 个最小径集中；X_8，X_9，X_{10}，X_{11} 同在 4 个最小径集中；X_{12}，X_{13}，X_{14} 同在 4 个最小径集中；X_{17}，X_{18}，X_{19}，X_{20} 同在 4 个最小径集中。

根据判别结构重要度近似方法，得到

$$I\Phi(1) = I\Phi(2) = I\Phi(3) = I\Phi(4) = I\Phi(5) = I\Phi(6) = I\Phi(7)$$
$$I\Phi(8) = I\Phi(9) = I\Phi(10) = I\Phi(11)$$
$$I\Phi(12) = I\Phi(13) = I\Phi(14)$$
$$I\Phi(17) = I\Phi(18) = I\Phi(19) = I\Phi(20)$$
$$I\Phi(22) = I\Phi(23)$$
$$I\Phi(24) = I\Phi(25) = I\Phi(26)$$

X_{15}，X_{16}，X_{21} 与其他事件无同属关系。因此，只要判定 $I\Phi(1)$，$I\Phi(8)$，$I\Phi(12)$，$I\Phi(15)$，$I\Phi(16)$，$I\Phi(17)$，$I\Phi(21)$，$I\Phi(22)$，$I\Phi(24)$ 大小即可。

根据结构重要系数计算公式得到

$$I(1) = \frac{2}{2^{16-1}} + \frac{2}{2^{15-1}} + \frac{2}{2^{13-1}} + \frac{2}{2^{12-1}} = \frac{27}{2^{14}}$$

$$I(8) = \frac{2}{2^{16-1}} + \frac{2}{2^{13-1}} = \frac{9}{2^{14}} \qquad I(12) = \frac{2}{2^{15-1}} + \frac{2}{2^{12-1}} = \frac{18}{2^{14}}$$

$$I(15) = \frac{1}{2^{16-1}} + \frac{1}{2^{13-1}} + \frac{1}{2^{15-1}} + \frac{1}{2^{12-1}} = \frac{13.5}{2^{14}}$$

$$I(16) = I(15) = \frac{13.5}{2^{14}} \qquad I(17) = \frac{2}{2^{16-1}} + \frac{2}{2^{15-1}} = \frac{3}{2^{14}}$$

$$I(21) = \frac{2}{2^{13-1}} + \frac{2}{2^{12-1}} = \frac{24}{2^{14}} \qquad I(22) = \frac{1}{2^{2-1}} = \frac{1}{2} \qquad I(24) = \frac{1}{2^{3-1}} = \frac{1}{4}$$

因此，得到结构重要顺序为：

$$I\Phi(27) > I\Phi(22) = I\Phi(23) > I\Phi(24) = I\Phi(25) = I\Phi(26) > I\Phi(1) = I\Phi(2) = I\Phi(3) = I\Phi(4) = I\Phi(5) = I\Phi(6) = I\Phi(7) > I\Phi(21) > I\Phi(12) = I\Phi(31) = I\Phi(14) > I\Phi(15) = I\Phi(16) > I\Phi(8) = I\Phi(9) = I\Phi(10) = I\Phi(11) > I\Phi(17) = I\Phi(18) = I\Phi(19) = I\Phi(20)$$

4.1.6.2　结论

由图 4-4 事故树分析可知，火源与达到爆炸极限的混合气体构成了油库爆燃事故发生的要素。首先，基本事件 X_{27}（达到爆炸极限）是单事件的最小径集，其结构重要系数最大，是油库燃爆事故发生的最重要条件。这就要求人们采取针对措施，如采用气体报警器对汽油混合气的浓度进行监视，一旦接近危险极限即行报警，使管理人员立即采取预防措施，如加强通风排气降低混合气浓度和库内温度，有的大型油库还可装设自动排风、自动灭火装置，当达到危险浓度和温度时，开动装置消除事故产生的因素。其次，最小径集 P_9 只由 X_{22}，X_{23} 组成，其重要度仅次于 X_{27}。由此可知，油罐的密封在防止库房燃爆中具有重要地位。一些油库采取油罐埋于地下，不仅使环境温度得以降低，还能使油罐的密封性提高。

防止易燃气体达到可燃浓度，加强对油库的安全管理及监测，严格控制火源，严禁吸烟和动用明火，防止铁器撞击及静电火花的产生，库内电气装置要符合防火防爆要求等，这些都是预防措施。

导致油库爆燃的因素虽然很多，但只要严格执行安全管理制度和安全操作规程，并采取相应技术措施，预防油库爆燃是完全可以做到的。

4.2 事件树分析（ETA）

4.2.1 方法概述

事件树分析（Event Tree Analysis，ETA）是一种从原因推论结果的（归纳的）系统安全分析方法，它按事故发展的时间顺序由初始事件出发，按每一事件的后继事件只能取完全对立的两种状态（成功或失败、正常或故障、安全或事故等）之一的原则，逐步向事故方面发展，直至分析出可能发生的事故或故障为止，从而展示事故或故障发生的原因和条件。通过事件树分析，可以看出系统的变化过程，从而查明系统可能发生的事故和找出预防事故发生的途径。

事故的产生是一个动态过程，是若干事件按时间顺序相继出现的结果，每一个初始事件都可能导致灾难性的后果，但并不一定是必然的后果。因为事件向前发展的每一步都会受到安全防护措施、操作人员的工作方式、安全管理及其他条件的制约。因此，每一阶段都有两种可能性结果，即达到既定目标的"成功"和达不到既定目标的"失败"。事件树分析从事故的起因事件（或诱发事件）开始，途径原因事件到结果事件为止，每一事件都按"成功"和"失败"两种状态进行分析。成功和失败的分叉为歧点，用树枝的上分支作为成功事件，把下分支作为失败事件，按事件发展顺序不断延续分析，直至最后结果，最终形成一个在水平方向横向展开的树形图。有 n 个阶段，就有（$n-1$）个歧点。根据事件发展的不同情况，如已知每个歧点处成功或失败的概率，就可以计算出各个不同结果的概率。

事件树分析适用于多种环节事件或多重保护系统的危险性分析，既可用于定性分析，也可用于定量分析。它最初用于核电站的安全分析，后来在其他工业领域也得到了广泛的应用。

4.2.2 分析步骤

（1）确定初始事件 初始事件可以是系统或设备的故障、人员的失误或工艺参数偏移等可能导致事故发生的事件。确定初始事件一般依靠分析人员的经验和有关运行、故障、事故统计资料来确定；对于新开发系统或复杂系统，往往先应用其他分析、评价方法从分析的因素中选定（如用事故树分析重大事故原因，从中间事件、基本事件中选择），用事件树分析方法做进一步的重点分析。

（2）判定安全功能 系统中包含许多能消除、预防、减弱初始时间影响的安全功能（安全装置、操作人员的操作等）。常见的安全功能有自动控制装置、报警系统、安全装置、屏蔽装置和操作人员采取措施等。

（3）发展事件树和简化事件树 从初始事件开始，自左至右发展事件树，首先把初始事件一旦发生时起作用的安全功能状态画在上面的分支，不能发挥安全功能的状态画在下面的分支。然后依次考虑每种安全功能分支的两种状态，把发挥功能（正常或成功）的状态画在次级分支的上面分支，把不能发挥功能（故障或失败）的状态画在次级分支的下面分支，层层分解直至系统发生事故或故障为止。

简化事件树是在发展事件树的过程中，将与初始时间、事故无关的安全功能和与安全功能不协调、矛盾的情况省略、删除，达到简化分析的目的。

（4）分析事件树

① 找出事故连锁和最小割集 事件树各分支代表初始事件一旦发生后其可能的发展途径，其中导致系统事故的途径即为事故连锁，一般导致系统事故的途径有很多，即有很多事故连锁。

事故连锁中包含的初始事件和安全功能故障的后继事件构成了事件树的最小割集（导致事故发生的最小集合）。事件树中包含多少事故连锁，就有多少最小割集；最小割集越多，系统越不安全。

② 找出预防事故的途径 事件树中最终达到安全的途径指导人们如何采取措施预防事故发生。在达到安全的途径中，安全功能发挥作用的事件构成事件树的最小径集（保证事故不发生的事件的最小集合）。一般事件树中包含多个最小径集，即可以通过若干途径防止事故发生。

由于事件树表现了事件间的时间顺序，所以应尽可能的从最先发挥作用的安全功能着手。

（5）事件树的定量分析 由各事件发生的概率计算系统事故或故障发生的概率。

当各事件之间相互统计不独立时，定量分析非常复杂；现仅就各事件之间互相统计独立时的定量分析作简要的介绍。

① 各发展途径的概率 等于自初始事件开始的各事件发生概率的乘积。例如，图 4-6 所示事件树中各发展途径的概率可用式(4-15) 至式(4-19) 计算。

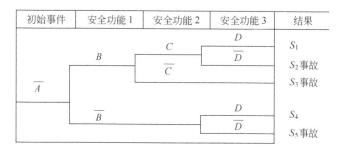

图 4-6 根据安全功能发展、简化事件树的情况

$$P(S_1) = P(\overline{A})P(B)P(C)P(D) \tag{4-15}$$

$$P(S_2) = P(\overline{A})P(B)P(\overline{C})P(\overline{D}) \tag{4-16}$$

$$P(S_3) = P(\overline{A})P(B)P(\overline{C}) \tag{4-17}$$

$$P(S_4) = P(\overline{A})P(\overline{B})P(D) \tag{4-18}$$

$$P(S_5) = P(\overline{A})P(\overline{B})P(\overline{D}) \tag{4-19}$$

② 事故发生的概率 事件树定量分析中，事故发生概率等于导致事故的各发展途径的概率和。对于图 4-6 所示的事件树，其事故发生概率可用式(4-20) 表示。

$$P = P(S_2)P(S_3)P(S_5) \tag{4-20}$$

4.2.3 应用示例

露天矿断钩跑车事故的事件树分析。

某露天矿铁路运输过程中，一列上坡行驶的列车尾车连接器的钩舌断裂，沿坡道下滑；由于调车员没有及时采取制止车辆下滑的措施，车速不断增加；当尾车滑行到 135 站时，该站运转员误将尾车放行到上线；尾车进入上线后继续滑行，经过 117 站时，该站运转员惊慌失措，导致尾车与前方检修车相撞，造成多人伤亡事故。

选择断钩跑车为初始事件，针对该初始事件有三种安全功能（调车员采取制动措施、

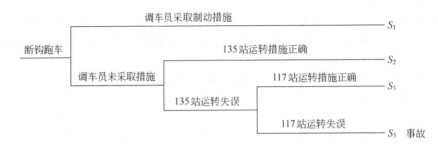

图 4-7 露天矿断钩跑车事故的事件树

135 站运转员将尾车放行入安全线、117 站运转员将尾车放行入安全线）。由初始事件开始发展事件树，得出图 4-7 所示的事件树。

该事件树中有一条事故连锁和三条防止事故的途径。相应发生撞车事故的可能性是较小的。

4.3 故障假设/安全检查表分析

4.3.1 分析方法

故障假设/安全检查表分析（What-If/Safety Checklist Analysis）是将故障假设与安全检查表分析两者组合在一起的分析方法，由熟悉工艺过程的人员所组成的分析组进行。分析组用故障假设分析方法确定过程可能发生的各种事故类型。然后分析组用一份或多份安全检查表帮助补充可能的疏漏，此时所用的安全检查表并非着重于设计或操作特点，而着重于危险或事故产生的原因。这些安全检查表主要考虑工艺过程有关的危险类型和原因。

两种分析方法组合起来能够发挥各自的优点（故障假设分析的创造性和基于经验的安全检查表分析的完整性），弥补各自单独使用时的不足。例如，安全检查表分析是建立在分析人员的经验上的，有时如果对某过程缺乏经验，安全检查表分析就不能完整地对过程的设计、操作规程等进行安全性分析，就需要更为通用的安全检查表；而故障假设分析利用分析组的创造性和经验可最大限度地考虑到可能的事故情况。因为故障假设分析没有其他更规范的分析方法（如预先危险性分析、失效模式与效应分析）详细、系统和完整，使用安全检查表可以弥补它的不足。

故障假设/安全检查表分析方法可用于各种类型的工艺过程或者是项目发展的各个阶段。一般用于分析主要的事故情况及其可能后果，是一种粗略的在较大层面上的分析。例如，某故障假设/安全检查表分析可能考虑这样的问题："如果进入反应器，蒸汽中含有杂质会发生什么情况？"最终，故障假设/安全检查表分析可以达到分析组所要求的详细程度。

4.3.2 分析步骤

故障假设/安全检查表分析按以下几个步骤进行，即分析准备；构建一系列的故障假定问题和项目；使用安全检查表进行补充；分析每一个问题和项目；编制分析结果文件，当同时使用安全检查表建立故障假设问题和项目时，第二步和第三步可合为一个步骤。

（1）分析准备 对故障假设/安全检查表分析，危险分析组的组织者应首先组织合适的分析组，确定分析对象的物理分析范围。如果过程或活动比较大，则分成几个功能或物理区域，或者是多个分析任务的顺序。对于本分析的安全检查表部分，分析组的组织者应当获得或建立合适的安全检查表，以便分析组能与故障假设分析配合使用，安全检查表应着重在工艺或操作的主要危险特征上。

（2）构建一系列的故障假设问题和项目　分析应该首先由熟悉整个装置和工艺的人员对过程阐述，这些人员包括分析组所分析区域的有关专业人员，参加人员还应说明装置的安全防范、安全设备、卫生控制规程。

分析人员对所分析的过程提出有关安全方面的问题，然而分析人员不应受所准备的故障假设问题的限制或者局限于对这些问题的回答，而是应当利用他们的综合专业知识和分析组的相互启发陈述他们认为必须分析的问题，以保证分析的完整。分析进度不能太快也不能太慢，每天最好不超过 4～6h，连续分析不超过一周。

分析有两种方式：一是列出所有的安全项目和问题，然后进行分析；二是提出一个问题讨论一个问题，即对所提出的某个问题的各个方面进行分析后再对分析组提出的下一个问题（分析对象）进行讨论。两种方式都可以，但通常最好是在分析之前列出所有的问题以免打断分析组的"创造性思维"。如果过程比较复杂或比较大，可以分成几部分，不至于让分析组花上几天时间来列出问题。

首先，分析的组织者应当制定分析范围并且征得分析组的同意。虽然组织者可以指定他认为合适的分析方法，分析组通常从工艺过程的开始直至结束。然后分析组回答每个问题，找出危险、可能后果、已有安全保护、可能的解决方法。在分析过程中，他们可以补充任何新的故障假设问题。

（3）使用安全检查表进行补充　一旦分析组将所有待分析的问题和项目确定之后，将进入关键的一步，危险分析组的组织者将使用获得的安全检查表对拟分析问题和项目进行补充和修改，分析组按照每个安全检查表项目看是否还有其他的可能事故情况，如果有，将按故障假设问题的同样方法进行分析（安全检查表对过程或活动的各个方面进行分析）。某些情况下，希望危险分析组在使用安全检查表之前提出尽量多的危险和可能事故情况。而在其他情况下，一开始就使用安全检查表及其项目去构建故障假定问题和项目也能得到很好的结果，特别是那些不使用安全检查表就可能考虑不到的问题和项目。但是，如果一开始就使用安全检查表，组织者应注意不能让安全检查表限制了分析组的创造性思维。

（4）分析每个问题和项目　包含可能事故情况的问题和项目构建完成之后，分析组分析每种事故情况或者是有关安全方面的考虑；定性确定事故的可能后果；列出已有的安全保护和预防措施。然后分析组分析每种情况的严重程度，确定是否建议采用特殊的安全改进措施。这个分析过程对每个区域、或工艺过程的每一步、或每个活动都重复进行。有时这种分析由分析组成员在分析会议外完成，然后由分析组审查。

（5）编制分析结果文件　分析报告包括列出故障情况、后果、已有安全保护措施、提高安全性建议，通常以表格的形式出现。然而，有些分析报告采用更紧凑的文本格式，有时危险分析组还将提供给管理人员对分析建议的更详细的解释。

4.3.3　应用实例

为了提高产量，某公司在 90t 氯气储槽和反应器进料储槽之间新安装了一条输送管线，如图 4-8 所示。在每次间隙操作之前，操作人员必须将 1t 氯送到进料储槽中；使用新管线大约需要 1h（使用旧管线约需 3h）。使用压缩氮气输送液氯，输送距离 1.5km，焊接管线且未隔离。储槽和反应器进料槽在大气温度下操作。

为输送液氯，操作人员将阀 PCV-1 设置到要求的压力，打开阀 HCV-1，并且确认进料储槽的液位逐渐上升。当进料储槽高液位报警时表示已输送了 1t 的氯，操作人员关闭阀门 HCV-1 和 PCV-2。正常情况下，阀门 HCV-2 在间隙操作过程中打开以免液氯停留在长长的

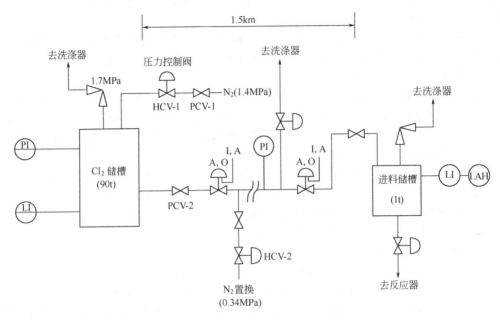

图 4-8　氯输送管线的简单流程

管线中。

　　分析组对工艺过程的修改进行故障假设/安全检查表分析，分析可能发生的事故及是否有适当的保障措施。分析组讨论确定的故障假设问题列在表 4-3 中，接下来分析组使用两份安全检查表对故障假设问题进行补充，这两份安全检查表分别示于表 4-4 和表 4-5 中。表 4-6 列出了使用安全检查表后补充考虑的安全问题。这些问题如果只用故障假设分析方法很可能被忽略。

表 4-3　液氯输送管线的故障假设问题

如果……将发生什么情况？	⑥氯会泄漏入氮气系统并污染氮气系统吗
①有水分留在管线中	⑦管线被车辆撞坏而导致液氯大量外逸时如何隔离
②操作人员输送的液氯是每次间隙操作所需氯的两倍	⑧洗涤器的设计依据是什么？在紧急情况下如果需要管道快速减压能处理所有的氯吗
③阀门 HCV-1 关闭	⑨阀门 HCV-2 因疏忽而关闭
④温度低于管线材质的额定使用温度（-20℉）	⑩进料储槽的指示/报警出现故障
⑤液氯从进料储槽逆流到液氯储槽	⑪空气进入系统，会导致反应器事故吗

表 4-4　危险分析用安全检查表

1. 原料、产品、中间物的储存	2. 物料的处理
①储槽:设计、分离、惰性、制造材料	①泵:释放、反转、标识、材质
②排污系统:能力、污水	②风道:防爆、防火、支撑
③紧急阀门:远距离控制危险物料	③输送设备:停止装置、壳体、保护
④检查:安全释放装置、闪蒸捕集器	④管道:额定值
⑤规程:避免杂质、分析	3. 工艺设备、设施、操作规程
⑥说明:化学性质、物理性质、质量、稳定性	①操作规程:开车、正常、停车、紧急情况
⑦限制:温度、时间、数量	②性能:任务审查、缺陷、施工安装

③公用系统故障:供电、供热、冷却、空气、惰性气体、搅拌	③取样:容器、储存、处置
④容器:设计、物料、规范、人孔、材质	④分析:规程、记录、反馈
⑤标识:容器、泵、开关、阀	6. 维护
⑥压力释放装置:反应器、换热器、玻璃容器	①清洗:溶液、设备、规程
⑦事故回顾:装置、公司、行业	②容器打开:尺寸、障碍、人孔
⑧检查测试:容器、压力释放装置、腐蚀	③规程:进入容器、选择、封锁
⑨危险:失控、释放、爆炸	7. 防火
⑩供电:区域划分、特性	①固定保护:防火区域、所需水量、分配系统、喷淋装置、冲洗水、监视器、检查、测试、足够所需
⑪工艺:说明、测试授权	
⑫操作范围:温度、压力、流量、比例、浓度、密度、液位、时间、顺序	②灭火器:型号、位置、使用训练
	③防火墙:适当、条件、门、窗
⑬火源:过氧化物、乙炔化合物、摩擦、污物、压槽机、静电、阀门、加热器	④下水道:坡度、排出速度
	⑤紧急反应:消防队、人员、训练、装备
⑭一致性:加热介质、润滑剂、冲洗、填料	8. 控制和紧急装置
⑮安全余量:冷却、杂质	①控制:范围、质量、故障自动保险
4. 人员保护	②校准检查:频率、恰当
①保护:防护墙、冲洗、逃生帮助	③报警:恰当、限制、火、烟雾
②通风:一般通风、局部通风、空气吸入、流量	④联锁:测试、旁路规程
③暴露:其他工艺过程、公众、环境	⑤泄放装置:恰当、放空尺寸、排放、排污、支撑
④公用设备:隔离、空气、水、惰性气体、蒸汽	⑥紧急情况:放空、浸没、抑制、稀释
⑤危险手册:有毒物质、易燃物质、反应活性、腐蚀、症状、急救	⑦过程隔离:截止阀、火灾自动保险阀、置换
	⑧仪表:空气质量、滞后、重置结束、制造材质
⑥环境:取样分析、蒸气、尘、噪声、辐射	9. 废物排放
5. 分析设备	①沟槽:阻燃、反应、暴露、固体
①取样点:可接近性、通风、阀门	②放空:排放、扩散、烟雾
②规程:孔塞、置换	③性质:沉淀物、残留、污秽物

表 4-5　危险检查表

1. 加速(非受控—太多、太少)	3. 化学反应(无火、整个过程都很小)	⑤因疏忽而接通
①偶然运动	①离解、产品反向分解为各个组分	⑥爆炸、触电
②液体漏出	②组分、混合物中生成新的产品	5. 爆炸
③目标改变	③腐蚀、磨蚀等	①可爆炸物存在
2. 减速(非受控—太多、太少)	4. 电气	②可爆炸性气体
①冲击(突然停止)	①碰撞	③可爆炸性液体
②刹车、轮子、轮胎等故障	②燃烧	④可爆炸性粉尘
③物体坠落	③过热	6. 易燃物和火源
④碎片或抛射物	④可燃物着火	①存在燃料——固体、液体、气体

②存在强氧化剂——氧、过氧化物等	⑩使用压缩空气的工具	⑤电磁波
③存在起燃源——焊接、火炬、加热器	⑪压力系统排出	⑥激光
7. 加热和速度	⑫事故释出	11. 有毒、有害物质
①热源、非电加热	⑬压力驱动的物体	①气体或液体
②热表面燃烧	⑭水压重锤	②窒息
③非常冷的表面燃烧	⑮软胶管被撞击	③有刺激性
④加热导致气体压力增加	9. 静电	④系统中毒
⑤加热导致可燃性增加	①容器破裂	⑤致癌
⑥加热导致挥发性增加	②超压	⑥致畸变物
⑦加热导致活性增加	③负压作用	⑦复合产品
8. 机械	④物质泄漏	⑧可燃产品
①尖角或点	⑤易燃物质	12. 振动
②旋转设备	⑥有毒物质	①振动工具
③往复设备	⑦腐蚀性物质	②高噪声源
④夹紧点	⑧不稳定物质	③精神疲劳
⑤举起重物	10. 辐射	④流动或喷射振动
⑥稳定/倒塌趋势	①电离	⑤超声波
⑦可射出部件或碎片	②紫外线	13. 其他
⑧压力	③强可见光	①杂质
⑨压缩气体	④红外线	②润滑

表 4-6　对氯气输送管道使用安全检查表后新增的安全分析项目

如果……将发生什么情况？	⑥该设备是否满足有关标准
①维修过程中管道被油污染	⑦在管道较低处有无取样点或排污点吗
②氯气的压力调节器故障	⑧对该设备的材质有无说明
③氯储槽在真空下是适用的	⑨对使用防腐材料衬里的管道,是否定时对其完整性进行检测
④夜间输送氯气发生泄漏	⑩有何紧急报警系统对装置所在社区发出警报
⑤是否对以往发出的氯气释放事故进行过分析	

4.4　失效模式与影响分析

4.4.1　分析方法

　　失效模式与影响分析（Failure Modes and Effects Analysis，FMEA）分析设备故障（或操作不当）发生的方式（简称为失效模式），以及这些失效模式对工艺过程导致的结果。它为失效模式的分析人员提供了一种依据，根据失效模式及影响（后果）决定需对哪些地方进行修改以提高系统的设计。在 FMEA 过程中，分析人员只分析设备故障及其后果；他们很少分析系统正常操作情况下可能出现的破坏或伤害情况。

　　它认为每单个故障是单独发生的，与系统的其他故障无关，除非可能产生连续的后果。但是，在某些特殊情况下可能要考虑同一原因产生多个设备故障的情况。FMEA 的分析结果常常以表格的形式列出。虽然 FMEA 可根据故障的严重程度将故障划分为不同的等级，但它通常作为定性的分析方法。

4.4.2　分析步骤

FMEA 分析过程包括三个步骤，即确定分析问题、完成分析、编制分析结果文件。

4.4.2.1　确定分析问题

这一步是确定 FMEA 的分析项目及它们在何种条件下进行分析。确定分析问题包括确定合适的分析水平和确定分析的边界条件。详细确定分析问题是完整和有效的 FMEA 所必需的。

分析水平决定了 FMEA 的详细程度。如果已找出在装置水平上的危险，就装置水平的危险而言，FMEA 则应主要对单个系统的失效模式及后果进行分析。例如，FMEA 可对装置的进料系统、间隙混合系统、氧化系统、产品分离系统及各种辅助系统进行分析；如果已找出在系统水平上的危险，FMEA 应当对组成系统的单个设备的失效模式及后果进行分析，同时考虑对整个系统的影响。对系统水平上的危险，如氧化系统中温度失控，FMEA 应该分析进料泵、冷却水泵、冷却水流量控制阀，以及安装在氧化系统中的温度传感器和报警器。当然，在系统水平或设备水平上识别出来的后果必然与装置水平上的危险有关。

确定分析的边界条件包括如下几个方面。

① 确定装置和（或）系统的分析主题。

② 建立 FMEA 的物理系统边界，包括与其他过程和公用/支持系统的界面。一种确定物理系统边界的方法就是在系统图上标出 FMEA 范围内的所有设备。

③ 建立系统分析边界，包括失效模式、后果、原因、已有安全保护和初始操作条件或设备位置。如果超过分析范围，如飞机坠毁、地震或龙卷风是失效模式的原因，分析人员将不予考虑。

④ 收集最新的参考资料，这些资料用于确定设备及其功能与装置/系统的关系。系统边界内的所有设备都需要这些资料。

4.4.2.2　完成分析

应当以仔细、系统的方式完成 FMEA，尽量减少疏忽，保证 FMEA 的完整性。为了保证完整、有效地进行 FMEA，应准备一套记录 FMEA 的分析结果表格，使用标准的记录表格使得 FMEA 表中的内容完整并保持在确定的分析水平。表 4-7 是典型的 FMEA 工作表式样。另外的一些信息，如失效模式原因也可以放入表格中，以便分析组很容易地对所得结果进行排序而用于某些特殊目的。在图纸上确定系统边界时就可确定 FMEA 表，并按流程顺序系统地对有关项目进行分析，对每个设备分析了它的失效模式后就可从图纸或设备清单中划去，必须在找出每个设备的所有失效模式之后才能进行下一设备的分析，以下内容应填入 FMEA 表中。

表 4-7　典型的 FMEA 工作表式样

日　　期：　　　　　　　　页　　号：
装　　置：　　　　　　　　系　　统：
参考资料：　　　　　　　　分析人员：

项目	标识符	说明	失效模式	后果	安全保护	建议措施

（1）设备的标识　设备的标识符是惟一的，它与设备图纸、过程或位置有关。这些标识符将同一系统内完成不同功能的相同设备区别开来（如两台电动机驱动不同的阀门）。从图

纸上可得到设备位号或标识符，这些位号或标识符还提供了已有系统的参考资料。

（2）设备的说明　包括设备的型号、操作要求以及其他影响失效模式或后果的特性（如高温、高压、腐蚀）。例如，对某个阀可作如下说明：电动机驱动阀、常开、位于硫酸管道上。这些说明对每个设备不是惟一的。

（3）失效模式　分析人员应当列出每个设备的所有失效模式。相对设备的正常操作条件而言，分析人员应当考虑到如果改变设备的正常操作条件后所有可能导致的故障情况。例如，对某个常关阀门的失效模式可包括以下几项。

① 阀门卡住了（需要时因故障无法打开）。

② 因不注意，阀门处于开的位置。

③ 阀门向周围环境泄漏。

④ 阀门内部泄漏（未关严）。

⑤ 阀体破裂。

表 4-8 还列出了其他一些用于 FMEA 的设备失效模式，分析人员根据这些失效模式分析它们可能产生的后果。

表 4-8　用于 FMEA 的设备失效模式

设备说明	失效模式例	设备说明	失效模式例
泵不正常运行	①需要时因故障无法停止运行 ②需要运行时停止不动 ③密封泄漏/泵体破裂	热交换器管程高压	①泄漏/破裂,管程到壳程 ②泄漏/破裂,壳程到外部环境 ③壳程、堵塞 ④管程、堵塞 ⑤淤塞

（4）后果　对发现的每个失效模式，分析人员应说明对失效模式本身所在设备的直接后果以及对其他设备可能产生的后果。例如，泵密封泄漏的直接后果是液体溅射到泵的工作区域，如果这种液体是易燃物质，将可能被点燃。因为泵的本身就是一个火源，可能导致火灾而损坏泵附近的设备，并威胁操作人员的人身安全；或者是使某个设备受热，引起设备内物料温度升高，从而加速反应过程，可能致使反应失控等。FMEA 的关键是对所有设备故障和可能后果进行分析，并且假定所有的安全保护失效这种最坏情况下可能产生的后果，所有设备失效模式都必须在同一个基准下进行分析。

（5）安全保护　对每一种失效模式，分析人员应当说明使用哪些安全保护设施或安全操作规程，这些安全保护设施或安全操作规程能够降低故障发生的可能性或者故障发生后所造成的后果。例如，反应器的高压停车连锁可以降低因压力过高而破坏反应器的可能性，安装适当安全阀则可能减轻反应器因压力过高可能产生的后果。

（6）建议措施　对每一种失效模式，分析人员应提出各种预防措施以降低失效模式造成的后果。例如，对反应器来说，可安装高压报警器。对设备特定部分的预防措施主要是针对特定失效模式的原因和后果，也可用于该设备的所有失效模式。

4.4.2.3　编制分析结果文件

FMEA 分析结果为一张表，在这张表中包括设备失效模式以及这些失效模式对系统的影响（后果）。此外，还包括建议措施，这些建议措施由决策者决定是否实施。FMEA 分析结果表中的设备标识用于设备和图纸之间的查阅。

4.4.3　应用举例

用 FMEA 对 DAP 反应系统进行分析，图 4-9 是 DAP 反应系统工艺流程简图。对磷酸

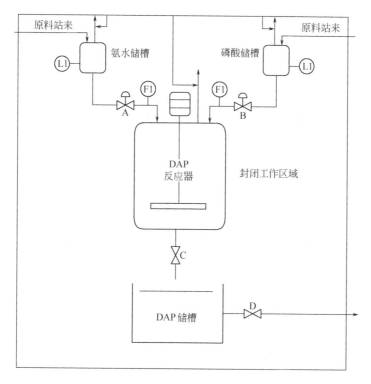

图 4-9　DAP 反应系统工艺流程简图

溶液控制阀门 B 的 FMEA 分析结果如表 4-9 所示。

表 4-9　DAP 工艺过程的 FMEA 分析结果

日期：×/×/×　　　　　　　　　　　　　　　　　　页码：第×页 共×页

装置：DAP　　　　　　　　　　　　　　　　　　　　装置系统：反应系统

参考资料：图 4-9　　　　　　　　　　　　　　　　　分析人员：×××

项目	标识	说明	失效模式	后果	安全保护	建议措施
4.1	磷酸溶液管道上的阀门 B	电动机驱动,常开,磷酸介质	全开	①过量磷酸溶液送入反应器 ②如果氨的进料量也很大,反应器中将产生高温和高压 ③导致反应器或 DAP 储槽液位过高 ④产品不符合规格(如酸浓度过高)	①磷酸溶液管道上装有流量指示器 ②反应器装有安全阀 ③操作人员观察 DAP 储槽	①安装当磷酸溶液流量过高时的报警/停车系统 ②在反应器上安装当温度和压力过高时的报警/停车系统 ③在 DAP 储槽上安液位过高时的报警/停车系统
4.2	磷酸溶液管道上的阀门 B	电动机驱动,常开,磷酸介质	关闭	①无磷酸溶液送入反应器 ②氨被带入 DAP 储槽并释放到工作区域	①磷酸溶液管道上装有流量指示器 ②氨检测器和报警器	①安装当磷酸溶液流量小时的报警/停车系统 ②使用封闭的 DAP 储槽或者保证工作区域通风良好
4.3	磷酸溶液管道上的阀门 B	电动机驱动,常开,磷酸介质	泄漏(向外)	少量磷酸溢流到工作区域	①定期维护 ②设计的阀门耐酸	确保定期维护和检查该阀门
4.4	磷酸溶液管道上的阀门 B	电动机驱动,常开,磷酸介质	破裂	大量磷酸溶液溢流到工作区域	①定期维护 ②设计的阀门耐酸	确保定期维护和检查该阀门

4.5 原因-结果分析法

原因-结果分析是对系统装置、设备等在设计、操作时综合运用事故树和事件树辨识事故的可能结果及其原因的一种分析方法。其分析步骤如下。

① 从某一初因事件作出事件树图。

② 将事件树的初因事件和失败的环节事件作为事故树的顶上事件,分别作出事故树图。

③ 根据需要和数据进行定性或定量的分析,进而得到对整个系统的安全性评价。第①、②步所完成的图形称之为因果图。

例如,电机过热经分析可能引起 5 种后果 ($G_1 \sim G_5$),这 5 种后果在图 4-10 右侧矩形方框内作了说明。关于各种后果的损失,经分析如表 4-10 所示。

表 4-10　电机过热各种后果的损失/美元

后果	直接损失①	停工损失②	总损失	后果	直接损失①	停工损失②	总损失
G_1	10^3	2×10^3	3×10^3	G_4	10^7	约 10^7	2×10^7
G_2	1.5×10^4	24×10^3	3.9×10^4	G_5	4×10^7	约 10^7	5×10^7
G_3	10^6	744×10^3	1.744×10^6				

① 直接损失是指直接烧坏及损坏造成的财产损失。而对于 G_5 则包括人员伤亡的抚恤费。

② 停工损失是指每停工 1h 估计损失 1000 美元,G_1 停工 2h;G_2 停工 1 天;G_3 停工 1 个月,按 31 天算;G_4、G_5 均无限期停工,其损失约为 10^7 美元。

为计算初因事件和各失败的环节事件的发生概率,给出表 4-11 各事件的有关参数。根据表 4-11 的数据,可以计算各后果事件的发生概率。

后果事件 G_1 的发生概率

$$P(G_1) = P(A)P(B_1) = P(A)[1 - P(B_2)] \qquad (4-21)$$
$$= 0.088 \times (1 - 0.02) = 0.086/6 \text{个月}$$

即六个月内电机过热但未起火的可能性为 0.086。

表 4-11　各事件的有关参数

事件	有　关　参　数	事件	有　关　参　数
A	A 发生概率 $P(A) = 0.088/6$ 个月 (电机大修周期=6 个月)	D_2	自动灭火系统故障 X_7: $\lambda_7 = 10^{-5}/\text{h}$, $T_7 = 4380\text{h}$
B_1	起火概率 $P(B_2) = 0.02$(过热条件下)		自动灭火器故障 X_8: $\lambda_8 = 10^{-5}/\text{h}$, $T_7 = 4380\text{h}$
C_2	操作人员失误概率 $P(X_5) = 0.1$ 手动灭火器故障 X_6: $\lambda_6 = 10^{-4}/\text{h}$ $T_6 = 730\text{h}$(T_6 为手动灭火器的试验周期)	E_2	火警器控制系统故障 X_9: $\lambda_9 = 5 \times 10^{-5}/\text{h}$, $T_9 = 2190\text{h}$ 火警器故障 X_{10}: $\lambda_{10} = 10^{-5}/\text{h}$, $T_{10} = 2190\text{h}$

后果事件 G_2 的发生概率为

$$P(G_2) = P(A)P(B_2)P(C_1) = P(A)P(B_2)[1 - P(C_2)] \qquad (4-22)$$

C_2 事件的发生概率

$$P(C_2) = P(X_5 + X_6) = P(X_5) + P(X_6) - P(X_5)P(X_6) \qquad (4-23)$$

已知 $P(X_5) = 0.1$,$P(X_6)$ 是手动灭火器故障概率。根据有关资料,手动灭火器的试验周期为 730h,故可以设故障发生在试验周期的中点,即 $t_6 = 730/2 = 365\text{h}$ 处。处于试验间隔中手动灭火器相当于不可修部件,其发生概率

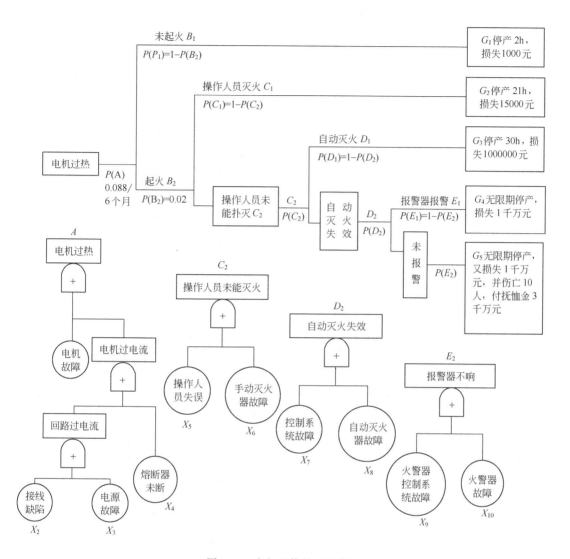

图 4-10　电机过热的因果分析

$$P(X_6)=\lambda_6 t_6=10^{-4}\times365=3.65\times10^{-2} \tag{4-24}$$

于是
$$P(C_2)=P(X_5)+P(X_6)-P(X_5)P(X_6) \tag{4-25}$$
$$=0.1+3.65\times10^{-2}-0.1\times3.65\times10^{-2}=0.13285$$

$$P(G_2)=P(A)P(B_2)[1-P(C_2)] \tag{4-26}$$
$$=0.088\times0.02\times(1-0.13285)=0.00156184/6个月$$

后果事件 G_3 的发生概率

$$P(G_3)=P(A)P(B_2)P(C_2)P(D_1)=P(A)P(B_2)P(C_2)[1-P(D_2)] \tag{4-27}$$

D_2 事件发生概率 $P(D_2)$ 可以仿照上述 $P(C_2)$ 的处理方法。

自动灭火控制系统工作时间

$$t_7=\frac{T_7}{2}=\frac{4380}{2}=2190\ \text{h} \tag{4-28}$$

自动灭火控制系统故障概率

$$P(X_7)=\lambda_7 t_7=10^{-5}\times2190=0.0219 \tag{4-29}$$

$$P(X_7) = P(X_8) = 0.0219$$

于是
$$P(D_2) = P(X_7) + P(X_8) - P(X_7)P(X_8) \tag{4-30}$$
$$= 0.0219 + 0.0219 - 0.0219 \times 0.0219 = 0.04332039$$

$$P(G_3) = P(A)P(B_2)P(C_2)[1 - P(D_2)] \tag{4-31}$$
$$= 0.088 \times 0.02 \times 0.13285 \times (1 - 0.04332039) = 0.000223686/6个月$$

后果事件 G_4 的发生概率为

$$P(G_4) = P(A)P(B_2)P(C_2)P(D_2)P(E_1) \tag{4-32}$$
$$= P(A)P(B_2)P(C_2)P(D_2)[1 - P(E_2)]$$

同样
$$P(E_2) = P(X_9) + P(X_{10}) - P(X_9)P(X_{10}) \tag{4-33}$$

$$P(X_9) = \lambda_9 t_9 \tag{4-34}$$

$$= \lambda_9(T_9/2) = 5 \times 10^{-5} \times \frac{2190}{2} = 0.05475$$

$$P(X_{10}) = \lambda_{10} t_{10} \tag{4-35}$$

$$= \lambda_{10}(T_{10}/2) = 10^{-5} \times \frac{2109}{2} = 0.01095$$

于是
$$P(E_2) = P(X_9) + P(X_{10}) - P(X_9)P(X_{10}) \tag{4-36}$$
$$= 0.05475 + 0.01095 - 0.05475 \times 0.01095 = 0.065100488$$

$$P(G_4) = P(A)P(B_2)P(C_2)P(D_2)[1 - P(E_2)] \tag{4-37}$$
$$= 0.088 \times 0.02 \times 0.13285 \times 0.04332039 \times (1 - 0.065100488)$$
$$= 0.000009469/6个月$$

$$P(G_5) = P(A)P(B_2)P(C_2)P(D_2)P(E_2) \tag{4-38}$$
$$= 0.088 \times 0.02 \times 0.13285 \times 0.04332039 \times 0.065100488$$
$$= 0.000000659/6个月$$

各种后果事件的发生概率和损失大小均已知道，便可求出各种后果事件的风险率（或损失率）

$$R_1 = P_1 S \tag{4-39}$$

各种后果事件的发生概率、损失大小（严重度）和风险率如表 4-12 所示。

表 4-12 各种后果事件的发生概率、损失大小和风险率

后果事件 G_1	损失大小/美元 S_1	发生概率(1/6 个月)P_1	风险率(美元/6 个月)R_1
G_1	3×10^3	0.086	258
G_2	3.9×10^4	0.001526184	59.52
G_3	1.744×10^6	0.000223686	390.11
G_4	2×10^7	0.000009469	189.38
G_5	5×10^7	0.000000659	32.95
累　计			929.96 美元/6 个月 =1859.92 美元/年

第5章　火灾与爆炸事故技术分析

5.1　事故现场勘察与取证

5.1.1　概述

火灾与爆炸事故现场勘察是指调查人员在法律、法规规定的范围内，使用科学的手段和调查研究的方法，对事故现场、有关的场所、物品、尸体和能够证明事故原因、性质及责任的一切对象所进行的实地勘察，并通过现场分析做出事故结论的系统调查工作。

5.1.1.1　勘察目的

① 根据事故现场的燃烧现象、火势蔓延痕迹、发火物和引火物的位置、爆炸抛射物等寻找、判断起火部位、起火点和爆炸源。

② 采集能够证明起火原因、事故性质和责任的物证。

③ 验证现场访问获取的线索和证据，为现场访问指明方向。

④ 统计与核查事故损失。

5.1.1.2　勘察任务

火灾与爆炸事故现场勘察主要是围绕查明事故起因而展开工作的，所以现场勘察的基本任务是收集、检验能证明起火原因的证据。围绕收集证据，必须查清如下情况。

① 火场的方位及地形地物状况。

② 建筑物、构造物的耐火等级及其在火灾中被烧损的情况。

③ 设备、物品、火源、电源等的位置及被烧情况。

④ 木结构、木家具的烧毁、倒塌、炭化程度；金属结构受热变形、变色、烧熔、破裂、塌落等情况。

⑤ 火灾蔓延及烟熏情况。

⑥ 发火物、引火物和发热体的残留状态及其位置；其他残留物的状况。

⑦ 起火部位、起火点的位置及其附近物品的残留状况。

⑧ 爆炸中心的位置和破坏状况；冲击波破坏的范围和程度；抛出物的种类、体积、质量、分布、方向、距离等。

⑨ 尸体的数量、位置、姿态、死因；受伤人员的情况。

⑩ 消防设施的效能、被破坏等情况。

⑪ 其他情况。

5.1.1.3　勘察基本要求

（1）了解情况，进入现场　无论对于什么样的事故，在实地勘察之前都必须先向有关人员了解有关火灾与爆炸发生、发展、变化的情况，起火部位、起火点可能的位置，现场内危险情况等。在充分掌握了现场情况后，再进入现场进行实地勘察，就能做到目标明确、心中有数。

（2）勘察中的一般原则　对任何种类的事故现场和每一个勘察步骤，以及对于现场的某一个具体部位和某一个具体痕迹或物证的勘察与检验过程，都应遵循先静观后动手、先拍照后提取、先外表后内部、先目视后镜观、先下面后上面、先重点后一般的原则进行。这样做的目的：一是对某一个具体的勘察对象能够做到全面、细致；二是为了不破坏痕迹物证。如急于要拆卸某个物件或设备，就可能将其外表面的痕迹破坏；急于检验高处，地面的痕迹物证可能被踏坏。先静观、先拍照则可以记录下现场的原始状态。

（3）保护和保存好现场　　在现场勘察期间，不准任何无关人员进入，设法保护好事故现场的痕迹与物证，免受人为的或自然的原因破坏。

由于客观或主观原因影响了现场勘察质量，或因情况复杂一时难以查明细节，应该保存好现场。细项勘察中，移动的某些物体或构件，应尽量将其恢复原位，不能复原的要记录原来的位置、形态及特点，以便反复或深入地勘察。

（4）记录与勘察同步进行　　现场勘察中每一个步骤都伴随着笔录、绘图和照相。照相和录像是记录现场的一种有效手段，事故现场除了必须保留的那一部分外。其余的地方都要尽快恢复使用。为了记录整个火灾或爆炸现场，在交付事故单位之前，要采取照相的方法保留这一部分现场的实况。

照相、录像在火场正在燃烧时就应该充分发挥作用。在不同的时刻、不同位置取不同镜头。火被扑灭以后，在进行环境勘察的同时，就应按照先总体、后局部的原则摄制能够反映火场全貌的照片。利用临近较高的建筑物或在车辆的顶部拍摄火场俯视图。

随着实地勘察的深入进行，摄下有关火势蔓延途径的痕迹与物证。比如烟熏位置、烟迹轮廓、屋架及屋内家具倒塌形式，货架、家具以及建筑构件烧损形态以及烧剩的门窗、洞口、木框的状况。

对细项勘察中的每一个步骤，每一个重点物件均应拍摄，尤其是对起火点或爆炸源及其周围的状态更要从不同角度进行拍照。在专项勘验中对物件不同侧面、内部外部、重点的零件、拆前拆后都要拍照，尤其是发生在里面或上面的致火痕迹，要以特写镜头清晰记录。

有可能倒塌或者需要拆除的部分都要及时或先行拍照，作为一个原则，凡是需要移动和破坏的物体、残迹、灰堆，在动手之前都应拍照，在记录堆层和拆检某个物体时，也应拍照以记录不同层位的物体、零件特点。

现场勘察笔录和现场制图是对事故现场面积、位置和方向的定量描述。现场的各种物体之间的距离，各种痕迹与物证的大小和位置以及生产设备的性能和工艺流程，用摄像很难将它们准确地反映出来，用现场笔录，结合现场制图就能记述的一清二楚。

现场制图，可先画草图，但尺寸标注要准确，离开现场后再正规制图。如果事先向事故单位要来有关起火建筑及设备的图纸，现场图的绘制就方便多了。

5.1.1.4　现场勘察的准备工作

为能及时、有效地进行火灾与爆炸事故现场的勘察工作，调查人员必须做好平时和勘察前的准备工作。

（1）平时的准备工作　　调查人员应根据现场勘察工作的需要学习有关建筑、化工、电工、燃烧学等方面的知识及现场勘察和物证鉴定的新方法和新成果，以适应不同事故现场勘察的需要。此外，还要努力提高绘图、照相、录像等专业技能。

配备必要的勘察工具，如现场勘察箱、照相器材、录像器材等，要保证仪器及工具处于完好状态，做到经常检查，有故障及时修理或调换。此外，对手电筒、胶卷之类常用的物品一定要准备好。车辆和通讯联络工具也要保证处于完好状态。为了勘察中的安全，应配备好必要的防护用品。

（2）临场的准备工作　　调查人员到达事故现场以后，应在统一指挥下抓紧做好如下勘察的准备工作。

① 观察燃烧状况　　在到达事故现场后，调查人员要立即选择便于观察全场的立脚点，观察并记录下列情况。

a. 火势状态、蔓延情况、火焰高度及颜色、烟的气味及颜色、建筑物及物品倒塌情况。

b. 扑救情况、破拆情况、抢救人员及财物情况。

c. 人员动态、可疑的人和事。

② 勘察前的询问　现场勘察前应向了解事故现场情况的人等了解有关事故和现场的情况，为进行现场勘察提供可靠线索。有疑难问题，如化工火灾问题、电子产品火灾问题等，可直接邀请有关专家。应了解的情况如下。

a. 可能的起火部位、起火点、起火源、起火物。

b. 火灾与爆炸发生、发展的过程。

c. 现场有什么危险情况，如高压电源线落地、泄漏可燃气体、建筑物有倒塌危险等。

d. 索取建筑物原来的图纸、设备目录、说明书等。

e. 了解事故现场保护情况，事故时的气象情况。

③ 组成勘察组　现场勘察组由安全生产监督管理部门、消防监督机构的事故调查技术部门和当地检察院、监察和保险部门人员以及有关专业的专家组成。

为了保证现场勘察的客观性、合法性，使勘察记录有充分的证据效力，现场勘察前应在发案地点公安基层单位协助下，邀请两名与案件无关、为人公正的公民作现场勘察的见证人。见证人的职责主要是通过亲身参加实地勘察的全部活动，目睹勘察人员在事故现场发现、提取与事故有关的痕迹与物证。如果在诉讼活动中对这些证据（痕迹、物证）的来源发生争议或怀疑时，他们可以出庭作证。因此，见证人必须自始至终地参加对现场的实地勘察。

在勘察过程中发现痕迹、物证时应当主动让见证人过目。勘察结束后，应当让见证人在现场勘察笔录上签字。勘验前，要向见证人讲清见证人的职责，同时向他们讲明现场勘察的纪律，不能随意触摸现场上的痕迹、物品，对勘察中发现的情况不能随意泄露。考虑到见证人在诉讼活动中的特殊地位，他们的证词是诉讼证据之一，且为保证证据的客观性、真实性，案件当事人及亲属、公检法的工作人员不应充当现场勘察的见证人。

④ 准备勘察器材　常用的有勘察箱、照相器材、绘图器材、清理工具、提取痕迹物证的仪器和工具、检验仪器等。

⑤ 排除险情　排除事故现场中潜在的可能对调查人员造成人身危害的险情，保证现场勘察安全、顺利地进行。

5.1.1.5　勘察方法

现场勘察应以事故现场所处的环境和痕迹、物证的分布情况为依据，有 5 种方法。

（1）离心法　离心法即由中心向外围进行勘察。这种勘察方法适用于现场范围不大，痕迹、物证比较集中，中心处比较明显的事故现场，也适用于在无风条件下形成的均匀平面火场。所谓由中心向外围，并不是说勘察人员一下子就进入现场的中心部位，而是沿着过火的痕迹，逐步进入现场的中心部位，待中心部位勘察完毕之后，再逐步向外围扩展。

（2）向心法　向心法即由现场外围向中心进行勘察。这种方法适用于现场范围较大，痕迹、物证分散，物质燃烧均匀，中心处不突出的事故现场。有的现场虽然范围不大，痕迹与物证也比较集中，但由于过往、围观的人员较多，如不及时对现场进行勘察，痕迹、物证就可能遭到毁坏。也可以先外围后中心地进行勘察。

（3）分段法　分段法即根据现场的情况分片、分段进行勘察。如果现场范围较大或者现场较长、环境十分复杂，为了寻觅痕迹、物证，特别是微小物证，可以分片、分段进行勘察。如：对于在风力作用下形成的条形火场，可从逆风方向的燃烧终止线开始勘察；对于多起火点的火场，勘察可从各个起火点分头进行或逐个进行。

（4）循线法　对于纵火现场，若现场上的痕迹反映清楚，纵火者行走的路线又容易辨别出来，或通过现场访问可查清纵火者行走的路线，即可沿着纵火者进出火场的路线进行勘察。

（5）立体火场勘察　对于中间间断的立体火场，一般应从上部火场中的低层开始勘察；

对于连续的立体火场，应从最下层开始进行。

5.1.2 火灾与爆炸事故现场的保护

事故现场是指发生火灾或爆炸的具体地点和留有与事故有关的痕迹与物证的一切场所。每一起事故的发生都必然会与一定的时间、空间和一定的人、物、事发生联系，结成一定的因果关系必然会引起客观环境的变化。这些与事故案件相关联的地点、人、物、事关系的总和，就构成了事故现场。

5.1.2.1 火灾与爆炸事故现场的特点

（1）暴露性和破坏性　由于事故本身的破坏作用（爆炸、燃烧等）和人为的破坏作用（救火、伪造现场）等原因，事故现场具有复杂而又不完整的破坏性特点；另一方面，事故现场的种种变化，都可以为人们所感觉到，有可能凭直观就能发现哪里发生了火灾或爆炸，以及发生的情况。如通过视觉，观察到火灾的燃烧过程；通过听觉，听到了火灾燃烧、倒塌以及爆炸的声响；通过嗅觉，闻到火灾中不同物质燃烧的气味等等。所以，火灾与爆炸又具有明显的暴露性特点。

（2）复杂性和隐蔽性　由于事故的破坏和人为的破坏作用，往往使现场能反映起火部位、起火点、起火原因的痕迹与物证也遭到破坏，在原来的痕迹、物证上又留下了很多新的加层痕迹与物证，因而使事故现场更加复杂化。由于事故现场是一个破坏式的现场，"再现"事故的发生过程是一个逆推理过程。在推理过程中，由于痕迹、物证被破坏或烧毁，推理过程往往因此中断。这种现象与本质之间、现象与因果关系之间、本质与因果关系之间的复杂性，导致了因果关系的隐蔽性。这种事故现场的复杂性、隐蔽性的特点，要求调查人员一定要细致、全面、科学。

（3）共同性和特殊性　事故现场的现象十分复杂，表现形式也是多种多样，但同类事故现场具有某些相同的现象，这些相同的现象反映了同类事故现场现象的共同性。根据这种共同性，调查人员可找到同类火灾现场的一般规律和特点，去指导事故现场的调查工作。

虽然同类事故现场的现象具有共同性，但是具体的事故火灾现场却是各不相同的。这种各不相同的现场现象反映了具体事故现场的特殊特征，也就是反映了具体事故现场的特殊性。这种特殊性是各个事故现象特殊规律的反映。根据这些特殊性，事故调查人员可以把这一个事故现场与另一个事故现场区别开，找到不同现场之间千差万别的原因或特殊依据，针对具体现场的情况进行具体分析，采取不同的方法去解决现场不同的问题。

5.1.2.2 火灾与爆炸事故现场的分类

火灾与爆炸事故现场的分类，由于划分要求的不同而不相同。

（1）按事故现场形成之后有无变动分类

① 原始现场　原始现场就是火灾或爆炸发生后到现场勘察前，没有遭到人为的破坏或重大的自然力破坏的现场。原始现场能真实、客观、全面地反映房屋倒塌、火灾发展蔓延的本来面目。事故的痕迹、物证较完整，能为调查人员提供较多的线索和重要证据。这样的现场，对分析事故原因比较有利，能较顺利地找到起火点的痕迹和物证，取得造成燃烧或爆炸原因的原始证据。

② 变动现场　变动现场就是事故发生后由于人为的或自然的原因，部分或全部地改变了现场的原始状态。这类现场给事故调查会带来种种不利因素，会使调查人员失去本来可以得到的痕迹与物证。

为了抢救人员、排除火险，不得不破坏现场；消防破拆，水流冲击，喷洒泡沫、干粉等灭火剂的灭火行动，也改变了现场的原始面貌。

（2）按事故现场的真实情况分类

① 真实现场　真实现场是火灾或爆炸发生后到现场勘察前无故意破坏和无伪装的现场。

② 伪造现场　伪造现场是指与事故责任有关的人有意布置的假现场。伪造现场有两种情况：一是犯罪分子为了掩盖其盗窃、贪污、杀人等犯罪行为，伪造事故现场以销毁证据，转移调查人员的视线；二是故意伪造假现场以陷害他人，进行陷害、报复、泄愤。

③ 伪装现场　伪装现场是指火灾或爆炸发生后，当事人为逃避责任，有意对事故现场进行某些改变的现场。如：把纵火伪装成失火；把失火伪装成意外事故等。

此外，根据发生火灾或爆炸的具体场所是否集中可分为集中事故现场和非集中事故现场。大多数事故现场是集中的，但也有事故发生在此、起因在彼，以及由飞火和爆炸造成的不连续的非集中事故现场等。

5.1.2.3　事故现场的保护

做好现场保护工作是做好现场勘察工作的重要前提。火灾或爆炸发生后，如不及时保护好现场，现场的真实状态就可能受到人为的或自然原因（如清点财务、抚尸痛哭、好奇围观、刮风下雨、采取紧急措施等）的破坏。事故现场是提取查证起火原因、痕迹与物证的重要场所，若遭到破坏，则直接影响现场勘察工作的顺利开展，影响勘察人员获取现场诸因素的客观资料。这种现场，即使勘察人员十分认真、细致也会影响勘察工作的质量，影响对某些问题（如事故定性、痕迹形成原因等）作出准确的判断。因而在事故调查工作中要务必保护好事故现场。

（1）基本要求　现场保护人员在现场保护期间要服从统一指挥，遵守纪律，不能随便进入现场，不准触摸、移动、挪用现场物品。保护人员要有高度的责任心，坚守岗位，尽职尽责，保护好现场的痕迹与物证，收集群众的反映，自始至终地保护好事故现场。现场保护中的基本要求如下。

a. 要及时严密地保护现场，使火灾现场能保持停止燃烧时的原样，为发现发火物和引火物的残留物、火势蔓延和纵火的痕迹，确定起火点和搜集物证创造条件。

b. 消防部门在接到事故报警后，应该迅速组织勘察力量前往现场，同时积极部署现场保护工作，以减少事故发生过程中或事故发生后，由于人为的、自然的影响，引起现场不同程度的变化。

c. 城乡公安派出所民警，厂矿、企业、机关、学校和街道居民委员会的治安保卫人员以及义务消防组织都有责任保护现场，广大干部群众都有权利协助保护现场。事故单位和区域负责人应及时安排现场的保护工作。同时积极与消防部门联系，要求派人勘察现场，待现场勘察人员到场后，再重新决定保护现场的有关事宜，若勘察人员已在起火当时到达火场，则应协同事故单位统一布置现场保护。

d. 扑灭火灾也应视为保护火灾现场的重要组成部分。灭火指挥员在灭火行动中应充分注意这一点。火灭后进行现场勘察从某种意义上讲是现场保护的继续，更应努力避免拆除或移动现场中的任何遗留物。

（2）保护范围　一般情况下，保护范围应包括被烧到的全部场所及与起火原因有关的一切地点。保护范围圈定后，禁止任何人进入现场保护区，现场保护人员不经许可不得无故进入现场，移动任何物品，更不得擅自勘察；对可能遭到破坏的痕迹与物证，应采取有效措施，妥善保护，但必须注意，不要因为实施保护措施而破坏了现场上的痕迹与物证。

确定保护现场的范围，应根据起火特征和燃烧特点等不同情况来决定，在保证能够查清事故起因的条件下，尽量把保护现场的范围缩小到最小限度。如果在建筑群中起火的建筑物只有一幢，那么需要保护的现场一般也只限于起火的那一幢；在一幢建筑物内，如果起火的部位只是一个房间，则需要保护的现场也应限定在起火这个房间的范围内。

但遇到下列情况时，需要根据现场的条件和勘察工作的需要扩大保护范围。

① 起火点位置未能确定　起火部位不明显；起火点位置看法有分歧；初步认定的起火点与现场遗留痕迹不一致等。

② 由电气故障引起的火灾　当怀疑起火原因为电气设备故障时，凡属与火场用电设备有关的线路、设备，如进户线、总配电盘、开关、灯座、插座、电机及其拖动设备和它们通过或安装的场所，都应列入保护范围。有时因电气故障引起火灾或爆炸，起火点和故障点并不一致，甚至相隔很远，则保护范围应扩大到发生故障的那个场所。

③ 爆炸现场　对建筑物因爆炸倒塌起火的现场，不论抛出物体飞出的距离有多远，也应把抛出物着地点列入保护范围，同时把爆炸场所破坏或影响到的建筑物等列入现场保护的范围。但并不是要把这么大的范围都禁锢起来，只是要将有助于查明爆炸原因、分析爆炸过程及爆炸威力的有关物件保护和圈定。

（3）保护时间　根据有关规定，现场保护时间从发现火灾时起到火灾现场勘察结束。在保护时间内，对确需及时恢复生产的，公安消防监督机构可视情况予以批准。

（4）保护方法

① 灭火中的现场保护　消防人员在灭火之前进行火情侦察时，应该注意发现和保护起火部位和起火点。在灭火时，不要轻易破坏或变动物品位置，应尽量保持燃烧后物体的自然状态。应该注意保护好起火部位的原状，对于可能的起火点的地段，更要特别小心，尽可能做到不拆散已烧毁的结构、构件、设备和其他残留物，如果有燃尽的危险，应用开花水流或喷雾进行控制。

② 勘察前的现场保护

a. 对露天火灾现场，首先应在事故的地点和留有与事故有关的痕迹与物证的一切处所的周围，划定保护范围。起初应当把范围划大一些，待勘察人员到达后，可根据具体情况缩小。保护范围划定后应立即布置警戒，禁止无关人员进入现场。如果现场的范围不大，可绕以绳索划警戒圈，防止人们进入，对现场上重要部位的出入口应设置屏障遮挡或布置看守。如果火灾或爆炸发生在交通道路上，在农村可实行全部封锁或部分封锁，重要的进出口处应布置专人看守或施以屏障，此后根据具体情况缩小保护范围；在城市，由于人口众多，来往行人、车辆流动性大，封锁范围应尽量缩小，并禁止群众围观，以免影响通行。

b. 对室内火灾或爆炸现场，主要应在室外门窗下布置专人看守或在重点部位加以看守加封；对现场的室外和院落也应划出一定的禁入范围，防止无关人员进入现场，以免破坏了现场上的痕迹与物证；对于私人房间要做好房主的安抚工作，劝其不要急于清理。

c. 对于大型事故现场，可利用原有的围墙、栅栏等进行封锁隔离，尽量不要阻塞交通和影响居民生活，必要时应加强现场保护的力量，待勘察时再酌情缩小现场保护范围。

③ 勘察中的现场保护　现场勘察也应看作是保护现场的继续。有的现场需要多次勘察，因此在勘察过程中，任何人都不应有违反勘察纪律的行为。勘察人员在工作中认为烧剩下的一些构件或物体妨碍工作，也不应该随意清理。因为不注意这些问题，就可能因小失大，甚至会使勘察归于失败。在清理堆积物品、移动物品或者取下物证时，在动手之前，必须从不同侧面拍照，以照片的形式保存和保护现场。

④ 痕迹与物证的保护方法　无论是露天现场或室内现场，对于留有尸体、痕迹、物证的处所，均应严加保护。为了引起人们特别注意，以防无意中破坏了痕迹与物证，可在有痕迹与物证的周围，用粉笔或白灰划上保护圈记号。对室外某些容易被破坏的痕迹、物证、尸体，可用席子、塑料布、面盆等罩具遮起来。总之，现场保护人员对火场所烧毁的物体及各种遗留物都应严加保护。

（5）保护中的应急措施　在现场保护过程中根据不同的情况，应采取适当的急救、灭险、排除障碍等紧急措施。

a. 对于正在燃烧的火灾现场，一方面应迅速报告有关部门前来扑救；另一方面应迅速组织群众扑灭火险，抢救财物，以防造成更大的灾害。在抢救过程中，必须使现场少受破坏，变动的范围越少越好，同时要记明现场的变动和起火的部位、火焰的颜色、烟雾的颜色和气味、当时的风向等，以便于判明火源和起火的原因。

b. 扑灭后的火场"死灰"复燃，甚至二次成灾时，要迅速有效地实施扑救，酌情及时报警。有的火场扑灭后善后事宜未尽，现场保护人员应及时发现，积极处理，如发现易燃液体或者可燃气体泄漏，应关闭阀门，发现有导线落地时，应切断有关电源。

c. 对遇有人命危急的情况，应立即设法施行急救。

d. 危险物品发生火灾或爆炸时，无关人员不要靠近，对危险区域应实行隔离，禁止进入，人可站在上风处，离开低洼处。对于那些一接触就可能被灼伤的有毒物品、放射性物品引起的事故现场，进入现场的人，要配戴隔绝式呼吸器，穿全身防护衣。暴露在放射线中的人员及装置要等待放射线主管人员到达后，按其指示处理、清扫现场。

e. 被破坏的建筑物有倒塌危险并危及他人的安全时，应采取措施将其固定。如受条件限制不能将其固定时，应在其倒塌之前，仔细观察并记下倒塌前的烧毁情况、构件相互位置及可能与火灾事故有关的重要情况，最好在其倒塌之前，拍照记录。

采取以上措施时，要尽量使现场少受破坏。若需要变动时，事前应详细记录现场原貌。

5.1.3　事故现场勘察步骤

现场勘察主要是为了找到起火点和证明起火原因的痕迹与物证。由于每起事故的起火原因不同，再加上建筑结构、生产设备、电源火源、工艺材料不同和破坏程度不同，残存的火灾或爆炸事故现场有很大的差异。因此，不能采用统一的模式勘察现场，而应根据不同事故的特点采用符合客观实际的勘察方法。

大型复杂事故现场勘察一般应按勘察程序进行，如图 5-1 所示。勘察程序大体可分为准备阶段、勘察阶段、材料整理阶段、结论。勘察阶段又可分为环境勘察、初步勘察、细项勘察、专项勘察四个步骤。

5.1.3.1　环境勘察

环境勘察是调查人员在现场外围或周围对现场进行的巡视和视察，以便对整个现场获得一个总的概念。通过对现场环境进行勘察，可以发现、采取和判断痕迹及其他物证，核对与现场环境有关的陈述，在观察的基础上可以据此确定事故范围和勘察顺序，划定勘察范围。

（1）环境勘察的目的

a. 明确现场方位与四周建筑物的关系。

b. 确定有无外部引火源的可能。

c. 确定事故范围。

d. 确定下步勘察范围。

（2）环境勘察的主要内容　环境勘察并不是只对事故现场周围环境的观察，它还包括从外部向现场内部的观察。

① 对火场外部的观察

a. 道路及墙外有无可疑人出入、车的痕迹。包括车辙、脚印、攀登痕迹、引火物残体和痕迹等。

b. 现场周围的工业和民用烟囱的高度，与事故建筑物的距离，当时的风向，烟囱当时有无飞出火星现象，当时锅炉燃料及燃烧情况。

c. 建筑物周围通过的电源线路，尤其是进户线路部分及通向事故建筑物的通讯线路是

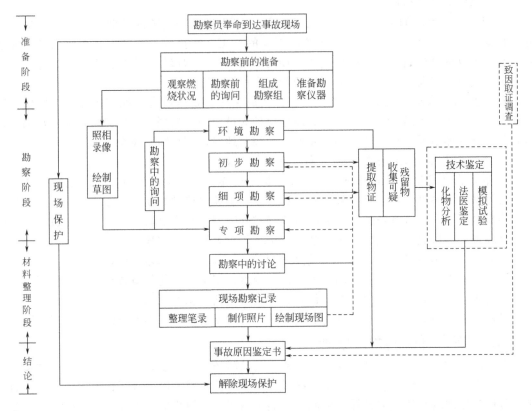

图 5-1　火灾与爆炸事故现场勘察程序

否与动力线发生混触现象，以判定是否有短路、漏电等引起燃爆事故的可能。

d. 建筑物周围、地下的可燃性气体及易燃液体管道阀等情况，以判断有无泄漏的可能。

e. 与现场相通的管道中有无可燃性蒸气，以判断可燃性液体是否混入污水。

f. 若发生雷击，应观察现场地形，现场最高物体与周围物体相对高度，可能的雷击点与事故范围之间的关系。

② 从周围向事故建筑物观察

a. 燃烧范围。

b. 建筑物的哪一部分破坏最严重。

c. 建筑物的倒塌方式和形式。

d. 建筑物的门窗上方和其他部位的烟熏情况。

e. 建筑物的门窗、阳台铁围栏变形情况，破碎玻璃散落方向，抛出物的分布等。

（3）环境勘察的方法　环境勘察必须由现场勘察负责人率领所有参加实地勘察的人员，在现场周围进行巡视。观察的程序是先向外后向内，先看上后看下，先地面后地下，发现可疑痕迹与物证，及时拍照并可以将实物取下。

5.1.3.2　初步勘察

初步勘察又称静态勘察，是指在不触动现场物体和不变动物体原来位置的情况下所进行的一种勘察。

（1）初步勘察的目的

① 核定环境勘察的初步结论。

② 结合当事人或有关人员提供燃爆前物体的位置、设备状况以及火源、热源、电源等情况进行印证性勘验。

③ 查清火势蔓延路线，确定起火部位，要根据现场特点和痕迹，重点找出蔓延的过程与特点，确定事故源的中心。

（2）初步勘察的主要内容

① 现场有无纵火痕迹，如门窗破坏、物品移动情况等。

② 不同方向、不同高度、不同位置的燃烧终止线。

③ 不同部位各种物质烧毁情况，同一物体不同方向的烧毁情况。

④ 倒塌的部位、方向和形成倒塌的原因。

⑤ 墙壁及设备烟熏火烤情况，烟迹位置及形状。

⑥ 金属、玻璃、陶瓷制品变形熔化和破坏情况。

⑦ 火源、热源的位置及状态。

大部分事故现场，通过以上内容的观察能够判断火势蔓延的路线，并确定起火部位和下一步勘察的重点。

（3）初步勘察的方法

① 在事故现场内部站在可以观察到整个现场的制高点，对整个现场从上到下、从远及近地巡视。观察整个现场残留的状态，确定现场中巡行的通道。

② 沿着所选择的通道，对事故现场仍然按从上到下、从远及近地全面观察，对重点部位、可疑点反复观察。

③ 观察火灾蔓延终止部位周围的情况。因为火灾不都是由一点向四周蔓延的，例如一侧有砖墙，火就可能向一个方向蔓延，这时如果只注意周围严重的烧毁情况，忽视停止部位附近的具体情况，就可能把起火点的位置搞错，漏掉真正的起火点，所以要观察火灾终止线的具体情况，分析判断为何在此终止。

④ 观察整体蔓延情况。当一个建筑群中有几栋建筑物被烧，或者一栋建筑物的几层被烧，这时要仔细观察研究每栋、每层、每个房间火灾蔓延的途径。栋与栋之间一般在下风向飞火蔓延，如果离的近，也可能由热辐射和热气对流综合作用引燃。因飞火引燃的建筑物也在引火建筑物下风向，引火点位置一般比起火建筑物低。层与层之间一般通过楼梯、送风管道及其他竖向孔洞蔓延，有时也通过窗口向上蔓延。如果楼层未烧毁，不会由上到下蔓延。同层各房间一般通过门、走廊蔓延，平房多通过闷顶蔓延。要按上述对象中火焰曾经蔓延过的地方寻找蔓延的痕迹，分析哪一层、哪一间先着火，进而再找起火点。

⑤ 从事故现场内部观察现场外围情况，有无外来火源的可能，观察内容与环境勘察内容一样，但观察角度不同。

⑥ 根据现场访问提供的线索，对可能的起火点、发火物及危险物品存放的位置，进行验证性勘察。

⑦ 初步勘察以后，在不破坏现场的条件下，应该找出一条现场的路线。让参加现场访问的人员、必要的证人进入现场大体考查一遍，要看一看火场原始状态，为访问工作和提供证言启发思路，使访问工作与实地勘察结合起来，加速查明火灾原因。

（4）初步勘察时应注意的问题

① 勘察人员在每一个观察点要搞清楚自己观察的位置和方向。

② 要从各个方向观察现场中被烧毁的状态。

③ 凡是现场中遗留的一些物体，都要毫不例外地慎重对待，不可轻易抛弃。哪怕是只剩下一块木板、熔化了的金属片、落在地上的玻璃块、搭落的电线对技术分析都可能起到作用。

④ 对烧毁的建筑物及其内部物体要结合原来的状况进行考查研究。要索取事故现场建筑物或设备安装的平面图及其他有关资料，以便对照分析。事故全过程中被人移动过的物体，可按事故前的方位复原，按照事故前的本来面目和事故中被破坏的状态考查。

⑤ 在初步勘察阶段，一般不要动手拆卸被烧毁与破坏的物体，不要剥离和翻动堆积物，只要起火部位没确定，一般不得挖掘现场。

⑥ 具体问题具体分析。烧毁的状况一般是与火灾发展蔓延的规律分不开的。因此一些勘察人员习惯于勘察中惯用蔓延规律的公式，忽略了烧毁状况所具有的并不十分突出的特点，使调查结果脱离实际，造成错误。热气流向上升，建筑火灾向上蔓延，某几层着火，从下层找原因，这是一个规律，但也有特殊性。如果一个多层建筑的竖井中，管道的包敷材料因某种原因着火，烧熔烧掉的带火的包敷材料就会一直下落到底层，而且整个竖井内都会猛烈燃烧，火灾通过各层竖井的木门向走廊蔓延，发生立体火灾。如果不注意竖井的燃烧状态，尤其不注意每层竖井门及门框烧毁及烟熏的状态，而且不认真提出为什么各层都同时着起火来的问题，就容易在第一层下功夫。再如一般可燃物质，距火近的先着起来，但是如果火源是强烈的辐射源，位置在比较靠近墙的地方，由于墙的阻挡，往往离辐射源远的那侧窗框先被引着。因此要认真细致观察每一烧毁状态，认真发现其烧毁特点，分析其成因，参照其他调查资料综合比较，以取得比较可靠的结果。

5.1.3.3　细项勘察

细项勘察，又称动态勘察，是指初步勘察过程中所发现的痕迹与物证，在不破坏的原则下，可以逐个仔细翻转移动地进行勘验和收集。细项勘察要对各组成部分及一些痕迹和物证进行更深入全面的研究，容许重新布置，容许变动某些物体的位置和勘察过程中所必需的其他操作。详细观察和研究事故现场有关物体的表面颜色、烟痕、裂纹、燃烧余烬，测量、记录有关物体的位置，未燃完的木材炭化程度，地面上的余温等，同时还可以广泛运用现场勘察的技术手段，进行细目照相、录像、录音、测量距离、确定大小，采用各种仪器、技术手段发现和收集痕迹和物证。

（1）细项勘察的目的

① 核实初步勘察的结果，进一步确定起火部位。

② 解决初步勘察中的疑点，找出起火点。

③ 验证有关访问中获得的有关起火物、起火点的情况。

④ 确定专项勘察对象。

（2）细项勘察的主要内容

① 可燃物烧毁、烧损的状态。主要根据可燃物的位置、形态、燃烧性能、数量、燃烧痕迹，分析其受热或燃烧的方向。根据燃烧炭化程度或烧损程度，分析其燃烧蔓延的过程。

② 建筑物和物品塌落的层次和方向。建筑物以及室内的物体在火灾中会发生倾倒、塌落现象，例如，木结构屋架经过燃烧失去了强度就会倒塌；钢结构屋架也同样抵挡不了高温的破坏；存放物品的地板、货架、桌椅、柜橱经过燃烧，不仅本身会塌落或倾倒，放在上面的物品也会掉落。被烧木结构屋架和物体的塌落或倾倒是按照燃烧的顺序、程度形成层次和方向的。人们可以分析哪些地方先燃烧。

③ 物质的熔痕和粘连物。火灾现场上电气线路以及用电设备上的熔痕有的可能直接反映出起火原因和火势蔓延路线，有的金属、玻璃、塑料等物质因受热变形、熔化或同其他物质粘连在一起，这对分析火灾的发展过程有很强的证明作用。

④ 建筑物结构和构件的耐火性能及其燃烧过程。火灾发展蔓延的速度是由建筑结构和起火点周围构件的耐火性能决定的，从起火到燃烧终止的全部燃烧过程，直接受到建筑结构和构件耐火性能的影响，这对确定起火部位和燃烧时间，是一个重要的参考因素。

⑤ 烟熏痕迹。要根据空间和建筑结构分析烟雾流动方向和途径，根据烟熏的形态和颜色分析火灾的燃烧程度和蔓延过程。

⑥ 堆积物的层次、厚度、被烧后残留物的形态。

⑦ 悬挂物掉落的位置和形态。

⑧ 不燃物质的被损坏及被烧情况，爆炸抛射物、破碎的玻璃等。

⑨ 搜集现场残存的发火物、引火物、发热体的残体。

⑩ 人员烧死、烧伤情况，死者姿态，判断伤者遇难前行动情况。

根据以上主要情况仔细研究每种现象和各个痕迹形成的原因，把事故中心与火灾蔓延或事故波及范围内有关联的各种事物和现象联系起来，就可以客观地有根据地判断火灾发展蔓延途径、起火点的位置、爆炸中心以及在该部位可能的事故原因。

（3）细项勘察的方法

① 观察法。调查人员在勘察中对整个现场及每一物件的外观、残留特征、组成、颜色等进行仔细地观察、了解，获取感性认识；在感性认识的基础上又以科学的方法进行分析、判断，认识它们的形成机理、本质特征和证明作用，形成理性认识。

② 比较法。比较法是认识客观事物的重要方法。比较是根据一定的标准，把彼此有某种联系的事物加以对照，经过分析、判断，然后得出结论。在火灾或爆炸事故现场勘察中常常对现场中不同部位或不同部位上的痕迹与物证进行比较，对同一物体不同部位进行比较，对现场中存在的普遍现象与特殊现象进行比较，从而发现火势蔓延方向、起火点或爆炸中心的位置等。例如，通过对火场中不同部位木构件炭化深度的比较，可以发现火势蔓延方向。

③ 剖面勘察。在拟定的起火部位处，将地面上的燃烧残留物和灰烬分开一个剖面，并在建立这个剖面时不要破坏原堆积物的层次。对于容易塌落的堆层，可制成阶梯形剖面。在剖面挖制过程中和制成以后，仔细观察残留物每层燃烧的状况，辨别每层物质的种类。还可以在起火部位不同点，分别分开几个剖面，比较各点每层的堆落物体和燃烧状况，分析火势发展蔓延的情况。

④ 逐层勘察。对事故现场上燃烧残留物的堆积层由上到下逐层剥离，观察每一层物体的烧损程度和烧毁状态。剥离中要注意搜集物证和记录每层的情况。这种勘察方法完全破坏了堆层的原始状态，因此要特别细致、认真。

⑤ 全面挖掘。这是对需要详细勘察，范围比较大，只知道起火点大致的方位，但又缺乏足够的材料证明确切的起火点位置的现场采用的一种方法。根据事故现场具体情形可分别采取围攻挖掘、分段挖掘或一面推进的方式。不管哪种挖掘形式，都要采用层层剥离的方法。

挖掘火灾与爆炸事故现场时应注意以下几点。

a. 准确确定挖掘的范围　现场面积一般很大，但是能够表明起火原因的痕迹与物证，一般只能集中在一个地方或一个地段。其余大部分是起火后，因火焰蔓延而被燃烧，这些地方可能存在有关蔓延的痕迹，但是不容易发现能够证明起火原因的痕迹和物证，因而需要进行全面挖掘。挖掘的范围，应根据引火物、最初燃烧物质以及纵火的痕迹所在的位置及其分布情况而决定。这些痕迹一般应集中在起火部位、起火点的位置及其附近，挖掘时应以起火部位及其周围的环境为工作范围，这个范围不宜太大，以免浪费时间、分散精力，这个范围也不宜太窄，以免遗漏痕迹。

b. 明确挖掘目标，确定寻找对象　如果事先没有明确寻找目标，则极易迷失方向，影响勘察的速度。挖掘寻找的目标，通常是起火点、引火物、发火物、致火痕迹以及与起火原因有关的其他物品、痕迹。对不同的事故现场，应该有不同的重点和目标，这些重点和目标不应主观决定，要根据调查访问及初步勘察所得的、经过分析和验证的材料确定。

c. 要耐心细致　挖掘过程，特别是在接近起火部位时，必须做到三细，即细挖、细看、细闻。应该使用双手或用铁丝制成的小工具细细挖掘，绝对禁止在挖掘起火部位时使用锹、镐等较大的工具。在挖掘中发现堆层中有较大的物体或长形物件时，不能搬撬或者拉出，防止搅乱了层次，应将它们保留并不要使它们自然跌落或翻倒，将它们上面和周围的堆积物清除、细心观察、检验得出结论后再将其搬出，继续挖掘。发现可疑的物质必须细心观察、嗅闻，辨别其种类、用途及特征，在清除发现物体的尘埃时，不要用手剥，应用毛刷或吹气轻轻除去，发现某些不能辨认的可疑物质，应迅速去化验。

d. 注意物证与痕迹的原始位置和方向　起火点是根据物证与烧毁程度及痕迹特点确定的，如果根据的物证移动了位置或变动了方向未加查明，则会由此作出错误的判断。辨别物证是否改变了方向的方法一般是：询问事主、了解情况的人；根据物证原始的印痕加以辨认；有无被移动的痕迹；其所处位置是否正常。

e. 发现物证不要急于采集提取　发现有关的痕迹和物证，做记录和照相后，应使其保留在所发现的具体位置上，保持原来的方向、倾斜度等。总之，使之保留原来的状态，对它周围的"小环境"也要保护好，以待分析现场用，切不能随意处理。因为火灾与爆炸现场实地勘验，特别是起火点及起火原因的判断，往往需要进行反复勘验才能确定。对于一个具体痕迹、物证，只有充分搞清了它的形成过程，各种特征及证明作用时，才能按一般收取物证的方法采集提取。关于起火点和起火原因的证据，必须在实地勘验最后结束前才能提取。有的时候需要邀请证人、当事人和事故单位代表过目，统一结论后再提取。

5.1.3.4　专项勘察

专项勘察是对火灾与爆炸事故现场找到的发火物、发热体及其他可以供给火源能量的物体和物质等具体对象的勘察。根据它的性能、用途、使用和存放状态、变化特征等，分析因什么原因发生故障，或什么原因造成事故。

专项勘察一般有如下项目。

a. 各种引火物，如油丝、油瓶残体，根据物品特征分析它的来源。

b. 电气线路，检查有无短路点、过负荷现象，根据其特有的痕迹特征，分析短路和过负荷的原因。

c. 用电设备有无过热现象及内部故障，分析过热和故障的原因。

d. 机械设备，检查有无摩擦痕迹，造成摩擦的原因。

e. 反应容器，检查其内部物料性质及数量和工艺条件。

f. 储存容器，检查其泄漏原因及形成爆炸混合气体的条件。

g. 自燃物质的特性及自燃的条件。

5.1.3.5　现场勘察的善后处理

（1）对需要保存的现场处理　经过临场会议研究讨论，对个别重大、情况复杂的现场，因主、客观条件的限制，一次不能勘察清楚的，需要对某些关键部位或疑难问题继续或重新勘察时，经过事故调查负责人批准，征得事故单位同意，在一定时期内可以保留。根据需要采取以下几种保留方式。

a. 全场保留，即将全部现场封闭。

b. 局部保留，即将现场某一地段保护。

c. 将某些痕迹在原地保存。

凡是确定要继续保留的现场必须妥善加以安排，指定专人看管，不得使其遭受破坏。

（2）对不需要保留的现场处理　现场勘察完后，如果认为现场无需继续保留时，经事故调查负责人决定，可通知单位进行清理。在勘察中借用的工具、器材及其他物品要如数交还物主。

（3）采取的实物证据要妥善保存，某些收取的物证应如数交还物主。

5.1.4　勘察记录

事故现场勘察记录是分析和处理事故的重要依据，是具有法律效力的原始文书。记录主要由现场勘察笔录、现场照相和现场绘图 3 部分组成，还可采用录像、录音等记录方式作为补充。

5.1.4.1　勘察笔录

（1）现场勘察笔录的结构和内容　现场勘察笔录可分为绪论部分、叙事部分和结尾部分。

① 绪论部分。该部分主要写明事故单位的名称，起火和发现起火的时间、地点，报警人的姓名、报警时间、当事人的姓名职务，当事人、报警人发现起火的简要经过；现场勘察负责人、现场勘察人员的姓名、职务，现场勘察见证人和现场保护人员的姓名、职业；勘察工作起始和结束的日期、勘察程序、气象条件等。

② 叙事部分。该部分主要写明火灾或爆炸现场位置和周围环境、建筑结构和起火前建筑物内设备安装使用、生产工艺及火灾与爆炸危险性等情况；建筑物、设备、物资烧损程度及烧毁状态，人员伤亡和经济损失；起火部位、爆炸中心和起火点及周围勘察所见情况；现场遗留的痕迹和物证等情况。

③ 结尾部分。该部分应说明所提取痕迹、物证的名称、数量；勘察负责人、工作人员签名、见证人签名。

（2）现场勘察笔录应注意的问题

① 笔录记载的顺序应与勘察的顺序相一致，以免记载紊乱、遗漏和重复。

② 现场勘察笔录应尽量详细记载勘察中所见的主要情况，不要描述那些对分析事故原因没有意义的事物。

③ 要实事求是，保证笔录的客观性。

④ 语句要确切，通俗易懂。不能使用模棱两可的词句，如"较近"、"可能"等。

⑤ 勘察中如果进行尸体外表检验、物证鉴定及模拟试验等，应单独制作记录，并在勘察笔录中要有扼要记载。

⑥ 反复勘察现场，均应依次补充笔录。

5.1.4.2　现场照相

现场照相能真实地反映出事故现场原始面貌，它能客观地记录火灾或爆炸现场上的痕迹、物证，现场照片是分析认定事故原因和处理责任者的主要证据之一，现场照相补充了现场勘察笔录的不足。

（1）现场照相的种类　根据现场照相所反映的内容，可将其分为方位照相、概貌照相、重点部位照相和细目照相。

① 方位照相。这种照相反映的是整个火灾或爆炸事故现场和周围环境情况，表明现场所处的位置、方向、地理环境及与周围事物的联系。这种照相反映的场景比较大，因此在选择拍摄地点时，一般要离现场远些、位置高些。在拍照中，要注意把代表现场特点的建筑物或其他带永久性的物体，如车站、烟囱、道路及事故单位名称、门牌号码等拍照下来，用以说明现场所处的方位。

② 概貌照相。概貌照相是以整个事故现场或现场的主要区域作为拍摄的对象，从中反映出整个现场的火势蔓延情况和现场燃烧爆炸破坏情况。这种照相宜在较高的位置拍照。分别从几个位置拍照现场上的火点分布、燃烧爆炸区域、火焰和烟雾情况等，为分析火势蔓延、起火部位提供依据。

概貌照相反映的是现场的全貌和现场内部各个部位的联系，可以使人明确地了解现场的范围、烧毁的主要物品、火灾蔓延的途径、起火部位、爆炸破坏范围等，即全面反映整个现场情况。

③ 重点部位照相。重点部位照相主要反映事故现场中心区域，拍照那些能说明起火原因、火灾蔓延扩大这种现象遗留下的物体或残迹以及它们所处的部位，例如起火部位、烧损最严重的地方、炭化最重的区域、残留的发火物和引火物残体、烟熏痕迹、危险品和易燃品原来所在的位置等。对于纵火事故还要拍照纵火者对建筑物和物品的破坏情况、抛弃的作案工具等痕迹、物证；对于爆炸事故现场，要拍照爆炸点、抛射物、残留物等的位置。

需要反映出物证大小或彼此相关物体间的距离时，可在被拍摄位置放置米尺。这种照相距被拍摄物体较近，又要反映物体和痕迹等之间的关系，所以应尽量使用小光圈，以增长景深范围，使前后景物影像清晰。要正确选择拍照位置，尽量避免物体、痕迹的变形。在照明方面，应用均匀光线，同时注意配光的角度，以增强其反差和立体感。

④ 细目照相。细目照相是拍照现场勘察中发现的各种痕迹物证以及对认定起火点或爆炸点、起火方式、起火原因、事故责任有证明作用的现场局部状况，以反映痕迹与物证的大小、形状、质地、色泽、细部结构等特征。这种拍照一般在专项勘察中进行。

（2）现场照相的要求

① 要了解现场情况，拟定拍照方案。到达现场后，应首先了解观察现场情况，即对场内外的各种物体、痕迹的位置和状况有概括的了解。以此为根据，确定拍照的程序、内容、方法，以便有条不紊地进行拍照。

② 现场照片要能说明问题。对现场上的各种现象，特别是一些反常现象，要认真客观地拍照，以便能反映出痕迹、物证、起火点等的特征并具有一定的证明作用。

③ 现场照片的排列能反映现场的基本情况和特点。排列顺序依现场具体情况而定。一般的排列顺序有：按照现场照相的内容和步骤排列；按照现场勘察的顺序排列；按照火灾发展蔓延的途径排列。火灾与爆炸事故现场照片无论采用哪一种方式排列，都必须连贯地、中心突出地表达现场概貌和特点。

④ 要有文字说明。文字说明要求准确、通顺，书写工整，客观地反映现场实际情况。

5.1.4.3　现场绘图

现场绘图可准确地描绘出事故现场状况，现场痕迹与物证的尺寸、位置及相互关系等，起到文字及照相、录像所起不到的作用。

（1）现场绘图的种类　根据绘图在事故调查中的用途，可将现场绘图分为现场方位图、全貌图、局部图和专项图。

① 方位图。现场方位图主要表达现场在周围环境中的具体位置和环境状况，如周围的建筑物、道路、沟渠、树木、电杆等以及与事故现场有关的场所，残留的痕迹、物证等的具体位置都应在图中表示出来。方位图还可具体分为平面图、立面图、剖面图和俯视图。

② 全貌图。全貌图主要描绘事故现场内部的状况，如现场内部的平面结构、设备布局、烧毁状态、起火部位、痕迹物证的具体位置以及与相关物体的位置关系等。

③ 局部图。局部图主要描绘起火部位和起火点，反映出与事故原因有关的痕迹、物证、现象和它们之间的相互关系。根据火灾现场的实际情况可绘出平面图、立面图和剖面图。

④ 专项图。专项图主要配合专项勘察，对痕迹、物证细微特征突出描述。

（2）绘制现场图的要求

① 了解火灾或爆炸事故现场的情况、熟悉现场环境。在绘图之前应先了解事故发生发展的情况、现场破坏的状况、环境特征等。在整个事故现场获取一个完整的印象以后才能开始绘制，防止遗漏重要内容。

② 可根据现场不同情况采取不同绘图方法。可以灵活采用比例图、示意图、比例和示意结合图等绘图方法，充分反映现场的情况。

③ 与勘察笔录记载相吻合。现场图上标记的起火点、痕迹、物证等的原始位置要与现场勘察笔录的记载相吻合。

④ 规范化和标准化。绘图时要选用标准图例，绘图要符合绘图程序，比例尺寸合理、位置准确。

⑤ 有注文。绘图要注明图的名称、比例尺、方位、绘图说明，同时还要写明绘图日期、绘图人、审核人。

5.2　物证分析与鉴别

5.2.1　概述

5.2.1.1　痕迹与物证的概念及研究内容

火灾或爆炸痕迹与物证是指证明火灾或爆炸发生原因和经过的一切痕迹和物品。包括由于火灾或爆炸的发生和发展而使现场上原有物品产生的一切变化和变动。痕迹与物证是事故调查的重要证据之一。尤其在缺少证人证言的现场勘察中更能起到决定性的作用。

痕迹本意应该是物体与物体相互接触，由于力的作用留在物体上的一种印痕。痕迹本身属于物证，但是有别于可以独立存在的实体物证。由于痕迹不能独立存在，它必须依附于一定的物体上，这个带有某种痕迹的物体也可称为物证。其所以称为物证，就是因为在这个物体上存在具有某种证明作用的痕迹。

火灾与爆炸的过程是一个复杂的物理、化学变化过程。在这个过程中，有的可燃物质由于燃烧发生了本质变化，留下炭化、灰化、烟熏、变性等痕迹；有的物质由于受高温或力的作用发生了物理变化，出现了熔痕、变形、变色、断裂、倒塌、移位、擦痕等痕迹。此外，在被烧的人体上也会留下燃烧痕迹。尽管事故现场中的情况错综复杂，物质种类繁多，燃烧形式各异，但归纳起来现场常见痕迹物证有：烟熏痕迹、炭化痕迹、灰化痕迹、倒塌与移位痕迹、熔化与变形痕迹、破裂痕迹、变性痕迹、变色痕迹、摩擦痕迹、记时记录痕迹和人体燃烧痕迹。

研究事故痕迹与物证，就是要研究每种痕迹和每种物证的形成过程，找出它们的本质特征，并利用这种特征证明火灾或爆炸的发生发展过程的事实真相。认识了它们的形成过程、特征及证明作用，也就基本掌握了临场鉴定的原理和一些鉴定方法。此外，还应该知道到哪里寻找它们，用什么方法采取和固定，采取的痕迹物证如何保存及后处理等。因此，对每种痕迹物证都应研究以下几部分内容。

① 形成机理及遗留过程。

② 本质特征。

③ 证明作用。

④ 发现、采取与固定。

⑤ 临场鉴定方法。

⑥ 实验室检验。

⑦ 模拟试验。

从各种痕迹物证形成机理来说，由于火灾或爆炸事故的作用形式不同，形成痕迹物证的原物品的物理、化学性质不同，在事故中有的主要是发生化学方面的变化，有的主要是发生物理方面的变化，也有的兼而有之。各种痕迹物证的形成和遗留都有一般的规律性和它的特殊性，研究痕迹与物证的形成规律，尤其是它的特殊性，是解决事故灾现场勘察问题的关键。

5.2.1.2　痕迹与物证的证明作用

事故现场的种种痕迹物证，根据不同的形成遗留过程和特征可分别直接或间接证明事故发生时间、火源点位置、事故原因、扩大过程、蔓延路线、火灾危害结果及火灾责任等。通过那些能够证明火焰蔓延路线、火源点位置以及事故原因的痕迹物证，就可以逐步向起火点逼近，进而找到起火原因。

对于一种痕迹或物证来说，它可能有某种证明作用，但是这种证明作用并不是在任何现场上都能体现。例如，烟熏痕迹在某个火场上能证明起火点，那是它在那个具体火场，那种具体物质，在那种具体条件下燃烧遗留的结果。而在另一个火场，则不一定能形成具有那种形状和特征的烟熏痕迹，也就不能证明起火点。另外，一种痕迹或物证可能有几种证明作用，这是对许多事故概括的结果，在一个事故现场上它兼有几种证明作用的情况不是没有，但很少。因此有的痕迹或物证在某个现场上只能起到一种证明作用，甚至没有任何证明作用。当然没有证明作用，也就不能成为这个现场的物证。

依靠某一种痕迹就证明某个事实，有时是很不可靠的。在利用痕迹和物证证明过程中，必须利用多种痕迹与物证及其他证据共同证明一个问题，才能保证证明结果的可靠性。例如，窗户玻璃破坏痕迹的特征说明火源点在某个房间内；门、窗框是从里向外烧，窗户外面上部的烟熏也特别浓密；又有人证实这间房子先起火。几种证据证明内容一致，它们共同证明了一个事实，那么此房间先起火就确定无疑了。

在事故现场上还可能发现两种痕迹，或者某种痕迹与其他证据所证明事实相反。这时，要反复认真研究它们的形成过程、主要特征，最终合理解释这种特异现象。或者再寻找其他方面的证据，对比各种证据证明作用的共同部分，综合分析作出结论。

有的痕迹或物证能够对初步判断和某些情况给予否定，这本身也是一种证明作用，因为它揭示了假象和判断中的错误。因此，现场勘察中尤其要注意对这种证据的发现与研究。

5.2.1.3　痕迹与物证的提取

在进入现场实地勘察、寻找痕迹物证之前，必须向有关人员了解事故原因、火源点以及物质燃烧发展变化的情况，充分掌握了现场情况以后，再进入现场实地采痕取证。

提取痕迹物证的方式主要有笔录、照相、绘图和实物提取四种。在实际工作中这几种方法要结合进行。例如，要在现场上提取一个实物证据，则要在现场笔录中说明这个物证在现场中所在的具体位置，包括这个物证与参照物的距离，物证各方面的朝向，物证特征等；并且从物证不同的侧面拍照，固定其在现场的位置，以照片记录它的外观形象；在绘图中也要体现这个物证的位置及与其他物证的相互联系。只有进行了上述工作后，才能将物证提取来。另外，在笔录中还应注明实物证据的提取时间，提取时气象条件、提取方法及提取人等。

痕迹与物证按其形态可分为固态、液态、气态三种。有时气态物证被吸附于固体、溶解于液体物质中，有的液态物证浸润在纤维物质、建筑构件或泥土中。

事故现场经常提取的物证主要是固体实物，如火柴、电热器具、短路电线，与起火有关的开关、插销、插座，自燃物质的炭化结块，浸有油质的泥土、木块，带有摩擦痕的机件，有故障的阀门，爆炸容器的残片，爆炸物质的残留物、喷溅物、分解产物，被烧的布匹、纸张残片及灰烬等。对于比较坚固的固体物证，在拍照、记录后可直接用手拿取。如果怀疑是纵火工具、用品时，则应戴上手套，或垫上干净的纸持其边角处取下，并妥善保存，以避免留下自己的手印和擦掉上面原有的指纹。

对于液体物证可用干净的取样瓶装取。在条件许可的情况下，应用欲取液体把取样瓶冲洗两遍。浸润在木板、棉织物等纤维材料以及泥土里的液体，连其固体物品一并收取，样品也要放在广口玻璃瓶或者其他能密封的容器内，防止液体挥发。

弥散在空气中的气体物证最好用专门的气体收集器收集。在没有这种专门收集器的情况下，也可自制一些设备。例如，用大号注射器或者洗耳球上插一段玻璃管代替，在用它们吸收样品气体后，用胶帽封住注射器的吸入口，用小号橡皮塞塞住短玻璃管的吸入口。若大量采取，则可以用气囊。采取气体试样时，应及时赶到现场，并要注意防止中毒。在收集气体样品时要注意空气不易流通的部位，如在房间的上角，地面的低洼处，爆炸容器内部空间等气体容易滞留的地方发现和收集。对于被吸附于固体、溶解于液体中的气体物证，连其固体或液体一并收取。

现场上所提取的任何物证都要仔细包装，除在勘察笔录中有所说明外，还应在包装外表贴上标签，注明物证名称、提取的现场、试样采取的具体位置、提取时间及提取人等。现场发现的需要进一步分析和鉴定的实物证据，应当尽量保持它的原有状态，在条件允许时，应在现场原位置保留，暂不要移动，以备复勘和深入分析。对于试样类的物证尽量取双份，以备复检。

5.2.1.4　痕迹与物证的检验

痕迹与物证检验是指对现场勘察中发现并收集的各种痕迹物证的审查、分析、检验和鉴定。其目的是根据这种痕迹物证的本质特征，分析它的形成条件及与火灾、爆炸过程的联系，从而确定其对事故的证明程度。痕迹与物证的检验一般有如下几种方法，即化学分析鉴定、物理分析鉴定、模拟试验、直观鉴定和法医鉴定。

（1）化学分析鉴定　是以测定现场残留物的化学组成及化学性质为主要目的的一种鉴定。

痕迹与物证的化学分析鉴定主要有以下内容。

① 分析起火点残留物中是否含有可燃性、易燃性、自燃性气体、液体或固体的成分，测定含有什么具体物质。

② 测定混合物中各种物质的含量。

③ 测定某种物质的热稳定性、氧化温度、分解温度及其发热量。

④ 测定某种物质的闪点、自燃点。

⑤ 测定某一生产过程中能否产生不稳定的、敏感性物质。

⑥ 测定某一物质在某一温度下发生怎样的化学变化，反应程度如何。

⑦ 测试某一物质的自燃条件。

通过对现场残留物的化学分析可以达到两个目的：一是根据残留物、产物分析现场存在的是什么物质，有无危险性，在什么条件下造成火灾或爆炸；二是根据现场某些物质是否发生化学反应及其程度来判断火场温度。

根据分析原理，化学分析鉴定有化学分析方法和仪器分析方法两种。

以化学反应为基础的分析方法称为化学分析方法。化学分析的优点是所用仪器设备简单，测定结果准确度高；缺点是分析速度比较慢，灵敏度低，一般要求被测组分的含量在1%以上。

用仪器测量试样的光学性质、电化学性质等物理或物理化学性质而求出待测组分及其含量的方法称为仪器分析方法。仪器分析的优点是操作简单、迅速、灵敏度高，能够准确地检测出试样中的微量和痕量成分。

有的火灾或爆炸现场由于燃烧比较彻底，特别是爆炸事故和火灾事故的起火部位更为严重，现场提取的物证所含被测组分往往是微量的，也不易搞清楚是什么物质，这种情况下仪器分析方法就可能进行鉴定。对于吸附于固体物质内的微量气体，浸润在泥土里的微量液体，分离后利用仪器分析方法可很快测知其组分。

（2）物理分析鉴定　是对物质物理特性的测定。如金属材料的力学性能测定、金相分析、断面与表面分析以及物质磁性、导电性的测定等。

痕迹与物证的物理分析鉴定经常采用的方法有如下几种。

① 金相分析。通过金属构件内部金相组织变化，分析发生这种变化的条件，从而判断火场温度及发生这种变化的原因，爆炸破坏程度及过程。

② 剩磁检测。剩磁检测用来测定火场上铁磁性物件的磁性变化，以判断该物体附近火灾前是否有大电流通过，它主要用来鉴别有可能是雷击或较大电流短路造成的火灾。

③ 炭化导电测量。电弧或强烈火焰可使木材等有机材料炭化导电，通过炭化层电阻的测量，鉴别电弧造成的火灾或分析火势蔓延的方向。

④ 力学性能测定。力学性能测定主要是对材料包括焊缝的机械强度、硬度等方面的测定，以分析破坏原因、破坏力及火场温度。

⑤ 断面及表面分析。这主要是对金属材料破裂断面特征和材料内外表面腐蚀程度的观察检验，从而分析判断材料的破坏形式和破坏原因。

（3）模拟试验　模拟试验不只是检验痕迹和物证的一种手段，而且是验证事故原因、过程及有关证言真实性的一种方法。模拟试验解决的问题是由现场勘察的实际需要决定的。一般有如下几方面。

① 某种火源能否引起某种物质（物系）起火或爆炸。

② 某种火源距某种物质（物系）多远距离能够引起火灾或爆炸。

③ 某种火源引燃某种物质需要多长时间。

④ 在什么条件（温度、湿度、遇酸、遇碱、混入杂质等）下某种物质能够自燃。

⑤ 某种物质燃烧时出现什么现象（焰色、烟色、气味）。

⑥ 某种物质在某种燃烧条件下遗留什么样的残留物及其他痕迹。

⑦ 检验证人证言的属实性。

尽管模拟试验是有针对性的，但它毕竟不是事故的客观事实，是人为主观进行的。事故本身有很大的偶然性，是许多因素凑合在一起才引起的后果，模拟试验的条件尽管和事故条件十分相近，但有时也不能完全再现过程，甚至会起到"反证"作用。因此，不能以试验成功与否作为事故结论的惟一依据，要结合其他证据统一认定。

模拟试验应当尽量模拟事故发生条件，如果不具备在原地进行试验的条件，可另选相似条件的地点或在实验室进行。

（4）直观鉴定　是具有鉴定经验的人员根据自己的知识、经验，用感官直接或用简单仪表对物证的鉴定。具有这种鉴定经验的人应该具备以下条件

① 长期从事现场勘察和物证检验的专门人员，以及有丰富现场经验的其他技术人员及专家；

② 科学研究人员和工程技术人员；

③ 其他具有鉴定能力的人。

（5）法医鉴定　通过法医鉴定结论，可以分析死、伤者与事故的关系，借以判断事故性质及火灾原因。

5.2.2　烟熏痕迹

5.2.2.1　烟熏痕迹的形成

烟熏痕迹主要是指燃烧过程中产生的游离碳附着在物体表面或侵入物体孔隙中的一种形态。燃烧时产生的烟雾，其主要成分是炭微粒，有时也含有少量燃烧物分解的液态或气态产物。根据燃烧物成分不同，烟中还可能含有非燃性的固体氧化物。

烟气中炭微粒的直径一般在 $0.01\sim50\mu m$ 之间。在刚离开火焰时，烟气的温度可达 1000℃，从密闭建筑物起火房间流出的烟气温度为 600～700℃。建筑物内着火时烟气向上的速度为 2～3m/s，当烟气达到空间上部后以 0.5m/s 的速度水平扩散，随着扩散距离增加，温度下降，烟粒子下沉。在此过程中，烟气流会在遇到的物体表面上留下烟熏痕迹。

烟熏程度的大小与可燃物的种类、数量、状态以及引火源、通风条件、燃烧温度等因素有关。例如在 450～500℃聚酯发烟量为木材发烟量的 10 倍；木材在 400℃发烟量最大，超过 550℃时发烟量只为 400℃时发烟量的 1/4。不同物质在不同温度下的相对发烟量如图 5-2 所示。

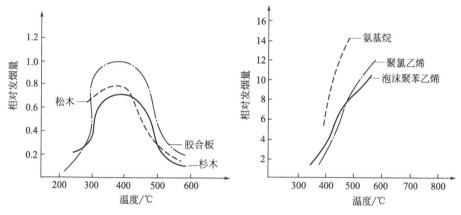

图 5-2　不同物质在不同温度下的相对发烟量

5.2.2.2　烟熏痕迹的证明作用

（1）判定起火点　根据烟熏痕迹的形状、位置、分布和浓密程度可以确定起火点。

如果在室内墙壁上有"V"形烟熏痕迹，如图 5-3 所示，那么"V"形的下部可能就是起火点。例如墙边纸篓、墙角拖把、扫帚等扔入烟头，经阴燃起火，就会在墙面留下明显的"V"形烟熏痕迹。

如果吊顶内山墙上残存的烟熏浓密，而吊顶下面室内墙壁上烟熏稀薄，则说明吊顶内先起火；反之说明室内先起火。

如果大部分烟熏痕迹在吊顶以下墙壁上，而且吊顶上下墙上烟熏界线分明，只有某部分墙壁吊顶上下烟熏浑然一体，则说明起火点可能在这个浑然一体的烟熏痕迹下面附近。

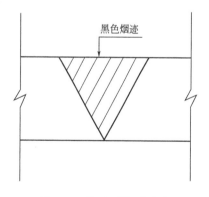

图 5-3　"V"形烟熏痕迹

如果建筑物门窗等开口的外侧上部墙面烟熏明显，即使房盖已经烧塌，也说明是室内先起火；反之则可能是吊顶内先起火。火焰很快将屋顶烧穿，热气携带烟粒子垂直排向空中，因此墙外开口上部烟熏稀少。

埋藏在废墟中的板条抹灰碎片原来抹灰面有烟熏，则可能是室内起火；反之为吊顶内起火。

埋在可燃物中的高温管道、通过垫料放在可燃物上的电熨斗等赤热体在本身或垫料上形成的烟熏，不仅可证明起火点，而且可证明起火原因。

爆炸起火点往往烟熏较轻或无烟熏，尤其被爆炸抛到室外的碎片一般无烟熏。根据这个碎片在事故前的位置，可找到爆炸点或先行爆炸的设备。

在利用烟熏痕迹的形状、位置、分布以及浓密程度判断起火点时，应注意有否先期形成的烟熏痕迹被后期火焰烧掉的可能。例如，室内天棚大部分烟熏均匀，而只有某个局部洁白发亮，其下部可能是起火点。再如室外各窗子上部墙面烟熏均匀、连续，唯有某间房子窗子上部墙面没有烟熏，这间房子也可能是起火房间。

（2）判断蔓延方向　室内起火，尤其是吊顶内起火，在房顶没有烧塌的情况下，会在墙壁上和没烧塌的屋顶、屋架上留下烟气流动方向的轮廓，这种轮廓指示了火焰与烟气的运动方向。在一栋平房或同一楼层数间房子着火时，根据每个窗口上面烟熏痕迹的浓密程度不同，不仅可以判断先起火房间，而且可以指出火灾的蔓延方向。

根据玻璃两面烟熏情况的不同可以判断火是向哪一面蔓延。即使玻璃已经破碎掉在地上，也可以通过碎块上的烟痕确定玻璃原来在窗户上的位置，进而判断火势蔓延方向。

（3）判断起火特征　根据各种火灾起火时的特点和起火点留下的痕迹特征，起火形式可分为阴燃起火、明燃起火和爆炸（燃）起火三种。不同起火形式的现场具有不同的特征。其中，阴燃起火的主要特征之一是烟熏明显；明燃起火和爆炸起火一般烟熏稀少。

（4）判断燃烧物种类　油类、树脂及其制品因含有大量的碳，即使在空气充足、燃烧猛烈阶段也会产生大量浓烟。它们燃烧后在周围建筑物和物体上会留下浓厚的烟熏痕迹，甚至在地面上也会落下一层烟尘。

植物纤维类，如木材、棉、麻、纸、布等燃烧形成的烟熏痕迹中凝结的液态物很可能含有羧酸、醇、醛等含氧有机物；矿物油燃烧的烟熏痕迹中液态凝结物多含有碳氢化合物；橡胶及其制品燃烧后的烟痕中多含有表明其特征的成分；炸药及固体化学危险品发生爆炸、燃烧，在爆炸点及附近发现的烟痕中不仅含有一般的烟熏主要成分碳，由于爆炸快速，其炸药成分往往不能完全发生反应，因此在爆炸点及附近的烟痕中还可能存在炸药或固体化学危险品的颗粒。

由于烟熏痕迹中所含特征成分不同，因此表面颜色和气味不同。根据有关特征和实验分析，可以鉴定是什么物质产生的烟熏痕迹。常见可燃物质燃烧时生成烟的特征见表5-1。

表5-1　常见可燃物质燃烧时生成烟的特征

可燃物质	烟的特征			可燃物质	烟的特征		
	颜色	嗅	味		颜色	嗅	味
木材	灰黑色	树脂嗅	稍有酸味	黏胶纤维	黑褐色	烧纸嗅	稍有酸味
石油产品	黑色	石油嗅	稍有酸味	聚氯乙烯纤维	黑色	盐酸嗅	稍有酸味
磷	白色	大蒜嗅	—	聚乙烯	—	石蜡嗅	稍有酸味
镁	白色	—	金属味	聚丙烯	—	石油嗅	稍有酸味
硝基化合物	棕黄色	刺激嗅	酸味	聚苯乙烯	浓黑色	煤气嗅	稍有酸味
硫磺	—	硫嗅	酸味	锦纶	白色	酰胺嗅	—
橡胶	棕黑色	硫嗅	酸味	有机玻璃		芳香	稍有酸味
钾	浓白色	—	碱味	酚醛塑料（以木粉为填料）	黑色	木头、甲醛嗅	稍有酸味
棉和麻	黑褐色	烧纸嗅	稍有酸味	脲醛塑料	—	甲醛嗅	—
丝	—	烧毛皮嗅	碱味	醋酸纤维	黑色	醋嗅	有酸味

（5）判断燃烧时间　可根据不同点烟熏的厚度、密度及牢度相对比较燃烧时间。某处的烟熏尽管浓密，如果容易擦掉，说明火灾时间并不长；如果不易擦掉，则说明经过长时间烟熏。

（6）判断开关状态　在勘察火灾现场时，为了查明电器线路在发生火灾时是否通电，就要检验电器电源线插头是否插入插座，或线路刀型开关是否闭合。但是，由于火灾的破坏作用，或人为的破坏作用，常造成原来插入插座的插头脱落，或刀型开关断开，因而不能以它们现存的状态来确定它们在火灾当时的通断情况。如果插头上和插座内侧均有烟痕，说明发生火灾时插头没有插入插座；如果查得上述位置的痕迹比插头、插座其他部分的烟痕明显稀少淡薄，甚至没有烟痕，则说明这个插头在火灾当时是插在插座上的。同理可以判断刀型开关在火灾情况下是否闭合。其他非密封的开关也可用同样的方法鉴别是否接通。

（7）判断玻璃破坏时间　被烟熏火烤炸裂落到窗台或地面上的玻璃，肯定有一部分碎片以烟熏的一面朝下，另一部分碎片以烟熏一面朝上，收集这些碎片，拼接在一起，烟迹均匀、连续；起火前被打碎的玻璃，落地后不大有烟痕，即使在以后的火灾作用下表面上附有烟痕，也只是限于朝上的那一面有，贴地的那一面不会有烟痕，而且由于被烟熏前，碎块已经分散落地，或者个别碎块叠落，将碎块拼接，烟迹不均匀、不连续。

（8）判断容器或管道内是否发生燃烧　内装烃类物质的容器、反应器或者管道内发生过燃烧或爆炸，其内壁上附有一层厚厚的烟痕。电缆沟或下水道内如果发生烃类易燃液体蒸气的爆炸或燃烧，在其内壁也会发现烟痕。烟道中平时积累的烟尘呈悬挂状，向空间伸展，如果烟道内发生过燃烧或爆炸，这些附着的烟尘将被烧掉或被气流冲掉。

（9）判断火场原始状态　某件物品在火灾后被人移动，其表面烟痕、浮灰的完整性就被破坏，它下面的物件表面上没有和这个物品底部形状一致的烟尘图形，或者这个图形遭到破坏。如果一件物品在火灾后被人从火场拿走，或者一个物体从外部移入火灾现场，也可用类似的方法进行判定。

另外，根据吊扣、合页以及铁栏杆拆下暴露的密合面、孔洞是否有烟痕，可以判断它们是火灾前还是火灾后被破坏。同理，可根据门窗密合面和窗栏杆上烟熏情况来判断着火时门窗开启状态。根据现场尸体呼吸道烟尘附着情况，可以判明是移尸火场还是火中丧生。前者的呼吸道无烟尘，后者的呼吸道有烟尘。

5.2.2.3　烟熏痕迹的提取和固定

通过分析烟尘成分确定可燃物种类时，要收集烟尘作为检材。由于烟熏痕迹只是极少量的炭粒等被吸附于固体表面上，因此，对于烟痕浓密的可以用竹片、瓷片轻轻刮取；对于烟痕稀薄的，可用脱脂棉擦取；对于烟尘或爆炸物烟痕浸入物体内部的，可将烟尘连同物体一并采取。采取的样品连载体（脱脂棉、带有烟痕的火场物体）一并放入广口瓶密封保存，以备检验。烟熏痕迹的形象，一般用拍照固定，有必要时以现场制图和勘察笔录辅助说明。

5.2.3　木材燃烧痕迹

5.2.3.1　木材的基本特性

（1）木材的容重　根据不同的树种，木材的容重（指每立方米木材的质量，通常以 kg/m³ 表示）有较大差别，它主要由木材的孔隙度和含水量决定。孔隙度随着树木的品种、树龄、生产条件不同而不同。木材炭化速率及炭化后的裂纹形态与容重有密切关系。实验表明，容重大的木材炭化速率小、裂纹密。我国一些主要木材的容重列于表 5-2。

（2）干木材的化学成分　干木材主要由碳、氢、氧构成，还有少量氮和其他元素，见表 5-3。干木材的化学组成是：木质纤维素、木素、糖、脂和无机物。

加热时可使木材炭化，木材随加热温度的升高碳含量增加，而氢和氧含量降低，特别是从 25℃ 以后，碳含量增加很快，说明炭化速率加快，当加热到 600℃ 时，各含量变化不大。松木的情况见表 5-4。

表 5-2　我国一些主要木材的容重

类别	树种	容重/kg·m⁻³	类别	树种	容重/kg·m⁻³
软 杂 木	红松	440	硬 杂 木	水曲柳	636
	白松	384		椰木	898
	杉木	376		柞木	576
	鱼鳞云杉	551		楸木	520
	臭冷杉	390		黄波罗	449
	椴木	421		色木	709
	杨木	430		桦木	653
	柳木	450		樟木	529
	樟子木	422		楠木	610
				核桃木	560
				柏木	588
				槐木	702
				麻栎	956
				色木槭	709
				荷木	611

注：木材含水率为 15%。

表 5-3　干木材的化学成分

种类	化学成分/%				
	碳	氢	氧	氮	灰
松木	50.31	6.20	43.08	0.04	0.37
杉木	50.40	5.08	41.40	0.10	2.20
桦木	48.88	6.06	44.67	0.10	0.29
榆木	48.99	6.20	44.25	0.06	0.50
白杨	49.37	6.21	41.60	0.96	1.86

表 5-4　不同温度下松木的组成

温度/℃	组成/%		温度/℃	组成/%	
	碳	氢		碳	氢
常温	47.96	6.04	700	92.00	1.82
300	63.75	2.91	800	93.52	1.00
400	76.78	3.38	900	95.18	0.54
500	85.49	2.73	1000	96.46	0.39
600	91.95	2.22			

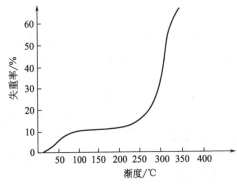

图 5-4　木材的失重率与受热温度的关系

（3）木材的炭化和热分解　把木材从常温逐渐加热，首先是水分蒸发，到 100℃时，木材已成绝对干燥状，再继续加热就开始产生热分解。150℃开始焦化变色，170～180℃以上时热分解速度变快，放出 CO、CH_4、C_2H_4 等可燃性气体和 H_2O、CO_2 等不燃气体，最后剩下炭，温度超过 200℃后颜色变深，这个过程称为炭化。温度越高，热分解速度越快。250℃以上分解极快，热失重显著增加。木材在不同受热温度下的失重率如图 5-4 所示。

（4）木材的燃点和自燃点　木材的燃点是指

木材试样周围流过热空气时，由于受热使试样分解出可燃性气体，当这些可燃性气体能够被一个小的外部火源点燃时热空气的最低温度。

木材的自燃点是指热空气流过木材时，在没有点火源的条件下，木材自行燃烧时的最低热空气初始温度。几种常用木材的燃点和自燃点见表 5-5。

表 5-5　几种常用木材的燃点和自燃点

树种	燃点/℃	自燃点/℃	树种	燃点/℃	自燃点/℃
杉木	243～249	422～439	水曲柳	255～292	450～470
松木	241～250	436～460			
楸木	250～260	440～460	榆木	266～275	450～480

5.2.3.2　木材燃烧痕迹的种类

木材燃烧痕迹的形成，主要是受高温作用的缘故，但是其形成过程和呈现的特征会因作用的热源不同而有差异。

(1) 明火燃烧痕迹　在明火作用下木材很快分解出可燃性气体发生明火燃烧，由于外界明火和本身明火作用，表面火焰按照向上、周围、向下的顺序很快蔓延，暂时没有着火的部分在火焰作用下进一步分解出可燃性气体，并发生炭化，同时表面的炭化层也发生气、固两相燃烧反应。因为明火燃烧快，燃烧后的特征是炭化层薄，除紧靠地面的一面外，表面都有燃烧迹象。若燃烧时间长，其炭化层的裂纹呈较宽较深的大块波浪状。

(2) 辐射着火痕迹　在热辐射作用下，木材是先经过干燥、热分解、炭化，受辐射面出现几个热点，然后由某个热点先行无焰燃烧，继而扩大发生明火。这种辐射着火痕迹的特点是炭化层厚，龟裂严重，表面具有光泽，裂纹随温度升高而变短。

(3) 受热自燃痕迹　插入烟囱壁内的木材，靠近烟道裂缝的木构件，它们受到热气流作用的温度虽然不高，但经过长时间的热分解和炭化过程仍会发生明火燃烧。由于其所处的特殊环境，这种热分解和炭化过程的特征很可能被保存下来。其特征是炭化层深，有不同程度的炭化区，即沿传热方向将木材剖开，可依次出现炭化坑、黑色的炭化层、发黄的焦化层等。

(4) 低温燃烧痕迹　低温燃烧是指木材接触温度较低的金属，如 100～280℃ 的工艺蒸气管线等，在不易散热的条件下，经过相当长时间发生的燃烧。其实这也是一种受热自燃，但是由于温度低，其热分解、炭化的时间更长。其特征是有较长的不同程度的炭化区，其中发黄的焦化层比例居多，而炭化层平坦，呈小裂纹。

(5) 干馏着火痕迹　干燥室内的木材，由于失控产生高温，木材在没有空气的情况下不仅发生一般的热分解，而且发生热裂解反应，析出木焦油等液体成分，此时若遇空气进入，便立即会窜出烟火。这种干馏着火痕迹的特征是，炭化程度深，炭化层厚而均匀，并可在炭化木材的下部发现以木焦油为主的黑色黏稠液体。

(6) 电弧灼烧痕迹　强烈电弧将使木材很快燃烧，如果是电弧灼烧后没有出现明火或者产生火焰后很快熄灭，则灼烧处炭化层浅，与非炭化部分界线分明。在电弧作用下可使炭化的木材发生石墨化，石墨化的炭化表面具有光泽，并有导电性。

(7) 赤热体灼烧痕迹　赤热体灼烧痕迹是指热焊渣等高温固体以及通电发热的灯泡、电熨斗、电烙铁等接触木材使其灼烧的痕迹。这种痕迹在形成过程中，尽管赤热体没有明火，但温度高，因此炭化非常明显。根据赤热体温度不同，炭化层有薄有厚，但都有明显的炭化坑，甚至穿洞，炭化区与非炭化部分界线明显。

5.2.3.3　木材燃烧痕迹的证明作用

(1) 判断蔓延速度　由于火流很快通过，不能使木材炭化很厚，因此火场上木材烧焦后的表面特征可以表明火流强度的大小及速度。

炭化层薄，炭化与非炭化部分界线分明，证明火势强，蔓延快；炭化层厚，炭化与非炭化部分有明显的过渡区，证明火势弱，蔓延速度小。

垂直木板烧成"V"形缺口，"V"形开口小，说明向上蔓延快；开口大，说明向上蔓延慢。木质天花板烧洞小，说明向上蔓延快；烧洞大，说明向上蔓延慢。

（2）判断蔓延方向

① 火场上残留在墙上的木房架桁梁头、檩条头、吊顶木楞头，由于燃烧的次序不同，会按火灾蔓延方向形成先短后长的迹象。

② 相邻的木构件、木器或同一木构件、木器，炭化层厚的一个或一面首先受火焰作用。

③ 烧成斜茬的木桩、门窗框，其斜茬面为迎火面。

④ 木件立面烧损成一个大斜面，说明火势是沿着斜面从低处向高处发展的。

⑤ 木墙或木立柱之类的木材，半腰烧得特别重，说明它面对强烈的辐射源，或者有强大的火流迅速通过。

⑥ 烧残的带腿的家具，面向火焰来向倾倒。

⑦ 在较大面积的木板上烧穿的洞，哪面边缘炭化重，说明热源来自哪面。

在利用木材的烧损、炭化情况判断蔓延方向时，应注意木材种类对燃烧特性的影响。

（3）判断燃烧时间和温度　木材的燃烧时间和温度是由火场木材炭化深度或裂纹长度推算的。但在不同的建筑中木材炭化速率及裂纹形成规律不同，因此按不同建筑讨论其燃烧时间和温度。

① 在耐火建筑火灾中燃烧时间和温度的计算。在混凝土、砖混等耐火建筑火灾中，软杂木的炭化速率为 $0.60\sim0.65\text{mm/min}$，硬杂木的炭化速率为 $0.50\sim0.55\text{mm/min}$。其炭化深度与燃烧时间成正比，见式（5-1）。

$$X = Vt \tag{5-1}$$

式中，X 为炭化深度，mm；V 为炭化速率，mm/min；t 为燃烧时间，min。

根据炭化深度由式（5-1）求出燃烧时间后，再根据耐火建筑的火灾标准升温曲线如图5-5所示或式（5-2），可求得火灾温度。

$$T - T_0 = 345\lg(8t+1) \tag{5-2}$$

式中，T 为 t 时的火灾温度，℃；T_0 为起火时的环境温度，℃；t 为燃烧时间，min。

② 在木结构火灾中燃烧时间和温度的计算。在全木结构以及屋顶为木结构的砖木建筑中，木材的炭化深度与燃烧时间的关系见式（5-3）、式（5-4）和式（5-5）。

杉木　　　　　　　$X = 1.35(t-4)^{1.338} \times e^{-0.0446(t-4)} \tag{5-3}$

松木　　　　　　　$X = 1.24(t-4)^{1.152} \times e^{-0.0384(t-4)} \tag{5-4}$

硬杂木　　　　　　$X = 1.24(t-4)^{1.140} \times e^{-0.0380(t-4)} \tag{5-5}$

式中，X 为炭化深度，mm；t 为燃烧时间，min。在 $4 < t < 20\text{min}$ 时，上式成立。

利用这些公式计算，使用时很不简便。为此，将式（5-3）、式（5-4）、式（5-5）计算的结果制成表5-6，便于由测得的炭化深度直接查找燃烧时间。

求出燃烧时间后，利用全木结构建筑火灾标准升温曲线如图5-6所示，或该曲线公式（5-6），可求得火灾温度。

$$T = 6200(e^{-10t} - e^{-15t}) + 200 \tag{5-6}$$

式中，T 为 t 时的火灾温度，℃；t 为燃烧时间，min。

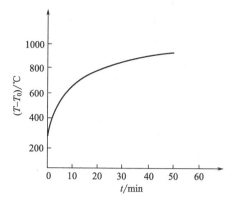

图 5-5　耐火建筑火灾标准升温曲线

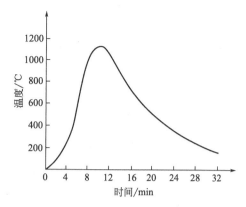

图 5-6　全木结构建筑火灾标准升温曲线

表 5-6　全木结构建筑物的炭化深度与燃烧时间的关系

杉　木		松　木		硬杂木(柏木)	
燃烧时间/min	炭化深度/mm	燃烧时间/min	炭化深度/mm	燃烧时间/min	炭化深度/mm
5	1.29	5	1.19	5	1.19
6	3.12	6	2.55	6	2.50
7	5.14	7	3.91	7	3.87
8	7.22	8	5.25	8	5.17
9	9.30	9	6.53	9	6.42
10	11.35	10	7.76	10	7.61
11	13.35	11	8.92	11	8.74
12	15.27	12	10.01	12	9.79
13	17.87	13	11.03	13	10.87
14	18.82	14	11.99	14	11.71
15	20.45	15	12.87	15	12.56
16	21.97	16	13.69	16	13.36
17	23.39	17	14.45	17	14.09
18	24.70	18	15.15	18	14.75
19	25.91	19	15.78	19	15.37
20	27.01	20	16.36	20	15.92

③ 缺氧火场中燃烧时间和温度的计算。木材在船舱、洞库、地下室等缺氧条件下不充分燃烧，其炭化裂纹的平均长度与燃烧温度的关系见式(5-7)、式(5-8) 和式(5-9)。

杉木 $\qquad\qquad\qquad\qquad \lambda = 9.8 \times 10^5 T^{-1.93}$ $\qquad\qquad\qquad\qquad$ (5-7)

桦木 $\qquad\qquad\qquad\qquad \lambda = 9.0 \times 10^5 T^{-1.93}$ $\qquad\qquad\qquad\qquad$ (5-8)

硬杂木 $\qquad\qquad\qquad \lambda = (4 \sim 5) \times 10^5 T^{-1.93}$ $\qquad\qquad\qquad\qquad$ (5-9)

式中，λ 为炭化裂纹平均长度，cm；T 为燃烧温度，℃。

根据平均炭化裂纹长度和式 (5-7)、式 (5-8)、式 (5-9) 求出燃烧温度后，再根据燃烧温度、炭化深度，由公式 (5-10)、(5-11) 和 (5-12)，可求出燃烧时间。

杉木 $\qquad\qquad\qquad\qquad X = 1.00 \left(\dfrac{T}{100} - 2.5 \right) \sqrt{t}$ $\qquad\qquad\qquad\qquad$ (5-10)

桦木 $\qquad\qquad\qquad\qquad X = 0.78 \left(\dfrac{T}{100} - 2.5 \right) \sqrt{t}$ $\qquad\qquad\qquad\qquad$ (5-11)

硬杂木 $\qquad\qquad\qquad X = 0.60 \left(\dfrac{T}{100} - 2.5 \right) \sqrt{t}$ $\qquad\qquad\qquad\qquad$ (5-12)

此外，根据木材外观变化和碳含量的不同，也可判断火场温度。

木材在100℃开始蒸发水分，150～250℃热分解加剧，表面开始不同程度的炭化；260℃达到危险温度，表面出现黑色；360℃产生明显炭化花纹；360～420℃达到自燃；在400℃以上炭化层出现规则的龟裂纹，随温度的升高，大裂纹被分裂成小波纹；温度越高，炭化波纹越短，同时炭化层增厚。根据木材的干燥、变黄、炭化程度，龟裂纹的形态及长短可以相对比较不同点的火场温度。

（4）证明起火点

天棚上的木条余烬被压在火场废墟的底部，说明起火点在吊顶内；反之则说明起火点在吊顶以下的房间内。

在木工厂，锯末炭化的几何中心或其炭化最深处是起火点。

如果在火场上发现木间壁、木货架、木栅栏一类的木制品被烧成"V"字形大豁口，或者烧成大斜面，则这个"V"字形和大斜面的低点很可能是起火点。例如，商店发生火灾，现场勘察中发现某个墙壁的货架烧得最重，沿墙面布满的木货架烧成"V"字形的缺损部分，则说明这个"V"字形缺损部分的低点就是起火点。

在桌子上或木地板上发现一部分炭化较深，深度比较均匀，炭化区与非炭化部分界线分明，并且具有像液体自然流淌那样的轮廓，则说明上面洒过液体燃料。

木材的炭化坑及其附近的炽热体残骸，或者炭化坑附近有产生电弧的电器，则可能连起火原因一起得到说明。

竹子及其制品，橡胶、胶木等固体可燃物的燃烧痕迹，也具有与木材燃烧痕迹相似的某些特征和证明作用。

5.2.3.4　木材实际炭化深度的计算

在现场勘察中便于应用，把木材及其成品分为两大类：一类为方木（如正方体、长方体、板材、方立柱、梁等）；另一类为圆木（横剖面为圆形木材结构，如圆立柱、梁等）。木材经过燃烧会变细，要测得实际的炭化深度就必须知道燃烧前方木的边长或圆木直径，而边长或直径可由未烧部分如埋在墙里的一段得到，然后按式(5-13)、式(5-14)计算。

（1）方木类计算公式

$$X=\frac{1}{2}(L_1-L_2)+h \tag{5-13}$$

式中，X为实际炭化深度，mm；L_1为烧前方木的边长，mm；L_2为烧后方木的边长，mm；h为实测炭化层厚度，mm。

（2）圆木类计算公式

$$X=\frac{d}{2}-\frac{L}{2\pi}+h \tag{5-14}$$

式中，X为实际炭化深度，mm；d为烧前圆木的直径，mm；L为烧后圆木的周长，mm；h为实测炭化层厚度，mm。

5.2.4　液体燃烧痕迹

常见的易燃液体主要是石油炼制后的油品及液体化学试剂和溶剂。

5.2.4.1　液体燃烧痕迹的特征

（1）平面上的燃烧轮廓　如果易燃液体在材质均匀的、各处疏密程度一致的水平面上燃烧，无论是可燃物水平面的被烧痕迹，还是不燃物水平面上所留下的印痕都呈现液体自然面的轮廓，形成一种清晰的表面结炭燃烧图形。

对于地毯，使其干透后，用扫帚或刷子刷扫，液体燃烧的图形即可显现；对于木地板，经过仔细清扫和擦拭，很容易发现炭化区的轮廓；对于水泥地面，由于液体具有渗透性和燃烧后余留下来的重质成分会分解出游离碳，烧余的残渣及少量炭粒牢固地附在地面上，留下与周围地面有明显界线的液体燃烧痕迹。将火场的废墟除掉，扫除浮灰，用水冲洗，用拖布或抹布擦净、晾干，这种印痕就会清晰地显现。这只限于汽油、煤油、柴油等液体。但对于挥发性极强的液体，如酒精、乙醚等，则不易在不燃地面上留下这种痕迹。

在发现以上三种情况的燃烧痕迹时，要注意调查室内上部原来是否有如窗帘、衣物、壁毯等悬挂物，或者地面上是否堆放过垃圾，因为它们燃烧后也会留下类似液体燃烧形成的轮廓。但是，对于可燃的水平面，它们烧入的深度绝不会像液体烧的那样均匀。如果在火场上发现轮廓内烧入的深度不均匀，某个地方烧入层浅，甚至没烧着，而有的地方烧入较深；或者地板不十分平，这种轮廓不是出现在最低处，而是在较高的地面上出现；或者在这种轮廓中发现遗留下来的某些残片，如衣扣、帘子的挂环等金属物，则可立即确认不是液体燃烧造成的。

如果在房间里或者整个建构筑物内的某个部分，发现了不规则的、近似的或者曲折的连成一条线的液体的燃烧印痕，而且根据地势和痕迹形态判定不可能是由于液体自然流淌所造成的，则有可能是纵火者为了使火焰按照他的企图传播，而事先把易燃液体倒在摆成条状的棉花、卫生纸、破布、衣物等可燃物上，或者直接洒成一溜。

（2）低位燃烧　物质的燃烧由于周围空气受热蒸腾的作用，总是先向上发展，再横向水平蔓延，而往下部蔓延的速度则极慢，所以火场上靠近地面的可燃物容易保留下来。如果木地板发生燃烧，经判定不是滚落的炭化块或其他赤热的物体引起，就可能是易燃液体造成的。由于液体的流动性，往往在不易烧到的低位发生燃烧。具体的低位燃烧有以下几种：①烧到地板角落；②烧到地板边缘；③烧到地板下面。

（3）烧坑和烧洞　由于液体的渗透性和纤维物质的浸润性，如果易燃液体被倒在棉被、衣物、床铺、沙发上燃烧后，则会烧成一个坑或一个洞。

木地板上的桌子底下、门道以外、接近楼梯上下口的区域，由于人们经常脚踏摩擦，可将地板局部磨损。如果易燃液体流到这些地板表面被破坏的区域，液体容易渗入木质内部，则这些地方往往造成烧坑。

（4）呈现木材纹理　如果易燃液体洒在没有涂漆的水平放置的木材上，由于木材本来就存在着纹理，其中木质疏松的地方容易渗入液体，因此燃烧以后，这部分将烧得较深，使木材留下清晰的凸凹炭化纹理。

5.2.4.2　低熔点固体熔化痕迹

（1）沥青熔化滴落　沥青熔点约为 $55℃$，平时为固态，在火灾条件下除燃烧外，还会熔化、流淌和滴落。沥青的这种特征在某些火场上具有指示起火部位的作用。

屋顶或木望板上铺油毛毡或涂沥青的建筑内部起火，由于起火房间对屋顶加热，热气流或火焰从门、窗开口处窜出，起火房间上的房檐处的沥青将首先熔化、流淌，墙的上方及地面将留下明显的沥青熔流和滴落的痕迹。这些痕迹往往可以证明首先起火的房间。

（2）闸刀开关手柄螺孔封漆熔流　闸刀开关操作手柄上有若干安装螺栓用的孔，该孔用紫褐色电工封漆封住。电工封漆熔点较低，在火灾中会因受热而熔化。如果开关处于断开状态，熔化的封漆将从小孔中流出。因此，可利用其熔流情况判断火灾中的开关状态。

（3）易燃液体容器的鼓胀　在火灾作用下，装有易燃、可燃液体的金属薄壁容器将发生鼓胀。如果容器没有鼓胀，说明它在火灾前已经开口，或者封闭不严，或者液体被人倒出。

5.2.4.3　液体燃烧痕迹的提取

为了准确地弄清火场上发生燃烧的是什么液体，必须提取样品进行气相色谱分析。在提取鉴定样品时，应在下列部位进行。

① 各种液体燃烧轮廓内。

② 家具的下面和侧面、地毯、垫子等。

③ 地板的护壁板后、楼梯上、地板裂缝和接缝。

④ 火灾后的死水面。

⑤ 各种生产装置和储存容器。

5.2.5　火灾中的倒塌

倒塌是指物体或建筑物构件由于火灾作用而失去平衡，发生倾倒和塌落的现象。火场上常见的倒塌是房屋顶部、墙壁和室内物品被烧后自然塌落或倾倒。倒塌痕迹则是物体或建筑物构件倾倒、滑落及其残体在地面上的塌落堆积状态。在火灾现场勘察中，倒塌痕迹常被用于判断火势蔓延方向和指示起火部位或起火点。

5.2.5.1　建筑结构的倒塌

火灾中建筑结构的倒塌或破坏，是由于燃烧、高温、外部震动、冲击等作用引起的。木梁或柱起火燃烧，表面炭化，削弱其荷重的截面面积。当不能再承受其原有全部荷重时，结构便会倒塌。钢结构受热后，先出现塑性变形，当火烧 $15\sim20\min$ 左右时，钢构件变成"曲线形"，随着局部的破坏，造成整体失去稳定而被破坏。预应力钢筋混凝土结构遇热，失去预应力，结构的承载能力降低。花岗岩砖石砌体因受火灾作用，内部石英、长石、云母不同的热变形而碎裂；硅酸盐砌块则因内部的热分解而松散。此外，建筑物内部爆炸的冲击和震动，上部结构倒塌落在楼板上，或灭火积水不能排除，或楼板上的物质大量吸收灭火水流等，也是结构倒塌或破坏的原因。

在火灾情况下，建筑物的倒塌有时是有一定规律的。从整体看，建筑物倒塌的次序一般是先吊顶，后屋顶，最后是墙壁，且一般房屋的墙是向里倒的。对于木结构屋顶，整个塌的少，局部破坏的多。对于钢结构屋顶，局部被火烧毁，其余部分往往因被烧的部分塌落，也同时由墙头被拉到地面上来。由爆炸造成的建筑物的倒塌，一般都以爆炸部位为中心向外倾倒。从局部构件看，三角形房架的下弦木被烧断后，由于上弦的撑力作用，会将承重墙推倒；以木结构为骨架的建筑，主要由于梁柱的接榫部分被烧，屋架下弦或支撑屋面的墙柱被烧后，失去支撑能力，导致房顶塌落。

在火场燃烧负荷分配比较均匀的情况下，先受火焰作用的起火部位的顶棚和房顶一般是先行塌落。根据建筑物各部分的塌落顺序以及倒塌形式，可初步确定起火部位或起火点。在火场上，木结构建筑物的倒塌最具有典型性。这类建筑物的倒塌归纳起来有以下四种形式。

（1）"一面倒"形　当建筑物一边首先被烧毁，受其支撑的物体则向该侧倒塌，构成房架的材料顺势逐一倒下去，呈"一面倒"形。这类形式的倒塌痕迹能够表示出燃烧的方向性，其屋架倒落方向指向起火部位。

（2）"两头挤"形　某些具有共同间壁，并依靠间壁支撑房顶的建筑物，当间壁首先被烧毁，受其支撑的两边的檩条及房顶建筑材料就倾向中间倒塌，呈现"两头挤"形。如果现场上发现这种倒塌形式，且间壁已被烧毁，则可推断起火点应在间壁附近。不受间壁墙支撑，即依靠前后墙支撑的三角形屋架建筑，在其中部起火时，若起火部位的房架先行塌落，两边的屋架有时可能相向倒落先行塌落的地方，也呈现"两头挤"形式。根据"两头挤"处两屋架残体或金属吊杆的叠压情况，可判断先被烧塌的屋架。

（3）"旋涡"形　由于火场中心的支柱首先被烧毁，受其支撑的物体从四面向支柱倒塌，呈现"旋涡"形。因此，这种倒塌形式的中央就是起火点所在的部位。在闷顶火灾现场上，若闷顶未烧塌，屋面的烧塌形状也具有"旋涡"形。

（4）无规则形　在许多火场上，见到的是一种无规则形，这可能是由于建筑物几处同时起火，或建筑物结构特殊，各部分受力变化没有均匀性，而导致不规则的倒塌；也可能是由于建筑结构关系，各部分构件耐火极限不同，内部可燃物数量和种类等分布不均匀或不同，或是由于灭火射水的影响，而造成倒塌形式反常。因此，利用建筑物倒塌痕迹分析起火部位或起火点时，应考虑上述各种影响因素。

5.2.5.2　室内可燃物品的倾倒

在火灾破坏不很严重的中心现场，有时能残留部分没有完全烧毁的可燃物品的倒塌痕迹，这类残留物品的倾倒方向往往能指示起火点。因为火灾初期，火势较弱，一下子难以使可燃物品全面燃烧起来，当这些物品迎火一侧受热被烧后，物品重心失去平衡，必然会向失去承重一侧倾倒。尤其是室内的桌子、椅子等有腿的家具以及比较高的箱体等，如果由某一方向的低处首先烧起来，这一侧的桌腿和箱体的侧板先破坏而失去支撑力。其余失衡部分便倒向该侧，因此其倾倒方向可用于指明火势蔓延方向或起火点的方向。

一般家具倒塌时多向起火点方向倾倒，但是有些支撑面小的家具，如独脚圆桌，在火焰作用下，由于先烧的一侧失重，却会与其他一般家具倾倒方向相反，而倒向背火的一侧。

火场上，只有被火烧塌而倾倒的家具才有指示火势蔓延方向的作用，否则不具有这种作用。例如，某火场上发现一只倾倒的四腿木凳，其上面两腿烧损严重，而靠地面的两腿基本没烧，这种倒塌痕迹是不能证明火势蔓延方向的，因为该木凳是在火前就已倾倒了。

在火灾过程中，木质家具即使受火焰作用发生了倒塌，其倾倒于受火侧，但是若继续受火作用，会出现家具的其余部分再烧毁的可能性，造成其倾倒方向无法辨认。此时，则应注意该家具上原摆放的不燃物品，如烟灰缸、台灯座、小闹钟等，被抛离家具的方向，该方向是与家具的倾倒方向一致的。

仓库火灾中，现场塌落的货箱垛痕迹也能起到与家具倾倒相同的证明作用。如果堆放的货箱垛全部垂直塌落，则可说明起火点处于该箱垛上部，且靠中间部位。对于大货垛，若起火点在其上部中心，则四周货物会向这个中心倾倒。

5.2.5.3　塌落堆积层

塌落堆积层是建筑构件和储存物品经过燃烧造成塌落形成的。它是倒塌痕迹的一个重要组成部分。由于起火点所处现场空间层次的不同，燃烧垂直发展蔓延的顺序也不同；建筑构件和物品塌落的先后不同，堆积物的层次也不同，各层次上燃烧痕迹也不同。这些痕迹的差异，为分析确定起火点所在的现场立面层次提供依据。

火灾现场勘察中，利用塌落堆积层的事例还是较多的。例如，某火场原为办公室，办公桌全被烧毁，地面上到处残留着被烧坏的桌腿，从塌落堆积层看到烧毁的桌板下面有零星房瓦，地面地板无烧漏处。根据这种倒塌痕迹，可说明天棚内燃烧先于室内的燃烧。诸如此类能证明天棚或闷顶内先起火的倒塌痕迹特征是瓦片、天棚的灰烬、灰条、屋架及瓦条的灰烬位于堆积物的最底层。同理，如果室内陈设物的灰烬和残留物紧贴地面，泥瓦等闷顶以上的碎片在堆积物的上层，可说明室内可能先起火。

如果现场大部分泥瓦碎片露在室内废墟上面，只有一部分天棚灰条、灰块被室内燃烧物灰烬掩埋在地面上，这可说明该塌落堆积处相对应地天棚位置很可能是起火点。

利用塌落堆积层次分析判断起火点时，都应注意查找埋藏在废墟中的板条抹灰碎片原抹灰面有否烟熏痕迹，以便验证。

5.2.6　玻璃破坏痕迹

5.2.6.1　玻璃的组成及性质

（1）玻璃的组成　玻璃主要由二氧化硅及少量氧化钙、氧化钠、氧化铝等物质组成。表

5-7 是典型的平板玻璃的主要组分。

表 5-7　典型平板玻璃的主要组成

组分	SiO_2	Al_2O_3	Fe_2O_3	CaO	MgO	Na_2O+K_2O	P_2O_5
含量/%	72.25	2.24	0.20	6.37	4.04	14.44	0.46

（2）玻璃的主要性质

① 耐腐蚀性。玻璃对于大气中的水蒸气、水和弱酸等具有稳定性，不溶解也不生锈。

② 绝缘性。在常温下玻璃的电导率很小，是绝缘体；在高温下玻璃的电导率急剧增加。

③ 脆性。一般的玻璃硬且脆，机械强度很低，受力时易破碎。

表 5-8 列出了平板玻璃的一般性质。

表 5-8　平板玻璃的一般性质

性　质	参　　数	性　　质	参　　数
折射率	约 1.52	相对密度	约 2.5
反射率(垂直入射)/%	约 4	硬度(莫氏)/度	约 6.5
比热容(0~50℃)/J·(g·℃)$^{-1}$	8.24	杨氏模量/N·cm^{-3}	$(7.2~7.5)×10^6$
导热系数/kJ·(m·h·℃)$^{-1}$	2.8	表面张力(平均值)/N·cm^{-2}	约 5000
线膨胀系数(常温~350℃)/℃$^{-1}$	$(9~10)×10^6$	耐候性	无变化

5.2.6.2　玻璃破坏机理

（1）玻璃的脆性破坏　玻璃的断裂破坏可分为脆性和塑性断裂破坏。在较低温度下的断裂是脆性断裂。火场上外力冲击破坏的玻璃痕迹一般是由于脆性断裂形成的。

玻璃脆性破坏形式决定于应力的种类。张应力引起的拉断，其断裂线与应力方向几乎成90°角；压应力引起的剪断，其断裂线与应力方向几乎成45°角，如图 5-7 所示。

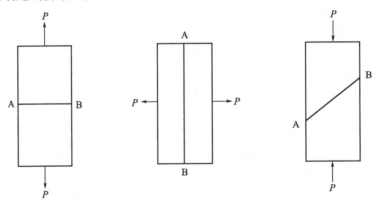

图 5-7　应力状态与断裂线位置

玻璃的破坏通常是从表面开始的。因为其表面存在大量微裂纹，使得表面强度低于内部强度。微裂纹的产生则是由于原板上存在局部应力集，造成原子、分子之间的键断裂而形成的。研究结果表明，玻璃表面的张应力是微裂纹产生与发展的原因。

微裂纹的扩展取决于裂纹顶端所加的力和其端部的原子、分子热运动。微裂纹受端部应力作用扩展成裂缝与裂缝剩余面积（未断裂面积）上的单位负荷有关。此单位负荷超过某一临界值时，微裂纹就会扩展。然而，实验表明裂纹端部应力值低于应力临界值时，微裂纹也可能扩展，这时的扩展主要是由于其端部的原子和分子热运动产生的热应力所致。

玻璃的脆性破坏过程可认为：由于各种原因使玻璃产生张应力，导致玻璃表面产生微裂纹；当玻璃表面受到力负荷或热负荷作用时，微裂纹扩展成裂纹，最终导致断裂。

（2）玻璃的热破坏　火场上窗玻璃受火焰和热烟气流作用导致破坏的根本原因：玻璃是导热性很差的材料，当室内温度急变时，窗玻璃内外层总有温差存在，从而引起玻璃内部胀缩不一致的现象，导致其产生不同程度的应变。在玻璃弹性限度以内，应变愈大，其伴生的应力亦愈大。玻璃的热破坏就决定于这一热应力的大小、种类以及最大热应力所处部位。

热应力的大小可根据胡克定律按式（5-15）计算。

$$\sigma = K\alpha E \Delta T \tag{5-15}$$

式中，σ 为热应力，Pa；E 为玻璃的弹性模量，Pa；ΔT 为玻璃内部产生热应力处的温度差，℃；α 为线膨胀系数，1/℃；K 为修正系数。

玻璃最大热应力产生于温度差最大之处。在建筑物火灾现场中，窗玻璃内外表面之间和被窗框固定的边缘与其暴露于火焰和热气流部分之间是温度差最大的部位。当受到火灾作用引起的热应力超过玻璃能承受的强度极限（普通平板玻璃的平均破坏强度极限为 34.3MPa）时，玻璃便会破裂。

在火场上均匀受热至高温的玻璃，当遇到灭火用水的急冷作用时，温度急剧变化的表面产生很大的张应力，同样会迅速破裂。

（3）玻璃的熔融变形破坏　火场上玻璃均匀受热升高到一定温度后，会出现熔融变形破坏。熔融变形破坏的温度有一个范围，因为玻璃是非晶体，没有固定的熔点，而只有一个软化温度范围。若将玻璃慢慢升温，一般玻璃在 470℃左右开始变形；740℃左右软化，但不流淌；随着温度升高，黏度降低，则开始出现流淌迹象，大约在 1300℃完全熔化成液体状态。

5.2.6.3　玻璃破坏痕迹的证明作用

（1）证明破坏原因　被火烧、火烤而炸裂的玻璃与机械力冲击破坏的玻璃，在宏观上的主要区别有以下三点。

① 形状不同。被火烧、火烤炸裂的玻璃，裂纹从边角开始，裂纹少时，呈树枝状，裂纹多时，相互交联呈龟背纹状，落地碎块，边缘不齐，很少有锐角；机械力冲击破坏的玻璃，裂纹一般呈放射状，以击点为中心，形成向四周放射的裂纹，落下的碎块尖角锋利，边缘整齐平直，如图 5-8 所示。

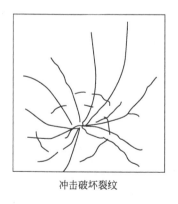

冲击破坏裂纹　　　　　　　　　　热炸裂裂纹

图 5-8　玻璃的冲击破坏与热炸裂

② 落地点不同。烟熏火烤炸裂的玻璃，其碎片一般情况下散落在玻璃框架的两边，各边碎片数量相近；冲击破坏的玻璃碎片，往往向一面散落偏多，有些碎片落地距离较远。

③ 残留在框架上的玻璃牢固度不同。玻璃在火灾作用下炸裂，大部分脱落后，其残留在框架上的玻璃附着不牢，在冷却后一般会自动脱落；冲击破坏的玻璃，其残留在框架上的，若没经过火焰作用，一般附着比较牢固。

（2）证明受力方向　如果已经判明了某个门或窗子上的玻璃是被爆炸气浪、冲击波或其他外力所击碎的，并且破裂的玻璃没有或没有完全从玻璃框架上脱落下来，则可以根据残存玻璃裂纹的断面、棱边某些特征判断受力方向，从而确定爆炸点的方向，或者确定这块玻璃是从室内还是从室外被打破的。

平板玻璃在外力作用下，虽然瞬间破坏，但是在其破裂前还存在一个弹性形变过程，玻璃向非受力一面凸出，当作用力大于其抗张强度时便发生破裂，由于非受力面凸起变形，所以裂纹首先在非受力面开始，结果产生如下特征，并可利用这些特征确定受力方向。

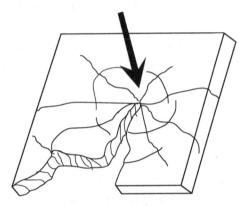

图5-9　玻璃破坏的受力方向

① 断面上有弓形线。弓形线即是沿辐射状方向破裂的玻璃新断面上的弧形痕。手持玻璃碎片，在阳光下变换角度，这种弧形痕很容易看清。弓形线以一定的角度和断面的两个棱边相交。相邻的弓形线一端在一面棱边上汇集，另一端在另一面棱边上分开，弓形线汇集的一面是受力面，如图5-9所示。

② 断面的一个棱边上有细小的齿状碎痕　辐射状裂纹断面没有碎痕的一面是受力面。这种棱边上的碎痕，在用玻璃刀割开的玻璃上更明显，用肉眼很容易看出。但是后者比前者明显粗大，而且玻璃刀割开的玻璃的断面上弓形线短，没有并拢和分开现象，与两个棱边几乎都是呈垂直状态的。即使不垂直，其方向也几乎是平行的。通过这两点可以将它们区别开来。

③ 裂纹端部有未裂透玻璃厚度的痕迹　在外力作用下产生的辐射状裂纹，有的没有延伸到玻璃的边缘，裂纹端部有一小部分没有穿透玻璃的厚度，没有裂透的那一面是受力面。

玻璃在外力作用下不仅产生辐射状裂纹，有的同时也产生同心圆状裂纹，这种裂纹也有上述三种特征，由于同心圆状裂纹首先从受力这一面产生，因此它所证明受力方向的痕迹特征正好和辐射状裂纹所指明方向的痕迹特征相反。例如，同心圆状裂纹断面上弓形线分开的一面是受力面等。

④ 打击点背面有凹贝纹状痕迹　当打击力集中，有时使该点非受力面玻璃碎屑剥离，形成凹贝纹状。这也是判定受力方向的一个有效的方法。

玻璃即使已经完全从框架上脱落下来，如果能够通过落在地上的玻璃碎片的腻子痕、灰尘、油漆、液滴痕等分清原来位置（里、外面），仍可以利用上述痕迹判断破坏力的方向。

（3）证明打破时间　当判明现场某个门窗的玻璃确为外力打破之后，常常还要弄清这块玻璃是火灾前还是火灾后被打破的。这对判断火灾性质、分析纵火者的进出路线，受害人逃难行动以及扑救顺序均有重要意义。根据不同情况，一般可从以下4个方面区别。

① 堆积层不同。火灾前被打破的玻璃，其碎片大部分紧贴地面，上面是杂物、余烬和灰尘；起火后被打破的玻璃一般在杂物余烬的上面。

② 底面烟熏情况不同。起火前被打破的玻璃，其所有碎片贴地的一面均没有烟熏；起火后被打碎的玻璃，一部分碎片贴地的一面有烟熏。只要有一块碎片贴地一面有烟熏，就说明它是起火后被打碎的。

③ 断面烟熏情况不同。火灾前被打破的玻璃，其断面上往往有烟熏；火灾后打破的玻璃，其断面往往比较清洁或烟尘少。

④ 碎片重叠部分烟尘不同。玻璃破坏时两块落地碎片叠压在一起，如果下面一块玻璃重叠部分的上面没有烟熏，其他部分有烟熏，说明是火灾前被打破的；如果下面一块上面重

叠和非重叠部分都有烟熏，则说明是起火后打破的。

（4）证明火势猛烈程度　由玻璃破坏机理可知，玻璃的炸裂并不取决于其整体温度高低，而主要取决于不同点或两平面的温度差，也就是取决于玻璃的加热速率和冷却速率。火场上玻璃所在处的温度变化速率越大，其两表面间的温度差值越大，玻璃的炸裂就越剧烈。因此，可以根据玻璃的炸裂程度判断燃烧速度或火势猛烈程度。

玻璃炸裂细碎、飞散，说明燃烧速度大，火势猛烈；玻璃出现裂纹，还留在框架上，说明燃烧速度和火势为中等程度；玻璃仅是软化，说明燃烧速度小，火势发展慢。

如果一个火场中一排房间的窗玻璃炸裂程度依次减弱，而且减弱一端的玻璃发生软化，玻璃软化的这间房子很可能是起火点。而玻璃炸裂的依次加剧是火势已经猛烈，迅速蔓延的结果。

（5）证明火场温度

① 根据玻璃受热变形程度判断。若玻璃发生轻微变形，即玻璃边缘或角上开始变形，出现轻微凸起或凹下，边缘无锋利的刃，手感圆滑，四角仍为直角形式，则其受热温度在300～600℃范围内；若玻璃发生中等变形，即玻璃面有明显的凹凸变化，边角已不再维持原形，但仍能推断出原来的形状，则其受热温度为 600～700℃；若玻璃发生严重变形，即玻璃片卷曲、拧转，或者四个角全部弯成90°以上，有的已很难推测出原有的形状，则其受热温度一般为 700～850℃；若玻璃发生流淌变形，即玻璃已熔融流淌，表面有大鼓包，有的外形成瘤状，完全失去原形，则受热温度在 850℃以上。

在利用火场玻璃受热变形特征比较火场不同点的温度时，应注意三个问题。一是玻璃变形程度大小，还与其厚薄和摆放形式有关。一般厚度大的玻璃变形较小，立放的比平放变形严重。二是应取火场上相似位置的玻璃进行比较。例如，都是地面上的玻璃，或都是同一高度窗台上的玻璃，或是走廊里钢托盘上的壁灯。三是如果火场某处火势猛烈，该处玻璃则易先炸裂。在比较从同一高度窗上落在相应地面的玻璃时，如果有的软化，有的没软化而有炸裂痕，要结合具体情况具体分析。不能直接肯定软化的玻璃那点的温度就高。因为这种软化可能是在其没有从窗上掉下来之前就形成的，后经软化变形后掉落；无软化的玻璃可能是后受火烧，即使温度高，由于火势猛烈，玻璃还未软化就已炸裂而掉落，落地后便不易烧软了。因此，它们即使同是处在相应的地面上；也不能说明其所在处的火场温度。

② 根据玻璃受热后遇水产生的裂纹判断。玻璃受热后遇水产生的裂纹有自身特点，一般是各种厚度的玻璃受热的温度越高，遇水后产生的裂纹数目越多，玻璃片越发白；同一温度下，受热的时间越长，遇水后产生裂纹的数目越多。在形态上，这种裂纹的特征是：200℃左右产生大裂纹，在大裂纹的周围有很浅的细小纹，玻璃片仍是透明的；300～400℃时裂纹数目增多，有小小的浅圆片从表面崩出，玻璃片为青白色；500～600℃时有细碎的彼此相叠的裂纹，纹路很深，同时还有大裂纹交错，有的裂开，玻璃片呈白色。因此，根据受热后遇水的玻璃裂纹形态，可推断出遇水时的火场温度。

③ 根据玻璃的硬度变化判断。受火灾作用后，玻璃材料的性质变化突出的是其硬度随受热温度的变化。玻璃受热到某一温度后，经冷却用硬度计测定其维氏硬度发现：各种玻璃的硬度都随所受温度升高变得越硬；玻璃受热时间越长，越硬；经受同一温度时，玻璃越厚，其硬度值越高。因此，根据受火作用玻璃的硬度，可分析火场温度及玻璃受热时间。厚平板玻璃硬度与受热温度的关系如图 5-10 所示。

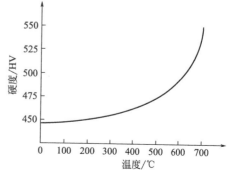

图 5-10　厚平板玻璃硬度与受热温度的关系

5.2.7　混凝土在火灾中的变化

5.2.7.1　混凝土的组成

混凝土是由水泥、骨料（砂子、碎石或卵石）和水按一定比例混合，经水化硬化后形成的一种人造石材。

（1）水泥　水泥主要有普通水泥、矿渣水泥和火山灰水泥三大类。典型的硅酸盐水泥的氧化物及矿物组成见表5-9。

表5-9　典型硅酸盐水泥的组成

氧化物组成		矿物组成	
氧化物	含量/%	矿物（代号）	含量/%
CaO	62～67	C_3S	36～37
SiO_2	20～24	C_2S	15～37
Al_2O_3	4～7	C_3A	7～15
Fe_2O_3	2～5	C_4AF	10～18
SO_3	1～3		

水泥性质和它的矿物组成之间存在着一定关系，在相同细度和石膏掺入量的情况下，硅酸盐水泥的强度主要与 C_3S 和 C_2S 的含量有关。水泥经与水混合固化后，硬化水泥中就有五种有效成分：水化硅酸钙（$3CaO \cdot 2SiO_2 \cdot 3H_2O$）、水化铝酸钙（$3CaO \cdot Al_2O_3 \cdot 6H_2O$）、水化铁酸钙（$CaO \cdot Fe_2O_3 \cdot H_2O$）、氢氧化钙 $Ca(OH)_2$ 和碳酸钙 $CaCO_3$。其中，碳酸钙是由于水泥中的 CaO 与 H_2O 作用生成的产物 $Ca(OH)_2$ 部分处于水泥表层而暴露于空气中，与空气中的 CO_2 作用而得到的产物。在完全水化的水泥中水化硅酸钙约占总体积的50%，氢氧化钙约占25%，pH值约为13。

（2）骨料　骨料是混凝土的主要成型材料，约占混凝土总体积的3/4以上。一般把粒径为0.15～5mm的称为细骨料，如砂子等；把粒径大于5mm的称为粗骨料，如碎石、卵石等。

5.2.7.2　混凝土受热温度的鉴定

（1）根据颜色变化痕迹判定　混凝土、钢筋混凝土构件受火灾作用后，在其外部形成不同颜色的燃烧痕迹。这种颜色变化的实质，就是受火灾作用时的不同温度变化的再现。表5-10是混凝土在不同温度下的颜色变化情况。

表5-10　混凝土在不同温度下颜色变化

温度/℃ ＼ 材料	混凝土	水泥	砂	石
100	无变化	无变化	无变化	无变化
200	无变化	无变化	无变化	部分变红
300	淡红	黄	部分变红	部分变红
400	淡红	黄	部分变红	部分变红
500	淡红	黄	大部分变红	部分变红
600	红色渐褪	黄	红	红褐色
700	灰白	黄	红	红褐色
800	灰白	黄	红	红褐色
900	草黄	草黄	红	红褐色

从表5-10可以看出，温度不超过200℃时颜色无变化，随着温度升高，颜色由深色向浅色变化。虽然不同的混凝土被烧后生成的一些化合物含量不同（如铁的化合物），使颜色的变化程度有一些差别，但是总的变化规律基本上是一致的。所以，在一般情况下，呈浅色的

部位就是受火灾温度高，烧得重的部位。

（2）根据强度变化痕迹判定　混凝土受热时，在低于300℃的情况下，温度的升高对强度的影响比较小，而且没有什么规律；在高于300℃时，强度的损失随着温度的升高增加。这是因为普通混凝土加热温度超过300℃时，水泥石脱水收缩，而骨料不断膨胀，这两种相反的作用使混凝土结构开始出现裂纹，强度开始下降。随着温度升高，作用时间增加，这种破坏程度加剧。573℃时骨料中的石英晶体发生晶形转变，体积突然膨胀，使裂缝增大；575℃时氢氧化钙脱水，使水泥组织破坏；900℃时其中的碳酸钙分解，这时游离水、结晶水及水化物脱水基本完成，强度几乎全部丧失而酥裂破坏。火灾中混凝土剩余强度与受热温度的关系如图5-11所示。

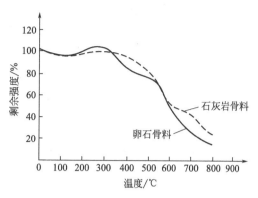

图 5-11　混凝土剩余强度与受热温度的关系

（3）根据烧损破坏痕迹判定　混凝土、钢筋混凝土构件受火灾温度作用后，产生起鼓、开裂、疏松、脱落、露筋、弯曲、熔结、折断等外观变化的主要原因，一是其力学性能遭到破坏，二是受热作用及冷却过程中产生膨胀应力和收缩应力所致。疏松、脱落是混凝土遭受到强烈的火灾温度作用后，混凝土的内部组织（如水泥石、水泥石与骨料的界面粘接等）遭到严重破坏的一种表现。

经过大量的试验研究及实际火灾现场勘察，混凝土、钢筋混凝土构件受火灾作用后，残留外观特征（烧损、破坏痕迹）同其遭受过的最高温度和相应火灾作用时间存在一定规律。表5-11是实际火灾中混凝土外观变化与受热温度之间的关系，表5-12是模拟火灾时间、温度条件下，钢筋混凝土表面颜色及外观特征。在实际火场勘察中，可以根据混凝土、钢筋混凝土结构的残留物外观特征，推算出其遭受的最高温度和火灾持续时间。

表 5-11　混凝土外观变化与受热温度的关系

外观变化	受热温度/℃	外观变化	受热温度/℃
无变化或有熏黑痕	100～300	酥裂，脱落	800～900
有微裂纹	300～400	熔结，熔瘤	1000 以上
裂缝增大，数量增多	600～700		

表 5-12　钢筋混凝土表面颜色及外观特征

火灾时间 /min	火灾温度 /℃	外　观　特　征				锤击声音
		混凝土颜色	表面开裂	疏松脱落	露筋	
20	790	灰白、略显黄色	棱角处有少许细裂纹	无	无	响亮
20～30	790～863	灰白、略显浅黄色	表面有较多细裂纹	棱角处有轻度脱落，可见部分石子灰化	无	较响亮
30～45	863～910	灰白、显浅黄色	表面有少许贯穿裂缝	表面轻度起鼓，呈疏松状，角部脱落	无	沉闷
45～60	910～944	浅黄色	表面有少量细裂纹	角部呈疏松状，严重炸裂脱落，骨料灰化	无	声哑
60～75	944～972	浅黄色	裂纹不清	表层起鼓，角部脱落小	露筋	声哑
75～90	972～1001	浅黄色并显白色	裂纹不清	表层疏松脱落严重	露筋	声哑
100	1026	浅黄显白色	裂纹不清	表层严重脱落	严重露筋	声哑

（4）根据中性化深度判定　固化后水泥成分中含有一定数量的氢氧化钙，因此水泥会发生碱性反应。经火灾作用后，水泥中氢氧化钙若发生分解，挥发出水蒸气，则留下产物氧化钙。氧化钙在无水的情况下显不出碱性。因此，用无水乙醇酚酞试剂对受火作用的混凝土检测，根据检测的中性化深度推断混凝土受火灾的温度和时间。具体方法是：在选定的部位去掉装饰层，将混凝土凿开露出钢筋，除掉粉末，然后用喷雾器向破损面喷洒1%的无水乙醇酚酞溶液，喷洒量以表面均匀湿润为准，稍等一会儿便会出现变红的界线，从混凝土表面用尺子测出变红部位的深度，此深度即为中性化深度。通常受热时间越长、温度越高，则中性化深度越大。混凝土中性化深度与受热温度的关系见表5-13。

表 5-13　混凝土中性化深度与受热温度的关系

品种	加热时间/min	最高温度/℃	中性化深度/mm	品种	加热时间/min	最高温度/℃	中性化深度/mm
矿渣水泥	0	室温	3～4	火山灰水泥	0	室温	2～3
	10	658	5～7		10	658	4～5
	20	761	6～8		20	761	5～6
	30	822	7～9		30	822	6～7
	40	865	9～10		40	865	7～8
	50	898	11～12		50	898	7～10
	60	925	12～13		60	925	9～10
	70	948	12～14		70	948	11～12
	80	968	15～17		80	968	13～15
	90	986	16～18		90	986	16～17
	100	1002	16～19		100	1002	16～19

混凝土受热主要发生以下两种反应。

$$Ca(OH)_2 \xrightarrow{575℃} CaO + H_2O \uparrow$$

$$CaCO_3 \xrightarrow{900℃} CaO + CO_2 \uparrow$$

这是化学分析鉴定的主要理论依据。化学分析鉴定的主要方法除中性化深度的测定外，还有 CO_2 含量的测定、游离 CaO 含量的测定、水泥热失重的测定及 CaO 晶体大小的测定等。

5.2.8　金属在火灾中的变化

在火灾现场中，金属由于受火焰或火灾热作用，会发生变色、变形、熔化等变化。

5.2.8.1　表面氧化变色

金属受热作用后，表面形成氧化层并发生颜色变化。受热温度和时间不同，形成的氧化层颜色也不同。在实际火灾中，处于不同部位的金属，甚至同一金属物体上不同部位的温度差也很大。因此，在其表面上形成的颜色有明显的层次，特别是薄板型黑色金属。例如，某一建筑火灾，对其屋顶铁皮面观察，发现局部被烧部位呈圆形，颜色变化层次明显，从图形中心部位向外呈现淡黄色、黑红色、蓝色、原色变化。这种有层次的颜色变化，反映了火灾当时该部位上温度的分布。黑色薄板型金属表面颜色变化与温度之间的关系列于表5-14。

在一般情况下，黑色金属受热温度高、作用时间长的部位形成的颜色呈各种红色或浅淡色，颜色变化层次明显，特别是温度超过800℃以上的部位在其表面上还出现发亮的"铁鳞"薄片，质地硬而脆。起火点往往在颜色发红、浅淡或形成铁鳞的附近或对应的部位。

有些金属涂有油漆或表面采用烤漆、喷塑、不易辨别颜色变化情况，但可以通过金属表面油漆层被烧变色、裂痕、起泡等变化层次，找出温度的变化顺序，判定出受高温部分，进而确定起火点或火势蔓延方向。

表 5-14　黑色薄板型金属表面颜色变化与温度之间的关系

温度/℃	表面颜色	表面特征
230	黄　色	
290	棕柴色	
320	蓝　色	
480	淡红色	
590	黑红色	
760	鲜红色	
870	橙红色	
980	淡黄色	800～1200℃结构钢材表面上出现发亮的铁鳞
1200	白　色	
1320	白色闪光	1300～1800℃表面熔化生成蓝色或黑色硬而脆的薄膜

金属在火灾条件下会在其表面发生较常温条件下快得多的氧化反应，产生金属氧化物锈层。如果在高温并在水或水蒸气的作用下会生成一部分氢氧化物，在二氧化碳气氛中还会生成少量碱式金属碳酸盐。铁的氧化物、氢氧化物大多是红褐色，因此其锈层也是红褐色。如果烧红的铁制品受到水流冲击，则会使其表面发青色，并使氧化层剥脱。铜制品生成的锈层主要成分是氧化铜，呈黑色。在超过 1000℃时氧化铜分解失去部分氧转变成褐红色的氧化亚铜。铜在常温下产生的锈层因为含有碱式碳酸铜，所以呈现绿斑的形态，而火灾中铜锈层没有这种产物，即便生成铜的氢氧化物，只需 70～90℃就分解变成黑色氧化铜了。在现场勘察时，应注意擦去留在铜件表面的烟尘，以便观察这些锈层颜色。

金属在火灾条件下较短时间形成的锈层与自然条件下较长时间形成的锈层有许多不同点。前者成分比较单一，主要是氧化物，薄厚均匀，颜色一致，表面平整，锈层沉着时间短，结合不紧密，起层，容易脱落；后者成分除氧化物外，还含有盐、碱类化合物，薄厚不均匀，颜色不一致，有锈斑凸起，不平整，锈层与本体结合紧密，不起层，不易脱落。

5.2.8.2　强度变化

在火场上，钢材强度变化与所受温度高低和受热时间长短有关。一般地受热温度达 300℃时，钢材强度才开始下降；500℃时强度只是原强度的 1/2，600℃时为原来强度的 1/6～1/7。因此，现场钢构件被烧塌处的温度至少 500℃，且受火焰作用的时间在 25min 以上。如果火场的钢屋架没被烧塌，则不能肯定那里的温度不曾超过 500℃，因为可能那里出现火势发展快，可燃物很快燃尽，虽然产生高温，但高温作用的时间太短的情况。

5.2.8.3　弹性变化

金属构件在火灾作用下会失去原来的弹性，这种变化也是分析火场情况的一种根据。

如果起火前刀型开关处于合闸位置，在火灾作用下，金属片就会退火失去弹性。如果发现刀型开关两静片的距离增大，则说明它们在火灾时正处于接通状态。如果两静片虽已失去弹性，但仍保持正常距离，说明火灾当时，它们没有接通。

如果发现沙发、席梦思床垫的某一部位只有几个弹簧失去了弹性，那么这个部位一般情况下就是起火点。这类火灾多数是烟头等非明火火种引起阴燃，造成靠近火种部位阴燃时间比其他部位长，局部温度也高，使该部位的几只弹簧先受热失去弹性。当引起明火时，火势发展速度快，使其他部位弹簧受高温作用时间相对短些，因此比阴燃部位弹簧弹性强度降得少。

5.2.8.4　熔化变形

金属及其制品在火场上若所受温度高于其熔点，便会发生由固态向液态的转变。由此而形成的金属液体，滴到地面经过冷却，便会以熔渣形式保留下来。熔渣的数量、形状以及被烧金属的熔融状态即是火场当时的温度记录和证明。在现场勘察时，常根据熔化金属的熔点分析火场燃烧时达到的最低温度。常见金属的熔点见表5-15。

表5-15　常见金属的熔点

名称	熔点/℃	名称	熔点/℃	名称	熔点/℃	名称	熔点/℃
钨	3380	镍	1453	铝	660	白铸铁	1130
钼	2625	钴	1492	镁	650	碳钢	1450～1500
钛	1677	锰	1244	锌	419	青铜	760～1064
铬	1903	铜	1083	铅	327	黄铜	865～950
钒	1910	金	1063	锡	232	铝合金	447～575
铁	1538	银	960	灰铸铁	1200	镁合金	590～635

根据金属熔点，依据不同种类金属熔化与未熔化或以同种金属在现场不同地点上熔化与未熔化的区别，判定出火场温度范围或局部受温最高的部位来。例如，在某火场地面发现放在电炉上面的铝盆全部熔化呈熔堆，而距电炉不远处地面上的几个同类型铝盆没有熔化只是外表变形，根据铝的熔点可以判定出放在电炉上的铝盆受到600℃以上高温，而同等条件下其他铝盆受到的温度大大低于其熔点，说明电炉上的铝盆可能是受到电炉加热熔化的，从而可判定出起火点在电炉处。

金属受热温度达到熔点时开始熔化，温度继续升高，作用时间增加时，其熔化面积扩大，长度变小，熔化程度变重；并且面向火源或火势蔓延方向一侧先被加热熔化，熔化程度重些，形成明显的受热面。一般金属形成熔化轻重程度和受热面与非受热面差别的规律与可燃物（木材）是基本一致的。因此，可参照判别可燃物被烧轻重程度和受热面的基本方法来确定起火部位和起火点。

建筑物中钢铁构件的外形变化在火场上也是常见的。钢铁构件熔点虽较高，一般火场达不到这个温度，但在火场温度作用下却易发生软化，力学性能变差，尤其在重力作用下会弯曲塌落，在拉力作用下会伸长变形，甚至拉断，并在断头处逐渐变细。例如，在火灾现场中发现只有一部钢架下弦一端靠近墙体部位有明显的弯曲变形（急弯）或截面发生变化（变细），另一端及其他钢架虽在其他部位也有不同程度变形痕迹，但与这一钢架相同部位没有形成与之相似的严重变形痕迹。这说明在这部钢架出现弯曲变形大的一端，首先被加热，超过危险温度时先失去强度，在其顶部屋面荷载作用下，首先塌落，而形成严重变形。另一端及其他钢架在火势蔓延的情况下，才被依次加热失去强度塌落，使其变形程度较前者轻得多。

此外，在现场还可能发现由于热膨胀变形的金属容器或管道。根据这些物体变形力而引起外部变形以分析作用力是来自物体内部还是物体的外部以及作用力的方向。

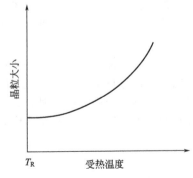

图5-12　变形金属受热温度
与晶粒大小的关系

5.2.8.5　组织结构变化

金属组织变化主要是指金属构件在火灾条件下其晶粒形状、大小和数量的变化，有时还会有某种成分的溶入或析出。金属的弹性、强度等性能变化都是由金属内部组织结构的变化引起的。

金属在不同的加温、保温和冷却条件下会形成不同的金相组织，因此通过已知的金相组织可以分析受热过程。根据火场上有关金属制品或有代表性位置的金属构件的金相组织变化，可以推断火场的燃烧温度、燃烧时间及冷却情况。

某些金属材料，如钢板、角钢、钢筋、钢丝以及铜铝导线等，都是由冷扎、冷拔加工制成的。由于冷拔加工，金属内部的晶粒形状由原先的等轴晶粒改变为向变形方向伸长的所谓纤维组织。在受热的条件下，由于原子扩散能力增大，变形金属发生再结晶过程，其显微组织发生显著变化，被拉长、破碎的晶粒转变为均匀、细小的等轴晶粒；同时，金属的强度和硬度明显降低而塑性和韧性大大提高。若温度继续升高或延长受热时间，则晶粒会明显长大，随后得到粗大晶粒的组织，使金属的机械性能显著降低。变形金属受热温度与晶粒大小的关系如图 5-12 所示。因此，根据金属受热后晶粒的大小，可以推断其在火灾中所受的温度和作用时间。铜铝导线的晶粒大小与受热温度的关系列于表 5-16。

表 5-16　铜铝导线在不同受热温度下的晶粒大小/μm

温度/℃		常温	200	300	400	500	600	700	800	900	1000
样品	铜导线	6	6	7	8	10	12	16	22	29	38
	铝导线	5	8	12	20	50	100	240			

5.2.9　短路痕迹

5.2.9.1　短路痕迹的形成及其表现形式

电气线路中的不同相或不同电位的两根或两根以上的导线不经负载直接接触称为短路。由于短路时的瞬间温度可达 2000℃以上，而常用的导线是铜线和铝线，铜的熔点为 1083℃，铝的熔点为 660℃，因此短路强烈的电弧高温作用可使铜、铝导线局部金属迅速熔融、气化，甚至造成导线金属熔滴的飞溅，从而产生短路熔化的痕迹。

由于短路电流的大小及作用时间的不同，因而短路溶痕的外观状态相当复杂，常见的有以下几种。

（1）短路熔珠　是指短路瞬间导线被熔断后留在熔断导线端头的圆珠状熔痕。实验表明，短路不一定都形成熔珠，尤其在短路熔断的两个导线头上同时形成熔珠的机会更少，较多的机会是一端有熔珠，而另一端只出现熔痕。短路熔珠的大小一般是线径的 1.5～2.5 倍。熔珠的状态也不尽一致，有的较大且凝结在导线端的正当中，有的则处于线端的一侧。

熔珠的形成和短路当时的电流、接触松紧、短路瞬间释放的热能等有关。一般来讲，短路瞬间释放的热能越多，形成的熔珠也就越大。但有时短路会因其产生的爆发力将熔化的金属四处喷溅，很难在导线端头形成规则整齐的圆珠熔痕。由此可见，只有在导线接触比较适宜的情况下，才能形成短路熔珠。观察短路电流表明，短路电流只有几十安时，很少出现熔珠。

（2）凹坑状熔痕　是指导线短路时，在线径上留下的熔坑。这种熔痕常出现在两根导线相对应的位置上。它是在两线并行或互相搭接接触的情况下形成的，但由于接触时间很短，所以一般不能使导线熔断，而只在短路点形成烧蚀坑。凹坑状熔痕的形状很不规则，大小也因短路当时的接触状况和电弧能量的不同而异。

（3）喷溅熔珠　是指导线在短路时，从短路点飞出的金属液滴在运动中冷却而形成的小圆珠状熔痕。这种熔珠，要有就不止一个，而是数个到数十个同时产生，可在短路点附近物体或地面上找到。有时在靠近短路点的导线上就粘有这种小熔珠，显然说明发生过严重的短路。

喷溅熔珠的大小与导线的直径和短路电流大小有关。铜导线的喷溅熔珠较小，而铝导线的较大。例如，$1mm^2$ 铜导线的喷溅熔珠直径小的 0.1mm 左右，大的也只有 1.7mm 左右；而 $1.5mm^2$ 铝导线的喷溅熔珠直径小的 1mm 左右，大的 4mm 左右；$6mm^2$ 铝导线的喷溅熔珠直径可达 8mm。由于铝在 700℃ 以上的高温下发生剧烈的氧化反应，同时放出大量的热，它在飞溅的途中与铜的飞溅熔珠相比不易冷却，因此喷溅的铝熔珠有更大的火灾危险性。

（4）尖状熔痕　是在导线接触很紧，短路电流很大，全线过热情况下形成的。当时，除短路点或某一薄弱处熔断外，由于电流的表面效应，熔断处附近导线的表面层熔化。在导线上留下尖细的非熔化芯而形成尖状熔痕。在火烧熔痕中，尖状熔痕也较常见。

5.2.9.2　不同熔痕的鉴别

（1）短路熔痕与火烧熔痕的鉴别　由于电弧温度高，短路时间短，作用点集中；而火烧温度相对较低，燃烧时间长，作用区域广泛，因此火烧熔痕与短路熔痕在外观表现、内部气孔及金相组织等方面都存在不同的特征。

① 表观区别

a. 电弧熔痕与本体界线清楚；火烧熔痕与本体有明显的过渡区。

b. 电弧烧蚀的金属没有退火现象；火烧过的金属有相当一部分退火变软。

c. 电弧烧蚀可使金属喷溅，形成比较规则的金属小熔珠或溅片；火烧过的金属不能形成喷溅，但可使金属熔融流淌。前者喷溅熔珠分布面广；后者熔珠粒大且垂直下落。

d. 电弧烧蚀的金属变形小，只在熔痕处发生变化；火烧金属变形范围大，可使多处变粗、变细，呈现不规则熔痕。铝线在火烧情况下还有干瘪现象。

e. 短路熔痕在另一根导线或另一导体上一定存在对应点；火烧熔痕则在另一根导线上不存在对应点。

f. 多股软线短路时，除了短路点处熔化成一个较大的熔珠外，熔珠附近的多股线仍然是分散的；火烧的多股线，往往多处出现多股熔化成块粘连的痕迹。

② 气孔区别。由于火烧熔化金属凝固较慢，有较长的结晶时间，内部气体来得及慢慢析出，因此火烧熔痕内没有明显气孔；而各种短路熔痕内部都有明显的大小不等类似蜂窝的气孔。

③ 金相区别。由于短路熔痕是在相当大的冷却速度下形成的，因此短路电弧形成的熔痕，生成以柱状晶粒为主的细小组织；火烧熔痕的冷却速度比较缓慢，所以火烧熔痕的组织是由等轴晶粒组成。如果短路发生在火灾中，其金相组织与火烧熔痕相似，但可从有无气孔进行区别。在金相照片上，可以看到上述气孔呈大小不等的黑斑。

（2）火灾前与火灾中短路熔痕的鉴别

① 气孔不同。火灾前与火灾中短路熔痕的气孔在数量、大小及内壁光滑程度上有所不同。

a. 火灾中短路熔痕的气孔比火灾前短路熔痕的气孔大而多。

b. 火灾中短路熔痕气孔内壁相当粗糙，呈鳞片状，有光亮斑点，有的有熔化后凝结形成的皱纹；火灾前短路熔痕气孔内壁不粗糙、呈细鳞状，基本没有光亮斑点与纹痕。

c. 火灾中短路熔痕内集中缩孔大而多；火灾前短路熔痕内基本无集中缩孔。

② 金相组织不同。火灾前与火灾中短路的熔痕，由于二者在凝固时的冷却条件相差很大，所以它们的金相组织也有一定的差别。火灾前短路形成的熔痕，由于外界温度低，过冷度大，因此火灾前短路熔痕的组织由细小的柱状晶粒组成。火灾过程中短路形成的熔痕，由于外界温度高，过冷度小，因此火灾中短路熔痕形成以等轴晶粒为主的组织，并且出现较多粗大晶界。

总之，有气孔、柱状晶粒，为火灾前短路。如果它继续在火灾中受一定时间的热作用，虽然也有晶粒长大现象，但是在晶界仍存柱状晶痕迹。有气孔、晶界粗大、以等轴晶粒为主，则是火灾中短路。

③ 短路痕迹数量不同。火烧带电导线，短路可能会连续发生，在导线多处留下短路痕

迹；火灾前短路一般只有一对短路点。

④ 表面烟熏不同。火烧短路熔痕的表面一般都被烟熏黑。光泽性不强。铝线火烧短路熔珠表面有少量的灰色氧化铝，熔珠的个别部位有塌瘪现象。火灾前的短路熔痕一般没有烟熏。

⑤ 气孔内表面元素含量不同。火灾前短路与火灾中短路熔痕气孔内表面的 C、N、Cu、Cl 含量有明显的不同。表 5-17 列出聚氯乙烯铜导线短路熔珠气孔内表面不同元素的含量。

表 5-17　聚氯乙烯铜导线短路熔珠气孔内表面成分含量/%

成　分		C	N	Cu	Cl
样品	火灾前短路	0.094	0.032	0.815	0.003
	火灾中短路	0.40	0.009	0.51	0.21

5.2.9.3　短路痕迹的证明作用

（1）证明起火原因　短路发生在起火前，短路点与起火点一致，则可能为短路引起火灾。

（2）证明蔓延路线　起火后某个房间的电线被烧短路，使用同一电源的其他房间没有发现短路痕迹，说明火灾先烧到有短路痕迹的房间。因为它短路引起保险动作，其他房间导线绝缘烧坏后已经没电，则不能产生短路痕迹。

（3）证明起火点　电路中总路控制分路，总闸控制分闸，分闸控制负荷，对应的保险装置也都有一定保护范围。总路、总闸断开，分路、分闸、负荷就没有电流通过；而分路、分闸、负荷断开，总路、总闸仍在通电。这一规律决定了带电的电路在火灾过程中，在一个回路或几个回路上按着一定顺序形成短路熔痕。其顺序是分路→总路，负荷侧→分闸与总闸→电源侧。因此，在火灾中短路熔痕形成的顺序与火势蔓延的顺序相同，起火点在最早形成的短路熔痕部位附近。

5.2.10　过负荷痕迹

5.2.10.1　导线在过负荷电流作用下的变化

导线截面与用电设备的功率不匹配，用电设备故障以及保险装置失效情况下的长时间短路等都可造成导线的过负荷。导线过负荷痕迹的形成主要与过负荷电流和通电时间有关。

常用单股绝缘导线通过 1.5 倍额定电流时，温度超过 100℃；通过 2 倍额定电流时，铜线温度超过 300℃，铝线温度超过 200℃；通过 3 倍额定电流时，铜线温度超过 800℃，铝线温度超过 600℃。塑料铜导线（型号 BV）在通过不同电流时的温度列于表 5-18。

表 5-18　塑料铜导线（型号 BV）在通过不同电流时的温度/℃

电流/A		1×le	1.5×le	2×le	2.5×le	3×le
截面/mm²	1	68	156	474	850	1019
	2.5	78	139	331	795	845
	4	68	115	304	626	888
	6	58	125	309	597	756

注：le 为额定电流。

单根敷设的用橡胶和棉织物包敷的绝缘导线，通过 1.5 倍额定电流时手感微热，绝缘层无变化；通过 2 倍额定电流时，棉织物中浸渍物熔化，冒白烟，电线绝缘皮干涸；通过 3 倍额定电流时，内层橡胶熔化，胶液从棉织物外层中渗出，并可使绝缘物着火。

单根敷设的聚氯乙烯绝缘导线，通过 1.5 倍额定电流时，外层发烫，绝缘层膨胀变软并与线芯松离，轻触即可滑动；通过 2 倍额定电流时，局部开始冒烟，有聚氯乙烯分解气体臭味，绝缘层起泡，熔软下垂。通过 3 倍额定电流时，聚氯乙烯熔融滴落，绝缘层严重破坏，线芯裸露。

铜、铝导线通过的电流分别大于 2 倍和 1.5 倍额定电流时，其金相组织发生变化。因此，可以通过导线金相组织变化判断其通过的电流大小。导线通过的电流增加到额定电流的 3 倍以上，线芯将发暗红，引起绝缘物起火，并且随时间的延长线芯熔断。根据不同条件，熔断时间从几分钟到几十分钟不等。若使导线瞬时熔断，通过的电流需为额定电流的 5～6 倍。

长时间短路将使全线过热，铜导线趋向熔化，而呈现间断结疤，疤与疤之间由粗变细，导线的大部分为黑色，少部分仍有铜的本色。铝线没有上述特征，因铝的机械强度不高，再加上熔点低，在这种大电流的作用下，很快被烧断。

5.2.10.2　导线过负荷的鉴定

起火点在导线通过的地方，该处电线没有接头和短路条件，或者沿导线形成条形起火点，说明是导线过负荷（含长时间短路）。为了验证是否过负荷，一方面可通过调查用电设备容量、起动台数和使用时间，设备或远端电线是否发生过短路以及所使用的熔丝（保险丝）规格、保护装置电流整定值等情况进行判断；另一方面可以通过过负荷与火烧电线的不同特征判断，主要有以下区别。

(1) 绝缘破坏不同　过负荷导线绝缘内焦、松弛、滴落，地面可能发现聚氯乙烯绝缘熔滴，橡胶绝缘内焦更为明显。外部火烧绝缘外焦，不易滴落，将线芯抱紧。二者的上述特征，可结合检验被怀疑过负荷且没被烧的区段进行。

(2) 线芯熔态不同　铜线严重过负荷可形成均匀分布大结疤，因其特征明显，容易鉴别。要注意火烧也可能造成结疤，但是火烧的导线结疤从大小和分布距离上都不会像内部通过大电流造成的结疤那样均匀。铝导线在电热或火烧情况下会产生"断节"，前者比后者的断节均匀且分布于全线，后者只可能产生于火烧的局部。

(3) 金相组织不同　导线受火灾加热和电流加热所发生的金相组织变化不同。由于火焰的不均匀性，整根导线不可能都受同样程度的火焰作用，因此火烧导线不同截面处的金相组织不同。过负荷电流的发热是沿着整根导线均匀产生的，因此将沿整根导线整个截面出现再结晶，全线各处截面金相组织状态是相同的。

5.2.10.3　电磁线过负荷的鉴定

电磁线由纯铜制成，表面涂以高绝缘强度的绝缘漆或缠纱线，主要用来绕制变压器、电动机、镇流器及各种仪器仪表中的线圈。电磁线过负荷最明显的痕迹特征是绝缘漆烧焦变黑，颜色由焦黄到深黑，漆层由酥松到崩落。

通过电磁线烧焦痕迹可以判断变压器或镇流器是内烧（各种形式的电流过大），还是被外部火烧。在鉴定镇流器或变压器时，如果在拆线过程中发现线圈从外层到内层，逐渐由发黑到正常鲜亮，而且没有短路痕迹，则说明这是外部火烧所致；反之，外层线圈完好，而内层线圈电磁线变黑，则说明一定是镇流器或变压器内部故障造成的。

5.2.11　其他痕迹与物证

5.2.11.1　灰烬

灰烬是可燃物在火灾作用下的固体残留物，它是由灰分、炭、残留的可燃物、可燃物的热分解产物等组成。灰分是可燃物完全燃烧后残存的不燃固体成分，是可燃物充分燃烧的结果，它由无机氧化物和盐组成。

火场上的灰烬，主要用于查明可燃物的种类。多数火场可燃物局部燃烧后，还会留有残存的未燃烧部分，只要仔细观察，不难查明是什么物质发生的燃烧。若是可燃物已全部燃烧，则需要对灰烬进行认真的观察、分析和鉴别，一般可从灰烬的颜色、形状特征方面分析判断燃烧的可燃物种类。

某些木材、布匹、书报、文件、人民币等在以阴燃的形式燃烧后，或者在气流扰动很小的情况下燃烧后，其遗留的灰烬只要没有改变原来存放的位置，不被风吹、水冲、人为翻动等破坏，表面仍然保留原来物质的纹络，有时纸上面的笔迹仍可辨认。木材燃烧可能遗留一些微小炭块；柴草燃烧留下轻而疏松的白灰；纸的灰烬薄而且有光泽，边缘打卷；布匹的灰烬厚而平整，可见原来的布纹。但一经扰动就不容易看清上述特征。

天然植物纤维（棉、麻、草、木）和人造纤维（黏胶纤维）燃烧的灰烬呈灰白色，松软细腻，质量轻。动物纤维（丝、绢、毛）的灰烬呈黑褐色有小球状灰粒，易碎有烧焦毛味。合成纤维的灰烬大都呈黑色或黑褐色，有小球或者结块，结块不规则，小球坚硬程度不等。

各种纤维燃烧参数及灰烬特征见表 5-19。

表 5-19　各种纤维的燃点、自燃点及灰烬特征

名　　称	燃点/℃	自燃点/℃	灰烬颜色和形状
木材	260	440	残留少量灰白色炭灰
棉	210	407	灰烬少,浅灰色,细软
麻			灰烬少,浅灰色或浅白色
羊毛	300	570	灰烬多,呈有光泽的黑色发脆颗粒或块状
丝	275	456	灰烬为黑褐色小球,用手指可捻碎
黏胶纤维	235	462	灰少,细软,呈浅灰或灰白色
醋酸纤维	475		灰烬为蓝色,呈有光锋块状,可用手指压碎
涤纶	390	485	浅褐色硬块,不易捻碎
锦纶	395	425	浅褐色硬块,不易捻碎
腈纶	355	465	蓝或黑色不规则块状、球状,脆而易碎
维纶		400	不规则黑褐色块状,可用手捻碎
丙纶	270	404	硬块,能捻碎
氯纶	390	550	不规则黑色硬块

5.2.11.2　摩擦痕迹

摩擦痕迹指的是物体间相互接触并相对运动而在物体表面上产生的划痕。在工业生产、交通运输等过程中，由于设备机械故障、车辆船只的撞击等各种摩擦，可以直接或间接地引起火灾。

（1）摩擦、撞击产生高温或火花的常见现象

① 机械转动部分，如轴承、搅拌机、提升机、通风机的机翼与壳体等摩擦产生过热。

② 高速度运动的机械设备内混入铁、石等物体时，由于机械运动中摩擦撞击达到很高温度。

③ 砂轮、研磨设备与铁器摩擦产生火花，与可燃物或其他物体摩擦也会生热或发生燃烧。

④ 铁器与坚硬的表面撞击产生火花。

⑤ 高压气体通过管道时，管道的铁锈因与气流一起流动，与管壁摩擦，变成高温粒子，成为可燃气体的起火源。

⑥ 碾压易燃、易爆危险品引起爆炸起火。

（2）摩擦痕迹的常见部位

摩擦痕迹一般在能够产生相对运动的两物体接触处寻找，常见部位如下。

① 轴与轴承之间、滚动轴承的支架上。

② 电机转子与定子之间，离心分离机的转子与外壳之间。

③ 泵、风机、汽轮机等机器的叶片与外壳。

④ 反应釜中的搅拌桨与釜内壁之间，搅拌桨"握手"与转动轴之间（"握手"为搅拌桨的根部与轴固定的环形部分）。

⑤ 压缩机活塞与汽缸壁之间。

⑥ 高压氧、氯气管道中转角、阀门、接头等变向、变径处。

⑦ 传动皮带与皮带轮，输送皮带与皮带轮、托辊之间。

⑧ 斗式提升料斗与机壳之间。

⑨ 梳棉机滚筒与机壳内壁及混入的包装铁丝、铁片等。

⑩ 车辆脱落油箱的底部、闸瓦与闸轮之间。

⑪ 生产子弹、炮弹的装药装置中的填实和压实机件与弹壳内壁之间等。

若发现划痕，则需认真观察判断是否是因摩擦产生的，以及其新旧程度；根据摩擦处机件色泽变化还可分析摩擦时的温度。

此外，通过摩擦痕迹还能说明是什么物体造成的，是什么力作用的结果，它与火灾发展蔓延有什么联系，从而对分析研究火灾发生、发展以及蔓延过程将会有一定帮助。

5.2.11.3　人体燃烧痕迹

燃烧作用于人体上所留下的痕迹称为人体燃烧痕迹。根据人体上燃烧痕迹所处的部位和特征可作两方面的分析判断：一是依据人体被烧的部位和程度，分析人体在火灾中的活动情况、起火形式、燃烧特征等；二是依据尸体特征判断是被烧致死还是死后被烧。

如果尸体裸露部位的皮肤均匀烧脱，说明是因接触液体燃料而着火，或者因为生产发生了某种故障，使他们手上、身上沾满了油，在火灾发生时，使皮肤整块地烧脱。

如果尸体上发现有树枝状烧痕，心脏、脑神经呈触电麻痹症状，随身金属物熔化或磁化，这很可能是雷击造成的。

如果发现尸体与他生前位置存在推力性位移，衣服部分被撕破剥离，尸体某一个方向上皮下充血，内脏器官破坏，说明是爆炸冲击波所致，这是发生了爆炸。

如果尸体衣服和表露的皮肤，烧着均匀，呼吸道污染，没有机械外力损伤，说明是被气体爆燃致死。一般固体火灾不能使尸体各部分烧着均匀。

如果尸体皮肤有水泡、红斑，喉头、支气管内附有烟灰、炭末，心脏及大血管内血中含有碳氧血红蛋白，内脏器官脂肪变性、坏死、出血等，说明是火烧致死。

如果尸体有致命伤，皮肤上不见水泡、红斑，烟灰、炭末仅附着于口、鼻部，心脏及大血管内血中不含碳氧血红蛋白，说明是死后被焚。

5.2.11.4　陶瓷制品在火灾中的变化

火场上常见的陶瓷制品主要有贴面砖、茶具、餐具、砖瓦等，其主要组成是氧化硅、三氧化二铝，并含少量其他碱土金属氧化物。陶瓷制品很耐高温，在火灾中一般不会发生化学变化，外形也不会改变，只可能发生炸裂和表面产生釉质或表面釉质流淌。

对于瓷器，如餐具、茶具、工艺品等，如果原有的釉质层发生流淌，说明温度至少950℃以上，根据釉质流淌的轻重，可以分析判断火灾蔓延途径。如果发生炸裂，一方面说明温度高，同时说明火势发展猛烈。

对于清水砖墙的青、红砖，房顶的泥瓦，如果在一定时间的950℃以上温度作用下，其表面产生一种类似釉质的壳面，表面光滑、起壳，有时呈流淌状。由于制砖所用黏土成分不同，这层釉壳呈褐色、褐绿色不等。温度高，作用时间长，青、红砖则会因过火体积收缩，颜色变深。被火烧的清水砖墙，在消防射水冷却的情况下，表面层炸裂，如果某一部分墙面炸裂层厚，说明这部分受高温作用时间长，可能是阴燃起火点。

5.2.11.5　计时记录痕迹

由于火灾造成计时记录仪器、仪表指针定格所显示的数据称为计时记录痕迹。计时痕迹表现为钟表被烧停摆或电钟、电表由于电路故障造成的停止，根据这一痕迹可以大致推断起火时间。

如果在一个火场内有多只钟表停摆的话，可根据停摆指示的时间上的先后顺序来分析火势蔓延的方向，一般规律是越靠近起火点的钟表越先停摆。

在自动化程度较高的生产企业，计时记录痕迹还可由工艺生产过程控制记录和各种技术参数反映出来。例如，化工厂某个反应器发生爆炸事故，控制室有关仪表记录下来的这个反应器温度或压力突变时的时刻，就可用于确定爆炸发生时间。

5.3　事故原因与过程分析

5.3.1　概述

在事故调查过程中，调查人员自始至终要对事故的发生原因和发生过程进行分析、研究和逻辑推理工作，这项工作是指对事故发生过程中的各种情况、现场事实和与此有关的环境、条件、情况等进行因果关系的分析研究，为进一步指明现场勘察的方向、最终确定事故原因作出正确的结论。

5.3.1.1　分析的种类与内容

按照内容层次区分，事故调查分析可分为随时分析、阶段分析和结论分析 3 类。

随时分析是在调查过程中对现场访问和勘察获得的情况和事实，随时进行其内在联系的分析研究，包括现场痕迹特征与事故发生发展的联系，言证物证的作用与条件等。

阶段分析是在现场勘察进行到一定程度，根据勘验和调查访问的材料，为分析确定事故性质和特征，纠正勘察中的偏向与错误，重新确定勘察的重点和方向，而进行的分析工作。

结论分析是在调查访问和勘察完成后，最后对事故进行综合分析，它包括分析确定起火时间、起火部位、起火点和起火原因。进行结论分析时，现场指挥官要组织全体勘察人员和聘请有关技术人员，分析讨论事故现场情况，汇总集中勘察、调查访问以及物证鉴定的所有材料，采取从个别到整体，由现象至本质的方式对材料进行分析、推理，以便对事故事实形成全面正确的认识。

5.3.1.2　分析的基本方法

通过事故现场勘察和调查访问，获得的大量与事故有关的材料是分析事故情况、恢复事件真相的物质基础。然而要由此得出调查结论，必须对材料进行分析研究。在实际工作中，常用的分析方法有剩余法、归纳法和演绎法。正确使用这些方法，是做好调查工作的关键。

（1）剩余法　在逻辑上，剩余法亦称排除法是判明事件因果关系的方法之一。已知某一复杂现象是由某一复杂原因引起的，若除去两者之间已被确认有因果联系的部分后，其余部分也互为因果关系。

在运用此法进行火灾现场分析时，常根据客观存在的可能性，先提出几种假设，然后逐个审查；利用所掌握的证据，逐一进行排除，剩下的一个为不可推翻的假设，即是所要寻找的结论。对于火灾原因分析，这种分析推理成功的关键在于必须将真正的起火原因选入假设之中。为此，要考虑到各种可能的因素及其相互之间的关系。若两种因素可以独立造成火灾则它们之间为"或"的关系，否定一个则另一个成立；若两种因素必须结合在一起才能造成火灾，则它们之间为"与"的关系，若否定一个则另一个也不成立。

（2）归纳法　归纳法是以"归纳推理"为主要内容的科学研究方法。它是由个别过渡到一般的推理。在推理中，对某个问题有关的各个方面情况，逐一加以分析研究，审查它们是否都指向同一问题，从而得出一个无可辩驳的结论。例如在分析某场火灾性质时，从起火时间、起火地点、起火物质、起火特征以及烧毁的对象来分析，都说明是故意纵火行为，则可作出是纵火的火灾性质的判断。

（3）演绎法　演绎法是由一般原理推得个别结论的推理方法。例如某场火灾被认为自燃的可能性较大，为了证实这一假设，根据物质自燃的一般规律，采取演绎法就要沿纵向逐步地审查下列情况：起火点是否存在自燃性物质；起火前是否存在有利于自燃的客观条件；现场的物质燃烧痕迹是否符合自燃的特征等。当这一系列情况逐一得到证实后，就能最后认定这场火灾确实是自燃引起的。

上述方法既可单独又可综合加以运用，既可在随时分析中用，又可在结论分析中用。然而，这些方法运用的客观基础是事物之间的内在联系，辩证唯物主义观点的正确运用是正确分析认识问题的前提。只有如此才能有效地运用这些方法分析火灾调查中的问题，并得出符合客观实际的判断。

5.3.1.3　分析基本要求

（1）从实际出发，尊重客观事实　火灾现场上存在的客观事实是火灾调查分析的物质基础和条件。因此，在分析之前要全面了解现场情况，详细掌握现场材料。

进行分析时，应注意把现场勘察和调查访问得来的材料，分类排队、比较鉴别、去伪存真；要尊重客观事实，切忌主观臆造，搞假材料、假证据。因为假材料、假证据往往给火灾调查工作带来困难，甚至得出错误的火灾结论。

火灾现场上的假材料、假证据除了来自纵火者的伪造，当事人或者其他有关人的虚假片面的陈述外，还有来自现场勘察人员本身的工作失误。当现场材料来源不清、事实不准或者占有得太少，就不要急于作出肯定或否定的结论，可以再次深入调查勘验待补充后进行综合分析，最后得出结论。

（2）既要重视现象，又要抓住本质　能够说明火灾发生、发展和起火原因的有关内容是火灾的本质问题。火灾现场上各种现象的表现形态千差万别、错综复杂，不一定哪一个个别现象、哪一个细小痕迹就能反映火灾的本质问题。因此，在分析现场时要重视每一个现象，即使是点滴的情况和细小的痕迹物证都应认真地分析研究，并且把它们联系起来研究其与火灾本质之间的关系。例如，在现场一般依据下面两点认定起火点：一是此点燃烧破坏严重；二是有向四周蔓延痕迹。其中第二点是起火点的本质特征，第一点就不是本质特征。第一点的实质内容是起火点较其他地方燃烧的时间长。当现场的燃烧物分布比较均匀、燃烧条件基本相同或者起火点可燃物分布多、燃烧条件好时，起火点处才燃烧严重，而其他火场却未必如此。因此，只有抓住本质问题，才能正确地分析火灾现场的各种情况。

（3）既要把握火场的共性，又要分析具体问题　火灾同其他自然现象一样，都有其共同的规律和特点。火灾调查人员应善于掌握这些规律和特点，以指导一般的火灾调查工作。

然而不同类型的火灾其发生、发展过程不同，即使同类型火灾，在具体形成过程中也存在着差异。在火灾调查的实际工作中，要抓住火灾形成的不同特点，结合火灾当时的具体情况和条件，进行分析研究。研究火灾现场痕迹物证及其产生、存在的依据和条件。在抓住普遍规律的基础上，要重点找出其特殊性，并分析研究某些特殊现象与火灾的本质联系。

（4）抓住重点，兼顾其他　在调查过程中，要学会从大量的材料中抓住问题的关键和找出待解决的主要矛盾，并且学会兼顾其他。在开始分析火灾原因时，不能把思维仅局限于一种可能性，从而造成判断僵化；要放开视野，留有两种或者两种以上的可能性。既要分析可能性大的因素，又要兼顾可能性小的因素。把可能性大的因素暂先定为重点，进行重点分析。一旦发现重点不准时，就要灵活而又不失时机地改变调查方向。分析中要防止不抓主要矛盾，面面俱到；又要防止只抓重点，忽略一般。

5.3.2　事故性质和特征的分析与认定

事故调查工作往往是依次渐进、逐步深入的过程。在调查的初期，尤其是经过初步现场勘察后，先要分析所查现场的事故性质和特征，这有助于缩小下一步事故调查的范围和明确调查的主要方向。

5.3.2.1　事故性质

根据现场特点，事故性质分为纵火、失火和自然起火。

（1）纵火的分析与认定　纵火火灾现场具有许多不同于失火和自然起火现场的特征。例如，起火点的数量、位置，外来的引火物，财物的缺少，门窗的破坏，阻碍逃生和扑救的迹象，或者火场中的尸体，周围群众的反映等都可作为确定纵火的依据。

（2）自然起火的分析与认定　自然起火包括自燃、雷击起火以及其他由于自然力引起的火灾。

例如，自燃火灾可依据如下几点进行分析与认定。

① 起火点处存在自燃性物质。

② 起火前具备自燃的客观条件。

③ 火场具有自燃起火的特征。

自燃性物质种类多，不同的物质发生自燃的条件和形成的特征也有所不同。

（3）失火的分析与认定　除了纵火和自然起火以外的火灾性质为失火。分析认定时，一般是利用剩余法来确定。当排除纵火和自然起火的可能性后，火灾的性质就属于失火。纵火和自然起火的火场特征性强、比较容易识别，且发生的次数相对少，因此分析火灾性质时宜先从纵火和自然起火入手。

上述火灾性质的分类与火灾责任性质的分类是不尽相同的，它仅是为了便于查明火灾原因采用的分类方法。例如，由自燃引起火灾，从其起火燃烧原理和过程看属于自然火灾。但是，火灾责任性质就不完全能归为自然火灾。若某起自燃火灾是由于知识和技术水平的限制，管理部门或个人不了解这类物品的自燃危险性，则其责任应属于自然原因的范围。若管理部门或个人明知这类物品的自燃危险性，因存有侥幸心理、麻痹大意，没有采取相应的防火措施而造成的自然火灾，应属于失火。

在实际工作中，常会遇到纵火者利用自然火灾的某些特征来制造假象的现场。因此，要注意发现和搜集具有不同特征各种痕迹物证，并配合细致的调查访问，在掌握一定的可靠材料的基础上进行火灾性质的分析，才能得出正确的结论。

5.3.2.2　起火特征

所谓起火特征是指火源与可燃物接触后至起火时，或者自燃性物质从发热至出现明火时的这一段时间内的燃烧特点。不同的可燃物质，或者不同的火源作用，有不同的起火特征。按形式分类主要有三种不同的起火特征。

（1）阴燃起火　一般情况下，阴燃从可燃物接触火源始至出现火苗止，要经历一段时间，如几十分钟至几小时，甚至十几小时，阴燃起火在现场会留下以下明显的特征。

① 明显的燃烧烟熏痕迹。

② 以起火点为中心的炭化区，此区因燃烧物和环境条件的不同，大小深浅会不同，但明显可见。

③ 阴燃期间，有白气、浓烟冒出，并产生异味。

阴燃常在如下的情况中发生。

① 可燃物受弱小火源的缓慢引燃，如燃着的烟头、火星、热煤渣、炉火烘烤等。

② 不易引发明火燃烧的物质受热作用，如锯末、胶末、成捆的棉麻及其制品等。

③ 自燃性物质处于良好的自燃条件下，如植物产品、油布、油棉丝等处于闷热环境中。

（2）明火引燃　可燃物在明火作用下迅速燃烧的一种起火形式，其特征是：现场的烟熏程度轻；物质烧得较均匀；起火点处炭化区小，甚至难辨认；燃烧蔓延迹象较明显。

这种起火形式的火灾应从蔓延迹象来寻找起火点，从小孩玩火、用火不慎、电气线路故障、纵火等方面去追查火灾原因。

（3）爆炸起火　这是由于爆炸性物质爆炸、爆燃或设备爆炸释放的热能引燃周围可燃物或设备内容物形成火灾的一种起火形式，其特征是：来势迅猛；破坏力强；人员伤亡多；设备和建筑物常被摧毁；形成比较明显的爆炸或火场中心。

5.3.3　起火时间和起火点的分析与认定

准确地分析和认定起火时间和起火点是分析事故原因的重要条件。

起火时间是指起火点处可燃物被引火源点燃而开始持续燃烧的时间，在火灾调查中一般应首先进行分析。造成火灾的原因必须在火灾发生之前的时间范围里寻找。因此，分析与认定起火时间有利于查清引发火灾的各种条件和火灾发生必然存在的因果关系；缩小调查的范围，圈定和划出与火灾发生发展有关的人和物；分析有关人员的活动范围和内容、有关设备运行的状况及其各种现象，能衡量出起火点处火源作用于起火物的可能性大小等。起火时间的确定是查清火灾原因的关键之一，它是不可忽略的依据。

起火点是最先开始起火的地方。在火灾调查过程中，起火点认定的准确与否直接影响火灾原因的正确认定。起火点不仅限定了火灾现场中最先起火的部位，而且限定了与发生火灾有直接关联的起火源和起火物及其有关的范围。因此，勘察与搜集起火源和起火物的证据及其他客观因素，分析研究起火原因，必须从起火点入手。

5.3.3.1　起火时间

起火时间主要根据现场访问获得的材料以及现场上发现的能够证明起火时间的各种痕迹、物证来判断。具体的分析与判断可以从如下诸方面进行。

（1）根据发现人、报警人、接警人、当事人和周围群众反映的情况确定起火时间　起火时间通常是根据如下时间来确定：最先发现起火的人、报警人、当事人、扑救人员提供的时间；公安消防、企业消防及单位保卫部门接警时间；最先赶赴火灾现场的公安消防、企业消防队及有关人员到达时间；火场周围群众发现火灾的时间及其反映的当时的火势情况来分析判断。若上述人员因情况紧急忽略记下当时的时间，应注意以他们日常活动或其他有关现象和情节中的时间为参考时间来推算。

（2）根据相关事物的反应确定起火时间　若事故的发生与某些相关事物的变化有关，则事故发生后这些事物也会发生相应的变化。通过了解有关人员，查阅有关生产记录，根据事故前后某些事物的变化特征来判定起火时间。例如，某化工厂反应器发生爆炸，可以根据控制室有关仪表记录的此反应器温度或压力的突变来推算；亦可从电、水、气的送与停的时间来推算。若火灾与照明线路的短路有关，可从发现照明灯熄灭的时间、电视机的停电或电钟、仪表的停止的时间来判断起火时间。

（3）根据建筑类型和火灾发展程度确定起火时间　不同类型的建筑物起火，经过发展、猛烈、倒塌、衰减到熄灭的全过程是不同的。根据实验，木屋火灾的持续时间，在风力不大于 0.3m/s 时，从起火到倒塌大约 13～24min。其中从起火到火势发展至猛烈阶段所需时间为 4～14min，由猛烈至倒塌为 6～9min。砖木结构的建筑火灾的全过程所需时间要比木质建筑火灾的长；不燃结构的建筑火灾全过程的时间则更长。根据不燃结构室内的可燃物品的数量及分布不同，从起火到其猛烈阶段需 15～20min 左右，若倒塌则需更长的时间。普通钢筋混凝土楼板从建筑全面燃烧时起约在 2h 后塌落；预应力钢筋混凝土楼板约在 45min 后塌落；钢屋架则不如木屋架，约在 15min 后塌落。

（4）根据建筑构件耐火极限及其烧损程度确定起火时间　不同的建筑构件有不同的耐火极限，当超过此极限时，便会失去支撑力，发生穿透裂缝，或背火面温度达到或超过220℃，而失去机械强度和阻挡火灾蔓延的作用。例如，普通砖墙（厚 12cm）、板条抹灰墙的耐火极限分别为 2.5h 和 0.7h；无保护层钢柱、石膏板贴面（厚 1.0cm）的实心木柱（截面 30×30cm²）的耐火极限分别为 0.25h 和 0.75h；板条抹灰的木楼板、钢筋混凝土楼板的耐火极限分别为 0.25h 和 1.5h。

（5）根据物质燃烧速度确定起火时间　不同的物质燃烧速度不相同，同一种物质燃烧时的条件不同其燃烧速度也不同。根据不同物质燃烧速度推算出其燃烧时间，可进一步推算出起火时间。

汽油、柴油等可燃液体储罐火灾，在考虑了扑救时射入罐内水的体积的同时，通过可燃液体的燃烧速度和罐内烧掉的深度可推算出燃烧时间。其他物质火灾的起火时间也可采用此法推算。常用物质的燃烧速度见表 5-20。

表 5-20　常用物质的燃烧速度

燃烧物质及条件	燃烧速度 /(mm/min)	燃烧物质及条件	燃烧速度 /(mm/min)
红松,径向	0.65	煤油,向下	1.10
硬木,径向	0.5	棉花粉尘,水平	100
锯末,水平	0.9	香烟,水平	3
汽油,向下	1.75	管中电线橡胶绝缘,水平,填充率20%	22.2

建筑火灾中，室内装饰材料的着火时间和燃烧速度可用于推测起火时间。根据实验，在天棚高 3m 的室内一角放置标准热源（50×50×350mm³ 木条 78 根，置放在角铁支架上共13 层，从底部点燃），室内装饰材料被引燃时间和着火后火焰达到天棚的时间见表 5-21。

表 5-21　室内装饰材料燃烧时间实验数据

室内装饰材料	厚/mm	着火时间/s	着火后达到天棚的时间/s
涂有亮清漆的胶合板	5	392	16
软木板	13	225	29
涂有亮漆的软木板	13	120	30
涂有亮漆的硬木板	5	210	77
硬木板	5	423	103
粗纸板	10	380	135
涂发泡防火涂料的硬木板	5	607	165
经防火处理的胶合板	5	465	中途熄火
涂发泡防火涂料的软木板	13	1260	中途熄火

在实际火场上，物质燃烧的条件可能与上述的实验条件不同，其燃烧速度也因此有所不同。因而，应注意在推算起火时间时不能仅用现成的数据，还要考虑到现场的其他影响因素。例如，电线管中填充率为 20% 的电线水平燃烧速度为 0.37mm/s，若其内部含沉着物不同时，其燃烧速度会有变化。当有锯末时为 0.66mm/s，有变压器油时为 1.33mm/s，有棉花时为 100mm/s。此外，电线填充率变化时其燃烧速度也会变化。因此在必要时，应根据

火灾现场的情况进行模拟试验，测定某些物质的燃烧速度，以便更准确地推算起火时间。

（6）根据通电时间判定起火时间　由电热器具引起的火灾，其起火时间可通过通电时间、电热器种类、被烤着物种类来分析判定。例如电熨斗引燃松木桌面导致的火灾，可根据松木的自燃点和电熨斗的通电时间与温度的关系推测起火时间。

（7）根据起火物所受辐射热强度推算起火时间　由热辐射引起的火灾，可根据热源的温度，热源与可燃物的距离，计算被引燃物所受的辐射热强度来推算引燃的时间。在无风条件下，一般干燥木材在热辐射作用下起火时间与辐射热强度的关系为：$4.6\sim10.5kJ/(m^2 \cdot s)$ 时 12min；$10.5\sim12.8kJ/(m^2 \cdot s)$ 时 8min；$15.1\sim24.4kJ/(m^2 \cdot s)$ 时 4min。

（8）根据中心现场尸体死亡时间判定起火时间　根据死者到达事故现场的时间，进行某些工作或活动的时间，所戴手表停摆的时间，或其胃容物消化程度判定起火时间。

准确的起火时间是认定火灾原因的一个有力依据。为了保证起火时间分析与认定的准确性必须要注意以下几点。

① 全面分析，相互印证。尤其要善于将起火时间与起火源、起火物及现场的燃烧条件综合起来加以分析，而不能把起火时间孤立起来，要防止片面性。

② 起火时间的可靠性。对提供起火时间的人，要了解其是否与火灾的责任有直接关系，不能轻信为掩盖或推脱责任而编造的起火时间。

③ 起火时间的正确性。作为认定火灾原因依据的起火时间必须符合客观实际，在无确凿的证据时，起火时间不能作为认定火灾原因的依据。

5.3.3.2　起火点

起火点是火灾发生和发展蔓延的初始场所。在火灾现场中，起火点可能为一个部位，也可能有两个或更多个有限部位。对特定火场来说，起火点的范围是一定的，然而往往又是不很明显的。因为起火点常会受到一些因素的影响而变得比较隐蔽，尤其是一些起火时间不明、火烧面积大、破坏程度比较严重、现场结构比较复杂的现场。因此，认定起火点之前，必须对火灾现场进行全面的、认真细致的勘察和调查访问；同时还要考虑各种客观条件的影响，分析研究各种燃烧痕迹的特征和形成的条件及原因，才能准确地认定起火点。

在调查的实际工作中，常用于认定起火点或起火部位的依据主要有如下几种。

（1）目击者证言　事故初起时有目击者，最先发现起火的人能够相当准确地指出起火点或起火部位所在的具体位置。发现火灾时火势已经较大，此时最先发现人、报警人或最先到场扑救的人提供的关于火势最强的部位、蔓延的方向以及扑救过程的证言，也有利于起火点的认定。

对于火灾当事人或受害者的证言，可以了解其在火灾现场的确切位置和行为表现，为分析与认定起火点提供重要的参考。此外，分析从火场逃生出来的人员提供的情况，例如何处见何种烟火、何方的热辐射强、何处往下落火等，有助于分析起火点可能位于火场的方位。

值得注意的是，调查访问取得的线索并非都能证明起火点的真相。因为除了会存在证人故意隐瞒事实而作伪证以外，还由于主客观因素的影响，证人原本是为揭示事实真相，但其陈述却可能出现不完全符合实际情况的现象。因此，任何提供的线索或证言都需要经过多方验证，才可作为认定起火点的依据。

（2）起火时的燃烧现象　火灾初起时的烟雾流动方向、火焰及烟雾的颜色和气味、燃烧物发出的声响等现象可作为认定起火部位的重要依据。

火场上烟雾是由浓密处向稀疏处扩散或流动的，烟雾的浓密指示着尚在燃烧的部位。一般的情况下，明火冒出前的烟雾浓密处可指示起火点；有风时则起火点与烟雾浓密位置有一定的位差，此时要考虑风向、风力的影响。

不同的物质燃烧时可能产生颜色、气味差别较大的火焰和烟雾，甚至燃烧时发出不同的声响。根据这些特征可判明最初燃烧的物质，进而通过查明这些物质原存放的位置而认定起火点或起火部位。

火焰的色泽和亮度随着其温度升高而由暗变亮，由红变白。若火场上可燃物分布均匀，起火部位由于先燃烧，可能先达到较高的温度，故根据火场火焰颜色和亮度（辐射强度）可判断何处为先燃烧的部位。

（3）确认的起火源位置　起火源通常是由发热设备或发热物体证明其存在。证明火源的物体一般是炉具、灯具、电器、高温物体、火种（烟头、火柴、爆竹残壳、电气焊熔渣等）、植物堆垛内的炭化块、化学危险品烧剩下的包装物、带有自然火源（如雷击）造成痕迹的物体等。

尚未成灾或烧毁不太严重的火场，留有的较完整的发热或发火物体，或在烧毁比较严重的火场上发现的发热或发火物体的残体、碎片或灰烬，其在现场上的位置或在起火前的位置，一般来说就是起火点。例如，火场勘察时发现忘关电源的电熨斗处于被烧塌的工作台中，或在家具下面找到电炉的残体等，若能证明惟一的火源就是上述的电熨斗或电炉，则其所在的位置应是起火点。

利用起火源位置认定起火点，必须确认了证明起火源的物体在起火后没有被人为地移动，否则将失去这种认定作用。

（4）烟熏痕迹的形状及位置　一般情况下，起火初期温度较低，可燃物燃烧时发烟量较大，故靠近起火点的墙壁和物体上的烟熏痕迹重于其他部位。同时由于烟气流主要向上运动，所以在其附着的物体上还呈现一定的形状。利用烟熏痕迹形状与位置认定起火点或部位的主要实例如下。

① 电缆沟、下水道内烃类易燃液体蒸气爆炸和燃烧，能通过其内壁烟痕位置来证明。

② 内装烃类气体容器内壁的烟痕和积炭证明爆炸或燃烧点是在容器内部。

③ 首先起火的房间门窗口的外侧上部墙壁的烟熏痕迹重于其他房间的窗门口。

④ 室内吊顶上墙壁和构件有较重的烟熏痕迹，而吊顶下面的墙壁烟熏痕迹较轻，则起火点可能在吊顶的上部；室内墙壁上的"V"形烟熏痕迹，此"V"形的下部很可能指示起火点等。

（5）木质材料或物品烧毁状态及程度　可燃物起火后产生的热向周围传播，引起周围的可燃物燃烧，促使火灾发展蔓延。一般情况下距起火点近的可燃物先燃烧，距起火点远的可燃物后燃烧。先燃烧的可燃物燃烧时间长于后燃烧的可燃物，炭化甚至灰化程度重于后燃烧的可燃物。因此，炭化痕迹的轻重程度反映出燃烧的先后和火势蔓延的顺序，炭化越重的部位越接近起火点，从而为起火点的认定提供依据。

在起火部位的木质材料或物品，由于燃烧先后顺序不同，往往留下不同的燃烧痕迹，形成灰化→炭化→残留未燃部分的痕迹顺序。灰往往是最先燃烧后留下痕迹，灰化痕迹区可能就是起火点所在部位。

火向四周蔓延，通常面向起火点的可燃物一侧炭化程度重，背向起火点一侧炭化程度轻；距起火点近的可燃物炭化程度重于距起火点远的可燃物炭化程度。因此，炭化最重的部位往往就是起火点。

同一个物体，总是朝向火源的一面比背向火源的一面烧得严重。因此，也可根据火场物质烧毁的不同程度及燃烧蔓延痕迹来分析认定起火部位和起火点。

由于火焰和热气流向上升腾，在垂直表面上如有"V"形的炭化痕迹，则"V"形的下端同样也能指示起火点所在的部位。在电弧引起的火灾现场上，附近木质等材料上电弧作用点一般会发生严重炭化导致的石墨化或坑也能认定起火点。

（6）建筑物的倒塌形式　建筑的可燃构件一般是倒向先受火作用的一面，不同类型的建筑和不同的起火点位置造成不同的倒塌。木结构建筑物的倒塌可以利用如下三种形式来认定起火点或起火部位。

① 当建筑物的一边首先被烧毁，受其支撑的物体则向受火侧倒塌，构成房架的木料呈一个压一个地倒下去，形成"一面倒"的形式。该形式的屋架倒落方向指向起火部位。

② 被烧建筑物房顶的檩条和其他材料从两边倾向中间起支撑作用的间壁倒塌，呈"两头挤"的形式，可判定起火点在间壁附近。

③ 以火场上的支柱为中心，受其支撑的物体从四面向被烧支柱倒塌，呈"旋涡"形式，则旋涡中央为起火点所有地段。

值得注意的是，由于建筑结构关系，各部分构件耐火极限不同，内部可燃物数量和品种分布不太均匀等，或者由于灭火射水的影响，有时会造成倒塌形式的反常。在利用建筑倒塌形式分析认定起火点部位时，必须考虑上述因素的影响。

（7）室内物品倾倒方向或塌落次序　被烧毁的桌、椅等家具，由于一面腿先被烧断而倾倒，倾倒方向指向起火部位。完全被烧毁的家具而无法辨识其方向时，原家具上摆设的不燃物品，如瓷器、金属工艺品等的被抛出方向也指向起火部位。

分析塌落堆积物各层次内容，确定被烧物件塌落的先后次序能为起火点处于哪个部位提供依据。楼板被烧塌，楼上的物件会掉到楼下，如果塌落物的底层是楼下房间物品的残体或灰烬，说明楼下先起火，起火部位在楼下。如果最底层是楼板残体，中层是楼上物品的灰烬，最上层是楼下烧余的物品，说明火来自楼上，起火部位应在楼上。

起火部位地面上，塌落层底层的天棚材料烧得重，而地板烧得轻，可认定火先来自天棚上。

（8）现场尸体的位置和姿态及被烧伤者烧伤部位　人具有惧火的心理，见起火后，在不能自救的情况下，一般背火而逃，特别是向通道奔命。如果现场上尸体所在位置和姿态能表明其生前逃离的方向，则可用来指明起火部位所在方位。

对于爆炸现场，在场人艰难逃离现场，根据尸体的位置及爆炸前所处地点，可分析确定被爆炸冲击波推移的方向，从而认定爆炸中心。

根据火灾当事人或起火时的受害者被烧伤的部位和起火前他们所处位置与朝向，也可分析判定起火点或起火部位。

（9）起火时现场的风向和风力　火灾由起火点开始逐步发展形成后，其现场形状与风有很大关系。当起火现场地势平坦，为大面积的简易房区或森林，在没有大的风力作用下，燃烧是由起火点，向四周蔓延，最后形成一个圆形火场。在这种火场上，起火点应在火场中部。

在强风的情况下，火势顺风向蔓延。最终火场呈一角度大致为60°的扇形。此时，起火点应在上风向的夹角内。

在弱风的情况下，上风的燃烧区是圆形，下风区近于尖形，起火点应在上风的圆形区内。

根据某些火场灰烬特征初步认定的起火部位或起火点，都需要通过各方面的事实进行综合分析，进一步加以核实。当然能够在初步确定的起火部位发现发热、发火物体或其他典型的起火痕迹，并有足够的证据和理论说明火灾是由此发火体引起的，那么该位置即是起火点，这是认定起火点最有力的方法。然而，一般情况下起火点所在部位，由于受火作用时间较长，可燃物虽然被烧或破坏程度比较严重，但是因受气象、扑救、建筑构件性能、物资储存方式等客观条件的影响，其燃烧破坏的程度并非是火场上最严重的地方。此外，纵火、电气故障或火星飞落到可燃物上引起的火灾，往往是在火场中的几个部位同时起火。所以对起火点认定中的某些特殊情况，不要简单地加以肯定或否定，必须从各方面进行分析研究。将初步确定的起火部位与周围存在的痕迹等情况进行对比，用不同的方法，从不同的侧面，进行验证，从而使起火部位或起火点得以确切的认定。

对现场烧毁的所有部位要用相同或类似的物体进行比较，找出烧毁状况的特异现象，发现其形成的原因。不论烧得严重的部分，还是烧得特殊的部分，如果在相关的局部上找不到其烧毁状况与其他部分之间的联系，就不能根据它的烧毁状况来判定起火点，因为它与火灾蔓延的关系不大。

每次火灾的发展蔓延都有方向性，这个方向性可从可燃物的燃烧程度、燃烧后状态来判断。然而这种表示方向性的痕迹也会随着燃烧猛烈程度的加深和持续时间的延长而加深与扩大，最终会因燃烧把这些方向性痕迹全部毁灭掉。对于可燃物被烧得面目全非、蔓延方向难以确定的火场，要注意从建筑构件、室内可燃家具上面不燃物品的倒塌和滑落的方向，以及烟熏部位和轮廓等方面确定起火部位。

在上述特征也不明显的情况下，就要从不燃性物体被烧程度和状况特点来分析火灾过程。金属在火场上不易燃尽，且它们熔点有差异，利用这个特性可分析判断火场温度和蔓延途径。根据火场不同部位的金属、玻璃、陶瓷的熔痕或熔化状态，分析火场上不同部位的温度分布而判断火势蔓延方向，从而确定起火部位。对于某些破坏特别严重的火场，可能金属熔痕也难存在，则应注意分析火场上残留灰烬和塌落堆层的层次，以便为确定起火点的大致部位提供线索。

5.3.4　起火原因的分析与认定

起火原因分析与认定是事故调查的最后一个步骤，一般是在现场勘察、调查访问、物证分析鉴定和模拟试验等一系列工作的基础上，依据证据，对能够证明火灾起因的因素和条件进行科学地分析与推理，进而确定起火原因。

5.3.4.1　起火原因认定的依据

调查人员在认定起火原因之前，应全面了解现场情况，详细掌握现场材料。在认定起火原因时，要把现场勘察、调查访问获得的材料，进行分类排队、比较鉴别、去伪存真，对材料来源不实或者材料本身似是而非的，要重新勘察现场，切忌主观臆断。

在调查过程中，证据是认定起火原因、查清火灾的因果关系、明确和处理火灾责任者的依据。起火原因的认定通常是在确认了起火点、起火源、起火物、起火时间、起火特征和引发火灾的其他客观因素与条件的前提下进行的。这些火场事实一般是逐步得到查清的，已被证实的事实可作为查清因果事实的依据。它们的依据应是相辅相成又相互制约的，舍弃或忽略其中的某一个，都可能作出错误的起火原因的认定。

起火点认定得准确与否，直接影响起火原因的正确认定。因为起火点为分析研究火灾原因限定了与发生火灾有直接关联的起火源和起火物，无论搜集这些证据，还是分析研究起火原因，都必须从起火点着手。实践证明，起火点是认定起火原因的出发点和立足点，及时和准确地判定起火点是尽快查清起火原因的重要基础。

在以起火点为起火原因分析与认定的依据时，应注意：起火点必须可靠，有充分的证据作保证；起火点与起火源必须保持一致性，要相互验证。

查清起火源和分析其与起火物及有关的客观因素之间的关系，是认定起火原因的重要保证。只有准确地找出起火源，才能为起火原因的认定提供有力的证据。

作为起火源的证据可分为两种：一种是能证明起火源的直接证据；另一种是与起火源有关的间接证据。所谓直接证据是起火源中的发火物或容纳发火物的器具的残留物，如火炉、电炉、打火机、电气焊工具、电熨斗、电烙铁、铜导线短路熔痕等。所谓间接证据是指能证实某种过程或行为的结果能产生起火源的证据，如在静电、自燃、吸烟等火灾中的物体的电导率、生产操作工艺过程、静电放电条件、空气中可燃气体的浓度、场所的环境温度、空气的相对湿度、物质的储存方式、物质成分与性质、吸烟的时间与地点、吸烟者的习惯等。

确定起火源时，应遵循以下原则：围绕起火点查找起火源；起火源的作用要与起火时间相一致；起火源要与起火物相联系。

起火物是指在火灾现场中由于某种起火源的作用，最先发生燃烧的可燃物。它是在火灾现场这一特定场所中某一范围内存在的与火灾原因有直接关系的可燃物。在火灾发生后，火场中常会留下起火物被烧的痕迹。通过这些痕迹可分析火灾燃烧蔓延的过程，进而认定起火部位、起火点和起火原因。以起火物作为起火原因认定的一个依据，首先应准确地认定起火物。起火物认定必须符合一定的条件和要求。

起火物必须是起火点处的可燃物，不能在未确定起火点的情况下，只凭可燃物被烧程度认定起火物。起火物必须与起火源作用性质和起火特征相吻合，如起火特征为阴燃，则起火源多为火星、火花或高温物体，起火物一般是固体物质；起火特征为明燃，则起火源往往是明火，起火物一般为可燃固体或液体；起火特征为爆燃，起火物一般应是可燃气体、蒸气或粉尘与空气的混合物。起火源的种类较多，只要其能量达到该可燃物的点火能量即可。认定的起火物应比其周围其他的可燃物烧损或破坏的程度严重。

利用起火时间能够分析判断起火点处起火源与起火物作用的可能性。在调查实际工作中，有时把发现着火的时间误认为起火时间，这是不确切的。因为火灾从初起到扩大有一个蔓延过程，这需要一定的时间。此时间的长与短是受起火源和起火物的制约，且受环境客观因素的影响。因此，夜深人静无人在场的火灾，由于不能及时发现或当发现时已经蔓延扩大，此时就需要根据调查访问和现场勘察所获得的情况和材料，进行严密地分析推理，才能得出比较符合实际的起火时间。然而，起火时有见证人在场情况下，起火时间应是可信的。一般的情况下，影响起火时间的因素主要是：起火物的性质；起火物所处的状态与环境条件；起火物与起火源之间的距离。

发生火灾要具备燃烧的三要素。然而，在某些情况下即使具备了这些条件，还不一定能够发生，还必须这三者相互作用。对火灾来说，由于物质燃烧时的不同的条件和错综复杂的火场情况，引发火灾的各种客观条件是比较复杂的。在起火原因分析与认定过程中，除了起火点、起火源、起火物、起火时间作为依据以外，还有每起火灾各自的复杂的客观条件。在查清起火源、起火物和助燃物之间相互作用关系的同时，还要充分考虑各种客观条件的影响和它们之间的相互作用的结果。例如，起火源与起火物之间相互作用的时间和距离、热传递形式、供氧条件、环境条件或气象条件，储存、运输、加工或使用过程中有无异常情况等。

5.3.4.2　分析与认定起火原因的基本方法

(1) 逻辑方法　起火原因调查过程中常需要正确地使用逻辑方法，对已了解的事故现场情况、与事故原因有关的事实和各种燃烧痕迹、物证、言证等证据进行分析与验证，最后才能认定起火原因。常用的逻辑方法主要有比较、分析、综合、假设和推理。

① 比较　比较是指根据一定的标准，把彼此有某种联系的事物加以对照，进行分析、判断，然后作出结论的方法。该法在火灾原因分析过程中常用来对比两个事物或一个事物前后的变化，以便确定事物之间的相同与不同点。在火场勘察中常需比较分析火场痕迹、调查访问的材料、与以往的火灾案例的联系等。

火场痕迹的比较包括燃烧物质的灰化、炭化、熔痕、烟熏、变形、变色、变性、倒塌、移位、断裂以及擦痕等痕迹的比较。对燃烧痕迹的比较应注意：求同比较，找出火场上的同类痕迹及其相同点；求异比较，找出同类痕迹中或同一物体上的燃烧痕迹的不同点；垂直比较，从垂直空间找出各层次痕迹的相同点与不同点，分析研究燃烧垂直蔓延的过程，为判断起火点所处垂直层面提供依据；水平比较，从水平空间找出各部位痕迹的相同点与不同点，为分析研究燃烧水平蔓延的过程，为判断起火点所处的水平位置提供依据。在进行上述纵横交错地比较的基础上，确定火灾燃烧蔓延的过程、起火部位、起火点和其他与火灾起因有关的因素，进而认定起火原因。

比较知情人所见燃烧状态，有利于分析火灾发展过程。根据知情人发现火灾的时间、所处的部位、观察火场时的环境条件与燃烧状况，进行现场实地的观察比较。同时，还可与火场照片和录像进行比较，分析火灾发展过程。在对火场事实比较时，应了解发现起火前现场周围存在的火险隐患，比较起火前后的情况，从中找出有利于分析与认定起火原因的依据。

对于起火原因不清、现场上又难以找到起火源的火灾，可借助以往的火灾实例来进行对比研究。然而所用案例应具有共性与可靠性，即火场除了地点差异外，起火点、起火源及客观条件都有相同或相似，且案例的起火原因认定是以事实为根据的。

采用比较法时应注意：相互比较的事物必须彼此联系，有可比的条件；使用明确的质量和数量表示，有比较的尺度；比较时运用同一个标准。

② 分析　分析就是将研究的对象分解为各个部分、方面、属性、因素和层次，再分别进行考察的思维过程。在起火原因的调查中，分析是对现场事实分别加以考察的逻辑方法，是对现场勘察获得的物证和调查访问的材料进行加工的全部工作。

比较只能了解火灾现场事实的相同点与不同点。要进一步研究这些相同点与不同点、形成的原因、说明的问题、与火灾发展蔓延和起火原因的关系，还必须用分析法对各个事实分别进行分析。例如，现场勘察发现的燃烧痕迹是火灾过程的一种特殊的记录形式，调查人员只有通过这些记录形式进行分析研究和加工处理，才能认识火灾的发生、发展、蔓延的全部过程。火灾的形成包含有许多因素，如可燃物的种类、数量、起火源、气候条件、人们的活动等，只有对这些因素进行推理分析，才能最终得出正确的结论。

分析的方法概括起来有 5 种，即定性分析、定量分析、因果分析、可逆分析和系统分析。定性分析是为了确定研究对象具有某种性质的分析，主要解决"是不是"、"有没有"的问题。例如，火场上有没有危险品、当时是否用过明火等。定量分析是为了确定研究对象中各种成分的数量的分析，主要解决有多少的问题。例如，起火前现场的可燃气体与空气的混合物是否达到爆炸浓度、曾产生的静电火花是否达到或超过可燃物的最小点火能量等。因果分析是为了确定引起某现象变化的原因，主要解决"为什么"的问题。它是将作为其原因的现象与其他非原因的现象区别开来，或将作为其结果的现象与其他的现象区别开。例如木楼板受高温或明火的烘烤，必然会出现某种程度的炭化现象；反之，木楼板有炭化现象，必然是受高温或明火作用的结果，而不会是其他的原因。可逆分析是解决问题的一种方法，即作为结果的某现象是否又反过来作为原因，也就是互为因果。火灾现场上，电气短路能引起火灾，火灾也能引起电气短路。何为因、何为果，就要进行可逆分析，不可把因果颠倒。系统分析是把客观对象视为一个发展变化的系统，并对其进行动态分析。同时，它又把客观对象看作是一个复杂的多层次的系统，并进行多层次的分析。复杂的火灾，相关的因素很多，可视为一个系统，只有进行系统地、分层次地分析，才能得出正确的结论，否则易导致片面结论。例如，火灾现场上某房间烧损最严重，但该房间内可燃物最多，火势猛烈，经过系统分析表明此房间不是起火部位，后经查明起火点在另一房间。

进行分析时要注意全面，即从多因素、多角度、多层次、多侧面地进行；要抓疑点，因为疑点背后往往隐藏着重要的问题；要抓重点，善于在纷乱复杂的现场上抓住与火灾发生发展有关的事实；要反复推敲，既要看肯定的一面，又要看否定的一面，防止片面性。

③ 综合　综合是将各个火灾事实连贯起来，从火灾现场这个统一的整体来加以考虑的方法。与分析法研究的内容相比，该法着重于研究各个事实在燃烧过程中的相互联系、相互依存和相互作用，使各个事实在火灾这个统一的整体中有机地联系起来，从而使认识由局部过渡到整体，从认识个别事实的特征到认识火灾发生发展过程的本质。

④ 假设　假设是依据已知的火灾事实和科学原理，对未知事实产生的原因和发展的规律所作出的假定性认识。凭借已有的材料和以往的经验，对某种现象反复分析、甄别、推

断，作出某种原因的假定；然后，运用这个假定解释火场上出现的其他有关的现象，并进行论证，这就是假设法的运用。

假设不是随意的，是以事实和科学知识为根据的。没有现场勘察和调查访问获得的事实材料为根据，假设是没有任何意义。任何假设都是对未知现象或规律性的猜想，尚未达到确切可靠的认识，还有待于验证。因此，假设不是结论，而是一种推测，仅是一种分析和解决问题的方法。对同一事物或现象可允许同时存在几个不同的假设。一般来说，能够更好地解释全案事实材料的假设具有最高的价值。在火灾原因调查过程中，既要提出假设、分析假设，又要修正假设、否定或肯定假设。

⑤ 推理　推理是从已知判断未知、从结果判断原因的思维过程。现场勘察和调查访问得到事实是已知的，要从已知判断未知，首先要对已知的事实进行去粗取精、去伪存真地加工，即按照事实去判断与起火点、起火原因有无关系，根据事实的真实性和可靠性决定取舍；其次要对事实进行由此及彼、由表及里地分析与研究，既要用科学知识和实践经验找出其间的因果关系，又要判断火灾发生发展过程，从中分析与认定起火点，从起火点的客观事实认定起火原因。

（2）认定的方法　起火原因认定方法通常有两种，即直接认定法和间接认定法。对一起火灾原因认定来说，采用何种方法应根据火灾现场的实际情况和需要，运用其中一种或两种结合起来使用。

① 直接认定法　直接认定法是指对现场勘察中提取的并需要加以鉴别的物证，利用感官或借助简便仪器，通过直接辨认其颜色、形状、光泽、位置及其变化状态等来分析、确定起火原因的方法。它是一种简便直观的认定方法。一般在起火点、起火源、起火物和起火时间与客观条件相吻合，现场勘察和调查访问的证据比较充分的情况下使用。若以上诸条件不具备或部分情况不完全清楚时，一般不宜采用此法，以免因调查工作的简单化而错定起火原因。

因此法比较简便易行，故在起火原因分析认定工作中运用得较为普遍。然而，采用直接认定法时，应注意以下几点。

a. 应全面了解火灾现场的情况，尤其对起火物和起火源的特点、性能、结构、使用条件、环境情况等应有全面地了解。认定时，还应与火场中的其他遗留物进行对比鉴定。

b. 直接认定要注意及时性，防止物证因时间拖长而变色、变性或丧失其真实性。

c. 对消防监督部门聘请的或委托的有关专家和工程技术人员，要求必须公正无私，以现场的事实为依据，作出具有法律证据的鉴定结论。

② 间接认定法　经认真仔细地调查访问和现场勘察后，仍然找不出起火源的物证，而难以确定起火原因的情况下需要采用间接认定法。此法先需将起火点范围内的所有能引起火灾的火源进行依次排列，根据现场事实进行分析研究，逐个加以否定排除，最终肯定一种能够引起火灾的起火源；然后应用实践经验和科学原理，依据现场的客观事实，进行分析推理找出引起火灾的原因。

间接认定起火原因是根据火灾现场的事实，按照事物发展的一般规律和已有的经验，经过严密的分析推理和判断，作出符合事实的推断。因此，其结论是完全具有说服力的。该法一般是在现场中的起火源或某起火因素不复存在的条件下进行的，故现场勘察和调查访问所获得的材料就显得更为重要和珍贵。应用此法认定的起火原因，必须在该火灾现场存在着这种原因引起火灾的可能性，并具备能起火的客观条件。

5.4　典型火灾爆炸事故类型及特征

不同种类的火灾爆炸事故，其发生、发展有不同的规律，其现场有不同的特征。所以，调查不同种类的事故时，在遵循事故调查一般程序的基础上，还应采用不同的勘察、访问和物证鉴定方法。

5.4.1　自燃火灾调查

自燃火灾事故在全国各种火灾中约占 2%，虽然发生的次数并不算多，但往往发生在大仓库、露天货场、工厂、远洋货轮上，极易造成巨大的经济损失。

自燃是物质在空气中，在远低于自燃点的温度下自然发热，且这种热量经长时间的积蓄使物质的温度达到自燃点而发生燃烧的现象。自然发热的原因有物质的氧化生热、分解生热、吸附生热、聚合生热和发酵生热等。

以下将介绍低自燃点物质接触空气燃烧、遇水和混触自燃（爆炸）引起火灾与爆炸的调查。

5.4.1.1　自燃火灾调查

(1) 自燃性物质　自燃性物质一般是指那些容易氧化或发生其他反应，并在这些反应中产生大量热的物质。但是实际上，自燃的发生往往是由它所处的环境来决定的。不同物质的自燃各有不同特点，各种生热机理往往同时或先后发生。按其自燃的特点以及主要生热机理，将自燃性物质分为以下五类。

① 低自燃点物质　这类物质生热机理是氧化生热，它们与空气中的氧反应的活化能为零或者很小，在常温条件下就以极快的速度氧化。它们的自燃点低于常温或较低，一旦接触空气，自燃很快就会发生。常见的低自燃点物质如黄磷、有机金属化合物（三乙基铝、二甲基锌等）、磷化氢（PH_3、P_2H_4 等）、硅化氢（SiH_4、Si_2H_6、Si_3H_8 等）等。

② 吸氧放热物质

a. 动植物油类。能够发生自燃的主要是植物油和海洋动物油，如亚麻仁油、大麻油、豆油、菜籽油、向日葵油、乌贼油、沙丁鱼油、鲨鱼油等。

动植物油中含不饱和脂肪酸甘油酯，在空气中会吸收氧而发生自氧化作用，变成过氧化物，过氧化物会进一步分解并放出热量。但就油本身来说是不会发生自燃的，只有浸附在纤维状、多孔状和粉末状物质上时，由于增大了同空气中氧的接触面积，增大了氧化反应速度，又能有效地积蓄氧化放出的热，所以能发生自燃。油类的自燃能力不仅取决于表示其不饱和程度的碘值，更取决于其过氧化值的增长速度。植物油的自燃能力还取决于其蒸气压，蒸气压高不易自燃。松节油碘值和过氧化值增长率都不小，但因蒸气压高，实际上不能发生自燃。

就植物油而言，碘值为 130 以上的称为干性油；100～130 的称为半干性油；100 以下的称为非干性油。亚麻仁油、苏子油等的碘值达 100，自燃的危险性非常大。脂肪、硬化油、蜡类、天然树脂、矿物油类的碘值一般较小，几乎没有危险性。但是树脂中也有高碘值的，在粉末状态时也有自燃的危险性。

油脂自燃的条件如下。

ⓐ 碘值大于 80。

ⓑ 具有一定的过氧化值增长率，露置五天油脂的过氧化值增长率应在 30% 以上。某些油类过氧化值增长率见表 5-22。

ⓒ 不易挥发。

ⓓ 具有较大的氧化面，需浸渍在其他疏松的固体物质表面。

ⓔ 油脂与动植物纤维或其他疏松物质的混合有一定比例，含油量小于 3% 或大于 50% 均不能自燃。

ⓕ 要有蓄热条件，含油物质既要有一定数量，又要放在不易通风的角落或者容器内。

表 5-22 某些油类过氧化值增长率

油品名称	过氧化值/(g 碘/100g 油)			过氧化值增长率/%	
	刚取出	露置 5 天	露置 10 天	露置 5 天	露置 10 天
山苍籽精油	0.3579	4.418	14.87	1134	4055
亚油酸	1.1736	5.951	14.55	407	1140
烟籽油	0.4941	2.125	5.100	330	932
桐油	0.3863	0.8316	1.249	115	223
豆油	0.6670	1.008	1.413	51.1	112
亚麻油	0.6170	0.9187	1.267	48.9	105
茶油	0.4492	0.6404	0.8820	42.6	96.3
橡胶籽油	1.1023	1.509	1.661	36.9	50.7
梓油	0.4558	0.6154	0.8305	35.0	82.2
山苍籽渣油	0.1670	0.2194	0.2495	31.4	76.3
松节油	0.8888	6.384	16.00	618	1700
蓖麻油	0.1645	0.2066	0.2725	25.6	65.7

ⓖ 有的油品自燃需要一定的初始温度，例如亚油酸需要的初始温度为 25～30℃、桐油为 45～50℃、油酸为 60～65℃、菜籽油为 70～75℃、饱和脂肪酸为 100℃以上。初始温度被认为是油脂能氧化放热所需的最低温度。

b. 金属粉末类。锌、铝、锆、锡、铁、镁、镍等以及它们的合金，块状时虽然化学活性较高，但由于其密度高、热导率大，反应热易被迅速移走，温度不易上升到使其燃烧的程度。若它们处于粉末状态时，因其颗粒周围充满空气，热导率减小，同时与氧接触的面积增大，所以容易发生自燃。促使金属粉末自燃的因素除氧外，还有含水量、空气的湿度及二氧化碳。

概括金属粉末自燃条件是：粉末状、存放时间不长（新加工）、遇热、遇水或与空气中其他成分发生放热反应。

c. 炭粉类。常见的如活性炭、炭灰、木炭等粉末具有多孔性，比表面积较大，在新制成或粉碎后，因强烈地吸附空气分子而发热，再加上氧化生热，往往会自燃起火。但是这种吸附气体及易氧化性，将随着时间的增长而降低。陈旧的炭粉，经过再生处理又会恢复其吸附性和氧化性。炭和油脂的亲和力很强，如果炭粉和干性油接触，那么它们的危险性更大。

d. 其他。包括含油白土、黄铁矿、鱼粉、骨粉、橡胶粉、煤、原棉、炸油渣子、脱脂渣、涂料渣等。这一类物质的粉末由于吸附空气分子产生吸附热和氧化热，加之有的含有不饱和键，易与空气中氧形成过氧化物而生热，堆放时若条件适宜，易发生自燃。

橡胶的主要成分大都含不饱和键，因此容易与空气中的氧反应生成过氧化物中间体而放热，且氧化后又进行连锁反应。高温加热的再生橡胶未经充分冷却堆垛，或将橡胶制品的研磨粉屑长期大量堆放，容易蓄热升温。紫外线和重金属盐对橡胶的氧化具有促进作用。

聚氨酯泡沫在生产和储存中易发生自燃。这是因为多异氰酸酯和聚醚多元醇聚合反应是放热反应，加之为了提高产品质量，聚合时常使其内部温度达到着火下限值，为了提高反应速度常常又加入过量的发泡剂和促进剂，所以生产时放出大量的热，若将刚生产出来的泡沫块未经充分冷却而堆垛，由于其内部继续反应放热，易蓄热而自燃。

③ 分解放热物质　常见的如硝化纤维素、赛璐珞和硝化甘油等。硝化纤维素在运输和储存中，一般含有 25％的乙醇或异丙醇，这些醇能够抑制其放热反应。一旦失醇干燥，就

有产生自燃的危险。赛璐珞主要由硝化纤维素和樟脑制成，自燃特性与硝化纤维素相似。赛璐珞制品单件及少量存放一般不会发生自燃，若成批大量堆垛存放，长期不翻动，再遇高温、潮湿季节易发生自燃。

④ 聚合放热物质　如丙烯、液化氰化氢、苯乙烯、甲基丙烯酸甲酯等是有机单体，在储运过程中若阻聚剂沉淀、失效或受高温，单体便会自动快速聚合，伴随着聚合热的积蓄，不仅能自燃，并且有爆炸的危险。

⑤ 发酵放热物质　常见的如植物秆棵、酒糟、棉籽皮、红薯干等在含有一定的水分和一定温度下，在微生物作用下发酵生热，温度达到 $70\sim80℃$ 时，再经过吸附、氧化等过程生热升温，最后达到自燃起火。植物产品自燃的条件如下。

a. 一般含有水分 20％以上，才能发生自燃。

b. 具有一定的温度，对于草堆垛来说，一般夏季易发生自燃，若因漏雨或堆积时过潮，即使在寒冷的冬季有时也能发生自燃。

c. 要有一定数量，即堆成垛，才能易于积蓄热量。

（2）自燃的条件　因物质的种类不同，其自燃的条件有很大的差异，一般应从以下几个方面考虑。

① 热的积蓄　物质自燃，除了必须由氧化、分解、吸附、发酵等作用产生热量外，还必须有一个容易积蓄热的环境。一般地说，如果物质内部不积蓄热，其内部温度就不会上升，所以就不会发生自燃。因此，热的积蓄是最重要的条件。与热的积蓄有关的因素有以下几点。

a. 热导率。热导率小，具有保温作用。容易积蓄热的粉末状和纤维状物质，因含大量空气，所以能形成很好的保温状态。

b. 堆积方法。大块的物质不利于热的积蓄，把薄片状、纤维状、粉末状的物质堆积起来，蓄热条件好，容易发生自燃。

c. 空气流动。空气流动大有利于散热，通风良好的场所，自燃就很少发生。

② 放热速率　放热速率是放热量和反应速率的乘积，影响放热速率的因素有以下几点。

a. 温度。温度高，反应速率就快。

b. 放热量。放热反应的放热量越大，升温越高，反应速率就越快。

c. 水分。水分对于与自燃有关的反应，几乎都有催化作用，它能降低反应的活化能，使反应速率加快。对于植物纤维、金属粉末及堆放的煤，如果存在水分，就容易自燃。水分的存在对自燃的定量影响还不清楚，但水分太多则不利于自燃的发生。

d. 表面积。反应速率与两相界面的表面积成正比，因而这种表面积越大，就越容易自燃。浸渍了自燃性液体的纤维状、多孔状或粉末状物质，由于与氧接触的面积大，氧化反应快，就容易发生自燃。

e. 催化作用。如果存在对放热反应具有催化作用的物质，反应就会加快。在自燃的初期阶段可以观察到各种物质的催化作用。例如，硝化棉和赛璐珞水解后产生的酸，对于硝化棉的放热反应有很强的催化作用。

f. 老化度。多种物质的自燃与老化度有关系。例如，赛璐珞、硝化棉等物质，原本就不很稳定，它们越是陈旧或者受热时间越长，越易发生分解，自燃的危险性越大；而煤、活性炭、油烟和炭黑等物质越新越容易发生自燃；干性油和半干性油氧化成固体后则无危险。

（3）自燃的特征　不同的自燃性物质自燃前后具有不同的特征，这些特征是判断、分析自燃原因的重要依据。这里仅介绍植物堆垛、硝化纤维素及其制品、金属粉末自燃的某些特征。

① 植物堆垛自燃特征

a. 起火前因发酵和其他热作用，堆垛冒蒸气和散发出异味。

b. 起火前堆垛顶部塌陷。

c. 起火点一般在堆垛中心部位或局部漏雨、漏雪处相对应的内层。起火部位从中心向周围的状态呈炭化、霉烂、不变化；颜色呈黑色、黄色、不变色的层次。

d. 某些植物如稻草、麦草、烟叶、中草药以及织物等自燃，在堆垛内部能发现明显的不同炭化程度的结块。这些炭化结块因所处部位受热时间的不同可呈黑、黄、褐不同颜色，结块体轻、疏松，但有一定强度。炭化的稻草形态呈小块条状、平直，有一定硬度，表面黑色闪亮，纤维纹络清晰。

② 硝化纤维素、赛璐珞自燃特征

a. 硝化纤维素、赛璐珞在自燃发出明火前，产生棕褐色氧化氮气体。赛璐珞制品着火前散发出樟脑气味。

b. 赛璐珞自燃后，可能在起火点处残留略带黑色光泽的具有网眼状残渣。但赛璐珞非自燃起火也能产生这种残渣，因而不能只凭这种残渣判断是否自燃起火。割开这种残渣，如果发现黄色、茶色或乳白色的焦油状条纹，并散发出樟脑气味，则可证明其发生过自燃分解。

c. 火场上残存的同期同条件存放的赛璐珞制品，如果其表面发现由于自燃分解、变质而产生的微细纹络，用放大 100 倍的显微镜观察，若发现以赛璐珞中的杂质为中心的类似细胞分裂的形态，则可以认为是自燃起火。

③ 金属粉末自燃特征　钢铁切屑等高熔点金属粉末堆自燃着火，一开始并不剧烈，发展到相当程度才开始冒烟，烟的颜色、气味以及烟量由金属粉末本身及所含杂质决定。金属粉末堆自燃到一定程度，热能向外扩散，引燃周围紧贴着或邻近可燃物。

发生过自燃的非活泼金属粉末，其中心部位可发现熔融过的块、瘤状物。只要切屑或粉末堆内部中心部位发现这种熔融块、瘤状物，而外部金属粉末虽然变色，但没熔融结块，则可判定其发生过自燃。

（4）自燃火灾调查的主要内容　自燃火灾现场既有一般火灾现场的共性，又具有其特点，所以调查时除按一般火灾的调查程序进行外，重点应查明如下内容。

a. 查明起火点的位置，是否在堆垛的中心部位，并注意起火点的个数。实践证明有一些自燃火灾现场可能形成多个起火点，如露天堆垛（草类）自燃火灾现场，若漏雨水部位多、堆垛前普遍含水量大，在自燃条件具备的情况下往往形成多个起火点。因此要注意与纵火现场形成多个起火点的情况区别开。

b. 在起火点处检查阴燃起火的特征。自燃起火的初起阶段多属阴燃起火，故火灾后在起火点处往往形成炭化区，这个炭化区比一般火灾炭化区要大，炭化程度更深。并要检查自燃性物质的变色层次是否符合自燃特征。还要检查有无炭化结块，若有则仔细检查有无自燃炭化结块的特征。

c. 查明起火点处火灾前堆放的物质的种类，判断是否为自燃性物质，并查明该物质的数量、堆放时间、堆垛大小、含水量、状态等情况。还要查明堆垛的保温性能，以判断起火点处的物质有无自燃的可能性。

d. 调查获取火灾前现场的环境条件，如现场堆垛间的距离、温度、湿度、通风是否良好、库房是否漏雨雪；并查明起火前的气相情况，如温度、刮风、下雨等，以判断环境条件是否有利于自燃的发生。

e. 通过管理人员或相关人员了解，火灾发生前起火点附近是否有烧烤、冒烟、冒气、散发异味等特殊现象，堆垛顶部是否有塌陷的现象，以判断这些现象与自然的发生有什么关系。

f. 检测起火点处自燃物质残留物的组成、与自燃相关的参数，作为分析认定自燃原因的依据之一。

g. 在条件许可的情况下，可做必要的模拟试验，为分析自燃原因提供参考。

h. 检查起火点处有无其他火源引起着火的可能性，检查有无纵火的可能性。

5.4.1.2　遇水、混触自燃（爆炸）火灾调查

（1）遇水自燃的类型及物质　遇水自燃按其着火形式分为两类。

① 遇水自燃　这类物质与水接触或吸收空气中的水分，能产生可燃性气体，并释放出大量的热而引起着火或爆炸。这类物质按其遇水或受潮后发生反应的剧烈程度和危险性大小，可分为两种：一种为遇水后反应剧烈，产生大量的易燃易爆气体并释放出大量热，容易引起自燃或爆炸，这类物质主要是碱金属、部分碱土金属、硼氢化物、碳化钙、磷化钙等；另一种为遇水反应较缓慢，释放的热量较少，产生的可燃气体必须在有火源的情况下才能着火，这类物质主要包括保险粉、锌粉、氢化铝等。

② 遇水引燃　这类物质遇水发热，使与其接触的可燃物着火，常见的有生石灰、漂白粉、浓硫酸、碱金属过氧化物、三氯化磷、低亚硫酸钠、氯磺酸等。

（2）混触自燃（爆炸）的类型及物质　混触自燃（爆炸）按反应机理可以分为三类。

① 氧化剂与还原剂接触　强氧化剂与强还原剂一经接触或稍加触发（摩擦、碰撞、供热等）即发生着火或爆炸。但一般的氧化剂与还原剂接触、强氧化剂与一般可燃物接触，有的需要一定时间的热积蓄才能着火。

氧化剂主要有：硝酸、氯酸、高锰酸、重铬酸及这些酸的盐类，氧、氯、溴、氧化铬等。

还原剂主要有：烃及其衍生物、硫、磷、金属粉末、可燃纤维及其制品。

② 氧化性盐与强酸混合接触　氧化性盐如亚氯酸盐、氯酸盐、高氯酸盐、高锰酸盐等与浓硫酸等强酸混合接触后，除产生热量外，还能产生氧化性更强的物质，极易引燃共存或与之接触的可燃物。例如：

$$6KClO_3 + 3H_2SO_4 \longrightarrow 2HClO_4 + 3K_2SO_4 + 2H_2O + 4ClO_2$$

产物 ClO_2 是氧化性更强的物质。

③ 混合接触产生不稳定的物质　某些物质混合接触后生成极不稳定的物质，这些物质具有分解爆炸性或强氧化性。例如：

$$(NH_2)_2 + NaNO_2 \longrightarrow NaN_3 + 2H_2O$$

$$C_6H_5C_2H_5 + 3O_2 \longrightarrow C_6H_5COOH + CO_2 + 2H_2O$$

（3）遇水、混触自燃（爆炸）事故调查的主要内容

遇水、混触自燃（爆炸）类物质大多属化学危险品，在储存和运输过程中易发生火灾爆炸事故。深圳安贸危险品仓库大爆炸就是一个典型的案例。这类火灾或爆炸除按一般火灾的调查程序进行外，应重点调查如下内容。

a. 根据火灾或爆炸现场的火势蔓延痕迹、炸坑、火场中墙和物体的倒塌方向等痕迹寻找起火部位，还可以根据最初存放化学危险品的部位、火灾前冒烟和冒火的部位来判断起火点或爆炸点。

b. 查明在起火点或爆炸点及其附近，火灾前存放化学危险品的种类、数量、性质。

c. 查明遇水自燃性物质包装情况、存放部位、吸潮或浸水数量、浸水时间，查明混触自燃（或爆炸）性物质混合存放的时间、部位、包装种类及存放情况。

d. 查明遇水、混触自燃（爆炸）反应的原理、产物、反应热及反应速度。只有那些反应热值大、反应速率高的物质混合或浸水才能立即发生着火或爆炸。反应速率还取决于反应物的分散状态、接触面积、温度等条件。反应热较大但反应速率较小的物质接触，需要一定

或较长时间才能引发着火。日本东京大学吉田忠雄提出表 5-23 列出的标准，供在实际判断中参考。

表 5-23　混合接触着火危险等级

危险等级	最大反应热 $Q/\text{J} \cdot \text{g}^{-1}$	混合接触着火的可能性
A	$Q \geqslant 2900$	有可能发生激烈着火
B	$2900 > Q \geqslant 1250$	有可能发生着火
C	$1250 > Q \geqslant 420$	反应活性高时,有可能着火
D	$420 > Q > 0$	发生放热反应,但很难着火

e. 查明火灾或爆炸前现场的环境条件及气相情况，如温度、湿度、通风散热、雨雪等情况，还要查明库房、堆垛漏雨雪的情况。

f. 查明火灾或爆炸前现场出现的不正常现象，如冒烟、冒火、有异味，并查明烟和火的颜色、形状等特征。

g. 在起火点或爆炸点处提取反应残留物做必要的鉴定，以核实起火前堆放的物质种类。

h. 有必要的话可做模拟试验，以供分析火灾或爆炸原因作参考。

5.4.2　爆炸事故调查

爆炸是指物质由一种状态迅速转变为另一种状态或气体、液体蒸气瞬间发生剧烈膨胀，并放出巨大能量的现象。爆炸产生的巨大能量使周围介质受到冲击、压缩、推移破碎、抛掷和震动等破坏，产生强烈的响声、火光、烟雾、燃烧等现象，有的爆炸还引发火灾。这种由爆炸引起的客观环境和物体的变化，是形成爆炸现场特征的根本原因。

5.4.2.1　爆炸的分类

爆炸按不同的标准有不同的分类方法。按爆炸物质在爆炸过程中的变化可分为化学爆炸、物理爆炸和核爆炸；按爆炸物质的状态可分为气体爆炸、液体爆炸、固体爆炸、粉尘爆炸、液体与固体的混合爆炸等。

从事故调查和起火原因认定的角度，根据爆炸的特征将常见的爆炸事故分为以下 3 种。

① 固体爆炸性物质爆炸　包括炸药在内的具有爆炸性的固态危险品在生产、储运、使用以及故意破坏等情况的爆炸。

② 泄漏气体爆炸　储存在容器内或生产过程中的各种设备和管道中的可燃性压缩气体、可燃性液化气体，以及泄漏到外部空气中的易燃、可燃性液体等物质经过一段时间扩散后，遇到火源则会发生火灾或爆炸。

③ 容器爆炸和爆破　容器爆炸和爆破是密封或基本密封的高强度容器及生产设备因材质强度降低或内部压力升高而发生爆炸和爆破。

5.4.2.2　固体爆炸调查

（1）固体爆炸的原因　爆炸性固态危险品的爆炸事故中炸药爆炸占多数，这里以炸药为代表介绍。单独存放的炸药一般不会自行爆炸，爆炸的发生一般必须具有炸药（包括炸药包装）、起爆装置和起爆能源三个条件。爆炸的直接原因除人为的有意破坏和过失行为（如吸烟、照明等），还有在生产中由于工艺缺陷、工人违章作业或在运输装卸等环节中受到撞击、摩擦或遇其他火星、电源、高温等热能源以及意外的作用发生爆炸。例如，鞭炮厂、火柴厂用黑色金属工具作业发生摩擦、撞击而导致爆炸起火事故时有发生。

（2）固体爆炸现场的特点

① 爆炸点明显　爆炸点就是发生爆炸的具体位置。由于固体爆炸释放出的能量高度集

中，瞬间产生极高的压力和温度。这种能量可以把接触这种爆炸性固体的物体击碎、熔化或变形。固体爆炸物在不同物体上爆炸可形成不同形式的爆炸点，在地面上或货堆上可以形成锅底形炸坑，在墙上形成炸洞，使被炸物体缺口、穿孔、截断、塌落甚至炸成灰烬。爆炸点的形态、大小、炸痕颜色与爆炸固体的品种、数量、包装以及被炸目标的相对位置有关。

有没有爆炸点是确定是不是固体爆炸的重要依据。爆炸点形态及其附近烟痕是判断爆炸物种类、数量和包装情况的主要依据之一。在极个别情况下，爆炸物被悬空挂置距离墙又有一定距离，爆炸后则无明显爆炸点的痕迹。这时可由现场遗留物中是否有爆炸物包装物、引爆物的残留物等判断是否发生固体爆炸，由抛出物的分布情况确定爆炸点。

② 抛出物细碎、量多、密集　抛出物主要指爆炸点及其周围物体被击碎抛出的碎片和残骸。抛出物在爆炸点附近细碎而多，在远一些位置的则块大一些而且量少。根据抛出物在现场分布情况，可以判断爆炸残留物（未反应的爆炸物颗粒、分解产物及包装等残骸）在现场的分布方位。一般抛出物多的地方爆炸残留物也较多，但由于具体环境不同有时爆炸残留物分布在抛出物相反的方向。

③ 冲击波强度大，传播方向均匀，衰减快　固体爆炸产生的冲击波速度快、破坏力强，这种冲击波常造成人、畜等内脏器官的机械损伤，把人的衣服冲破或剥离，受害人面向爆炸点的一侧常有大面积皮下淤血痕迹。内容物及包装均匀的炸药，爆炸后冲击波均匀向四周传播，但在坚硬障碍物的作用下会发生反射。因为固体爆炸反应快，增压时间短，所以冲击波衰减快。

④ 烟痕　部分固体爆炸在爆炸点和抛出物的表面上有比较明显的烟痕。现场上有无烟痕及烟痕的分布、颜色的深浅变化情况等也是判断爆炸物品种、数量的重要依据之一。

⑤ 燃烧痕迹　有些爆炸物的爆炸作用到可燃物上，可引燃可燃物的燃烧。一般低爆速炸药（如黑火药）爆炸时常引起燃烧，中爆速炸药（如硝铵炸药）不易引起燃烧，高爆速炸药（如黑索金、泰安等）容易引起爆炸点的可燃物局部燃烧。

(3) 固体爆炸现场勘察的主要内容　固体爆炸现场应着重勘察爆炸点、抛出物、残留物及破坏、伤亡情况，寻找收集有关爆炸物残留成分、破坏程度、引爆方法和爆炸原因的痕迹物证，分析爆炸物种类和数量，判明爆炸事件性质。

① 爆炸点　在爆炸现场找到爆炸点以后，勘验如下内容。

a. 爆炸点的位置、形态、尺寸，对靠近爆炸点物体的破坏程度。

b. 气味。炸药爆炸产物有不同气味，见表 5-24。弥散在空气中的气味会很快消失，但爆炸点的气味能保持较长时间，爆炸产物的微粒或气体成分容易侵入爆炸点部位的泥土、沙石或洞穴中。特别容易侵入和被吸附在比较松软的有气隙的物质中，勘察爆炸点时要嗅气味，并将有气味的泥土或其他物品收集一部分以备检验。

表 5-24　常见炸药的痕迹特征

药品名称	烟的颜色	烟痕颜色	气　味
梯恩梯	黑	炭黑	苦
苦味酸	黑	黑	苦
硝铵炸药	灰白	灰	涩
黑索金	浅黄	灰黑	酸
黑火药	灰白	黑、白点	硫化氢味

c. 烟痕。注意发现爆炸点及附近物体上有无烟痕。一般现场烟痕不明显，在爆炸点边缘的物体上容易发现烟痕，根据烟痕的颜色可以大致判别爆炸物的种类，见表 5-24。烟痕

的收集要连其载体一并小心取下。

② 抛出物 查清抛出物在现场的分布方位、密度，典型抛出物距爆炸点的距离，抛出物原来的位置与形状。较大块的抛出物要测量大小、称量、照相、绘图，并做好详细记录。检查抛出物表面有无烟痕、燃烧痕、熔化痕、冲击痕及划擦痕迹。分析上述痕迹物证判断爆炸物种类、数量、状态及破坏威力。有的抛出物可作为检验爆炸物成分的试样。

③ 残留物 爆炸残留物主要包括爆炸物的原形物、分解产物、包装物和引爆物。没有反应的爆炸物称为爆炸物的原形物。

a. 爆炸原形物及其分解产物的发现和提取

ⓐ 在爆炸点及其附近发现和提取。

ⓑ 在抛出物体上发现和提取。

ⓒ 在爆炸尘土中发现和提取。

ⓓ 在包装物的残片上发现和提取。

由于爆炸使爆炸物的原形物和分解产物以极小的颗粒与爆炸卷起的尘土混在一起散落在大面积的现场上，肉眼难以发现。一般情况下，爆炸物的原形物在现场分布密度以爆炸点为中心向周围呈马鞍形变化，细小抛出物散落在外围附近地面上含原形物较多，这个地带的半径约为装药半径的20～30倍。另外，爆炸飞散物被阻挡的地面上以及低洼处爆炸残留物也可能较多。

爆炸尘土容易被自然条件破坏，因此应当尽量在爆炸点、抛出物等表面于勘察前收集爆炸尘土。采取样品时除在残留物密集区取样外，还应在爆炸点某一方向上每隔一定距离取一检材。每份检材取土面积不小于 $0.3m^2$，收集细土不小于 $10g$。最后在现场附近、爆炸尘土落不到的地方采取空白尘土，以便做空白检验。

存在于抛出物上的残留物最好将抛出物一并提取。

b. 爆炸物包装和引爆物的勘验。爆炸物包装指盛装炸药的袋、箱、包纸、包布、坛罐等。引爆物指发火组件、导火索、雷管以及其他引爆工具、物品等。这些物品及其残片的有无及种类是人为爆炸或自然事故的重要物证，是分析爆炸物包装、引爆方法和原因的直接依据。这些物品在爆炸中被炸成碎片四处飞散，混杂在倒塌物、抛出物、泥土之间，或射入木制物品、堆垛甚至尸体之中不易发现，需仔细寻找。由于此项勘察工作要翻动现场，应在现场照相和爆炸尘土提取后进行。在露天空地上发现上述物品，记录位置、形态后原物收取。发现它们的碎片嵌入其他物体，酌情从中取出或将其嵌有碎片的物体一并采取。

④ 破坏及人员伤亡情况 以爆炸点为中心向不同方向从内到外勘察，检查与爆炸点不同距离的建筑物倒塌、建筑构件断裂、变形、移动等情况，不同房间内放置的物品被摧毁情况，测出不同破坏程度的半径。勘察伤亡人员的具体位置，受害者姿态、朝向、损伤部位及原因，衣服剥离情况，身体及衣着上面的烟痕。

（4）固体爆炸现场访问的重点内容

a. 向发现人、现场附近的人及事主了解爆炸产生的声、光、烟、气味、震动等现象。由这些现象分析炸药种类、数量、包装情况等。例如，物理爆炸无光，化学爆炸有光；硝铵炸药呈橙色光，含氯酸钾炸药呈紫色光；爆炸物量少则声音响亮，爆炸物量多则声音沉闷；包装紧则声响，包装松散则发出"噗"的声音。

b. 向爆炸发生时在现场人员了解爆炸发生的详细经过。包括爆炸发生的时间，爆炸前后听到、看到、感觉到的一切情况。

c. 了解爆炸现场爆炸前后的变化，如爆炸前物品的位置、状态，爆炸后进入现场的人员及其对现场的改变情况。

d. 了解事主所在单位使用、接触爆炸物品情况，附近容易得到的爆炸品的种类、用途、保管情况，现场是否存放过炸药或其他爆炸物品。如果是仓库爆炸品爆炸，查清它们的来源、生产、运输、储存等情况。

e. 了解事主的经济、政治、社会关系，生活作风等情况，以查明爆炸事件的因果关系。

5.4.2.3　泄漏气体爆炸调查

（1）泄漏的原因　储存容器、生产过程中各种设备、管道中的可燃性压缩气体、可燃性液化气体、易燃易挥发性液体常见的泄漏原因如下。

① 材料强度降低　由于构造材料及焊缝强度下降而引起的破坏，有以下几种情况。

a. 由于腐蚀或者摩擦，器壁减薄或穿孔。

b. 材料工作环境温度降低，发生低温脆裂。

c. 由于反复应力或者静载荷作用，引起材料疲劳破坏或者变形。

d. 材料受高温作用，强度降低。

② 外部载荷突变造成的破坏　容器、管道等在异常外部载荷作用时会产生裂纹、穿孔、压弯、折断等机械性破坏。

a. 由于各种震源的作用，地基下沉。

b. 油槽车、油轮运输故障、相撞或翻车。

c. 由于船舶晃动或者油槽车滑动、误开动等使正在输送易燃易爆危险品的管道折断、软管拉折。

d. 由于施工或者重载运输机械通过，引起埋设管道破坏。

③ 内压上升引起破坏　由于容器内气体体积膨胀、液体体积膨胀、蒸气压上升、物态变化、化学反应使容器内压力上升，造成容器破裂而泄漏。

④ 操作错误引起泄漏　在生产和生活中由于人们错误操作阀门、孔盖等而造成泄漏。

a. 阀门错误操作或损坏引起泄漏。

b. 忘盖孔盖造成泄漏。

c. 带压检修泵、管路、阀门等造成泄漏。

⑤ 接缝、腐蚀孔、小裂缝发生的微量泄漏　这种泄漏一般只能发生小火灾，但扑救不及时小火也能烧坏密封或阀门，而导致大的泄漏，发展为大火灾。

⑥ 液化石油气灶具泄漏

a. 气瓶阀门未关或被小孩扭开。

b. 减压阀与气瓶接口不密封。

c. 减压阀、角阀漏气。

d. 输气胶管老化或脱落。

e. 空气流将火吹灭。

f. 锅内食品溢出，将火熄灭。

（2）危险性物质泄漏事故事件序列分析　危险性物质发生泄漏后，其可能的事故序列和过程是极其复杂的，对其作简要分析如图 5-13 所示。

（3）泄漏气体爆炸现场特点　泄漏气体爆炸虽然属化学爆炸，但由于爆炸性气体混合物分布在大的空间里，其中又含有大量不能燃烧的氮气，所以这种爆炸与固体爆炸相比释放的能量密度小、爆炸压力较低，最佳条件下的混合气体爆炸不超过 1MPa 压力。气体爆炸作用范围广，易引起燃烧，破坏面大，易引起人畜伤亡。泄漏气体爆炸现场有如下特点。

① 没有明显的爆炸点　一般混合气体爆炸的爆炸点以引火源的位置确定。但若现场出现几个火源或者火源不明显，如静电火花、气体压缩，碰撞火花等，火源就不好确定，爆炸点也就难以确定。在这种情况下只能根据现场情况，如抛出物分布，周围物体倾倒、位移、变形碎裂、分散等情况来分析引爆点。但是由于可燃性气体或蒸气在空间中分布的不均匀

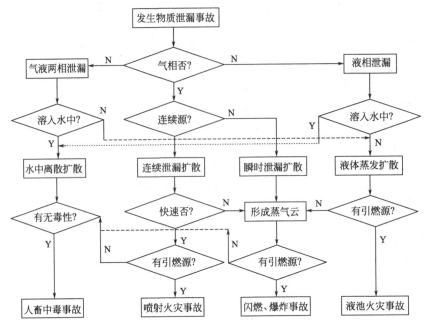

图 5-13　危险性物质泄漏事故序列及过程分析

性，有时引燃引爆点又不是破坏最严重的地点。即使混合气体混合均匀，压力最大区也不在引爆点。气体爆炸容易形成负压区，使建筑物向爆炸点方向倾倒和位移，因此不能只根据某一方向上建筑物破坏情况分析引爆点，应根据建筑物破坏的对称情况判断。某一半径周围的建筑物无论倒向还是背向圆心，都指明了这个圆心就是爆炸中心。

② 击碎力小，抛出物大　空间气体爆炸除能击碎玻璃、木板外其他物体很少被击碎，一般只能被击倒、击裂或破坏成有限的几块。抛出物块大、量少、抛出距离近。

③ 冲击波作用弱，燃烧波致伤多　空间气体爆炸由于爆炸压力不很大，其冲击波的破坏作用比固体爆炸冲击波弱。固体爆炸冲击波可产生粉碎性破坏，空间气体爆炸只产生推移性破坏，使墙壁外移、开裂、门窗外凸、变形。但是空间气体爆炸燃烧波作用范围广、伤害性大，在可燃气体、蒸气弥散的广大范围内，只要有很小的空间联系，都能发生迅速燃烧。处在这个空间范围的人，呼吸道被烧伤，衣服被烧焦或脱落。空间气体爆炸现场的死、伤者多是因烧而致，也有被冲击波机械损伤致死的。

④ 烟痕不明显　可燃气体、蒸气的泄漏爆炸事故一般发生在其化学计量浓度以下。发生爆炸反应时由于空气充足，燃烧完全，不会产生烟熏。只有含碳量高的可燃气体如乙炔、苯蒸气等，与空气比例大或混合不均匀情况下发生的爆炸，可在部分物体上留下烟痕。

⑤ 易引起燃烧　可燃性气体、蒸气没有泄尽，在空间爆炸后一般会在气源处发生稳定燃烧。可燃性液体的蒸气发生爆炸，爆炸后在泄漏液面表面燃烧。室内发生气体爆炸时，可使室内可燃物燃烧，可能造成几个起火点。可燃性气体、蒸气泄漏量不大，接近爆炸下限时只发生爆炸，有时不引起燃烧现象。

（4）泄漏气体爆炸现场勘察的主要内容　对于泄漏气体爆炸或火灾现场，除了一般环境、破坏程度、抛出物等项目的勘察外主要从如下几个方面勘察。

① 寻找泄漏点，查明泄漏原因　泄漏物质如果只有外部空间形成爆炸性混合气体，遇火源后在外部空间发生爆炸或者火灾，这样的事故现场泄漏点易找到，泄漏原因也好查明。

如果危险性物质发生泄漏的同时，在容器内部的一部分或全部空间也形成爆炸性混合气体或者泄漏前内部就是爆炸性混合气体，由于外部爆炸或火焰作用这个容器内部也发生混合气体的化学爆炸；由于容器或其他生产设备发生泄漏型气体爆炸后，将这个发生泄漏的容器或设备严重损坏；或者泄漏气体来自埋设在地下的管道；或者污水沟混有易燃性液体的蒸气，则开始的泄漏点就不好从现场实物中找到。这种情况下，只有仔细查找事故单位有史以来的设计、安装、生产、储存等情况，并根据调查访问中所获取的线索，分析泄漏点可能的位置及泄漏原因。

居民住房中的气体爆炸泄漏点比较好找，但是在气体爆炸时气浪将泄漏点火焰熄灭或者气体已经泄净燃尽，泄漏点也不容易寻找。这时要听声、闻味迅速寻找正在泄漏的泄漏点，要布置警戒消除火源以防二次爆炸。找到气体泄漏点，设法停止泄漏后，检验阀门，测量开口尺寸，调查泄漏原因。发现正在喷火的泄漏点，不要直接扑灭，应通过上方的阀门切断气源。扭动或拆卸阀门前，应记住阀门所处状态。

易燃液体的挥发也能造成居民住房内的气体爆炸。这就无所谓泄漏点了，只要找到盛装易燃液体的容器就代表泄漏点。

现场上发现已经膨胀的容器，说明它是被火烧的，不是泄漏容器。

② **火源的检查及分析**　对于爆炸性混合气体在空间爆炸，从以下几方面检查和分析点火源。

a. 持续性火源。对于工厂发生泄漏的可燃性气体爆炸，一般存在的持续性火源有：锅炉及加热炉的明火，高压蒸气的高温管道，电加热器的电阻丝，电冰箱继电器产生的电火花，气相色谱仪的小火焰等。同时要仔细调查这些火源的位置与存在泄漏可能性场所之间的关系。

b. 临时性点火源。这类火源有：焊接、切割金属作业时的电弧、火焰及火星，喷灯的明火，打毛刺作业及砂轮磨削中的火星等。另外吸烟、炊事、供暖焚烧等活动中的明火也能成为点火源。

c. 绝热压缩。假若气体从容器、管道等设备中喷出后，立即爆炸或着火，则应考虑超声速喷气流和空气碰撞时的绝热压缩引起的着火。这种着火源在现场上不会留下任何痕迹。不过，如果泄漏和着火之间多少存在一点时间间隔，这种点火源应该被排除。

在气流伴有雾滴和粉尘的情况下，也可能是与静电火花有关。这种着火或爆炸一般与泄漏也没有时间间隔。但是，如果喷出口有绝缘物（如法兰垫）也可因静电积累而在喷出气体几秒至几分钟后着火。静电火花可在放电金属上留下微小痕迹，在电子显微镜下，可以看到像火山口形状的静电火花微坑。这种静电火花微坑与打击痕迹、腐蚀痕迹在显微镜下有明显区别。

d. 自燃。如果容器、管道或其他设备内的可燃性液体、气体、蒸气在其温度达到自燃点以上时，刚一泄漏，在与空气接触的瞬间就会着火，完全不需要另外的点火源。对于这种形式的泄漏物爆炸或火灾，要调查介质当时温度，查验其成分，测定其自燃点。

e. 碰撞火花。如果容器或其他设备爆炸时，其碎片的冲击碰撞也容易成为火源。这种火源也很难找到痕迹。

火源距离泄漏点近，爆炸发生早，危害小；火源距离泄漏点远，爆炸发生晚，危害大。持续性火源，气体泄漏后爆炸危害小；先泄漏，后出现火源，爆炸危害大。几个火源同时存在，则要根据火源的性质、距泄漏点的距离、气流方向及泄漏气体相对密度来分析哪个火源是引爆火源。

（5）泄漏气体爆炸现场访问的主要内容

a. 发生火灾时的现象及过程。

b. 泄漏气体的种类、数量及泄漏设备。

c. 泄漏的原因及泄漏后采取的措施。

d. 爆炸前的生产储存情况。

e. 设备设计、施工、使用情况。

f. 附近都有哪几种火源，各在什么位置，火源的使用时间等。

5.4.2.4 容器爆炸调查

（1）容器内部压力上升的原因 造成容器爆炸的直接原因多数是内部压力上升引起的，引起压力上升的原因除人为的因素（如错误操作）和容器本身因素（如材质强度降低）外，具体原因有如下五种。

① 气体膨胀 压缩气瓶一类容器因温度升高，会造成容器破裂。我国常用的压缩气瓶为 40L，用来充装临界温度低于 −10℃ 的各种气体，使用压力按 60℃ 时 15MPa 设计，也有20MPa、30MPa 等级的压缩气瓶。气瓶水压试验压力至少为 22.5MPa，爆破试验压力一般为 40MPa。这种气瓶除在低于其临界温度的情况下外，内部物质都是气态。因此，当忽略因温度和压力变化引起气瓶本身容积微小变化及其他影响因素时，温度升高后气瓶压力可用下式估算。

$$p_2 = \frac{T_2}{T_1} p_1 \tag{5-16}$$

式中，T_1，T_2 为起始温度和升温后的温度，K；p_1，p_2 温度为 T_1 和 T_2 时瓶内压力，Pa。

如果气瓶温度超过 300℃，压力上升和材料强度降低就必须同时考虑。例如在一个火场上发现一个底边冲口处破裂的氧气瓶，查明该瓶下部受热变色严重，裂口较圆，向外突出，器壁裂口处减薄，塑性破坏特征明显，防爆膜完好，分析这是常温残压为 5MPa 左右的气瓶，因局部温度升高，大约在 500℃ 时被内部不足于破坏防爆膜的压力冲破。

② 液体膨胀 生产、储运液体介质的容器，因超装或温度上升而使容器空间被液相介质充满，此时如果温度继续升高，容器将因内部液态介质的体积膨胀，压力升高，而发生破裂。

经实验充满液氯的钢瓶，温度每升高 1℃，压力增高 1MPa；充满液相丙烷的钢瓶，温度每升高 1℃，压力增高 1.63MPa；民用液化石油气瓶，在被液相充满时，再升高 5~6℃即可爆炸。

在现场上要判定破裂的容器是否由液体膨胀造成的，应当调查容器内介质的原有数量和事故前后的温度。容器内液相充满时的温度计算公式如下。

$$T_1 = \frac{V_1 - V_0}{\beta V_0} + T_0 \tag{5-17}$$

式中，T_0，T_1 为介质起始温度和充满容器时的温度，℃；V_0 为温度 T_0 时介质的体积，m^3；V_1 为容器的容积，m^3；β 为介质在相应温度范围里的膨胀系数，1/℃。

③ 蒸气压上升 内容物为气、液两相共存的密闭容器，因温度升高，蒸气压不断上升，则也会造成容器的爆炸或破裂。这类容器有锅炉、液化气体钢瓶、储槽等。

这种容器正常工作所承受的压力即内部介质相应温度下饱和蒸气压的计算，根据不同介质，有不同的计算公式，比较通用的公式如下。

$$\lg \frac{p_1}{p_2} = \frac{L_0}{19.15} \left(\frac{1}{T_2} - \frac{1}{T_1} \right) \tag{5-18}$$

式中，T_1，T_2 为介质的起始和升温后的温度，K；p_1，p_2 为介质在温度为 T_1 和 T_2 时的饱和蒸气压，Pa；L_0 为介质在沸点时的蒸发潜热，J/mol。

④ 物态变化 液态物质因某种原因会发生迅速的由液态转化为气态的相变，体积扩大几百倍以上，必然造成压力急剧上升，导致对容器的极大破坏。因相变发生爆炸有如下三种情况。

a. 临界相变。任何液体只要达到它的临界温度,都将由液态向气态转化,容器内压力将突变式地升高。当装有液体、液化气的容器内介质超过临界温度时,其内部压力可按下式计算。

$$p = \frac{1.96 \times 10^8 VdT_c}{M} \tag{5-19}$$

式中,p 为容器内液态转变为气态后的压力,Pa;V 为液态介质体积或容器容积;d 为填充系数,kg/L;T_c 为介质的临界温度,K;M 为介质的摩尔质量,kg/kmol。

b. 平衡破坏相变。存在于密闭容器内的高于其沸点温度的一定量的液体,在其相应温度下的蒸气压作用下,保持气、液两相平衡。如果气相部分的外壳突然发生裂缝(这往往是由于蒸气压上升,使容器薄弱的地方发生破裂或者由于外部机械力造成容器的突然破坏),则高压蒸气从裂缝迅速喷出,容器内压急剧下降。这时,由于液体失去蒸气压的平衡,变为不稳定的过热状态。处于过热状态的液体立即使一部分液体迅速气化,而将剩余的液体冷却到沸点的温度。为此,在过热液体内部,均匀地产生沸腾核。由于同时有无数气泡产生,液体体积急剧膨胀,液体因膨胀力而获得惯性,猛烈地撞击器壁,而呈现液击现象,这样就会给器壁施加数倍于最初蒸气压的冲击压。于是容器裂缝范围扩大或断裂,变成碎片飞散,容器中的液体几乎全部喷出容器之外。

c. 接触相变。这是指沸点相差很大的两种液体接触,使沸点低的液体迅速升温至沸点以上而转变成气态。这种相变也能引起激烈的蒸气爆炸。例如把少量的水洒入炽热的钢水中,把水通入盛热油的容器里,将液化甲烷倒入装有液化丙烷的容器中都会发生激烈的接触型蒸气爆炸。两种液体沸点温度相差越大,互溶性越好,爆炸压力越大。

⑤ 化学反应　容器内若发生快速放热化学反应,产生大量的气体和热量,容器内原有的气体和新生的气体被迅速加热,体积膨胀,压力上升,则可能造成容器的爆炸或爆破。容器内由于化学反应引起爆炸主要有以下几种情况。

a. 快速燃烧。由于容器内混入助燃性气体、产生了可燃性气体或可燃性液体上部蒸气处于爆炸温度范围内等原因,使容器内部形成爆炸性混合气体,发生爆炸。有的由于容器内的粉尘和喷雾与空气混合而发生爆炸。由于爆炸性的混合气体爆炸属均相反应,压力上升快,因此破坏性大,一般的安全装置起不到保护作用,因为其有限的泄压面积来不及泄压。

b. 气体分解爆炸。有些气体浓度达100%,仍能发生爆炸,这是由于物质发生了放热的分解反应。如乙炔分解爆炸压力比乙炔快速燃烧形成爆炸的压力要大得多。容易产生分解爆炸的有机气体主要有乙炔、乙烯、环氧乙烷等。它们分解时不但产生热量,并且分子数量增多,因此在密闭容器内易导致爆炸事故。它们的主要分解方程式如下。

$$HC\equiv CH \longrightarrow 2C + H_2 + 227kJ$$
$$H_2C = CH_2 \longrightarrow C + CH_4 + 127kJ$$
$$H_2C\underset{O}{\overset{}{\diagdown\diagup}}CH_2 \longrightarrow CO + CH_4 + 134kJ$$

这些气体压力越高、温度越高越容易发生分解爆炸。把爆炸的气瓶、管道等切开或拆开,如果发现内部充满了积炭,则可说明发生了这种气体的爆炸。

c. 单体聚合引起的爆炸。作为高分子原料的单体,化学稳定性差,而且有较强的聚合能力,在其储存和生产中的容器中,如果阻聚剂失效、沉淀、有促进聚合作用的杂质混入或者其他原因使单体自动开始聚合反应,或者使聚合加速,则产生大量的聚合反应热。这种热量使液体蒸气压上升,或者使容器内气体膨胀,或者兼而有之,最终结果都可能造成容器破裂或爆炸。

(2) 容器常见的破坏形式

① 塑性破坏　这种破坏是由于内部压力逐渐升高，经过塑性变形而造成的。塑性变形实质是金属内部晶格滑移造成的。

特征　ⓐ圆桶形容器爆破后一般成为两头小、中间大的鼓形。ⓑ具有较大的塑性变形，这是主要特征，容积变形率可达 10％～20％。ⓒ断口呈撕裂状，多与容器轴向平行，一般呈暗灰色的纤维状。ⓓ断口不齐平，与主应力方向成 45°，破坏部分拼合时，沿断口间有间隙。ⓔ破裂时一般不产生碎片。ⓕ爆裂口的大小视容器爆破时的膨胀能量而定。如液化气体类，膨胀能量大，裂口也大。ⓖ爆炸压力与计算爆破压力相近。

原因　ⓐ过量充装。ⓑ超压运行。ⓒ磨损。ⓓ腐蚀、器壁减薄继续运行。ⓔ受热。

② 脆性破坏　这种破坏主要是由容器材料变性或内压突变性增加造成的。

特征　ⓐ没有或很少有塑性变形，碎块拼拢，其周长和容积与爆炸前无明显变化。ⓑ断口齐平，断面有晶粒状光亮，常出现人字纹（辐射状），其尖端指向始裂点，始裂点往往是有缺陷处或形状突变处。ⓒ破坏时大多裂成碎片，常有碎片飞出。ⓓ大多数发生在较低温度。ⓔ破坏在一瞬间发生，断裂以极快的速度扩展，速度可达 1800m/s。ⓕ破坏常发生在低应力状态，即破坏时容器内实际压力远小于计算的爆破压力，绝大多数发生在材料的屈服极限以下。

原因　ⓐ材料使用温度低于它的脆性转变温度，产生低温脆裂。ⓑ缺口（如焊缝裂纹）引起应力高度集中，使材料塑性降低。ⓒ加载速率过大。ⓓ外力的突然冲击和震动。ⓔ钢材中含硫、含磷过高。ⓕ在高压含氢介质作用下发生氢脆。

③ 疲劳破坏　这是因为在长期交变压力的作用下，在容器材料有缺陷的地方产生细微裂纹，并在裂纹的两端形成高度应力集中，因此使细微裂纹逐渐扩大。同时，又由于应力继续不断地交变，使裂纹两侧的材料时而分开，时而挤合，逐渐形成一个光滑区域，当裂纹扩大到一定程度后，截面遭受到严重削弱，在外力作用下，材料就会沿削弱了的截面发生脆性断裂。因此疲劳破坏的截面明显地分成两个不同区域：其中一个是光滑区域，这是由断裂前的挤压造成的；一个是粗粒状区域，这是脆性断裂造成的。前一区域发亮，后一区域较暗。

特征　ⓐ破坏时无明显塑性变形。ⓑ破坏一般是从一些应力集中的地方开始，特别易发生在接管处。ⓒ断口有明显的特征，有两个区域：疲劳裂纹扩展区和最后断裂区。疲劳裂纹扩展区呈贝纹状花纹，光亮的细瓷样断口，最后断裂区一般呈脆性断口特征。ⓓ一般无碎片，只是使容器开裂，泄漏失压。ⓔ破坏总是经过多次反复载荷（交变应力作用）后发生，破坏时的应力低于材料的抗拉强度。

原因　ⓐ频繁地反复加、卸压。ⓑ操作压力波动幅度大（如超出设计压力的 20％）。ⓒ工作温度发生周期性的变化。ⓓ结构、安装缺陷使其部件不能自由地膨胀和收缩。

④ 蠕变破坏　在一定温度（钢在 300℃以上）及压力作用下，材料变形随时间的延续慢慢增长，使材料截面减小，直至破坏，称之为蠕变破坏。

特征　ⓐ破坏时具有明显的塑性变形。ⓑ破坏后对材料进行金相分析时，金相组织有明显变化，晶粒长大，析炭，氮化物、合金组分球化等，有时还会出现蠕变的晶间裂纹。ⓒ发生在高温和受力的条件下，为时较长，破坏时的压力低于材料在使用下的强度极限。

原因　设计时选材不当或运行中局部过热。

⑤ 腐蚀破坏　腐蚀破坏包括金属表面的腐蚀和金属内部的腐蚀。

特征　ⓐ均匀腐蚀使器壁减薄，导致强度不够而发生塑性破坏。ⓑ局部腐蚀使容器穿孔；造成腐蚀处应力集中，在变载荷下成为疲劳破坏的始裂处；造成强度不足而发生塑性破坏。ⓒ晶间腐蚀属于低应力破坏，使材料强度降低或完全消失，金属材料失去原来的金属响声，事前检查能被发现，一般不引起金属外表变化。ⓓ穿晶（断裂）腐蚀也是低应力破坏，一般不引起金属外表的变化。

原因　与介质的物化特性、压力状态、工作条件有关。

（3）容器爆炸现场特点

① 爆炸容器显而易见　爆炸容器或者炸成几块，或者整体位移，在现场显而易见。

② 抛出物块大、量少、距离不等　由于压力容器和反应器选用韧性大的钢材制造，爆炸物能量密度不高，其破坏力介于炸药爆炸和空间气体爆炸之间，容器内有一定空间缓冲作用，所以一般不会发生粉碎性破坏，多数是被炸成较大的块，或被撕裂出几个裂口，或将容器的铁板展平。这种爆炸抛出物数量不多、块大、距离不定，有时没有抛出物，有时容器整体抛出或位移。容器内若装有液体或固体，在爆炸时将全部或部分抛出，其抛出内容物的方向，在容器炸裂或先行炸裂的一侧。

③ 冲击波有方向性　由于压力容器爆炸一般在某个部位先发生爆裂，或者只在某一个部分发生爆裂，所以其冲击波有明显的方向。面对容器爆裂口的物体容易被推倒、位移，其他方向破坏小。若反应器内发生激烈的化学爆炸，容器被均匀粉碎，则冲击波和固体爆炸的冲击波相似，没有明显的方向性。

④ 没有烟痕　容器爆炸一般没有烟痕，尤其是因物态变化、体积膨胀发生的容器爆炸，根本不存在烟痕。某些气体的分解爆炸，可在容器内壁发现分解的炭黑。

⑤ 燃烧现象　容器爆炸，尤其是发生物理性爆炸，一般没有燃烧现象。但是易燃液体、可燃气体容器爆炸后，逸出的大量气体、蒸气，在静电、明火及其他火源作用下往往发生二次爆炸或燃烧。

（4）容器爆炸现场勘察的主要内容

① 检验容器本身破坏情况

a. 破裂断面。要及时检验，防止断口生锈和污损。用放大镜仔细观察断口截面及断口附近容器内外壁的颜色、光泽、裂缝、花纹，找出其断面特征。必要时取下一部分破裂口附近的材质，以备进行化学分析、力学性能检验和焊接质量鉴定。

b. 破坏形状。应测量裂口长、宽，容器裂口处的周长和壁厚，并和容器原来尺寸做比较，计算裂口处的圆周伸长率和壁厚减薄率，估算出容积变形率。

c. 碎片和抛出物。测定记录碎片及抛出物的形状、数量、质量、飞出方向和飞行距离。抛出物的质量和飞行距离是判定、估算爆炸力的依据之一。根据大块抛出物或整体抛出物的质量及飞行距离，按公式(5-20)计算其所需的能量。

$$E = \frac{mrg}{2\sin 2\theta} \tag{5-20}$$

式中，E 为抛出物体爆炸时获得的能量，kJ；m 为抛出物体的质量，ks；r 为飞行距离，m；g 为重力加速度，m/s^2；θ 为物体抛出时与地面的夹角。

在容器整体被抛出的情况下，其所获得动能约为爆炸总能量的 1/30～1/20。

d. 收集残留物。爆炸容器内的物质一般应该是已知的，但是为了证明是否发生过误充装、误加料，反应器、储存器内是否缺少某种缓冲剂、稳定剂、阻聚剂、稀释剂，是否它们已失效，是否生产过程中产生了某种不稳定的敏感性危险物质，是否有某些锈层和离子起催化作用，是否有不完全燃烧或分解沉积的炭黑等，就要检验容器内的残留物，寻找发现带有容器内容物喷溅痕迹的物体，记录残留物和喷溅物的形态、颜色、黏度、数量和种类，并收集试样以备检验。

② 检验安全附件情况

a. 压力表。是否有严重超压现象，是否有长期失灵不准。若压力表冲破，指针打弯，说明产生超压；若指针在正常工作点及附近卡住，说明失灵。对于记录式压力表，查出事故发生时的记录数据。

b. 安全阀。检查是否有开启过的痕迹，是否有严重失灵现象。杠杆式安全阀的重锤是否被人无故动过。对安全阀重新试验和拆开检查，看其内部腐蚀情况，介质附着情况，阀门动作情况。

c. 液位表。检查是否与主容器连通，是否有假指示现象，通过印痕检查爆炸前液体量，检查残余液体量，检查液位表的破坏情况。

（5）容器爆炸现场访问主要内容

a. 发生爆炸容器或设备的名称、用途、型号、生产厂家、使用年限和质量信誉等情况。

b. 发生爆炸容器或设备的设计、施工、检修等情况。

c. 爆炸发生的时间，爆炸冲击波的方向及爆炸时的声音、火光、气味、烟雾等现象的特征。

d. 容器或设备内爆炸前内容物的种类、数量、比例，是否有错装、超量、少装等现象。

e. 容器或设备在生产的各个工序上应保持多高的温度、压力，应该如何操作，出现过什么可疑现象。

f. 压力表、减压阀、安全阀、液位表等安全附件工作是否正常，是否按期检修。

g. 以前是否发生过类似事件，事故发生后采取了哪些安全措施。

5.4.2.5 爆炸物质数量的估算

在调查爆炸事故时，常常需要确定爆炸物质的数量。查明爆炸物质的数量，对于确定事故性质、发生（泄漏）时间、分析事故原因及事故责任均有重要意义。当然根据工厂、仓库等单位的原始记录和爆炸物品剩余的数量，即可方便地求出爆炸物质数量；但当没有条件获得这种记录和数据时，还可利用模拟试验求出爆炸物质的数量，然而模拟试验的代价是相当昂贵的。如下几种估算方法，可灵活地根据现场具体情况运用。

（1）根据安全阀动作程度和动作时间估计　对可燃气体或蒸气，因安全阀开启从容器中泄漏出来而发生火灾或爆炸的现场，其泄漏量可用下式估算。

$$W = 0.1 A p C_0 X \sqrt{\frac{M}{ZT}} \cdot t \tag{5-21}$$

式中，W 为安全阀排气量，kg；p 为容器内气体绝对压力，MPa；C_0 为流量系数，全启式为 0.60，调节圈微启式为 0.40，无调节圈微启式为 0.30；X 为介质特性系数，一般气体为 256，多原子气体（原子数＞4）为 244；T 为气体温度，K；Z 为气体在容器内温度和力的作用下的压缩系数，常温或温度不太高的情况下 $Z=1$；t 为安全阀动作时间，h；M 为气体的摩尔质量，kg/kmol；A 为开启面积，cm^2（全启式安全阀 $h \geqslant \frac{1}{4}d$ 时，$A = \frac{1}{4}\pi d^2$，微启式安全阀 $h < \frac{1}{4}d$ 时，$A = \pi d h$）；h 为开启高度；d 为安全阀内径。

（2）根据泄漏开口面积和泄漏时间估算　对于易燃液体、液化气体因容器破裂或开阀门泄漏出而发生火灾或爆炸的现场，其液体泄漏量可按下式估算。

$$V = 0.60 A t \sqrt{\frac{2p}{\rho}} \tag{5-22}$$

式中，V 为液体泄漏体积，m^3；p 为容器内压力，Pa；ρ 为液体密度，kg/m^3；A 为开口面积，m^2；t 为泄漏时间，s。

（3）根据燃烧波及范围估算　当泄漏开口面积和时间无法考查时，即可参照如下方法进行估算。

1L 液态烃可以蒸发为约 250L 蒸气，若按 2.5％与空气混合，则可得 10000L 爆炸性混合气体，发生爆炸时的温度如果按 1500℃计算，体积扩大 6 倍，则为 60000L。这就是说，在常温下，1L 液态烃在空气中完全燃烧时，能够产生大约 60m^3 的高温气体。如果这些气体在地面上以半球状扩散，则可根据燃烧波及范围的半径按公式(5-23)估算易燃液体体积。

$$V \approx \frac{1}{30}R^3 \tag{5-23}$$

式中，V 为易燃液体体积，L；R 为燃烧半径，m。

（4）根据易燃液体浸漫边迹估算　如果易燃液体流散在平面上蒸发后发生火灾或爆炸，现场留下液体浸漫边迹，根据痕迹的轮廓可以测算出它的面积，然后根据下式估算出泄漏液体的体积。

$$V = \frac{A}{K} \tag{5-24}$$

式中，V 为泄漏液体体积，m³；A 为液体流散面积，m²；K 为液体流散系数，1/m。

流散面积不仅与液体体积有关，而且与液体的物理化学性质以及流散固体表面特性有关。不同易燃液体在不同物质水平面上的流散系数见表5-25。也可以根据现场情况的不同，通过试验求得流散系数 K。

表 5-25　几种易燃液体的流散系数 $K/\times 10^3$

液体种类	平面(地面)种类				
	土地	水泥	混凝土	瓷砖	沥青
汽油	1.72	6.88	5.06	6.80	1.72
煤油	1.87	5.01	9.35	5.61	3.74
柴油	1.40	3.85	4.55	4.55	4.90
石油	1.56	2.03	3.12	2.34	2.34

（5）根据相似法则估算　1000kgTNT 在地面爆炸时，冲击波的气浪压力（正压）对一般木平房破坏的实验结果见表5-26。

表 5-26　1000kgTNT 爆炸气浪压力及破坏情况

气浪压力/kPa	木建筑物破坏情况	破坏距离/m
6	窗户玻璃损坏	201
8～10	受压面窗户玻璃大部分损坏	166～144
15～20	窗框及木板套窗损坏	109～90
25～30	窗框及木板套窗大部分损坏	75
40～50	屋瓦掉下，隔板墙破裂	56～49
60～70	房架松动，柱梁折断	44～39
150	建筑面积180m² 的房屋倒塌	37～28

任何形式的爆炸，只要对周围建筑造成破坏，就可根据实际破坏现象对照表5-26估算爆炸气浪压力和爆炸的 TNT 当量。如果在某一距离造成的破坏现象和同距离的1000kgTNT 爆炸破坏现象相似，则这种爆炸的能量就相当于1000kgTNT 的爆炸能量。若破坏现象相同（似），而距离不同，其爆炸时的 TNT 当量可按下式进行估算。

$$W_{TNT} = 1000\left(\frac{R}{R_0}\right)^3 \tag{5-25}$$

式中，W_{TNT} 为爆炸物爆炸时产生的 TNT 当量，kg；R 为爆炸物爆炸时破坏物与爆炸中心的距离，m；R_0 为1000kgTNT 爆炸，爆炸中心与相似破坏现象所在位置的距离，m。

通过式(5-25)看出，爆炸产生某种破坏现象的距离与1000kgTNT 爆炸产生同样破坏现象的距离之比为 1/2 时，则爆炸冲击波能量相当于 125kgTNT；其比为 2 时，则这个能量相当于 8000kgTNT。

式(5-25) 是以冲击波气浪压力（正压）作为破坏基准来考虑的，适用于玻璃、木板、窗框之类物件的破坏。式(5-25) 计算出来的是 TNT 当量，如果爆炸物并非 TNT，可按式(5-26) 估算其爆炸物质的数量。

$$W = 4200 \frac{W_{TNT}}{Q} \tag{5-26}$$

式中，W 为爆炸物质的量，kg；W_{TNT} 为爆炸物质的 TNT 当量；Q 为爆炸物质的爆炸热值，kJ/kg。

（6）利用炸坑容积估算　如果是炸药类等固体爆炸物在地面上形成炸坑，可利用这个炸坑容积估算爆炸物的 TNT 当量，然后计算爆炸物的量。

1kgTNT 在地面爆炸时，其炸坑容积约为 $0.15 \sim 0.2 m^3$。

炸坑容积（V）近似计算公式如下。

$$V = 0.33 d_1 d_2 h \tag{5-27}$$

式中，d_1，d_2 为炸坑上、下口直径，m；h 为炸坑深，m。

爆炸的 TNT 当量计算公式如下。

$$W_{TNT} = \frac{V}{V_0} \tag{5-28}$$

式中，V_0 为 1kgTNT 炸坑容积，$0.15 \sim 0.20 m^3$；V 为现场炸坑容积，m^3。

5.4.3　静电火灾调查

凡是由静电放电火源引起的火灾或爆炸统称为静电火灾。静电火灾有两个明显特点：一是原因复杂，因为静电火灾往往是各种因素在最坏条件下偶然组合所致，这种组合又缺乏重现性；二是静电火灾几乎不能留下静电的特定痕迹与物证。

静电火灾难以通过对火场特定残留物的鉴定，给火灾原因认定提供直接的依据。因此，它的调查工作基本上是围绕如下两个方面进行：一是排除其他起火源成灾的可能性；二是分析和测试事故前现场静电火灾条件形成的可能性。当排除其他起火源，而且静电放电火花引燃的条件很充分时，可判定为静电火灾。

5.4.3.1　静电火灾形成的条件

静电作为点火源，需经历产生、积累、放电和引燃的过程。当现场同时符合如下条件时，才能形成静电火灾。

① 具有静电产生和积聚的良好条件。静电产生条件主要指材料的起电能力、生产工艺的具体过程、人体的活动方式等。静电积累条件则包括材料的绝缘性能、静电起电速率、环境湿度、温度以及接地状态等。

② 具有足够大的静电场强度，能形成静电放电。静电放电是具有不同静电电位的物体相接近时，它们之间的介质的绝缘能力受到突然破坏，产生电火花并在其间隙出现瞬时电流的现象。要使介质的绝缘能力破坏，必须在火花间隙两端上具有足够的电位差。这个数值的大小，与间隙的几何形状及介质的性质有关。例如，在干燥空气介质中平板间的击穿需要 $30 \sim 35 kV/cm$；负尖端对正极板的击穿需要 $20 kV/cm$；正尖端对负极板或两个尖端相对的击穿需要 $10 kV/cm$。

③ 静电放电引燃的爆炸气体或粉尘浓度处于爆炸极限范围内。

④ 放电能量大于或等于爆炸混合物的最小点火能量。

上述是形成静电火灾的充分和必要的条件，缺一不可。

5.4.3.2　静电火灾原因调查的基本方法

（1）分析和勘察现场存在的静电产生与积累的可能性

① 起火现场有否下列能产生静电的操作过程或人体活动

a. 塑料管泵送、真空抽吸或排放有机溶剂、轻质燃料油和可燃粉料。

b. 塑料桶灌注汽油。

c. 橡胶制品生产中的涂胶刮胶，橡胶原料在有机溶剂中搅拌或在输油管中输送。

d. 橡胶软管输送有机溶剂。

e. 油罐、槽车装油和泄油作业。

f. 油罐、槽车采样，测温和检测。

g. 用油品溶剂洗涤物料或对油罐、油容器进行清洗作业。

h. 将不同油品或油品与物料搅拌调和。

i. 过滤油品或进行物料中的油液分离。

j. 向反应釜或容器加油液或回收油液。

k. 高压管道破裂流体喷泄。

l. 可燃气体放空管排放。

m. 进行固体的粉碎、筛分、干燥、真空抽吸、压缩空气输送、快速加料、袋式集尘。

n. 用化纤织物揩擦油设备、吸收倾倒的泊液、蘸洗油擦洗化纤衣履的油迹。

o. 着化纤衣服、胶鞋、塑料鞋在火灾爆炸危险场所行走、工作、运动或脱穿化纤衣服。

p. 清洗油轮的油舱或油舱内有压舱水强烈溅击的现象。

q. 静电喷漆操作等。

② 分析与测定物体带静电的能力　在接触分离过程中产生的静电电荷，不会永久聚集在物体上。一旦产生静电的过程停止，物体所带的静电荷将随着时间流逝消失掉，这种现象称为静电泄漏。物质静电带电能力可用静电泄漏的快慢表示。

静电泄漏量与物质的电阻率、介电常数以及泄漏时间有关。设物体的初始带电量为 Q_0（C），t 秒后剩余电量为 Q，则：

$$Q = Q_0 e^{t/\tau} \tag{5-29}$$
$$\tau = \varepsilon_0 \varepsilon \rho \tag{5-30}$$

式中，ε_0 为真空中介电常数，其值为 8.85×10^{-12}，$Q/(V \cdot m)$；ε 为物质的相对介电常数；ρ 为物质的电阻率，$\Omega \cdot m$；τ 为逸散时间常数，s。

由上两式可知，在其他条件相同下，物质消散电荷的快慢取决于时间常数 τ。τ 值大，静电荷消散得慢，表明该物质有较强的积聚电荷的能力，电荷不易流走；反之，τ 值小，静电荷流走的快，表明积聚电荷的能力差。各种物质的 ε 变化不大，绝大多数物质 ε 在 1～30 之间。然而，它们的 ρ 变化很大，能够相差 20 多个数量级。在实际分析与测定工作中，可用物质的电阻率来衡量其带静电荷能力。一般认为，电阻率越大，物质的带电能力也越大。

常见的可燃液体如汽油、煤油、苯、乙醚属于带静电物质；原油、重油由于电阻率低于 $1 \times 10^{10} \Omega \cdot cm$，一般本身不存在带电问题。

物质带静电能力的强弱还与客观条件有关。悬浮在空气中的粉尘或雾滴，甚至金属微粒，不论其电阻率大小，由于处于孤立状态，难以逸散掉所带电荷，故都具有很强的带电能力。

（2）分析带电体的放电能量和可燃物的最小点火能量

① 调查静电火灾现场，寻找静电放电的带电体，勘验所有可能作为放电电极的部位，在此基础上进行放电能量的分析。带电体的放电能量是受自身的电学性质、电极的几何形状、带电体电位高低以及放电过程中呈现的类型影响。由于导体和非导体上静电荷自由程度

不同，即使两者的带电状态（电压、电容、电量等）相同，其放电能量以及放电速度也有显著不同。带静电的物体为导体，尤其是金属，如果发生放电，在一般的情况下，是将所储存的静电能量几乎全部变成放电能量而放出。因此，导体上所储存的静电能量等于某种可燃气体、粉尘等的最小点火能量时，则可能产生引起爆炸或火灾的危险。导体积聚的静电能量，可通过其静电电压和电容或电量，按式(5-31)进行计算。

$$W=0.5CV^2=0.5QV^2=0.5Q^2/C \qquad (5\text{-}31)$$

式中，W 为静电能量，J；C 为放电两极之间的电容，F；V 为放电两极之间的电位差，V；Q 为带电电量，Q。

例如，某一带静电人体，静电电位测得为 2000V，人体与大地之间的平均电容为 200×10^{-12}F，该人体对接地体放电的能量则为：

$$W=0.5\times200\times10^{-12}\times(2000)^2=4\times10^{-4}(J)$$

这一能量能够点燃多数可燃气体与空气的混合物。

非导体放电时，一般情况下为局部放电。它不能一次将其所储存的静电荷全部释放出来，其释放的能量不能采用带电导体放电能量的计算方法计算，而常用试验测试或经验法测量或估算。这里只给出部分带电非导体放电能量大致判断标准：带电非导体电位约 1kV 以上，电荷密度 1×10^{-7}Q/m^2 以上的局部放电能量可达数十微焦（$1\mu J=10^{-3}$mJ）；若静电电位 5kV 以上，电荷密度 1×10^{-6}Q/m^2 以上，其局部放电可达数百微焦；若静电电位 20～30kV 以上，则产生的静电放电可引燃最小点火能量较高的可燃蒸气或粉尘。

② 查清被静电放电引爆燃烧的物质，分析或测定其最小点火能量。静电火灾是静电放电释放的火花能量对放电通道中可燃物的点燃作用引起的。因此，在估算或测定静电放电能量之后，应认真了解和查清最先被引爆燃烧的物质，以分析确定其最小点火能量。当静电放电能量等于或大于可燃物最小点火能量时，静电火灾才可能形成。

通过调查或现场取样分析确定最先被引爆的物质后，应分析和测试在现场条件下该物质的最小点火能量。常温常压条件下，可燃气体、蒸气和可燃粉尘的最小点火能量可利用有关资料中的文献值。CS$_2$ 最小点火能量最低为 0.009mJ；其次 H$_2$ 和乙炔，均为 0.19 mJ；大部分烃类气体或蒸气都在 0.2mJ 左右；NH$_3$ 与空气的混合物所需最小点火能量超过 1000mJ。由于静电火花能量一般不超过 1000mJ，故静电火花难以使 NH$_3$ 着火。粉尘的最小点火能量比可燃气体或蒸气的最小点火能量大几倍甚至上百倍。

在利用有关文献的数据时，应注意这些数据是在常温常压，可燃气体、蒸气或粉尘与空气按化学式计量浓度配比的条件下测得的。当现场条件偏离这些规定条件较多时，可燃物在现场条件下的最小点火能量会与文献值有差距。例如，可燃物在空气中的浓度偏离化学计量浓度时，所需点火能量将增大（实际上点火能量在稍低于化学计量浓度时最低）；而当压力、温度增高，含氧量增加时，所需最小点火能量则相应减少；若可燃气体、蒸气与纯氧按化学式计量比混合，其最小点火能量将为在空气中的最小点火能量的 1/100～1/200。此外，粉尘的最小点火能量受所处状态影响。例如，多数金属粉尘在堆积状态下的最小点火能量小于悬浮状态下的最小点火能量，有些火炸药也有这种性质；但是，大多数有机粉尘悬浮状态下却比堆积状态下的最小点火能量小。

(3) 调查分析现场客观环境状况，进行综合判断　现场客观环境状况对静电积累和放电有很大的影响。现场的空气相对湿度、静电接地情况、输送可燃液体的流速、静电电荷自然泄放时间、现场各种防静电技术和措施等是影响静电积累和放电的主要因素。下面主要分析湿度、接地和流速的影响情况。

① 湿度　静电火灾事故及其实验均表明静电的产生和积累与环境的相对湿度有密切关系。例如，某粉体筛选过程中，相对湿度低于 50% 时，测得容器内静电电压为 40kV；相对

湿度为 65％～80％时，静电电压降低到 18kV；相对湿度超过 80％时，静电压降至 11kV。

　　一般地说，周围环境空气越干燥越容易产生和积累静电。空气中的湿气可降低物质表面的电阻，促进静电的泄漏，抑制静电的积累。随着空气湿度的增加，物质（尤其是静电非导体）表面上形成薄层水膜，水膜中含有杂质和溶解的物质，这些物质有较好的导电性，使得物体表面的电阻大大地降低。然而，对于表面不被水湿润的静电非导体，湿度对静电泄漏影响很小。对于孤立的带电体（不论导体或非导体），空气相对湿度高，虽然其表面能形成水膜，但因无泄漏静电的途径，湿度对带电体的静电无影响。然而，一旦发生静电放电，由于孤立带电体表面的电荷集中，其放电火花却比较强烈。

　　湿度对静电危险性影响程度，可按如下经验进行初步判断：空气相对湿度超过 70％，静电积累和放电难以发生；空气相对湿度低于 30％，静电易于积累，其危险性较大。

　　② 静电接地和跨接　静电接地的目的在于人为地将带电体与大地造成一个等电位体，不致因静电电位差造成火花；跨接则是使金属设备以及各管线之间维持一个等电位，或当有杂散电流时，以便提供一个良好的通道，避免在断路处产生火花。金属设备和装置使用良好的静电接地和跨接可消除静电危害。

　　火灾现场调查时，应注意如下部位的接地和跨接情况。

　　a. 易产生静电的金属部位是否接地。

　　b. 与产生静电部位不相连接但相邻近的金属部分是否接地。邻近金属的两端都需接地，若一端接地，另一端的感应静电仍然有放电的可能。

　　c. 有可能发生火花放电的金属体的间隙是否跨接。

　　d. 现场起火前人体是否有防静电着装，地面是否铺有防静电地板。

　　静电接地良好与否取决于接地电阻值。由于静电电流为微安级（10^{-6}A），若要求接地体造成的电位差不超过 10V，那么接地电阻最大可以取到 10^{-6}Ω。如果把电流取到 10^{-4}A，电压差取到 0.1V，再考虑到使用方便，静电接地装置的金属导体部分的总电阻值小于 1000Ω 即可。对于跨接，要求的跨接导线电阻小于 0.01Ω。

　　值得注意的是对于易产生和积累静电的高绝缘性材料（电阻率＞10^{8}Ω・cm）的固体或液体，采用静电接地来消除静电的效果是不大的。例如，接地良好的金属容器消除不了油品内静电的产生和积累。如果企图在这些绝缘性油品中设立金属网并良好接地来消除静电，还会背道而驰。因为金属网不能增加绝缘液体的导电性，反而增加了固、液体相接触面积，给新静电荷的产生制造了良好机会。

　　③ 流速　油品在管道中流动所产生的静电电流或电荷密度的饱和值与油品流速的二次方成正比。式(5-32) 是液态烃类燃料油在输送和装卸管内流动时能否产生危险静电的判断式。

$$U^2 D \leqslant 0.64 \tag{5-32}$$

式中，U 为烃类燃料油在管中的流速，m/s；D 为管道直径，m。

　　当烃类燃料油的流速和流经的管道直径不满足此式时会产生危险的静电。

　　油罐灌注时，注油管在容器顶部喷洒装油，在鹤管未浸入油面之前，其线速度超过 1m/s，或当鹤管没入油面后，线速度超过 6m/s，均会产生危险的静电。但是，若油品中加入了抗静电添加剂，则流速的影响不大。

　　（4）模拟测试　为了验证调查和分析的结论，条件允许时，应进行模拟测试。根据测试结果进一步确定静电产生和放电以及引爆可燃物的可能性。

　　模拟测试可分为现场模拟测试和实验室模型测试。现场模拟测试是指对类似操作工序中静电带电体进行的有关静电的测量，如静电电压、电容、电量、物体的电阻率、环境温度、湿度等，以取得判断静电火灾原因的参考数据。实验室模型测试是根据火灾调查的现场工艺、流程和设备装置情况，在实验室里建立小型相类似的模型，在模型上重复火灾前的作业内容，观察所出现的各种静电现象，并用适当仪器进行静电测试，以取得静电数据作为参考。

模型测试能提供比单纯现场模拟测试更多的静电数据，尤其是在现场的某些影响因素易变而难以确定的情况下，模型测试可在该因素较大的变动范围下，进行多次测量。对于破坏严重，也没有相类似工序的现场应考虑用实验室模型测试法。

然而，值得注意的是，模拟测试必须忠实于或尽可能地相似于火场实际状况，绝不允许任意改变，以保证测试结果接近实际情况。

5.4.4 雷击火灾调查

雷击火灾是由于雷电的破坏作用引起可燃物燃烧或爆炸的一种自然灾害。雷击时产生的各种雷电效应是导致这种破坏作用的主要原因。

5.4.4.1 雷电效应

雷电的热效应能使放电通道上的温度高达几千至几万度。雷击点处发热能量能使 $50\sim200mm^3$ 的钢熔化。

雷电机械效应产生的机械破坏力可分为电动力和非电动力。电动力是由于雷电流的电磁作用所产生的冲击性机械力。在雷电作用的导线上的弯曲部分这种电动力特别大，往往会使导线折断。非电动力的破坏作用包括两种情况：一是当雷电直接击中树木、烟囱或建筑物时，由于流过强大雷电流，在瞬时其内部产生大量热能，使其内部水分迅速气化，甚至分解成氢气和氧气，发生爆破；二是当雷电不是直接击中对象，而是在该邻近地方产生时，它们会遭受由于雷电通道高温所形成的空气冲击波的破坏。雷电通道的高温使其内部空气受热迅速膨胀，并以超声速度向四周扩散，四周冷空气被强烈地压缩，形成冲击波。

静电感应又是雷电效应的一种。当金属等物体处于雷云与大地之间所形成的电场中时，金属物体上会感生出大量的电荷。当雷云放电后，雷云与大地间的电场虽然消失，但金属物体感生积聚的电荷却来不及逸散，而产生很高的电压，高达几万伏，可以击穿几十厘米的空气间隙，造成火花放电。

很大的雷电流在极短的时间内由产生到消失，在其周围空间里会产生强大的变化着的电磁场。这种雷电造成的电磁感应不仅会使处于该电磁场中的导体感应出较大的电动势，而且还会使构成闭合回路的金属物产生感生电流。如果回路中存在导线间的接触不良现象，会产生局部发热或火花放电。此外，在变化着的电磁场中的铁磁性物质会受到磁化，而产生剩磁。

雷电波侵入也是雷电效应的一种。雷击在架空线路、金属管道上会产生冲击电压，使雷电波沿线路或管道迅速传播。如果侵入建筑物内，会造成电气装置和电气线路绝缘层击穿，导致短路引起火灾。

当防雷装置接受雷击时，在接闪器、引下线和接地体上都可能产生很高的电位，如果防雷装置与建筑物内外电气设备、电线或其他金属管线的绝缘空间距离不够（一般不足2m），在它们之间易产生放电，这种现象称为高电压的反击作用。这种作用同样会引起火灾、爆炸或人身伤亡。

5.4.4.2 调查与鉴定的要点

雷击能引起可燃物的燃烧是不容置疑的。因此，雷击火灾调查的重点应放在有否形成雷电的气象条件；雷击的发生是否与起火时间一致；雷击点是否与起火点相吻合（或起火点位于雷电通道上或附近）等方面上。

（1）调查当时的雷电活动，判断雷击火灾的可能性　雷击火灾与各地的雷电活动密切相关。雷电活动随着各地的地质、地形、季节、气候不同而异。从地区上看，西北地区年平均雷电日一般 15d 以下；长江以北大部分地区（包括东北）年平均雷电日在 15～40d 之间；长江以南地区平均雷电日在 40d 以上；北纬 23°以南地区年平均雷电日均超过 80d；海南岛及雷州半岛地区年平均雷电日高达 120～130d。某一地区雷电活动概况可用年平均雷电日说明。然而，在同一地区的雷电活动因受局部气象条件的影响，同一地方的雷电活动也可能有较大的差异。例如，在某些山区，山的南坡落雷多于北坡；傍海的一面山坡落雷多于背海的另一面山坡。因此，调查某地方的雷电活动时间，不仅要考虑它的地理位置，还要注意其地形和当时的局部气象情况，并了解当地历史上落雷的事故，以便判断雷击火灾的可能性。

（2）勘察现场雷击部位，正确提取物证　为了证明现场发生过雷击，需要勘察现场的雷击部位和提取雷击痕迹。为了能及时准确地找到雷击部位，应根据雷击的规律或雷击对地点和部位的选择性进行现场勘察。

地质条件是影响雷击选择性的主要因素。易于积聚大量电荷的是土壤电阻率小的地点，水位高而潮湿的地点，如大型盐场、河床、池沼、苇塘或含有金属矿床地区的建筑物容易遭受雷击。其次是土壤电阻率突变处如土壤电阻率较大的大片地区与土壤电阻率较小的局部交界处，雷击多落于土壤电阻率小的地方。岩石与土壤的交界，山坡与稻田交界，雷击多落于土壤或稻田处。地下水面积较大或金属管线较多的地面易落雷，地下水线的出口和金属管线集中的交叉点处更易落雷。

从建筑物所在位置和地形来看，建筑群中的高耸建筑物件和空旷地里的孤立建筑物较易受雷击。在靠山或临水的地区，临水一面的低洼潮湿地点易受雷击；山口或风口的特殊地形构成暴雷走廊的地方易受雷击。从地图上看，铁路线路和高压电线路容易感应大量电荷，因此铁路集中的枢纽、铁路终端和架空线路的转角处容易遭受雷击。

建筑物本身能积蓄的电荷量对雷电接闪有影响。雷击点易于选择钢筋混凝土结构的大模板体系、预制装配壁板体系、滑升体系以及框架体系内有较多钢筋的墙、板、梁、柱或基础，因为这些地方容易积累大量电荷。金属屋顶、金属架构、电梯间、水箱间、建筑物上部的突出物如收音机天线、电视机天线、旗杆、铁挖梯、屋顶金属栏杆及金属天沟是积蓄电荷的部位而容易受到雷击。此外，建筑物上部的烟道、透气管、天窗和工厂的废气管也是容易接闪的部位。建筑物内部安装的大型金属设备和通入建筑物内的地下及架空金属管线路也都易于积聚电荷，而存在接闪的可能性。大型自来水场、水塔、大型热力点和大型变电站等集中的金属管线路多，能积聚的电荷量多，接闪机会也多。常年积水的水库和非常潮湿的牛马棚，也是容易接闪的。

屋顶平整而无特别突出结构（如烟囱等）的建筑物，雷击部位一般有如下规律：不管屋顶坡度多大，雷击率最高的部位是屋角与檐角；高度小于 30m 的建筑物，平屋顶建筑物遭受雷击的部位是四角和四周的女儿墙；坡屋顶建筑受雷击的可能部位是屋脊、屋檐和屋面，然而建筑物的坡度愈大，屋檐的雷击率愈小；当屋顶的坡度大于 40°时，屋檐不会遭受雷击。

上述雷击易发生的地区或部位应是现场上首先考虑和重点勘察的地方。

雷击痕迹是现场勘察中证明雷击发生的最有利的物证。在寻找雷击部位同时，应注意发现和提取这些痕迹。雷击痕迹是由于雷电的热效应和机械效应造成的，尤其是雷击比较严重的火灾现场。常见的雷击痕迹有如下几种。

① 金属熔化痕。雷击线路、电气设备会造成多处短路或烧坏，留下导线的熔化痕迹。雷电通道附近的环形金属线接头或端头可能产生电熔痕。一般接闪装置、金属屋面、储油钢罐等遭受雷击时会产生熔蚀现象。

② 建筑物破坏痕迹。烟囱、高墙、房脊、屋檐等最易受雷击破坏。木结构常被击碎为

条状；混凝土、岩石、红砖表面常被烧熔或剥离，油漆表面变为焦黑。

③ 混凝土构件中性化。雷击混凝土构件时，会使混凝土材料中性化。雷击部位的表面颜色与原色相比变浅，且光滑带有光泽。

④ 树木、木质电杆、横担劈裂痕。由于木材，尤其是树木含水分多受雷击时，强大的雷电流迅速通过这些木材，使其水分迅速气化、膨胀，气体的膨胀力使树等劈裂炸断。常见的劈裂痕是沿木纹方向纵向裂开，树干和树皮剥离，附近有树叶烧焦。

⑤ 铁磁性材料被磁化。雷电通道附近的铁磁性材料如铁钉、铁丝等，受强大的变化电磁场作用而被磁化，在这些材料物体上会留有剩磁。

⑥ 地面被击出坑状痕。地下有金属管道或矿藏时，雷击有时会将地面泥土局部掀起，击出一个坑状痕。

⑦ 雷击尸体痕。雷击伤亡的人畜，尸体外表有树枝状"天文"烧痕，心脏、脑神经呈触电麻痹症状，人体衣服、头发被烧焦，有时随身所带金属物件会有熔化痕和剩磁。

（3）雷击痕迹鉴定　雷击痕迹可采用金相分析检验、混凝土中性化检验和剩磁检验来鉴定。

① 金相分析　建筑物金属构件，收音机金属天线、金属管道、防雷装置的接闪器、引下线等由于雷击而产生的金属熔痕的金相组织类似电熔痕，可以与火烧熔痕区别开。因为雷电作用温度高于火场的火灾温度，且作用时间极短（直击雷主放电时间一般为 0.05～0.1ms，总放电时间不超过 100～130ms），故只能造成金属表面的熔化，熔痕的金相组织致密细小。

电气线路和设备受雷击造成的短路熔痕，在金相组织上更容易与火烧熔痕相区别。这种雷击短路熔痕分布面广、线路长、在整个电流经过的线路设备上都可能出现。

② 中性化检验　受雷击而未经过火烧的混凝土构件，其水泥在雷电高温作用下氢氧化钙会转变成中性的氧化钙，通过检验雷击部位混凝土构件的碱性，即可判断受雷电高温作用情况。

③ 剩磁检验　雷击造成的现场上铁磁性材料的剩磁，可以利用特斯拉计（或高斯计）进行检测。雷电流一般可使附近铁磁性构件产生 1mT 以上的剩磁。检测剩磁常在现场原地进行。为了检测准确，要注意以下几点。

a. 避免磁性干扰和物证的磁性损失。原地检测时，检查火场中附近有无其他磁性物体存在，如有则需采取措施加以排除。取样检测时，不要将样品混于一块，检测应分别进行。被测物件需拿至场外进行检测时，各物件应避免碰撞或敲打，以免磁性损失。

b. 进行比较验证。除了对雷击通道附近的铁磁性物件进行剩磁检测外，还需对其他部位的铁磁性物件或电气设备进行比较检测。如果现场其他区域的铁件都有 1mT 左右的磁性，那么就很难判断是雷击所造成剩磁了。

c. 调查能引起磁化的其他原因。了解被测物件附近在这次火灾前是否曾有过大电流短路或雷击现象，以免将以前某种原因造成的剩磁误认为此次雷击造成的。

5.4.4.3　雷击火灾原因分析中注意的问题

（1）雷击时间与起火时间　雷击时产生的高温足以使一切可燃物燃烧起火，雷电波沿架空路线或金属管侵入室内使电气设备发热打弧也足以使易燃、可燃气体或液体爆炸。这种引燃过程瞬间可发生，故雷击时间与起火时间应是一致的。

雷击发生于雷雨天气，若加上某些因素如雨大，可燃物潮湿的影响，雷击时可能引起的局部着火会熄灭而形成不了火灾；雷击过后，也不会因留下雷击的火种，在一段时间以后使可燃物复燃。因此，雷击与起火时间一致的原则是判断雷击火灾的重要依据之一。

（2）雷击点与起火点　直击雷火灾与起火点可能在一处，也可能不在一处。前一种情况是出现在雷直接打在可燃物（如森林、草垛、货箱、木结构建筑等）上的时候；后一种情况则是由于雷击在非可燃物（如金属杆、屋顶、烟囱、砖墙等）上，但在雷击点附近的金属丝或电气线路上感应出雷电波引起了其他部位上的易燃、可燃物燃烧或爆炸。

球雷火灾中，球雷遇到物体的爆炸处往往与起火点是一致的。

总之，雷击火灾的起火点应在雷击点处，或在雷电通道和雷电波传播的途径的附近。如果现场的起火点位置不具备这个特点，应重新考虑火灾原因。雷电通道或雷电波传播途径可根据现场遗留的雷击痕迹来确定。

（3）正确认识避雷针的防雷作用　避雷针的防雷作用在于接受雷电流，并安全地把它导入大地。因此，避雷针是用于防止直击雷的破坏。在某些安装有避雷针的情况下仍时有雷击火灾的发生，其原因主要有以下几条。

① 避雷针不能完全防止感应雷和雷电波侵入以及球雷的破坏。雷云在没对避雷针放电前，就可使地面某些物体产生静电感应电荷；不管直击雷通不通过避雷针，都可使雷电通道附近的金属产生感应电势，而引起感应雷火灾。雷电波和球雷则可从远离避雷针的地方侵入，而使避雷针失去防雷作用。因此，不能因现场装有避雷针而轻易否定雷击火灾。

② 避雷针存在保护范围的问题。在避雷针下周围的一定空间内，建筑物或其他被保护体可以避免遭受直接雷击，这个空间称之为避雷针的保护范围。此范围与避雷针高度有关，并随着避雷针高度的增大而增大，但不是成简单的线性关系。由于某种原因，如果被保护物体中有某个房角、某个烟囱、某个排气管越出这个避雷针的保护范围，则同样会被直接雷击。

③ 若避雷针的引下线接头接触不良，或安装的位置附近有其他金属线路和管道，当通过雷电流时，因发热打火或高电位的反击作用也能引起火灾。

此外，当管理不善，引下线或接地装置遭到破坏时，避雷针还可能失效。

5.4.5　电气火灾调查

5.4.5.1　概述

（1）电气火灾原因判定的条件　因电气设备、线路故障或其安装、使用、维护不当造成的电气火灾，虽然种类较多、具体原因也复杂，但是在判定为电气火灾时，现场均必须具备如下一定的条件。

① 电气线路、设备在起火时或起火前的有效时间内带电或使用。线路或设备带电才可能引起火灾。起火前的有效时间内带电使用，指有些火灾在人们发现前几个小时甚至十几个小时就已被电火花引发了，如天棚上保温材料锯末从点燃到明火燃烧有较长时间的阴燃过程，从发现明火时起向前推到锯末被引燃这段时间称为起火前的有效时间。另外，已经停电的设备的余热能或某些情况下电气故障遗留下来的火种，在停电较长时间后仍能够引起火灾。所以，起火前的有效时间内带电同样是电气火灾的必要条件。

② 电气设备或线路的故障点必须与起火点相吻合或相对应。所谓相吻合或相对应是指起火点应位于电气设备或线路故障点的附近、下方或下风方面。电气设备或线路故障电火花，或电气设备的发热体产生的热量只能传递到一定距离内的可燃物上。电火花飞溅能力向下远强于向上或左右方向，故其下方可燃物易被引燃。在室外电火花会受风力、风向的影响而顺风向朝下飞溅。漏电火灾其起火点则必须处于漏电电流经路上。

③ 电气故障产生的热量或电火花必须具有足够的能量引燃附近的可燃物，或者电气设备为电热器具。

（2）电气火灾现场勘察的内容　对怀疑为电气火灾的现场，在确定起火部位后，应该对起火部位有关的电气线路或设备查明如下内容。

① 电气线路、电气设备设计、施工安装是否符合国家电气安装、安全规范，是否符合地方政府及有关部门的安全规定。

② 电气线路、设备何时、何地经过何人改装和检修，何人验收鉴定，改装或检修后使用状态如何。

③ 电气线路、设备发生过何种事故及其经过和处理情况。

④ 现场用电设备配置情况，有无过负荷的可能。

⑤ 电气设备火灾前的使用情况。

⑥ 火灾扑救过程中或救火后是否有人变动过电气设备，变动情况如何。

⑦ 存在的物证并加以收集和提取。可作为电气火灾物证的有：开关上的烟迹；开关插销、电热具等实物；电弧痕迹；开关等把手上的指纹；短路痕迹；保险丝熔断状态；变电所运行记录；电气设计安装、竣工、改装图纸；同一现场上的电气接点、开关等。

⑧ 确定起火点，查明电气事故、电气使用与火灾的联系，进而查明起火原因。

（3）电气火灾现场访问的内容

① 用电系统的一般情况，如供电电压质量，一般停电时间和次数，线路负荷情况，电气设备的生产厂家，生产时间以及维修情况。

② 以往事故情况，曾发生过哪些事故，什么原因，引起什么后果等。

③ 火灾前供电的状况，如电灯是否忽明忽暗，是否出现过断电，是否有过明里发暗，突亮，并持续了多长时间。

④ 向电气设备的使用人了解设备及线路的使用情况，交接班验收情况。

⑤ 向使用人员了解事故征兆，如设备是否发生过触电现象，线路是否打过火，电机、变压器、镇流器是否有过不正常声响，电机是否烫手、冒烟、转速下降，是否嗅到过烧橡胶、塑料等杂味。

⑥ 查看变电所的值班记录，了解负荷与继电保护动作情况及各种仪表工作情况，以助于判断有关线路及设备发生故障的范围。

5.4.5.2 配电盘的勘察

配电盘勘察的目的在于查明处于起火点处的配电盘是否是由于其故障引起火灾；当怀疑下属所控线路或设备引起火灾时，通过勘验配电盘确定下属线路或设备是否带电。

（1）确定配电盘下属电路和设备带电或故障状况 为了确定电气与火灾的关系，应先做的工作是勘验火场上的配电盘，因为配电盘上的某些反应和现象与其所控制的线路、设备的故障有关。

① 如何确定带电状态。利用配电盘上非密封刀型开关上痕迹证明所控制线路或设备的带电状态。有两种情况需要区分对待，一种是配电盘处未受到火灾的波及，并且火灾发生后没有触动过开关刀闸。此时可通过刀型开关的关合或开断位置来鉴别。若是起火后有人承认将刀型开关扳把手柄拉下而断电，可通过遗留在扳把手柄上的指纹痕迹鉴别。另一种情况是配电盘处受到火灾的波及，其刀型开关的合断状态可采用如下三种方法加以鉴别。

a. 利用刀型开关内静夹片和刀片上的烟熏灰尘痕迹鉴别。

b. 利用静夹片的间距鉴别。

c. 利用手柄螺孔封漆熔流状况鉴别。

② 如何确定故障状况。配电盘上熔断器（保险盒）内的保险丝（片）的熔断痕迹，可用于确定下属线路或设备故障是短路还是过负荷。首先勘验保险丝（片）的规格，在规格符合选用要求的条件下，可对保险丝（片）的熔断痕迹进行勘验。对于保险丝，若其呈现爆断，即缺损多，周围有熔丝喷溅痕迹则说明下属线路或设备发生短路故障；若其呈现熔断，即缺损少，熔丝残留部分较长，周围无喷溅痕迹，则说明下属电气故障为过负荷。对于保险

片，若其狭窄处熔断，说明下属电气故障是短路；若其宽处熔断，则为过负荷。

当熔断器内保险丝（片）被铜丝或铁线代替时，通过测定替换熔丝的金属丝的线径，按铜、铁丝熔断电流式(5-23) 和式(5-24) 计算，可以估计下属线路中可能通过的最大电流值。

$$I_{Cu} = 80d^{1.5} \tag{5-33}$$
$$I_{Fe} = 24.6d^{1.5} \tag{5-34}$$

式中，I_{Cu}，I_{Fe}为分别为铜丝、铁丝的熔断电流，A；d 为金属丝的直径，mm。

（2）确定配电盘引起火灾的可能性　配电盘引起火灾有自身故障的原因，也有他处故障的原因。这些电气故障产生的电火花、电弧或发热、打火等能引燃周围存在的可燃气体混合物、电线绝缘层、绝缘胶布、配电盘的木质板、框或箱体。配电盘能产生引火源的现象有以下几种。

a. 刀开关正常开闭，磁力开关正常动作，保险丝正常熔爆，或该盘下属的线路、设备发生短路，使开关动作、保险丝爆断，产生电火花或电弧。

b. 盘面各电线与电器的连接点，或者本身内部接点接触不良而发热或打火。

c. 盘面电表、继电器等含有线圈的仪表和电器，因线圈故障发热或打火。

d. 盘后配线接头接触不良，尤其那些爪形接线容易发热，或者因振动、受潮或气体腐蚀盘后线路绝缘损坏而发生短路。

e. 因高电压或雷电压窜入配电盘而引起事故。

配电盘火灾现场勘察，首先查明配电盘在火场上的具体位置，与火场中心的关系。根据配电盘及附近物质烧毁状态，火势蔓延痕迹，确定配电盘处为起火部位；根据配电盘内外的烟熏痕迹、炭化痕迹和烧塌状况，判明火是由盘内烧至盘外。此后方可进行配电盘起火直接原因的勘验。

配电盘引入、引出导线的情况，特别要注意从电线管进入配电盘这一段有无因摩擦使电线绝缘破坏而导致短路放电留下的痕迹。

盘面电度表、继电器、电流互感器、磁力开关、空气开关等仪表电器的烧毁状态，检查这些仪表电器的线圈和接点，判明其烧坏是由于内热，还是外部火烧造成的，各触点是否烧死粘连或接触不良。

勘验各开关、熔断器、电流互感器等端子接线，检查是否有熔断、变色、假接等现象。如果某导线与开关端子接触有过热痕迹，如金属变色、产生氧化层、烧蚀、接触点附近电线绝缘焦化，说明该电路电流曾过大或接点接触不良。若非接触不良，当上述现象发生在一相时，说明是接地；发生在两相时，说明是短路；发生在三相时，说明是过负荷。

检查开关内部各导电件用螺丝或铆钉连接的地方，动刀片活动轴处和与静夹片接触处有否接触不良、金属严重氧化、退火、甚至熔化现象。

对于盘后，注意查看配线绝缘、接头、导线相互交叉情况，导线与导线固定卡件之间的绝缘情况，检查是否有接点接触不良，导线绝缘破坏而短路，对地短路和漏电痕迹。

5.4.5.3　电气线路火灾的勘验

（1）电气线路火灾原因　电气线路指的是架空线路、进户线和室内敷设线路。

架空线路短路故障主要是由于木电杆腐烂或水泥电杆受机械撞损而倒落，使线路发生短路；架空线路杆距过大，线间距离过小，线路的弧度过大而发生导线相碰短路，或弧度过小而发生断线引起对地短路；架空导线不按规定敷设，导线小于最小允许截面，导线接头位置不当，机械强度不够，引起断线接地；架空线路与地面距离太近，引起对地短路；高压支持绝缘子，耐压程度降低，引起导线对地短路；人为的误操作。

室内敷设线路短路故障主要由于年久失修，绝缘老化；导线规格型号未按具体环境选用，在高温、潮湿、腐蚀性气体等作用下加速导致绝缘老化；乱接乱拉，管理不善，用电量过大，线路长期过负荷运行致使绝缘损坏；进户线短路或接地往往是因风吹摇动，电线与穿线管管端摩擦及室内外温差而造成绝缘破坏的结果。

电气线路过负荷故障主要是由于导线截面选择不当，实际负荷超过了导线的安全载流量；在回路中，不考虑回路的实际载荷能力，过多地接入用电设备。

造成电气线路中连接点处接触电阻过大的主要原因有安装质量差如压接时不紧密，应加弹簧圈的而未加，应将螺栓旋紧的而未旋紧，绞接时绞接长度不够，插接时静接点尖片压力不够等；导线连接时接触面没有经过处理，沾有杂质、氧化层、油污等；接点长期运行缺乏检修；在长期负载下接点的氧化、电腐蚀、蠕变作用逐渐加剧，尤其是铜铝混接的接点，形成恶性循环，而引起火灾。

（2）电气线路火灾勘验内容

• 当起火点上空有架空线路通过时，注意检查如下内容。

a. 导线上是否有绞接、飞禽碰撞等使线路短路的情况。

b. 起火点上空这段线路上是否有接头，通电时是否曾发生过打火。

c. 裸导线上是否有电弧烧痕或断股，线路上的绝缘子是否有因放电破裂现象。

d. 导线是否有落于横担上发生漏电现象。

• 当起火点附近有落地架空导线时，为防触电，勘验前需切断电源，然后勘验如下内容。

a. 导线断点及其落地点与起火点之间的空间位置关系。

b. 勘验断头痕迹，断头的形状及环境情况，判明导线断落原因。

c. 勘验落地导线电弧痕迹，如导线与导线短路烧断，在其断点及其附近一段导线上会有导线相碰相触造成的电弧烧痕，若落地导线与潮湿地面接触对地放电，也会产生电弧烧痕。

d. 寻找和检验相邻导线上或接地体及地面上导线短路对应的电弧熔痕。

对于进户线，重点检查的是进户穿管和进户与接户线之间的接头。进户线常在进户穿管的两头由于摩擦等造成绝缘破坏发生短路、接地漏电故障。若进户穿管附近可燃物起火，要仔细检查进户穿管两端电线与电线、电线与穿墙铁管之间是否有放电打火金属熔化痕迹。接户线与进户线接头有时被放在防水弯头处，由于经常受滞留雨水侵蚀，造成接头处接触不良。如果此接头下部着火，需认真勘验该接头。

当室内敷设线路未被火灾破坏或破坏不严重时，应注意勘验起火部位沿室内的布线，寻找短路、过负荷、断线和接头接触不良的痕迹。室内瓷瓶布线，因每根导线单独固定，不会发生短路，只可能发生过负荷、断线、接触不良的故障。若出现两根导线在一个瓷瓶上固定现象，则可通过固定两根导线的金属绑线发生短路。木线槽布线应重点检查是否有被钉子穿破，或穿过墙壁及天棚处所遗留的各种电气故障痕迹。天棚内向天棚盒的引线、灯头线、各电器的电源线，则短路、过负荷、断路、接触不良、漏电几种故障都可能发生。

当线路被火灾烧损，或因建筑物倒塌和扑救而被破坏时，则应从火场废墟中去寻找，凑齐有关线路全部烧残的导线，记下其在火场上的位置，研究它们在不同处的烧毁状态、不同特征以及形成这种状态与特征的具体原因。

线路故障引起配电盘或变电所的火灾，如保险丝爆断造成配电盘或附近物质起火，或者高压线故障加上电保护系统失灵造成变电所起火，也得对配电盘或变电所下属线路进行勘察。由于故障点不在起火点处，就需对有关线路进行全面检查。如果线路较长，或因线路不便检查，可先使用绝缘电阻测量方法，以判定出线路短路或接地故障点处于哪条线路上。这样能缩短查出故障点的时间。

（3）线路故障勘验方法

① 断头　火场上导线断落原因分为建筑物倒塌时拉断、火灾前后锐器切断、火灾中被火烧断和带电导线短路被电弧熔断。导线不同的断落原因其断头的外部特征则有所不同。

若导线断头处断面齐整、截面不变，或者断头尖锐、截面由粗变细、线段挺直、有撕裂痕迹、显微镜下观察断头有参差不齐的尖刺，说明导线是由于建筑物倒塌时被拉断的。导线达到其共晶体温度时也会发生断面齐整的脆性断裂。

若断面为不同锐器的刃痕，说明导线是被锐器切断。如果断头一面有坡，则是被刀斧类砍断；如果两面有坡且坡面对称，则是被钳子剪断；如果两面有坡，坡面错开，则是被剪子剪断；如果断面不整齐，不变细，没有刃痕，也没熔痕及电弧烧痕，则是被砸断；如果两根导线并在一起，断头位置一致，有刃痕，又有电弧烧痕或导线的金属熔渣，则是导线在通电情况下两根导线同时被锐器切断。

若靠近断头的一段导线断面稍有变细，有金属熔态，对于软线有多股线芯粘结变形等特征，尤为明显的是有退火变软现象，但对于铝线则是干瘪收缩，说明导线是被烧断的。此外被火烧断的导线，如果是两根并靠在一起的导线，其烧断点外部形状不一定对应；如果是一根导线，其断处两断头的形状不会有相应的疤痕。

若导线断头处存在电弧烧痕和金属熔化喷溅渣，断头熔痕与导线本体界面分明，断头附近没有熔化态的流淌和退火现象，说明导线是被短路时电弧烧断，并没被火焰作用。如能找到短路的另一根导线或接地体，则能在其相应短路处发现形状对应的电弧熔痕。

② 短路熔痕　短路熔痕勘验的目的是鉴别引起短路的原因，即起火前电器故障引起的短路还是起火后火灾作用引起的短路。

③ 过负荷痕迹　导线过负荷与否可通过导线的绝缘破坏、线芯金相组织变化和线芯熔态等特征进行判定。

④ 接头接触不良　因导线接触不良引起火灾的常见起火部位，一般在建筑物的天棚内、电缆沟内、配电盘内、电线盒以及其他与电线的连接处。当起火点上方或内部有上述部位时，应对其电线的接头进行认真检查，查看其接法和接触的情况，尤其要注意铜铝线的接头，观察接头的绝缘包敷物，勘验接头导线间氧化变色、接触面电弧烧蚀熔痕。认定因接触不良产生过热引起的火灾，主要根据起火点以及从起火点处提取的接头熔痕证据。

导线熔痕是由火灾热作用还是由电热作用造成的，通过直观鉴定可初步区别，再经金相分析可作出最后的结论。经熔痕鉴定为电热作用所致时，也不应匆忙下结论，因为还应判明熔痕是何时形成的。为此应沿线路查找下端的负荷情况。在无负荷、电流处于静止状态时，不能认定火灾就是由接触不良引起的。只有当下端带负荷时，上述结论方可成立。

5.4.5.4　电热器具火灾现场勘察

电热器具是指将电能转化为热能以供人们使用的器具，如传统的电炉、电烙铁、电熨斗、箱式电炉、恒温箱和新型的电饭锅、电炒锅、电褥子、电水壶、电水杯、电梳子、电吹风等，此外工业上用的电弧炉、电感器、高温电炉等。电热器具种类繁多，构造、用途各异，但它们具有一些共同点。它们一般都是以发热元件为芯子，周围用绝缘材料保护，配上相应的附件组装而成。发热元件常为铁铬铝合金或镍铬合金的电阻丝，形状一般为螺旋状或板状。绝缘隔热材料一般为耐火黏土、氧化镁、瓷管、石棉、玻璃丝编织物、云母等。电阻丝的表面温度很高，可达 $700 \sim 1000 ℃$，外壳温度也较高，如长时间通电可达 $400 \sim 600 ℃$。

（1）电热器具火灾原因　电热器具功率大、温度高，由于热辐射或热传导可使许多可燃物质着火；同时电热器具使用的绝缘隔热材料均较脆、易碎裂损坏而引起短路。因此，电热器具的使用、维修、保养不当，易酿成火灾。造成火灾的主要原因有以下几个方面。

a. 使用后忘关电源或使用中停电未将电源切断，来电后无人看管，电热器具长时间处于通电状态而引起火灾。

b. 使用电热器具时无人照看，锅、壶、盆等容器内水被烧干，残留物质受热自燃或容器熔化，引起火灾。

c. 大功率电热器具使用截面过小的导线或容量过小的开关、插头，造成发热或打火，引起火灾。

d. 温控、时控装置或温度指示器失灵，造成温度过高，引起火灾。

e. 电热器具设计不合理，垫座的隔热性能差，绝缘易老化、破裂，引起火灾。

f. 未经完全冷却的电热器具放在有可燃物的场所，或把可燃物放在电热器具上，造成火灾。

g. 不正当使用电热器具，随意将烧断的电热丝短接或去掉一段后使用，或用大功率的电热丝装在小规格的炉盘内使用，使电热器具热量超过规定的限度而引起火灾。

（2）电热器具火灾现场勘察主要内容　对于怀疑是电热器具引起的火灾，一般应从如下几个方面进行勘验。

a. 电热器具与起火点的位置关系。

b. 保险丝的规格和状态。

c. 电源线、插头、插座和开关。

d. 电热器具的通电状态，通电、停电的时间。

e. 检查电热器具内部是否有过热现象。

f. 查明电热器具最先引燃的具体物质以及它们之间的距离。

（3）电热器具火灾现场勘察的方法

下面介绍常用电热器具如电熨斗、电热毯等的火灾勘验主要方法。

① 查清电热器具与起火点处物质作用情况，及时提取有关物证　电炉、电熨斗、电烙铁引起的火灾现场，曾与它们接触的可燃物体应残留有炭化坑或穿洞，或附近应有织物炭化层、木板炭块等。电吹风、电梳子等美容电热器具扔在棉织物上着火，其放置点也会有炭化区。

以电熨斗火灾勘验为例，电熨斗引起的火灾初期多呈阴燃状态，后才转为明火燃烧，尽管火势因现场情况不同而不同，但阴燃迹象仍然可见。在电熨斗未移动的原始位置周围，包括工作台、木地板、桌子、衣物等，常会留下被烧穿的洞或严重的炭化迹象。电熨斗上方屋架及棚顶有严重被烧迹象，而显示以电熨斗为中心的火势发展方向性。在这种情况下，可认为电熨斗与起火点位置一致，电熨斗可能是起火源，应作为物证提取。然而，由于火场的复杂，电熨斗可能错位，也可能在起火点处找不到电熨斗，因此在提取物证时，应根据具体情况作具体分析，充分核对，予以查实。

若初步确定的起火点范围较大，同时又存在几个电熨斗时，应根据调查的情况恢复其原始位置；然后从外观上逐个检查，分出轻重，若能判定其中一个被烧最重，则提取该熨斗作为物证。

若起火点处有两个电熨斗被烧程度从外观上无法分出轻重，可同时提取，经进一步鉴别后再做结论。在电熨斗多的情况下，究竟提取几个，一般由勘察人员根据经验和初步鉴别能力决定。总之，可多提取，而不要漏掉真正引起火灾的电熨斗。

② 勘验插头、插座、开关和电源导线上熔痕，分析判断电热器具的通电状态　电热器具必须在起火前处于带电或通电状态或因"余热"引起火灾。电热器具通电与否，可通过电热器具及其电源引线、电源插座、插头的火灾痕迹特征来判别。如果电源插头在火灾前已插上，插头前端的烧坏不及暴露在空间的部分严重，表面比较清洁或基本保持原有的金属色泽，其余直接暴露的部分有烟熏痕迹，插座内刃座金属片因受高温作用失去弹性，两片呈分

开状，其距离恰为插头的厚度，刃座内部清洁。反之，则插头金属片与插座金属片变色的情况基本一致，刃座的两金属片呈闭合或基本闭合状态。

电热器具引起的火灾，应从其周围首先起火，然后蔓延开来。电热器具的电源引线会先受热，绝缘破损，可能产生打弧现象，甚至短路。因此，在残存的引线上观察到电弧熔迹或熔珠、过负荷大结疤等现象，也可用于判断电热器具的通电状态。

③ 根据电热器具外壳、电阻丝或附件受热变色、熔化或机械性能的变化情况，判断电热器具受热类型和通电过热状况。电热器具本身是发热的，比较耐高温。如果是外部火焰烧它，其内部结构不会破坏，也没有明显变化。如果内部有过热特征，如电阻丝氧化严重，绝缘隔热材料变色、机械性能改变，电热器具内外金属变色均匀，则说明是通电时间过长引起的。

勘验电熨斗时，应注意检查其外壳、底板、石棉压板、绝缘云母板、电热丝、铜螺帽的痕迹特征，其要点如下。

a. 观察云母的色泽、机械性能变化。通电加热至 600℃ 以上的电熨斗，云母大都失去透明色泽和韧性，呈酥脆不透明的乳白色，有时中间破碎成洞；而未通电的云母片绝大部分仍保持原色泽，只是边沿变白失去韧性。

b. 观察石棉板的色泽变化。通电加热至 600℃ 以上的电熨斗，若受热时间较长，其石棉压板大都变色不均匀，或边沿变色较明显。检查电热丝及电路上的熔痕。火灾前电熨斗的电热丝、导电片如完好无损，火灾后出现断头或导电片被电弧烧蚀出凹坑，接线处有短路熔痕，均属通电加热所致。

c. 观察铜螺帽的色泽变化。通电过热电熨斗的前后铜螺帽颜色不一致，一般后铜螺帽变色严重并有熔蚀状态，而前螺帽变化不大；未通电过热的前后铜螺帽色泽基本一致。

此外，电熨斗罩壳和底板的色泽变化，因受周围环境条件的影响较大，应作为参考。

勘验电热毯时，应将被烧电热毯尽力恢复原状，找齐全部残留物，然后逐一进行检查。如果属于电线与器件、导线与电热丝连接处接触不良过热，会形成金属熔化痕迹。如果电热丝处于半断的虚连状态，会产生电火花或电弧而熔断形成熔痕。熔痕的形状多为圆珠状，即使没有形成熔珠，只要在显微镜下观察，也可辨别断口为熔断还是折断。在检查中如发现上述熔痕，可判定电热毯在起火前处于通电状态。

④ 进行必要的模拟试验，验证勘察分析结论　在某一定条件下，电热器具能否引起火灾，并遗留下某些特征的痕迹，在必要的时候，应按照火灾发生前的客观情况进行模拟试验。火灾的发生有其必然性，也有其偶然性，为了取得试验可靠的结果，应尽量保持模拟试验与火灾前的条件基本一致。电热器具火灾的模拟试验要求准确把握下述条件。

a. 电热器具的发热条件，即电热器具的种类、型号、功率、电流、电压、通电时间。

b. 电热器具周围可燃物的存放条件，即可燃物种类、数量、与电热器具的位置关系。

c. 电热器具的散热条件，即电热器具的放置情况，如底座下所垫物质种类、大小、数量，置于电热器具上的保温和吸热物质的种类、数量。

d. 环境条件，即温度、湿度、风向、风速。

模拟试验证明能够发生的，一般较为可信。反之，模拟试验证明不能发生的，则一定要慎重，要作分析，要进行多次试验。如果几次试验结果相差太大，则要反复推敲模拟条件并进行再次试验。

5.4.5.5　照明灯具火灾现场勘察

（1）照明灯具火灾原因

照明灯具可分为冷光源灯具和热光源灯具。冷光源灯具如日光灯、高压水银（汞）灯、霓虹灯，依靠灯管的弧电放电作用促使管内惰性气体、荧光粉发光，其灯管表面温度不高。热光源灯具如普通白炽灯、碘钨灯，是利用电流的热效应，使灯丝加热到白炽状态而发光。

碘钨灯管表面温度因功率大小而异，一般可达 500～800℃；白炽灯因其牌号、功率、放置方式等因素的影响温度相差很大，其范围为 50～500℃。由于上述的差异，冷热光源灯具引起火灾的危险性相差很大，火灾原因也有所不同。

冷光源灯具引起火灾的主要原因是：灯具的配件镇流器、变压器内部短路；灯具接线短路或接触不良发热或打火；使用较高电压的霓虹灯因漏电引起火灾。

热光源灯具引起火灾的主要原因是：灯泡表面高温引起紧贴、覆盖、包裹的纤维、纸张类可燃物阴燃起火；由于散热条件差，灯丝辐射热使位于附近可燃物升温起火；通电灯泡破碎，其高温碎片、残体或钨丝熔断时产生的弧光放电引燃下方可燃物或引爆周围的可燃气体混合物；灯座接线、开关接头接触不良而发热或产生电火花；泡壳与灯头粘接不牢松动造成内部引线短路或灯头焊锡熔化造成短路引起发热和进出电火花。

（2）照明灯具火灾现场勘察主要内容

a. 起火点与火场上灯泡、灯管及其镇流器、变压器之间的位置关系，查实照明灯具在火灾前安装或使用的具体位置。

b. 附近可燃物的种类、数量、状态及与照明灯具之间的空间位置关系，调查灯具与可燃物接触方式、或相距距离以及灯具周围通风散热情况。

c. 灯具的种类、功率、通电时间和使用目的（照明、烘干或取暖）。

d. 勘验灯具的开关、插头、插座在火灾前后的位置、状态和残留的火灾痕迹，判断灯具在火灾前的通电状态。

e. 勘察引起火灾的灯具或其残体，通过观察其外观痕迹特征，鉴别灯具与火灾的关系。

f. 勘验灯座内接线、簧片和灯头焊锡是否有接点过热、短路放电痕迹。对于电火花引起的火灾现场尤其注意勘验此项。

g. 冷光源灯具位于起火点处，应对其镇流器和变压器进行勘验，判断是否有内热现象。

（3）照明灯具勘验方法

① 根据白炽灯泡或其碎片上变形、破坏特征和炭化或分解产物的粘附状态，判断该灯在起火前是否处于通电及其与火灾的关系　如果灯泡壳或其碎片有向外凸出变形，且粘有可燃物的炭化物或分解产物，或泡壳上既有炭化烟熏痕迹又有局部变形青蛙眼状气孔，或泡壳上有圆形或椭圆形洞眼，都能说明该灯泡在起火前处于通电状态，且前两种情况还可证明是该灯泡烤燃了可燃物。

因为灯泡不通电照明时，充气灯泡的壳内压力为四分之三个左右大气压；通电照明时，泡壳内惰性气体受热膨胀，壳内压力增大到一个大气压；当灯泡将接触的可燃物烤至阴燃，可燃物燃烧部位逐渐扩大，温度逐渐升高，造成灯泡接触处玻璃受热变软，泡壳内压力高于与可燃物接触处的外部气压，而导致泡壳局部向外凸出变形。泡壳接触的可燃物，在泡壳烘烤下受热蒸发水分，继而发生热分解和炭化，最后燃烧起来。在这个过程中，分解产物或炭化物在泡壳高温条件下便会粘附在与之接触的泡壳上。若白炽灯不处于通电照明状态，即使可燃物燃烧的残留物落于泡壳上也是粘不住的。

泡壳上出现圆形或椭圆形洞眼，是由于灯泡常处在高出额定电压的条件下工作，如在260V 以上的情况下照明，灯泡寿命减短，在其寿命终了时发生弧光放电现象，电弧的高温把灯丝的接头处熔化成金属熔珠，此种金属熔珠大小不等，较大的熔珠可借助于弧光放电时的高温，熔穿泡壳而喷射出去，造成泡壳上洞眼。

然而，在火场中完整灯泡不易保存下来，要注意寻找灯泡的碎片，主要破碎的泡壳上具有上述特征之一，同样可说明问题。

② 根据残留灯头的芯柱、灯丝的变色、变形和金属熔化痕迹，判断该灯泡在起火前是否处于通电状态　如果灯丝发黑变细，甚至断成数节，灯丝的支架或芯柱上附有白色或浅黄

色的沉积物，并且导丝的端部（即与灯丝的接头处）无放电痕迹，或者灯泡导丝端部有金属熔珠或金属熔化痕迹，都可说明该灯泡在起火前处于通电状态。

灯丝由金属钨丝制成，白炽灯，包括碘钨灯，工作时灯丝温度均在 2300℃ 以上，在这样高温度下，钨丝只能在真空或惰性气体保护下正常工作。如果泡壳破坏，空气进入，则立即引起钨氧化燃烧。灯泡不处于通电的高温状态下泡壳突然破碎，其灯丝与空气接触不会发生剧烈氧化反应。在常温干燥的空气中呈银灰色的灯丝不会发黑变细，即使在火灾中受火焰作用或扑救中受外力破坏，也仍然保持原来的线径、颜色和一定的强度。灯丝氧化燃烧后呈黑色、变脆、线径变细或被烧断。氧化产物为白色或浅黄色的细粉状的三氧化钨。而导丝端部无放电痕迹，则说明泡壳破碎不是弧光放电所致，而是外力击碎的。

作为灯丝的金属钨，其熔点为 3410℃ 左右；作为导丝的镀镍铁丝，其熔点在 1500℃ 以上。因此，一般火灾的温度难以使灯丝和导丝熔化，尤其不能使灯丝熔化，只有在通电情况下发生弧光放电现象才会在导丝端部留下金属熔化痕迹。

③ 勘验灯座内部金属熔化痕迹，判断是否具有发热、弧光放电、火星等引燃引爆可燃物的特征　拆下吊式灯座顶盖或座式灯座外壳，首先检查灯座接线接点有无过热、导线有无短路痕迹。接线固定不紧，如因接线螺丝的螺孔滑扣，导致接触不良，甚至发生一根从固定螺丝中松脱，碰在另一根电线接线端子上。若接线线头剥皮过长，且没整理拧紧或挂钩不好，也会因散乱的铜丝活动引起短路。

检查螺口灯座底部中心簧片处是否有电弧痕迹。若簧片安装不良，或修理不当而松动或变形，在拧入灯泡时，则可能使簧片与内螺口相距过近，线路电压增高，引起电弧放电。

卸下灯泡或灯头检查灯座簧片与灯头顶端焊锡接触处是否有电弧痕迹及其焊锡熔化痕迹。在较小的灯座上安装大功率灯泡长时间通电导致过热使焊锡熔化引起短路。故要查明灯座种类、灯泡瓦数。

④ 勘验镇流器或变压器，根据痕迹特征，判断其是外部原因还是内部过热造成的　当起火点处涉及有冷光源灯具的镇流器或变压器时，须进行此项勘验。镇流器或变压器多因内部线圈短路、接线不良或绝缘破坏而漏电导致内部过热，引起与之接触的可燃物起火。

⑤ 根据现场勘察情况，采用对比分析方法，初步估计灯泡引燃周围可燃物的可能性以及引燃所需大致时间　对比分析是指在经调查勘验后获得灯具的种类、功率、通电时间和附近可燃物种类、数量、状态以及与灯具之间空间位置关系的基础上，参照有关的灯泡火灾试验结果，对火场物证灯泡引起火灾的可能性以及引燃时间进行的分析判定。普通灯泡空间高温点温度试验测定结果见表 5-27。

表 5-27　普通灯泡空间高温点温度/℃

灯泡功率 /W	测温点距泡壳 距离/mm	正立放置 上方温度	斜上放置 上方温度	水平放置 上方温度	斜下放置 上方温度
100	0	227	239	284	232
	10	187	179	195	139
	20	150	158	169	116
	40	127	132	142	100
200	0	240	243	292	246
	10	204	197	216	165
	20	181	177	199	143
	40	155	146	162	119

灯泡功率/W	测温点距泡壳距离/mm	正立放置上方温度	斜上放置上方温度	水平放置上方温度	斜下放置上方温度
1000	0	292	316	373	303
	10	261	252	288	209
	20	241	227	247	174
	40	207	205	194	132

注：1. 表中数据为东北牌和亚字牌两种牌号的灯泡在空间对应点上所测温度的平均值。

2. 表中数据测定条件是：环境温度为 $23\pm2℃$，空气相对湿度为 $50\%\sim70\%$，空气相对静止，使用电压220V。

根据上述结果和其他大量灯泡火灾危险性试验的结论，可以认为：

a. 功率大于等于60W的白炽灯能烤着与之接触的棉织品类可燃物。

b. 功率小于等于40W的白炽灯，引起火灾危险性较小，但如果小功率（如25W）灯泡被棉织品类覆盖甚至被埋没，也会因可燃物不断蓄热而发生火灾。

c. 处于某一空间位置的白炽灯，其灯丝上方且离灯丝最近的泡壳部位表面温度最高，该部位引燃与之接触的可燃物危险性最大。

d. 同种可燃物与白炽灯接触，其构成的蓄热条件越好，引起火灾的危险性越大。

e. 常见可燃物，如松木箱、木板、芦席、纸张、棉花、棉布、稻草、蚊帐布、化纤布、麻类、毛类等，在十分靠近（10mm左右）灯泡情况下有引起火灾的危险。

在进行对比分析时，应注意玻璃泡设计式样、泡内是否充入惰性气体、灯丝式样及位置、功率大小对泡壳表面温度会有影响，如果灯泡周围自然散热条件差，灯泡表面温度还会升高。

5.4.5.6　电动机火灾现场勘察

电动机火灾是指在电动机运行、检修过程中由于某些故障或操作管理不严造成机体过热、运转中赤热机件破碎飞出或某些部位接触不良而发热打火等所引起的火灾。电动机可按使用电源不同分为交流和直流电动机，其中交流电动机又有同步、异步电动机之分。在异步电动机里又有三相和单相电动机之分。三相异步电动机中因转子的构造不同又有鼠笼式感应、短路式转子、绕线式转子和滑环式电动机等。电动机种类虽然较多，但各种电动机有相似构造和故障，故以鼠笼式转子电动机为主要对象介绍电动机火灾勘验。发电机的火灾勘验也可参考本部分内容进行。

(1) 电动机火灾原因

a. 因绕组间、接线间或炭刷与滑环间的短路、接触不良、控制和保护设备正常操作或动作而产生的电弧和电火花引燃可燃物或引爆可燃气体混合物。电动机内能产生电弧和电火花的短路有：绕组相间、匝间及其对地；接线盒内电源线间及其与接线盒壳间；处于绕组至接线盒之间的引线间及其与机壳间的短路。能打出电火花的情况主要是：接线端子的接触不良和绕线转子电机的炭刷与滑环接触不良等。电动机产生的电弧和电火花可引燃电源线绝缘物或侵入接线盒内的可燃粉尘和纤维物质，在爆炸危险性场所，则会造成严重的爆炸事故。

b. 由于机械故障产生剧烈摩擦，导致机件破碎、赤热机件因高速旋转而被甩出，引燃所遇可燃物。

c. 由于内外各种原因导致机体过热，引燃机内可燃绝缘物或紧贴机壳的松软、细碎或浸有油的纤维类可燃物。电动机体过热往往是由于定子绕组过热、铁心过热或轴承过热造成的。当机体周围环境的散热条件差如气温过高、机体内外灰尘积累太多、冷却风扇损坏的时候，过热现象会更严重。定子绕组本身有电阻，在正常工作时就会发热，但不会发生过热现象。可是，当通过绕组的电流超过电动机铭牌规定的额定值时，绕组便会严重发热。电流超出越多发热量越大，从而导致定子绕组过热。引起电流值增高而超过额定值的原因，可以说是多方面的，但归结起来可分为如下几种。

ⓐ 接线错误。为了适应不同的电压或配合星角起动器起动电动机需要有不同的接线方法。现有接法为星形和三角形两种。星形接法是电动机绕组的三组线圈的尾接在一起，三个头接三相电源，用"Y"表示，适用于 220V 额定电压。三角形接法是三组线圈中每组线圈的头与另一线圈的尾依次相接组成封闭形，三个接点接三相电源，用"△"表示，适用于 380V 额定电压。如果把星形误接成三角形，电动机很快就会发热，即使空载，也用不了多长时间电机就会烧毁；如果把三角形误接成星形，电动机空载或轻载时不至于过热，满载时就会过热；一相绕组反接时也会过热，同时有噪声。

ⓑ 单相运行。三相异步电动机单相运行指在一相不通电，而另外两相流过单相电流的情况下的运行状态，又称缺相运行。因此，单相运行时有的绕组电流就要增大 1.73 倍，加上按电动机额定电流的 2 倍选用的熔断器保护装置上的熔丝不动作，故当电动机带上负载后，如不及时发现故障，必然会烧毁绕组，甚至起火。发生单相运行的原因常见的是：断了一相保险丝、一根电线或者刀闸、保险丝、接头等处接触不良而造成电源缺一相；绕组一相发生断线；采用星形接法时的中性点有一相未接牢固。

ⓒ 过载。过载指电动机的负载超过其额定输出功率的现象。过载时会导致流过绕组的电流增大而使绕组发热量增加。引起过载的原因有：设备不配套，小马拉大车；运行中负载加大过量，如脱粒机、粉碎机喂入量过大；电动机的机械或被拖带机械发生故障使电动机卡住不动或增加电动机拖力。此外，电动机电源电压的变化也会引起过载，如电压过低，因为电源电压过低电动机输出功率就会减少，由于选用的电动机功率是与被拖机械相匹配的，所以在输出功率减少情况下，仍然拖着原机械，电动机也同样会发生过载。

ⓓ 短路。电动机绕组一般采用漆、纱、丝包的铜或铝导线绕制而成，如导线绝缘损坏，会造成匝间或相间短路；如绕组与机壳间绝缘损坏，还会造成对应地短路。短路发生后，除了会产生电弧或电火花，还会通过绕组的电流迅速增加而引起过热。

d. 检修中浸漆、烘干时操作不慎、管理不严而起火。检修中，在电动机定子绕组重新绕制嵌入铁芯后为增强绕组电气绝缘和固定牢度，定子绕组需浸透绝缘漆。在工序上，浸漆前需预热定子和对绝缘漆加温；浸漆后需擦净残留在定子内表面等处的绝缘漆滴；让一些气体挥发后还需烘干。在进行预热、加温、烘干等过程中，由于缺乏必备的安全监视控制装置和安全知识，往往因定子预热温度过高、浸漆时遇明火或烘干时温度失控而起火。

（2）电动机火灾现场勘察内容

经过现场初步勘察怀疑火灾与电动机有关，应向电动机使用人、安装及维护人了解电动机以往使用、修理等情况，了解事故发生的前后经过，电动机的声响、气味、温度、保险丝熔断及其他保护装置的动作等情况，然后进行勘验。

① 电动机负荷勘验　首先检查电动机铭牌，查看型号、功率、电压、电流、接线方法、绝缘等级和定额。比较检查电动机功率与负荷匹配情况。如果小马拉大车，定额为断续、短时工作的电动机被连续使用，甚至电动机功率与所拖动设备铭牌功率相匹配但机器超载运行，电动机都会过载。负荷是否均匀，如粉碎机进料不均匀等大波动负荷。是否在重负荷下起动电动机。

② 接法勘验　根据铭牌上标明的接法，查明实际接线方法是否与之相符。拆下接线盒盖，接线盒内有六个接线柱，分两排排列：下排三个端子分别标有 $D_1D_2D_3$ 字样；上排三个端子分别标 $D_6D_4D_5$ 字样。D_1D_4、D_2D_5、D_3D_6 分别是电动机定子三相绕组的首和尾被铜片连接起来，这属于三角形接法；当 $D_6D_4D_5$ 被铜片连接在一起时，则属于星形接法。

③ 检测绕组电气故障　在拆开电动机进行内部勘验前，可用此法大致判断绕组的故障情况。各相绕组通断情况检测时，先拆下电源线和接线柱上的金属连片，然后将兆欧表两根测试线分别依次接在 D_1D_4 两端、D_2D_5 两端、D_3D_6 两端，轻摇手柄，观察表针摆动情况。如果表针摆向高电阻端，且不回零，说明该相绕组断路。

④ 查找电气故障点，判明事故原因　拆开电动机端盖，进行内部勘验前，先对接线盒内可能残留的放电痕迹进行检查。接线盒内电源线与端子、连片与端子接触不良，电源由于短路、受潮漏电，尤其在接线盒进口处因振动摩擦使绝缘破坏发生短路，会在盒内留有放电痕迹。若由此引起爆炸起火，盒内可能还有炭化的可燃粉尘或碎末。如果绕组线圈发生较严重的短路，电动机机壳内会发现明显的铜线短路痕迹和锃亮的熔珠。如果是对地短路，会在定子铁芯上发现附有铜线和铜渣熔溅喷膜的电弧烧痕。定子线圈相间短路常发生在定子两端不同相绕组的交叠处，不同相绕组向接线盒引线在穿过机壳处也易发生短路。对地短路、匝间短路则常发生在定子槽口底沿处。

5.4.5.7　漏电火灾现场勘察

正常情况下，电气系统的带电部分与大地是绝缘的，电流只在绝缘体包围的导体内流动。但是，如果绝缘层由于摩擦、挤压、切割、受热、老化、潮湿、污染、腐蚀等作用而破坏，造成绝缘性能丧失或部分丧失，并且在绝缘破损处与大地之间存在着某种非正常的导电路径，那么在对地电压的作用下，就会有部分电流从绝缘破损处流出，经导电路径入地，再流回电路，这种故障现象就是漏电。上述绝缘破损处，称为漏电点；电流进入大地处，称为接地点。在实际漏电故障中，漏电点一般只有一点，而接地点则往往有多点。

漏电一般发生在线路、用电设备及开关设备处。实际上线路发生漏电的机会较多，也容易引起火灾。

漏电火灾指的是电气系统发生漏电故障情况下，漏电流在其导电路径中，由于电热效应和打火作用引燃附近的可燃物而造成的火灾。

（1）漏电火灾原因

① 漏电流导电路径中因接触点过热打火引起火灾　漏电流流过的导电路径一般由建筑物中的钢筋、钢架结构、各种管网等组成。由于这些结构不是为传导电流而设置的，它们之间的连接点存在严重的接触不良问题。在漏电路径中各种钢铁构件相互接触处都带有漆层、锈层及其他污染物，这些也都使接触电阻增大。当漏电电流也较大时，接触点就会产生较多的热量，加上散热条件差，该处温度将升高，此温度又加速接触点的氧化，进一步增大接触电阻。这种恶性循环可使接触点的发热量逐步增大和温度持续升高，甚至达到红热或白热的程度。

漏电路径中接触点松动造成漏电回路的反复通电，而不可避免地引起电弧。这种电弧总是在松动的接触点气隙内发生的，要么随着接触点的分离和熔融金属的飞溅使电弧分断、熄灭，要么随着接触的接近进而形成固态接触而使电弧熄灭。一般一次电弧的持续时间约 0.1s 左右，尽管时间不长，但电弧的电流达 0.2A 时，电弧火花可使直接接触的棉花纤维产生肉眼可辨的糊焦迹；达 0.6A 时电弧火花可将棉花引燃成明火；电流达十几到几十安的强烈电弧，则具有较大引燃性。同时，在反复起弧的情况下电弧可使起弧部位受到严重破坏。例如，钢筋与煤气管线之间的漏电电弧可将管壁熔成穿孔。

② 漏电流致使漏电路径截面过小的导体过热而引起火灾　这种情况一般发生在漏电路径中的细铁丝上。例如，某厂电缆头漏电使跨接两个钢架上拉标语的铁丝红热引燃标语纸。实验表明 9A 电流可使直径为 0.7mm 的裸细铁丝红热，如果铁丝上覆盖有纸张则只需 7A 电流即可使纸阴燃。注意的是，这种起火原因仅限于漏电路径中存在较细的金属丝，且电流又较大时的情况。

（2）漏电火灾现场勘察内容

经调查访问和现场初步勘察，在起火部位如果存在下列情况之一时，应考虑是否存在因漏电引起火灾的可能性。其一，起火前处于带电状态的导线与附近金属结构接触或接近。所谓金属结构是指建筑物中的钢梁、柱、架等构件，外露钢筋网，铁皮屋顶或墙壁，自来水、暖气、煤气管道等固定装设的金属件，以及这些固定件相连的其他非固定金属件等。所谓接近是指正常状态下不接触，而在受到风吹或刮碰等作用时可能接触的状态。其二，在平时不带电的钢铁结构或其他建筑材料上有电熔痕迹，且痕迹总是存在于钢铁结构之间或结构与导线之间的接触部及其附近其他物体上。

一旦怀疑火灾可能是因漏电引起的，就应注意围绕着漏电火灾存在的漏电点、起火点和接地点进行勘察。以起火点为中心，通过对现场从漏电点到接地点整个漏电路径上的痕迹和环境条件的检查、测试和分析，判断火灾是否因漏电引起。漏电火灾的漏电点、起火点和接地点之间的关系如图 5-14 所示。

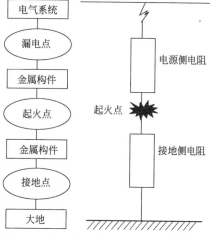

图 5-14　漏电点、起火点和接地点的关系

① 起火点勘验　漏电火灾起火点有如下明显特征：因漏电电流的热作用，使附近的木柱或木板上烧成碗状的炭化坑或不规则的凹形炭化点；通过漏电电流的金属件上会有金属熔痕、熔珠等；如果漏电回路通过较大的电流，并且由于抹灰墙中的金属丝过热熔断，产生电弧，还可能使起火点处的砂浆烧成砂浆熔珠，呈黑色玻璃体状。如果在屋面板上或墙内发现炭化点，并且处于炭化点的金属体，如铁瓦、金属管、金属网等上存在电热熔痕，或墙内砂浆熔融，则基本表明火灾可能是因漏电引起的。

围绕着起火点，除了勘验漏电痕迹外，还应详细了解如下情况，以便综合分析。起火点附近导线老化程度，是否容易受到切割、挤压、高温、水浸、化学污染等作用；起火前附近的电气系统分布及带电情况，是否出现过故障如熔丝熔断、灯光闪烁、人体触电麻电等；起火点附近可燃物的性质、数量和分布情况，以及燃烧蔓延痕迹。

② 漏电点勘验　根据起火点处发现的痕迹和进行的综合分析，能初步判明火灾是否由漏电引起。然后，查明漏电点、接地点以及测定漏电回路电阻来进一步验证。

首先查找漏电点。如果起火点处就是漏电点，则不必再查找，此时可认为漏电回路中电源侧电阻为零。如果起火点与漏电点不在一处，则需要查找。漏电点的查找可按如下方法进行。

当建筑物没被烧塌、电气系统破坏不严重时，可以首先利用兆欧表和万用表进行查找，步骤如下。

第一步，确定怀疑有漏电的电气系统范围，索取建筑物的电气配线图以及实际改装和补充的线路图，或者查清该范围电气线路和设备的详细情况后绘出电气系统图。

第二步，要切断待查范围的电源进线，并将该范围内的所有开关处于"接通"状态。

第三步，用兆欧表测量该范围内电气系统与起火点两金属结构间的绝缘电阻，取两个值中较小者作为电源侧电阻的近似值，若该值不为零，则该范围内无漏电点。若绝缘电阻为零，说明该范围内漏电，这时可用边测量边逐个切断支路开关的办法确定漏电点所在的支路；在该支路内用同样的办法再逐步缩小范围。

用上述绝缘电阻测量方法，可以找到发生了漏电故障的配线、支路和各个电气设备。然后查找漏电点的具体位置。测量绝缘电阻时应当注意，漏电不只是发生在配电线路上，还可能在用电设备上。因此，不要忽视调查现场用电设备火灾前的使用状态，测量这些设备带电部分与大地的绝缘电阻。漏电还可能发生在进户线这一段导线上，甚至就发生在进户的第一块配电盘上，测量线路的绝缘电阻时，不要遗忘对这段导线的测量。此外，漏电火灾中的漏电点不一定只在起火的建筑物内。在几个建筑之间有电气连接，或者建筑中有导电构件相联系的情况下，则可能在这个建筑物里发生漏电，而在另一建筑物里起火。因此在勘验时必须注意这种现象。

当电气系统被火灾破坏得比较严重时，测量绝缘电阻寻找方法不适用。此时需直接在有关场所、部位寻找，辨认电气配线或电气设备与接地体接触的位置。一般漏电易发生的部位是：上面或附近有电线通过的铁皮屋顶、金属烟筒；接户与房檐、进户线的穿墙部位；墙上的插座、开关、配电盘安装处；电气设备的天线、接地线处等。对于漏电的电气设备，则需要拆开设备，详细检查才能发现具体漏电点。从某些特征看，漏电点与起火点有相似之处。如果带电部分与金属接地体断续接触，或者接触不良，由于电火花作用，会在这个接触点上产生电熔痕。但是，如果一经接触就成了不分离的短接状态，或者带电体接触潮湿的木质构件，则不易发现这种熔痕。

漏电点找到后，可用万用表测量该点到起火点金属结构的电阻，即为电源侧电阻。由于这部分漏电路径通常是金属构成的，故电阻较小，一般不超过几欧姆。

③ 接地点勘验　真正的接地点应是在大地之中。实际勘察时，是将接地良好的金属体接触或相连的地方视为漏电回路的接地点。如果起火点就在这类金属体上，则可认为接地点与起火点重合，接地侧电阻为零。若不重合，需要在起火点附近认真寻找。

首先，在起火点处确定一个测量点。测量点必须为造成火灾的漏电电流通过的金属物体或其他导电的物件。然后以这个物体为一测点，起火点附近其他可能接地的金属为另一测点，直接用万能表测量两点之间的电阻。其中测得电阻值低的那个接地物体可能是漏电回路的接地体。若测得起火点与几个接地物体之间的电阻都低，则需要分别测量这几个接地物体对大地的绝缘电阻，其中电阻值最低者是漏电回路的主要接地体。

在接地点处，可能有与漏电点相同的电火花熔痕，但是如果在接地点有良好的电气连接，则不会产生这种熔痕。

④ 漏电回路分析　漏电电流引起火灾的可能性最后可利用漏电回路分析方法来判断。该分析方法是在查明了起火点、漏电点和接地点，并测得电源侧电阻和接地侧电阻的前提下，根据从漏电点至接地点这段漏电路径的电阻值大小，来判断火灾能否被漏电电流所引起的方法。

漏电的形成需要一定的条件，其中主要是漏电电流必须大于某个数值，因为这样才能在漏电回路中某个故障点产生足够的热量而引燃附近可燃物，表5-28列出了这些数据。漏电回路的电流大小主要是由相与地回路的电阻决定的，即：

$$I_L = U_{XD}/R_{XD} \tag{5-35}$$

$$R_{XD} = R_{BD} + R_{LD} \tag{5-36}$$

式中，I_L 为漏电流，A；U_{XD} 为漏电点对地电压，通常为220V；R_{XD} 为相-地回路电阻，Ω；R_{BD} 为变压器中性点接地电阻，一般不超过4Ω；R_{LD} 为漏电点到接地点的电阻，Ω。

因为 R_{XD} 主要取决于漏电点至接地点之间导电路径的电阻 R_{LD}，所以 R_{LD} 实际上决定了漏电电流 I_L 的大小。当导电路径为接地良好的金属构件时，R_{XD} 值较小，漏电流较大可达十几至几十安，其最大一般认为是55A。当导电路径中含有金属构件时，因 R_{XD} 值较大，漏电流约为几毫安或几安。

漏电火灾要求漏电电流大于某个下限值，若取相—地电压为220V，这个电流下限值也即规定了漏电回路电阻有个对应的上限值。因此，根据漏电回路电阻是否小于该上限值，可判断火灾能否由漏电电流所引起。这个上限值已列在表 5-28 中。

表 5-28　漏电火灾的条件和漏电电热现象

电热形式	条　　件			现象
	接触状态	漏电回路电流/A	漏电回路电阻/Ω	
导体整体过热	良好	＞5	＜40	持续过热无火花
接触点过热	稳定电阻过大	＞2	＜100	持续过热接触点白热有小火花
接触点打火	松动	＞0.4	＜500	断续起弧有较强火花

在实际应用中，通常将起火点电源侧电阻与接地侧电阻之和作为漏电回路电阻，因为接地电阻和起火点电阻一般均几欧姆以下，相对很小而略去。

当火灾现场上难以找到漏电点时，仅凭"接地侧电阻很小"判断漏电火灾是不可靠的，它只能作为一条辅助依据。然而，"接地侧电阻很大"却通常可作为否定漏电起火原因的充分依据。

5.4.5.8　声像设备火灾现场勘察

声像设备如收录机、扩音机、电视机、录放机等，是将电磁波、声波、磁等信号转换为声像信号的设备。国内外均发生过各种声像设备的火灾。声像设备具有相似的电源电路、放大电路以及直流高压线路，故它们的火灾原因也具有相似性。

（1）声像设备火灾原因　声像设备电源既可用干电池，又可用民用交流电。一般使用干电池的声像设备本身不能起火，但其电火花仍能引起可燃气体或易燃液体蒸气的爆炸。使用交流电的声像设备烧毁或由此起火，在原因上有外部的也有内部的。

外部原因主要是：高电压侵入，如雷击天线、电源线和扩音机的输出线，外部高压线触及电源线，供电变压器一、二次线圈绝缘被击穿等，引起声像设备烧毁甚至起火；使用维护不善，如使用时接电源或设备安放环境闷热、散热条件差、连续使用时间长或忘关闭电源，平时污物渗入或小动物爬入咬坏元件造成绝缘破坏而短路等，引起设备故障而发热打火；维修不当，如错误更改线路，修理工艺差，换上不合格的元件等，造成发热故障。

然而，造成声像设备烧毁或起火更常见的是内部原因。内部原因主要在于机内电源、功率放大和直流高压三个部分的线路及其元件的故障。电视机火灾除了电源部分故障以外，大部分是由于行扫描部分的高压线路打火造成的。机内危险部分的故障特点及其起火原因分别叙述如下。

a. 机内散热条件差，电源路线部分的变压器、整流元件、低频扼流圈等长时间使用发热，将木质壳或靠近的导线绝缘烤燃。

b. 电源部分的元件由于短路故障或被击穿导致严重地发热或烧毁。电源电路中依先后位置两只滤波电容器被称为输入和输出电容。如果输入电容发生严重雷电或击穿，会使脉动电流在电源出口就造成短路，导致整流元件通过大电流。晶体管整流元件在大电流作用下很快被击穿。击穿后，由变压器供给的正反向电流都能通过整流元件，这样便又加速两只电解电容器的破坏。短路电流也很快会造成变压器的线圈烧毁。在电源电路中有时因整流元件击穿也会导致滤波电容器、变压器的发热或烧毁。此外，电源变压器出线或内部线圈局部短路，也将导致变压器急剧发热。

c. 功率放大器的晶体功率放大管被击穿或基极电流过大，将使晶体管严重发热。

d. 直流高压线路故障，造成放电打火或电源变压器发热。声像设备都有一个电压不等的直流线路，晶体管的收音机或扩音机的直流电压一般为几伏至几十伏。电子管收音机一般为 180～250V。电子管扩音机的直流电压较高可达 350～750V。对于电视机的显像管第二阳极甚至需要 10～15kV 的直流高压。由电源部分引出的直流高压线路，如果接头焊接不牢、绝缘不良、某个电容被击穿或某个降压电阻接触铁壳底板，都可能造成直流高压线路对底板的放电打火。

（2）声像设备火灾现场勘察内容　起火部位有声像设备，且起火前它处于通电状态，经勘察后综合分析，可以排除其他起火原因，此时就须对该声像设备进行勘验。查明设备的破坏是由于内热还是由于外烧。如果确定设备有内热痕迹，则查明是因何故障而起火。

在勘验前，应详细询问设备在火灾前的使用情况以及事故征兆，掌握起火前设备连续使用的时间，电源控制方式，近期有否修理过等，注意设备曾发出的杂音情况。若有"咔嚓"声，可能是由于接触不良或打火；出现有啸叫声，说明可能是两只滤波电容器或其中一只干涸或开路；如果有严重的"哼哼"声，说明可能是滤波电容器故障或电源变压器有一边高压线圈部分短路或开路。此外，如果事故前曾闻到烧焦味，说明可能是变压器内部线圈或直流线路、灯丝电流等发生短路，或者发热元件靠近导线、零件并将它们烤焦；如果设备曾出现过电人或麻手，说明绝缘不良而有漏电；如果外部电源处保险丝经常出现熔断，说明内部有局部短路或严重的漏电故障。

声像设备内部勘验主要是检查电源、功率放大和直流线路三个部分，可以参照说明书和有关线路原理图，根据设备烧毁的具体情况进行。

① 测量绝缘电阻，检查直流高压是否接地　在设备烧坏不严重的情况下，通过测量直流高压线路与底壳之间的绝缘电阻，以判断直流电压是否发生了与底壳的短路。如果短路，还可将直流线路断开成几个部分，再进行绝缘测量，以判定短路发生在哪一级。同理也可检查电源部分是否有接地故障。若电源部分发生接地，可将变压器和滤波电容器分别从电路上断开，然后分别检查是哪个元件接地或其他故障。

② 勘验电源变压器　首先对变压器内各线圈与铁芯之间、各线圈之间的绝缘电阻和各线圈的直流电阻进行测量，根据绝缘电阻值大小判断其绝缘击穿或被烧坏与否；根据直流电阻值大小判断线圈是否短路或者断路。然后拆除硅钢片，并逐层拆开变压器线圈进行检查，根据线圈端面不同的烧毁程度判断变压器是内热还是外烧。若在拆线圈时有某两层或几层线圈烧得特别严重，说明故障为层间短路。变压器内发热烧毁，一般会在线圈上留下严重的颜色变化以及放电熔痕。从故障原因看，大部分是由于变压器本身有缺陷，有时则是由于直流高压部分、整流部分或滤波部分发生短路引起变压器出现过负荷。某些电视机或扩音机的变压器发热烧毁是由于长期通电造成的。在这些设备上的电源开关不能控制设备的全部电源，只有拔下电源插头才能让整个设备断电。因此只要电源插头未拔下，虽然设备的电源开关已关，变压器的一次线圈仍然处于通电状态。有的设备设有两个开关、分别控制总电源和变压器二次高压线圈。若关机时只关高压开关，也会因长期通电造成变压器烧毁起火。故勘验时还要认真检查设备各开关的实际开闭情况。

③ 勘验整流元件　整流元件被击穿会很快导致滤波器的电解电容被击穿，因而造成整流部分的短路。如果整流元件经万能表检测表明能正向反向均导通，则说明已被击穿。然而，真空整流管不会击穿，但可检查其灯丝和阴极的情况。若在整流以后发生短路，会使旁热式真空整流管的阴极烧断。对于直热式真空整流管，则会造成二极管的屏发红。因此，勘验时可依据真空整流管屏极冷却后的变色、变形情况进行判断。若是短路电流足够大，也可能烧断靠近直流高压输出端的直热式二极管的灯丝。

④ 勘验滤波器　首先检查两只电解电容，在烧损不严重情况下，用万能表的电阻挡测量检查，判断其故障。在测量和拆下前，注意用螺丝刀在其正极与设备底板或铝负电容器外

壳之间短路将电容器可能蓄存的电能释放掉，以免测量时损坏仪表。用万能表的两只笔分别接触电容器的正极，观察表针的摆动位置。如果表针迅速摆向小电阻端，而后以较慢的速度回到大电阻端，且将测笔调换一下再测，表针的摆动情况仍相同，则说明电容器无故障。如果表针不再退回大电阻端，只停在较小电阻值上，甚至停在零位上，说明电容器已严重漏电或被击穿。如果表针摆动很小且停在高电阻端，说明电容变小，其内部电解液干涸。如果表针没有摆动而在高电阻值上，说明电容断路。

低频扼流圈与变压器有相似结构，由铁芯和线圈组成，不过只有一个线圈。因此勘验时可参照变压器的勘验方法进行。

⑤ 勘验功率放大级　从电子管扩音机的功率放大管屏极发热发红原因看，外部输出线路发生短路或匹配不当都会造成这种现象。因此当怀疑功率放大管发热时，可以测量外线阻抗或直流电阻，以判断是否匹配不当或者短路，也可以直接检查外线。晶体管扩音机如果有上述外线故障，也会引起功率放大管的发热或烧毁。

第6章 重大事故后果模拟分析技术

6.1 物理爆炸模型

6.1.1 概述

爆炸是物质的一种非常急剧的物理、化学变化，也是大量能量在短时间迅速释放或急剧转化成机械能对外做功的现象。它通常是借助于气体的膨胀来实现。

从物质运动的表现形式来看，爆炸就是物质剧烈运动的一种表现。物质运动急剧增速，由一种状态迅速地转变为另一种状态，并在瞬间释放出大量的能。

一般说来，爆炸现象具有以下特点。

a. 爆炸过程进行得很快。

b. 爆炸点附近压力急剧升高，产生冲击波。

c. 发出或大或小的响声。

d. 周围介质发生震动或邻近物质遭受破坏。

一般将爆炸过程分为两个阶段：第一阶段是物质的能量以一定的形式（定容、绝热）转变为强压缩能；第二阶段是强压缩能急剧绝热膨胀对外做功，引起作用介质变形、移动和破坏。按爆炸性质可分为物理爆炸、化学爆炸和核爆炸。

物理爆炸就是物质状态参数（温度、压力、体积）迅速发生变化，在瞬间放出大量能量并对外做功的现象。其特点是在爆炸现象发生过程中，造成爆炸发生的介质的化学性质不发生变化，发生变化的仅是介质的状态参数。例如锅炉、压力容器和各种气体或液化气体钢瓶的超压爆炸以及高温液体金属遇水爆炸等。

化学爆炸就是物质由一种化学结构迅速转变为另外的化学结构物质，在瞬间放出大量能量并对外做功的现象。如可燃气体、蒸汽或粉尘与空气混合形成爆炸性混合物的爆炸。化学爆炸的特点是：爆炸发生过程中介质的化学性质发生变化，形成爆炸的能源来自物质迅速发生化学变化时所释放的能量。化学爆炸的三个要素是反应的放热性、反应的快速性和生成气体产物。

核爆炸是由于原子核内部发生核裂变或者核聚变释放出能量而引起的爆炸。

雷电是一种自然现象，也是一种爆炸。

发生化学爆炸时会释放出大量的化学能，爆炸影响范围较大；而物理爆炸仅释放出机械能，其影响范围较小。

物理爆炸如压力容器破裂时，气体膨胀所释放的能量（即爆破能量）不仅与气体压力和容器的容积有关，而且与容器内介质的物性、相态有关。因为有的介质以气态存在，如空气、氧气、氢气等；有的以液态存在，如液氨、液氯等液化气体、高温饱和水等。容积与压力相同而相态不同的介质，在容器破裂时产生的爆破能量不同，而且爆炸过程也不完全相同，其能量计算公式亦不相同。

下面分别对盛装液体的压力容器、盛装气体的压力容器、液化气体与高温饱和水容器的爆破能量及压力容器爆破时冲击波能量和碎片能量、飞行距离进行阐述。

6.1.2 盛装液体的压力容器的爆破能量

当压缩液体盛装在容器内超压或容器受损发生爆破时，所释放出的能量为压缩液体压力、体积变化的函数。计算公式如下。

$$E_L = \frac{1}{2}\Delta p^2 \beta V \times 10^8 \qquad (6-1)$$

式中，E_L 为液体爆破能量，J；Δp 为压缩液体的增压，按压缩液体的表压计，MPa；β 为液体的压缩系数，MPa^{-1}；V 为液体的体积，m^3。

　　注：在常温和 10MPa 以内的水，β 为 $4.52 \times 10^{-4} MPa^{-1}$；在常温和 50MPa 以内的水，$\beta$ 为 $4.4 \times 10^{-4} MPa^{-1}$。

　　例 6-1　设某钢铁厂轧钢车间有一个高压水除磷用的 $20m^3$ 高压（20MPa）水罐，在常温下，由于高压水罐受损发生破裂爆炸。试计算其爆破能量及 TNT 当量（按每千克 TNT 为 4520kJ 计算）。

　　解　① 其爆破能量按式(6-1) 进行计算

$$E_L = \frac{1}{2} \Delta p^2 \beta V \times 10^8 = \frac{1}{2} \times (20 - 0.1013)^2 \times 4.4 \times 10^{-4} \times 20 \times 10^8 = 1.742 \times 10^8 \, (J)$$

　　② TNT 当量

$$W_{TNT} = \frac{E_L}{Q_{TNT}} = \frac{1.742 \times 10^8}{4520 \times 10^3} = 38.5 \, (kg)$$

即其爆破能量为 $1.742 \times 10^8 J$，TNT 当量为 38.5kg。

6.1.3　盛装气体的压力容器的爆破能量

　　盛装气体的压力容器在破裂时，气体膨胀所释放的能量（即爆破能量），与压力容器的容积有关。其爆破过程是容器内的气体由容器破裂前的压力降至大气压力的一个简单膨胀过程，所以历时一般都很短，不管容器内介质的温度与周围大气存在多大的温差，都可以认为容器内的气体与大气无热量交换，即此时气体介质的膨胀是一个绝热膨胀过程，因此其爆破能量亦即为气体介质膨胀所做的功，可按理想气体绝热膨胀做功即式(6-2) 计算

$$E_g = \frac{pV}{k-1} \left[1 - \left(\frac{0.1013}{p} \right)^{\frac{k-1}{k}} \right] \times 10^6 \tag{6-2}$$

式中，E_g 为容器内气体的爆炸能量，J；p 为气体爆破前的绝对压力，MPa；V 为容器体积（无液体时），m^3；k 为气体的绝热指数。

　　常用压缩气体的绝热指数见表 6-1。气体的绝热指数是气体的定压比热与定容比热之比。K 值可按气体的分子组成近似地确定，双原子气体 $k=1.4$，三原子气体和四原子气体 $k=1.2 \sim 1.3$。

　　例 6-2　设某一氮气储罐，体积 $30m^3$，绝对压力 30MPa，试计算氮气储罐爆破时的爆破能量及 TNT 当量。

表 6-1　常用压缩气体的绝热指数

气体名称	空气	氮	氧	氢	甲烷	乙烷	一氧化碳	二氧化碳
绝热指数	1.4	1.4	1.397	1.142	1.315	1.18	1.395	1.295

　　解　① $30m^3$ 氮气储罐爆破时的爆破能量

$$E_g = \frac{30 \times 30}{1.4 - 1} \left[1 - \left(\frac{0.1013}{30} \right)^{\frac{1.4-1}{1.4}} \right] \times 10^6 = 1.807 \times 10^9 \, (J)$$

　　② TNT 当量

$$W_{TNT} = \frac{1.807 \times 10^9}{4520 \times 10^3} = 3.997 \times 10^2 \, (kg)$$

6.1.4 液化气体与高温饱和水容器爆破能量计算

液氯、液氨储罐及锅炉汽包等压力容器内以气、液两态存在，工作介质的压力大于大气压，介质温度大于其在大气压力下的沸点。当容器破裂时，气体迅速膨胀，液体迅速沸腾，剧烈蒸发，产生暴沸或水蒸气爆炸。

（1）液化气体容器爆破能量计算　容器爆破所释放出来的能量为气体的能量和饱和液体的能量，由于前者量很小，往往可忽略不计，因为暴沸或水蒸气爆炸在瞬间完成，所以是一个绝热过程，其爆破能量可用式(6-3)计算。

$$E_L = [(i_1 - i_2) - (S_1 - S_2)T_b]m \tag{6-3}$$

式中，E_L 为过热状态下液体的爆破能量，kJ；i_1 为爆破前液化气体的焓，kJ/kg；i_2 为在大气压力下饱和液体的焓，kJ/kg；S_1 为爆破前饱和液体的熵，kJ/(kg·K)；S_2 为在大气压力下饱和液体的熵，kJ/(kg·K)；m 为饱和液体的质量，kg；T_b 为介质在大气压力下的沸点，K。

> **例 6-3**　$5m^3$ 液氧储罐，充装量为 80%，介质的温度为 120K、压力为 1.0MPa，计算储罐的爆破能量。
>
> **解**　此时的液氧密度为 30.41mol/L（即 973.12kg/m³），$T = 90.05K$。则：
>
> $E_L = \{[-79.84 - (-133.69)] - (3.44 - 2.94) \times 90.05\} \times 973.12 \times 5 \times 80\%$
>
> $\quad = 34332 \, (kJ)$
>
> 相当于 7.6kg 的 TNT 爆炸能量。

（2）饱和水容器爆破能量计算　饱和水容器的爆破能量可按式(6-4)计算。

$$E_w = C_w V \tag{6-4}$$

式中，E_w 为饱和水容器的爆破能量，kJ；V 为容器内饱和水所占容积，m³；C_w 为饱和水爆破能量系数，kJ/m³。

饱和水的爆破能量系数由压力决定，表 6-2 列出了常用压力下饱和水的爆破能量系数。

表 6-2　常用压力下饱和水爆破能量系数

表压力/MPa	0.3	0.5	0.8	1.3	2.5	3.0
能量系数 C_w/kJ·m⁻³	2.38×10^4	3.25×10^4	4.56×10^4	6.35×10^4	9.56×10^4	1.06×10^5

6.1.5 压力容器爆破时冲击波能量计算

（1）冲击波超压的伤害、破坏作用

压力容器爆破时，爆破能量在向外释放时以冲击波能量、碎片能量和容器残余变形能量三种形式表现出来。后两种形式所消耗的能量只占总爆破能量的 3%～15%。亦即，能量产生的是空气冲击波。

冲击波是一种强压缩波，波前、后介质的状态参数（温度、压力、密度）具有急剧的变化。实质上，冲击波是介质状态参数急剧变化的分界石。

冲击波是由压缩波叠加形成的，是波阵面以突进形式在介质中传播的压缩波。容器破裂时，容器内的高压气体大量冲出，使它周围的空气受到冲击而发生扰动，使其状态（压力、密度、温度等）发生突跃变化，其传播速度大于扰动介质的声速，这种扰动在空气中传播就成为冲击波。在离爆破中心一定距离的地方，空气压力会随着时间迅速发生悬殊的变化。开始时，压力突然升高，产生一个很大的正压力，接着又迅速衰减，在很短时间内正压降至负压，如此反复循环数次，压力渐次衰减下去。开始时，产生的最大正压力即是冲击波波阵面上的超压 Δp。多数情况下，冲击波的伤害、破坏作用是由超压引起的。超压 Δp 可以达到数个甚至数十个大气压。

冲击波超压对人体的伤害作用及对建筑物的破坏作用见表 6-3 和表 6-4。

表 6-3　冲击波超压对人体的伤害作用

超压 Δp/MPa	伤害作用	超压 Δp/MPa	伤害作用
0.02～0.03	轻微损伤	0.05～0.10	内脏严重损伤或死亡
0.03～0.05	听觉器官损伤或骨折	>0.10	大部分人员死亡

表 6-4　冲击波超压对建筑物的破坏作用

超压 Δp/MPa	破坏作用	超压 Δp/MPa	破坏作用
0.005～0.006	门窗玻璃部分破碎	0.06～0.07	木建筑厂房房柱折断，房架松动
0.006～0.01	受压面的门窗玻璃大部分破碎	0.07～0.10	砖墙倒塌
0.015～0.02	窗框损坏	0.10～0.20	防震钢筋混凝土破坏，小房屋倒塌
0.02～0.03	墙裂缝	0.20～0.30	大型钢架结构破坏
0.04～0.05	墙大裂缝，房瓦掉下		

冲击波伤害-破坏作用准则有：超压准则、冲量准则、超压-冲量准则等。为了便于操作，下面仅介绍超压准则。超压准则认为，只要冲击波超压达到一定值时，便会对目标造成一定的伤害或破坏。

（2）冲击波的超压

冲击波波阵面上的超压与产生冲击波的能量有关，同时也与距离爆炸中心的远近有关。冲击波的超压与爆炸中心距离的关系可用式（6-5）表示。

$$\Delta p \propto R^{-n} \tag{6-5}$$

式中，Δp 为冲击波波阵面上的超压，MPa；R 为距爆炸中心的距离，m；n 为衰减系数。

衰减系数在空气中随着超压的大小而变化，在爆炸中心附近时，$n=2.5\sim3$；当超压在数个大气压以内时，$n=2$；小于 0.1MPa 时，$n=1.5$。

实验数据表明，不同数量的同类炸药发生爆炸时，如果距离爆炸中心的距离 R 之比与炸药量 q 三次方根之比相等，则所产生的冲击波超压相同，用式（6-6）表示如下。

$$\frac{R}{R_0} = \left(\frac{q}{q_0}\right)^{\frac{1}{3}} = a，则 \Delta p = \Delta p_0 \tag{6-6}$$

式中，R 为目标与爆炸中心距离，m；R_0 为目标与基准爆炸中心的距离，m；q_0 为基准爆炸能量，相当于 TNT 炸药量，kg；q 为爆炸时产生冲击波所消耗的能量，相当于 TNT 炸药量，kg；Δp 为目标处的超压，MPa；Δp_0 为基准目标处的超压，MPa；a 为炸药爆炸实验的模拟比。

上式也可以写成为：

$$\Delta p(R) = \Delta p_0 \left(\frac{R}{a}\right) \tag{6-7}$$

利用式（6-7），就可以根据某些已知药量的实验所测得的超压来确定在各种相应距离下爆炸时的超压，见表 6-5。

根据上述公式和表 6-5 及爆炸的炸药量或 TNT 当量即可计算确定各种相应距离的

超压。

表 6-5 1000kgTNT 炸药在空气中爆炸时所产生的冲击波超压

距离 R_0/m	5	6	7	8	9	10	12	14	16	18	20
超压 Δp_0/MPa	2.94	2.06	1.67	1.27	0.95	0.76	0.50	0.33	0.235	0.17	0.126
距离 R_0/m	25	30	35	40	45	50	55	60	65	70	75
超压 Δp_0/MPa	0.079	0.057	0.043	0.033	0.027	0.0235	0.0205	0.018	0.016	0.0143	0.013

例 6-4 设有一储气（压缩空气）罐，容积 15m³，压力 1MPa（表压），运行时容器破裂爆炸，试计算储气罐爆破时的能量，试估算距离为 10m 处的冲击波超压。

解 ① 储气罐破裂时的能量

$$E_g = \frac{PV}{k-1}\left[1-\left(\frac{0.1013}{p}\right)^{\frac{k-1}{k}}\right]\times 10^6 = \frac{1.1\times 15}{1.4-1}\left[1-\left(\frac{0.1013}{1.1}\right)^{\frac{1.4-1}{1.4}}\right]\times 10^6$$
$$=41.25\times 0.4941\times 10^6 = 20.38\times 10^6 \, (\text{J})$$

② TNT 当量

$$W_{\text{TNT}} = \frac{20.38\times 10^6}{4520\times 10^3} = 4.51 \, (\text{kg})$$

③ 与 1000kgTNT 的模拟比

$$a = \left(\frac{4.51}{1000}\right)^{\frac{1}{3}} = 0.1652$$

④ 与模拟试验中的相当距离

$$R_0 = \frac{R}{a} = \frac{10}{0.1652} = 60.53 \, (\text{m})$$

⑤ 根据表 6-5，用插入法求得离爆源 60.53m 处的冲击波超压为 0.0178MPa。

6.1.6 压力容器爆破时碎片能量及飞行距离估算

压力容器爆破时，壳体可以破裂为很多大小不等的碎片或碎块向四周飞散抛掷。例如，某化肥厂合成氨设备进行系统气密试验，由于试压空气中漏入可燃气体，造成系统的 5 个高压容器及管道全部炸成碎片，回收到的碎片仅占容器质量的 10%，有一百多块，最远的飞离 1500m，其中一块碎片飞行至四五米外的另一个车间，破窗而入将 1 名工人砸死；其他碎片打击，造成一死一伤。

（1）碎片的能量 碎片飞出时具有动能，动能的大小与每块碎片的质量及速度的平方成正比，即

$$E = \frac{1}{2}mv^2 \tag{6-8}$$

式中，E 为碎片的动能，J；m 为碎片的质量，kg；v 为碎片击中人或物体的速度，m/s。

根据罗勒（Rhore）的研究：

a. 碎片击中人体时的动能在 26J 以上时，可致外伤。

b. 碎片击中人体时的动能在 60J 以上时，可致骨部轻伤。

c. 碎片击中人体时的动能在 200J 以上时，可致骨部重伤。

（2）碎片的速度 压力容器碎片飞离壳体时，一般具有 80~120m/s 的初速，即使在飞离容器较远的地方也常有 20~30m/s 的速度。

① 碎片的水平初速 v_0 可按抛物运动方程解出，设压力容器或爆破时碎片离地高度为

h，则

$$v_0 = \frac{R}{\sqrt{\dfrac{2h}{g}}} \tag{6-9}$$

式中，v_0 为压力容器或碎片抛出的水平初速，m/s；h 为压力容器或碎片原来的离地高度，m；g 为重力加速度，9.8m/s^2；R 为抛出的水平距离，m。

② 斜抛时的抛出初速 v_0　若压力容器爆破时碎片或容器抛出时与地面成 θ 角，则抛出初速 v_0 为

$$v_0 = \sqrt{\frac{Rg}{\text{Sin} 2\theta}} \tag{6-10}$$

（3）碎片的穿透力　压力容器爆破时，碎片常常会损坏或穿透邻近的设备和管道，引发二次火灾、爆炸或中毒事故。例如，浙江某电化厂一个 1000kg 的液氯钢瓶破裂爆炸，碎片将附近的 10 个钢瓶击穿，其中 4 个液氯钢瓶被击穿后继而发生爆炸，大量氯气泄出，造成极大的危害。

压力容器爆破时，碎片的穿透力与碎片击中时的动能成正比。

$$S = K \frac{E}{A} \tag{6-11}$$

式中，S 为碎片对材料（钢板等塑性材料）的穿透量，mm；E 为碎片击中物体时所具有的动能，J；A 为碎片穿透方向的截面积，mm^2；K 为材料的穿透系数，见表 6-6。

表 6-6　材料的穿透系数

材料名称	钢板	钢筋混凝土	木材
穿透系数	1	10	40

例 6-5　设一压力容器爆破时有一个 2kg 的碎片，截面积 500mm^2，水平飞出初速为 100m/s，飞出击中邻近的壁厚为 20mm 的钢制压力容器，试计算其穿透情况。

解　据式(6-11) 及表 6-6，则穿透厚度

$$S = K \frac{E}{A} = 1 \times \frac{\dfrac{1}{2} \times 2 \times 100^2}{500} = 20 \ (\text{mm})$$

即可将邻近的壁厚为 20mm 的钢制压力容器穿透。

6.2　泄漏扩散及火灾爆炸模型

6.2.1　泄漏模型

由于设备损坏或操作失误引起泄漏从而大量释放易燃、易爆、有毒有害物质，将会导致火灾、爆炸、中毒等重大事故发生，因此后果分析首先要考虑泄漏情况。

6.2.1.1　泄漏情况分析

（1）主要泄漏设备　根据各种设备泄漏情况分析，可将工厂（特别是化工厂）中易发生泄漏的设备分类，通常归纳为：管道、挠性连接器、过滤器、阀门、压力容器或反应器、泵、压缩机、储罐、加压或冷冻气体容器、火炬燃烧装置或放散管等 10 类。

① 管道　包括管道、法兰和接头，其典型泄漏情况和裂口尺寸分别取管径的 20% 和 20%～100%。

② 挠性连接器　包括软管、波纹管和铰接器，其典型泄漏情况和裂口尺寸如下。

a. 连接器本体破裂泄漏，裂口尺寸取管径的 20%～100%。

b. 接头泄漏，裂口尺寸取管径的 20%。

c. 连接装置损坏而泄漏，裂口尺寸取管径的尺寸。

③ 过滤器　由过滤器本体、管道、滤网等组成，其典型泄漏情况和裂口尺寸分别取管径的 20%～100% 和 20%。

④ 阀　其典型泄漏情况和裂口尺寸如下。

a. 阀壳体泄漏，裂口尺寸取管径的 20%～100%。

b. 阀盖泄漏，裂口尺寸取管径的 20%。

c. 阀杆损坏泄漏，裂口尺寸取管径的 20%。

⑤ 压力容器或反应器　包括化工生产中常见的分离器、气体洗涤器、反应釜、热交换器、各种罐和容器等。其常见泄漏情况和裂口尺寸如下。

a. 容器破裂而泄漏，裂口尺寸取容器本体尺寸。

b. 容器本体泄漏，裂口尺寸取与其连接的粗管道管径的尺寸。

c. 孔盖泄漏，裂口尺寸取管径的 20%。

d. 喷嘴断裂而泄漏，裂口尺寸取管径的尺寸。

e. 仪表管路破裂泄漏，裂口尺寸取管径的 20%～100%。

f. 容器内部爆炸，全部破裂。

⑥ 泵　其典型泄漏情况和裂口尺寸如下。

a. 泵体损坏泄漏，裂口尺寸取与其连接管道管径的 20%～100%。

b. 密封盖处泄漏，裂口尺寸取管径的 20%。

⑦ 压缩机　包括离心式、轴流式和往复式压缩机，其典型泄漏情况和裂口尺寸如下。

a. 压缩机机壳损坏而泄漏，裂口尺寸取与其连接管道管径的 20%～100%。

b. 压缩机密封套泄漏，裂口尺寸取管径的 20%。

⑧ 储罐　露天储存危险物质的容器或压力容器，也包括与其连接的管道和辅助设备，其典型泄漏情况和裂口尺寸如下。

a. 罐体损坏而泄漏，裂口尺寸为本体尺寸。

b. 接头泄漏，裂口尺寸为与其连接管道管径的 20%～100%。

c. 辅助设备泄漏，酌情确定裂口尺寸。

⑨ 加压或冷冻气体容器　包括露天或埋地放置的储存器、压力容器或运输槽车等，其典型情况和裂口尺寸如下。

a. 露天容器内气体爆炸使容器完全破裂，裂口尺寸取本体尺寸。

b. 容器破裂而泄漏，裂口尺寸取本体尺寸。

c. 焊接点（接管）断裂泄漏，取管径的 20%～100%。

⑩ 火炬燃烧器或放散管　包括燃烧装置、放散管、多通接头、气体洗涤器和分离罐等，泄漏主要发生在筒体和多通接头部位，裂口尺寸取管径的 20%～100%。

（2）造成泄漏的原因　从人-机系统来考虑造成各种泄漏事故的原因主要有四类。

① 设计失误

a. 基础设计错误，如地基下沉，造成容器底部产生裂缝或设备变形、错位等。

b. 选材不适当，如强度不够、耐腐蚀性差、规格不符等。

c. 布置不当，如压缩机和输出管没有弹性连接，因振动而使管道破裂。

d. 选用机械不合适，如转速过高，耐温、耐压性能差等。

e. 选用计测器不合适。

　　f. 储罐、储槽未加液位计，反应器（炉）未加溢流管或放散管等。

　　② 设备原因

　　a. 加工不符合要求，或未经检验擅自采用代用材料。

　　b. 加工质量差，特别是焊接质量差。

　　c. 施工和安装精度不高，如泵和电动机不同轴、机械设备不平衡、管道连接不严密等。

　　d. 选用的标准定型产品质量不合格。

　　e. 对安装的设备未按《机械设备安装工程及验收规范》进行验收。

　　f. 设备长期使用后未按规定检修期进行检修，或检修质量差造成泄漏。

　　g. 计测仪表未定期校验，造成计量不准。

　　h. 阀门损坏或开关泄漏，又未及时更换。

　　i. 设备附件质量差，或长期使用后材料变质、腐蚀、破裂等。

　　③ 管理原因

　　a. 没有制定完善的安全操作规程。

　　b. 对安全漠不关心，已发现的问题不及时解决。

　　c. 没有严格执行监督检查制度。

　　d. 指挥错误，甚至违章指挥。

　　e. 让未经培训的工人上岗，知识与经验不足，不能判断异常情况。

　　f. 检修制度不严，没有及时检修已出现故障的设备，使设备带病运转。

　　④ 人为失误

　　a. 误操作，违反操作规程。

　　b. 判断错误，如记错阀门位置而开错阀门。

　　c. 擅自脱岗。

　　d. 思想不集中。

　　e. 发现异常现象不知如何处理。

　　（3）泄漏后果　　泄漏一旦出现，其后果不但与物质的数量、易燃性、毒性有关，而且与泄漏物质的相态、压力、温度等状态有关。这些状态可有多种不同的结合，在后果分析中，常见可能结合有 4 种：常压液体、加压液化气体、低温液化气体、加压气体。

　　泄漏物质的物性不同，其泄漏后果也不同。

　　① 可燃气体泄漏　　可燃气体泄漏后遇到引火源就会发生燃烧；与空气混合达到爆炸极限时，遇引爆能量会发生爆炸。泄漏后起火的时间不同，泄漏后果也不同。

　　a. 立即起火。可燃气体从容器中往外泄出时即被点燃，发生扩散燃烧，产生喷射性火焰或形成火球，它能迅速地危及泄漏现场，但很少会影响到厂区的外部。

　　b. 滞后起火。可燃气体泄出后与空气混合形成可燃蒸气云团，并随风飘移，遇火源发生爆炸和爆轰，能引起较大范围的破坏。

　　② 有毒气体泄漏　　有毒气体泄漏后形成云团在空气中扩散，有毒气体的浓密云团将笼罩很大的空间，影响范围很大。

　　③ 液体泄漏　　一般情况下液体泄漏，泄漏的液体在空气中蒸发而生成气体，泄漏后果与液体的性质和储存条件（温度、压力）有关。

　　a. 常温常压下液体泄漏　　这种液体泄漏后聚集在防液堤内或在地势低洼处形成液池，液体由于池表面风的对流而缓慢蒸发，若遇火源就会发生池火灾。

　　b. 加压液化气体泄漏　　一些液体泄漏时将瞬时蒸发，剩下的液体将形成一个液池，吸收周围的热量继续蒸发。液体瞬时蒸发的比例决定于物质的性质及环境温度，有些泄漏物可能在泄漏过程中全部蒸发。

c. 低温液体泄漏　这种液体泄漏时即形成液池，吸收周围热量蒸发，蒸发量低于加压液化气体的泄漏量，高于常温常压下液体的泄漏量。

6.2.1.2　泄漏量的计算

当发生泄漏设备的裂口是规则的，而且裂口尺寸及泄漏物质的有关热力学、物理化学性质及参数已知时，可根据流体力学中的有关方程式计算泄漏量。当裂口不规则时，可采取等效尺寸代替。当遇到泄漏过程中压力变化等情况时，往往采用经验公式计算。

（1）液体泄漏量　液体泄漏速度可用流体力学的伯努利方程计算。

$$Q_0 = C_d A\rho \sqrt{\frac{2(p - p_0)}{\rho} + 2gh} \tag{6-12}$$

式中，Q_0 为液体泄漏速度，kg/s；C_d 为液体泄漏系数，按表 6-7 选取；A 为裂口面积，m^2；ρ 为泄漏液体密度，kg/m^3；p 为容器内介质压力，Pa；p_0 为环境压力，Pa；g 为重力加速度，$9.8m/s^2$；h 为裂口之上液位高度，m。

表 6-7　液体泄漏系数 C_d

雷诺数 Re	裂 口 形 状		
	圆形（多边形）	三角形	长方形
>100	0.65	0.60	0.55
≤100	0.50	0.45	0.40

对于常压下的液体泄漏速度，取决于裂口之上液位的高低；对于非常压下的液体泄漏速度，主要取决于容器内介质压力与环境压力之差和液位高低。

当容器内液体是过热液体，即液体的沸点低于环境的温度，液体流过裂口时由于压力减小而突然蒸发。蒸发所需的热量取自于液体本身，而容器内剩下液体的温度将降至常压沸点。在这种情况下泄漏时直接蒸发的液体所占百分比 F 可按下式计算。

$$F = c_p \frac{T - T_0}{H} \tag{6-13}$$

式中，c_p 为液体的定压比热容，J/(kg·K)；T 为泄漏前液体的温度，K；T_0 为液体在常压下的沸点，K；H 为液体的气化热，J/kg。

按式（6-13）计算的结果，F 几乎总是在 0～1 之间。事实上，泄漏时直接蒸发的液体将以细小烟雾的形式形成云团与空气相混合而吸收热蒸发。如果空气传给液体烟雾的热量不足以使其蒸发，有一些液体烟雾将凝结成液滴降落到地面，形成液池。根据经验，当 $F > 0.2$ 时，一般不会形成液池；当 $F < 0.2$ 时，F 与带走液体之间有线性关系，即当 $F = 0$ 时没有液体被带走（蒸发），当 $F = 0.1$ 时有 50% 的液体被带走。

（2）气体泄漏量　气体从裂口泄漏的速度与其流动状态有关。因此，计算泄漏量时首先要判断泄漏时气体的流动属声速还是亚声速流动，前者称为临界流，后者称为次临界流。

当下式成立时，气体流动属声速流动。

$$\frac{p_0}{p} \leq \left(\frac{2}{k+1}\right)^{\frac{k}{k-1}} \tag{6-14}$$

当下式成立时，气体流动属亚声速流动。

$$\frac{p_0}{p} > \left(\frac{2}{k+1}\right)^{\frac{k}{k-1}} \tag{6-15}$$

式中，p_0，p 为符号意义同前；k 为气体的绝热指数，即定压比热 C_p 与定容比热 C_v 之比。

气体呈声速流动时，其泄漏量 Q_0 为

$$Q_0 = C_d A p \sqrt{\frac{Mk}{RT}\left(\frac{2}{k+1}\right)^{\frac{k+1}{k-1}}} \tag{6-16}$$

气体呈亚声速流动时，其泄漏量 Q_0 为

$$Q_0 = C_d A p \sqrt{\frac{2k}{R-1}\frac{Mk}{RT}\left[\left(\frac{p_0}{p}\right)^{2/k} - \left(\frac{p_0}{p}\right)^{(k+1)/k}\right]} \tag{6-17}$$

上两式中，C_d 为气体泄漏系数，当裂口形状为圆形时取 1.00，三角形时取 0.95，长方形时取 0.90；M 为气体摩尔质量，kg/kmol；T 为气体温度，K；p_0，p 为符号意义同前。

当容器内物质随泄漏而减少或压力降低而影响泄漏速度时，泄漏速度的计算比较复杂。如果流速小或时间短，在后果计算中可采取最初排放速度，否则应计算其等效泄漏速度。

（3）两相流动泄漏量　在过热液体发生泄漏时，有时会出现气、液两相流动。均匀两相流动的泄漏速度可按下式计算。

$$Q_0 = C_d A \sqrt{2\rho(p - p_c)} \tag{6-18}$$

$$\rho = \frac{1}{\dfrac{F_v}{\rho_1} + \dfrac{1-F_v}{\rho_2}} \tag{6-19}$$

$$F_v = \frac{c_p(T - T_c)}{H} \tag{6-20}$$

式中，Q_0 为两相流动混合物泄漏速度，kg/s；C_d 为两相流动混合物泄漏系数，可取 0.8；A 为裂口面积，m^2；p 为两相混合物的压力，Pa；p_c 为临界压力，Pa；ρ 为两相混合物的平均密度，kg/m^3；ρ_1 为液体蒸发的蒸气密度，kg/m^3；ρ_2 为液体密度，kg/m^3；F_v 为蒸发的液体占液体总量的比例；c_p 为两相混合物的定压比热容，$J/(kg \cdot K)$；T 为两相混合物的温度，K；T_c 为临界温度，K；H 为液体的汽化热，J/kg。

当 $F_v > 1$ 时，表明液体将全部蒸发成气体，这时应按气体泄漏公式计算；如果 F_v 很小，则可近似按液体泄漏公式计算。

6.2.1.3　泄漏后的扩散

如前所述，泄漏物质的特性多种多样，而且还受原有条件的强烈影响，但大多数物质从容器中泄漏出来后都可发展呈弥散的气云向周围空间扩散。对可燃气体，若遇到引火源会着火。这里仅讨论气团原形释放的开始形式，即液体泄漏后扩散、喷射和绝热扩散。关于气团在大气中的扩散属环境保护范畴，在此不予考虑。

（1）液体的扩散　液体泄漏后立即扩散到地面，一直流到低洼处或人工边界（如防火堤、岸墙等）形成液池。液体泄漏出来不断蒸发，当液体蒸发速度等于泄漏速度时，液池中的液体量将维持不变。

如果泄漏的液体是低挥发度的，则挥发量较少，不宜形成气团，对厂外人员没有危险；如果着火则形成池火灾；如果渗透进土壤，有可能对环境造成影响。如果泄漏的是挥发性液体或低温液体，泄漏后液体蒸发量大，大量蒸汽在液池上方会形成蒸气云并扩散到厂外，对厂外人员有影响。

① 液池面积　如果泄漏的液体已达到人工边界，则液池面积即为人工边界围成的面积。如果泄漏的液体未达到人工边界，则假设液体以泄漏点为中心呈扁圆柱形在光滑表面上扩散，这时液池半径 r 用下式计算。

瞬时泄漏（泄漏时间不超过 30s）时

$$r = \left(\frac{8gm}{\pi p}\right)^{\frac{\sqrt{t}}{4}} \tag{6-21}$$

连续泄漏（泄漏持续 10min 以上）时

$$r = \left(\frac{32 g m t^3}{\pi p} \right)^{\frac{1}{4}} \tag{6-22}$$

上述两式中，r 为液池半径，m；m 为泄漏的液体质量，kg；g 为重力加速度，9.8m/s²；t 为泄漏时间，s；p 为设备中液体压力，Pa。

② 蒸发量　液池内液体蒸发按其机理可分为闪蒸、热量蒸发和质量蒸发三种。

a. 闪蒸。过热液体泄漏后，由于液体的自身热量而直接蒸发称为闪蒸。发生闪蒸时液体蒸发速度 Q_L 可由下式计算。

$$Q_L = F_v \cdot m / t \tag{6-23}$$

式中，F_v 为直接蒸发的液体与液体总量的比例；m 为泄漏的液体总量，kg；t 为闪蒸时间，s。

b. 热量蒸发。当 $F_v < 1$ 或 $Q_L < m$ 时，则液体闪蒸不完全，有一部分液体在地面形成液池并吸收地面热量而气化，称为热量蒸发。热量蒸发速度 Q_L 按下式计算。

$$Q_L = \frac{KA_L}{H \sqrt{\pi \alpha t}} (T_0 - T_b) + \frac{KNuA_L}{HL} (T_0 - T_b) \tag{6-24}$$

式中，A_L 为液池面积，m²；T_0 为环境温度，K；T_b 为液体沸点，K；H 为液体蒸发热，J/kg；L 为液池长度，m；α 为热扩散系数，m²/s，见表 6-8；K 为导热系数，J/m·K，见表 6-8；t 为蒸发时间，s；Nu 为努塞尔（Nusselt）数。

表 6-8　某些地面的热传递性质

地面情况	$K/\mathrm{J} \cdot \mathrm{m}^{-1} \cdot \mathrm{K}^{-1}$	$\alpha/\mathrm{m}^2 \cdot \mathrm{s}^{-1}$	地面情况	$K/\mathrm{J} \cdot \mathrm{m}^{-1} \cdot \mathrm{K}^{-1}$	$\alpha/\mathrm{m}^2 \cdot \mathrm{s}^{-1}$
水泥	1.1	1.29×10^{-7}	湿地	0.6	3.3×10^{-7}
土地(含水 8%)	0.9	4.3×10^{-7}	沙砾地	2.5	1.1×10^{-6}
干涸土地	0.3	2.3×10^{-7}			

c. 质量蒸发。当地面传热停止时，热量蒸发终止，转而由液池表面之上气流运动使液体蒸发，称为质量蒸发。其蒸发速度 Q_L 为

$$Q_L = \alpha Sh \frac{A}{L} \rho_L \tag{6-25}$$

式中，α 为分子扩散系数，m²/s；Sh 为舍伍德（Sherwood）数；A 为液池面积，m²；L 为液池长度，m；ρ_L 为液体的密度，kg/m³。

（2）喷射扩散　气体泄漏时从裂口喷出形成气体喷射。大多数情况下气体直接喷出后，其压力高于周围环境大气压力，温度低于环境温度。在进行气体喷射计算时，应以等价喷射孔口直径计算。等价喷射的孔口直径按下式计算。

$$D = D_0 \sqrt{\frac{\rho_0}{\rho}} \tag{6-26}$$

式中，D 为等价喷射孔径，m；D_0 为裂口孔径，m；ρ_0 为泄漏气体的密度，kg/m³；ρ 为周围环境条件下气体的密度，kg/m³。

如果气体泄漏能瞬时达到周围环境的温度、压力状况，即 $\rho_0 = \rho$，则 $D = D_0$。

① 喷射的浓度分布　射轴线上距孔口 x 处的气体浓度 $c(x)$ 为

$$c(x) = \frac{\dfrac{b_1 + b_2}{b_1}}{0.32 \dfrac{x}{D} \times \dfrac{\rho}{\sqrt{\rho_0}} + 1 - \rho} \tag{6-27}$$

$$b_1 = 50.5 + 48.2\rho - 9.95\rho^2$$

$$b_2 = 23 + 41\rho$$

式中，b_1，b_2 为分布函数，其余符号意义同前。

如果把上式改写成 x 是 $c(x)$ 的函数形式，则给定某浓度值 $c(x)$，就可算出具有该浓度的点至孔口的距离。

在喷射轴线上点 x 且垂直于喷射轴线的平面任一点处的气体浓度为

$$\frac{c(x,y)}{c(x)} = e^{-b_2(y/x)^2} \tag{6-28}$$

式中，$c(x,y)$ 为距裂口距离 x 且垂直于喷射轴线的平面内 y 点的气体的质量浓度，kg/m^3；$c(x)$ 为喷射轴线上距裂口 x 处的气体的质量浓度，kg/m^3；b_2 为分布参数，同前；x 为射轴线上距孔口的距离，m；y 为目标点到喷射轴线的距离，m。

② 喷射轴线上的速度分布　喷射速度随着轴线距离增大而减小，直到轴线上的某一点喷射速度等于风速为止，该点称为临界点。临界点以后的气体运动不再符合喷射规律。沿喷射轴线上的速度分布由下式得出。

$$\frac{v(x)}{v_0} = \frac{\rho_0}{\rho} \times \frac{b_1}{4} \left[0.32 \frac{x}{D} \times \frac{\rho}{\rho_0} + 1 - \rho \right] \left(\frac{D}{x} \right)^2 \tag{6-29}$$

$$v_0 = \frac{Q_0}{C_d \rho \pi \left(\dfrac{D_0}{2} \right)^2} \tag{6-30}$$

式中，ρ_0 为泄漏气体的密度，kg/m^3；ρ 为周围环境条件下气体的密度，kg/m^3；D 为等价喷射孔径，m；x 为喷射轴线上距裂口某点的距离，m；$v(x)$ 为喷射轴线上距裂口 x 处一点的速度，m/s；v_0 为喷射初速等于气体泄漏时流出裂口时的速度，m/s；Q_0 为气体泄漏速度，kg/s；C_d 为气体泄漏系数；D_0 为裂口直径，m。

当临界点处的浓度小于允许浓度（如可燃气体的燃烧下限或者有害气体最高允许浓度）时，只需按喷射来分析；若该点的浓度大于允许浓度时，则需要进一步分析泄漏气体在大气中扩散的情况。

（3）绝热扩散　闪蒸液体或加压气体瞬时泄漏后，有一段快速扩散时间，假定此过程相当快以致在混合气团和周围环境之间来不及热交换，则称此扩散为绝热扩散。

根据 TNO（1997 年）提出的绝热扩散模式，泄漏气体（或液体闪蒸形成的蒸气）的气团成半球形向外扩散。根据浓度分布情况把半球分成内外两层，内层浓度均匀分布，且具有 50% 的泄漏量；外层浓度成高斯分布，具有另外 50% 的泄漏量。

绝热扩散过程分为两个阶段：第一阶段气团向外扩散至大气压力，在扩散过程中气团获得动能，称为"扩散能"；第二阶段扩散能将气团向外推，使紊流混合空气进入气团，从而使气团范围扩大。当内层扩散速度降到一定值时，可以认为扩散过程结束。

① 气团扩散能　在气团扩散的第一阶段，扩散的气体（或蒸气）的内能一部分用来增加动能，对周围大气作功。假设该阶段的过程为可逆绝热过程，并且是等熵的。

a. 气体泄漏扩散能。根据内能变化得出扩散能计算公式如下。

$$E = c_v(T_1 - T_2) - 0.98 p_0(V_2 - V_1) \tag{6-31}$$

式中，E 为气体扩散能，J；c_v 为定容比热容，$J/(kg \cdot K)$；T_1 为气团初始温度，K；T_2 为气团压力降至大气压力时的温度，K；p_0 为环境压力，Pa；V_1 为气团初始体积，m^3；V_2 为气团压力降至大气压力时的体积，m^3。

b. 闪蒸液体泄漏扩散能。蒸发的蒸气团扩散能可以按下式计算。

$$E = [H_1 - H_2 - T_b(S_1 - S_2)]W - 0.98(p_1 - p_0)V_1 \tag{6-32}$$

式中，E 为闪蒸液体扩散能，J；H_1 为泄漏液体初始焓，J/kg；H_2 为泄漏液体最终焓，J/kg；T_b 为液体的沸点，K；S_1 为液体蒸发前的熵，J/(kg·K)；S_2 为液体蒸发后的熵，J/(kg·K)；W 为液体蒸发量，kg；p_1 为初始压力，Pa；p_0 为周围环境压力，Pa；V_1 为初始体积，m³。

② 气团半径与浓度　在扩散能的推动下气团向外扩散，并与周围空气发生紊流混合。

a. 内层半径与浓度。气团内层半径 R_1 和浓度 c 是时间函数，表达式如下。

$$R_1 = 2.72\sqrt{k_d t} \tag{6-33}$$

$$c = \frac{0.0059 T V_0}{(k_d t)^3} \tag{6-34}$$

$$k_d = 0.0137\sqrt[3]{V_0} \times \sqrt{E} \times \left[\frac{\sqrt[3]{V_0}}{t\sqrt{E}}\right]^{\frac{1}{4}} \tag{6-35}$$

式中，t 为扩散时间，s；V_0 为在标准温度、压力下的气体体积，m³；T 为气团的温度，K；k_d 为紊流扩散系数。

如上所述，当中心扩散速度（dR/dt）降到一定值时，第二阶段才结束。临界速度的选择是随机的且不稳定的。设扩散结束时扩散速度为 1m/s，则在扩散结束时内层半径 R_1 和浓度 c 可按下式计算。

$$R_1 = 0.08837 E^{0.3} V^{\frac{1}{8}} \tag{6-36}$$

$$c = 172.95 E^{-0.9} \tag{6-37}$$

b. 外层半径与浓度。第二阶段末气团外层的大小可根据实验观察得出，即扩散终结时外层气团半径 R_2 由下式求得。

$$R_2 = 1.465 R_1$$

式中，R_1，R_2 为分别为气团内层、外层半径，m。

外层气团浓度自内层向外呈高斯分布。

6.2.2　火灾

易燃、易爆的气体、液体泄漏后遇到引火源就会被点燃而着火。它们被点燃后的燃烧方式有池火、喷射火、火球和突发火四种。

6.2.2.1　池火灾

可燃液体（如汽油、柴油等）泄漏后流到地面形成液池，或流到水面覆盖水面，遇到火源燃烧而成池火灾。

当液池中的可燃液体的沸点高于周围环境时，液体表面上单位面积的燃烧速度 dm/dt 为

$$\frac{dm}{dt} = \frac{0.001 H_c}{c_p(T_b - T_0) + H} \tag{6-38}$$

式中，$\dfrac{dm}{dt}$ 为单位表面积燃烧速度，kg/(m²·s)；H_c 为液体燃烧热，J/kg；c_p 为液体的定压比热容，J/(kg·K)；T_b 为液体的沸点，K；T_0 为环境温度，K；H 为液体的气化热，J/kg。

当液体的沸点低于环境温度时，如加压液化气或冷冻液化气，其单位面积的燃烧速度 dm/dt 为

$$\frac{dm}{dt} = \frac{0.001 H_c}{H} \tag{6-39}$$

燃烧速度也可从手册中直接得到，表 6-9 列出了一些可燃液体的燃烧速度。

表 6-9　一些可燃液体的燃烧速度

物质名称	汽油	煤油	柴油	重油	苯	甲苯	乙醚	丙酮	甲醇
燃烧速度/kg·(m²·h)⁻¹	92~81	55.11	49.33	78.1	165.37	138.37	125.84	66.36	57.6

池火灾的主要危害来自火焰的强烈热辐射，而且火灾持续时间一般较长，因而采用稳态火灾下的热通量准则来确定人员伤亡及财产损失区域。

（1）池火焰半径及高度　池火灾采用圆柱形火焰和池面积恒定假使，火焰半径 R_f 由下式确定。

$$R_f = \sqrt{\frac{S}{\pi}} \tag{6-40}$$

火焰高度 L

$$L = 84 R_f \left[\frac{m_f}{\rho_0 \sqrt{(2gR_f)}} \right]^{0.61} \tag{6-41}$$

式中，m_f 为燃料的燃烧速率，$kg/(m^2 \cdot s)$；ρ_0 为空气密度，kg/m^3。

（2）火灾持续时间

$$t = \frac{W}{m_f} \tag{6-42}$$

式中，W 为燃料质量，kg。

（3）火焰表面热辐射通量

$$Q_f = \frac{2\pi R_f^2 \eta_1 m_f \eta_2}{(2\pi R_f^2 + \pi R_f L)} \tag{6-43}$$

式中，η_1 为燃烧效率；η_2 为热辐射系数，可取 0.15。

（4）目标接受的热通量

$$q_r = Q_f V (1 - 0.058 \ln d) \tag{6-44}$$

式中，V 为目标处视角系数；d 为目标离火焰表面的距离，m。

（5）死亡、重伤、轻伤及财产损失半径　分别指热辐射作用下的死亡、二度烧伤、一度烧伤和引燃木材半径。

根据计算出来的 q_r，依据稳态火灾作用下的热通量伤害准则来确定各个伤害及财产损失半径。稳态火灾作用下的热通量伤害准则见表 6-10。若知道池火灾发生现场的人员密度和财产密度，即可评价确定人员的伤亡数量和财产损失大小。

表 6-10　稳态火灾作用下的热通量伤害准则

热通量/kW·m⁻²	伤害效应	热通量/kW·m⁻²	伤害效应
25.4	引燃木材	4.3	重伤
6.5	死亡	1.9	轻伤

6.2.2.2　喷射火

加压的可燃物质泄漏时形成射流，如果在泄漏裂口处被点燃，则形成喷射火。这里所用的喷射火辐射热计算方法是一种包括气流在内的喷射扩散模式的扩展。把整个喷射火看成是由沿喷射中心线上的全部点热源组成，每个点热源的热辐射通量相等。

点热源的热辐射通量按下式计算。

$$q = \eta Q_0 H_c \tag{6-45}$$

式中，q 为点热源热辐射通量，W；η 为效率因子，可取 0.35；Q_0 为泄漏速度，kg/s；H_c 为燃烧热，J/kg。

从理论上讲，喷射火的火焰长度等于从泄漏口到可燃混合气燃烧下限（LFL）的射流轴线长度。对表面火焰热通量，则集中在 LFL/1.5 处。n 点的划分可以是随意的，对危险评价分析一般取 $n=5$。

射流轴线上某点热源 i 到距离该点 x 处一点的热辐射强度按下式计算。

$$I_i = \frac{qR}{4\pi x^2} \tag{6-46}$$

式中，I_i 为点热源 i 至目标点 x 处的热辐射强度，W/m^2；q 为点热源的辐射通量，W；R 为辐射率，可取 0.2；x 为点热源到目标点的距离，m。

某一目标点处的入射辐射强度等于喷射火的全部点热源对目标的热辐射强度的总和。

$$I = \sum_{i=1}^{n} I_i \tag{6-47}$$

式中，n 为计算时选取的点热源数，一般取 $n=5$。

6.2.2.3 火球和爆燃

低温可燃液化气由于过热、容器内压增大，使容器爆炸，内容物释放并被点燃，发生剧烈的燃烧，产生强大的火球，形成强烈的热辐射。

（1）火球半径

$$R = 2.665 m^{0.327} \tag{6-48}$$

式中，R 为火球半径，m；m 为急剧蒸发的可燃物质的质量，kg。

（2）火球持续时间

$$t = 1.089 m^{0.327} \tag{6-49}$$

式中，t 为火球持续时间，s。

（3）火球燃烧时释放出的辐射热通量

$$Q = \frac{\eta H_c m}{t} \tag{6-50}$$

式中，Q 为火球燃烧时辐射热通量，W；H_c 为燃烧热，J/kg；η 为效率因子，取决于容器内可燃物质的饱和蒸气压 p，$\eta = 0.27 p^{0.32}$；其他符号同前。

（4）目标接受到的入射热辐射强度

$$I = \frac{QT_c}{4\pi x^2} \tag{6-51}$$

式中，T_c 为热传导系数，保守取值为 1；x 为目标距火球中心的水平距离，m；其他符号同前。

6.2.2.4 突发火

泄漏的可燃气体、液体蒸发而形成的可燃蒸气在空气中扩散，遇到火源发生突然燃烧而没有爆炸。此种情况下，处于气体燃烧范围内的人员将会受到危害。

突发火后果分析，主要是确定可燃混合气体的燃烧上、下极限的廓线及其下限随气团扩散到达的范围。为此，可按气团扩散模型计算气团大小和可燃混合气体的浓度。

6.2.2.5 火灾损失

火灾通过辐射热的方式影响周围环境。当火灾产生的热辐射强度足够大时，可使周围的物体燃烧或变形，强烈的热辐射可能烧毁设备甚至造成人员伤亡等。

火灾损失估算建立在辐射通量与损失等级的相应的基础上，表 6-11 为热辐射的不同入射通量造成伤害和损失的情况。从表中可看出，在较小辐射等级时，致人重伤需要一定的时间，这时人们可以逃离现场或掩蔽起来。

表 6-11　热辐射的不同入射通量所造成的伤害和损失

入射通量/kW·m⁻²	对 设 备 的 损 坏	对 人 的 伤 害
37.5	操作设备全部损坏	1%死亡(10s) 100%死亡(1min)
25	在无火焰、长时间辐射下,木材燃烧的最小能量	重大烧伤(10s) 100%死亡(1min)
12.5	有火焰时,木材燃烧、塑料熔化的最低能量	1 度烧伤(10s) 1%死亡(1min)
4.0		20s 以上感觉疼痛,未必起泡
1.6		长期辐射无不舒服感

6.2.3　爆炸

6.2.3.1　蒸气云爆炸

对蒸气云爆炸(UVCE)事故进行定量分析的方法主要有两种:TNT 当量法和 TNO (multi-energy)模型法。由于这两种方法各有优缺点,把这两种评价方法结合使用。蒸气云爆炸主要因冲击波造成伤害,因而按超压-冲量准则确定人员伤亡区域及财产损失区域。冲击波超压破坏、伤害准则见表 6-12。

表 6-12　冲击波超压破坏、伤害准则

超压/kPa	建筑物破坏程度	超压/kPa	人伤害程度
5.88~9.81	受压面玻璃大部分破碎	20~30	轻微挫伤
20.7~27.6	油储罐破裂	30~50	中等损伤
68.65~98.07	砖墙倒塌	50~100	严重损伤
196.1~294.2	大型钢架结构破坏	>100	大部分死亡

(1) 可燃气体的 TNT 当量 W_{TNT} 及爆炸总能量 E

可燃气体的 TNT 当量 W_{TNT}

$$W_{TNT} = \frac{\alpha W Q}{Q_{TNT}} \tag{6-52}$$

式中,W_{TNT} 为可燃气体的 TNT 当量,kg;α 为可燃气体蒸气云当量系数(统计平均值为 0.04);W 为蒸气云中可燃气体质量,kg;Q 为可燃气体的燃烧热,J/kg;Q_{TNT} 为 TNT 的爆炸热,J/kg。

可燃气体的爆炸总能量

$$E = 1.8\alpha W Q \tag{6-53}$$

式中,E 为可燃气体的爆炸总能量,J;1.8 为地面爆炸系数。

(2) 爆炸伤害半径 R

$$R = C(NE)^{1/3} \tag{6-54}$$

式中,C 为爆炸实验常数,取值 0.03~0.4;N 为有限空间内爆炸发生系数,取 10%。

(3) 爆炸冲击波正相最大超压 Δp

$$\ln\left(\frac{\Delta p}{p_0}\right) = -0.9216 - 1.5058\ln(R') + 0.167\ln^2(R') - 0.0320\ln^3(R') \tag{6-55}$$

$$R' = \frac{D}{\left(\dfrac{E}{p_0}\right)^{1/3}} \tag{6-56}$$

式中，R'为无量纲距离；D为目标到蒸气云中心距离，m；p_0为大气压，Pa。

（4）死亡半径R_1 死亡半径指人在冲击波作用下头部撞击致死半径，由下式确定。

$$R_1 = 1.98W_p^{0.447} \tag{6-57}$$

式中，W_p为可燃气体蒸气云的丙烷当量，kg。

（5）重伤半径R_2 重伤半径指人在冲击波作用下耳鼓膜50％破裂半径，由下式确定。

$$R_2 = 9.187W_p^{1/3} \tag{6-58}$$

（6）轻伤半径R_3 轻伤半径指人在冲击波作用下耳鼓膜1％破裂半径，由下式确定。

$$R_3 = 17.87W_p^{1/3} \tag{6-59}$$

（7）财产损失半径R_4 财产损失半径指在冲击波作用下建筑物三级破坏半径，由下式确定。

$$R_4 = \frac{K_{\mathrm{III}} W_{\mathrm{TNT}}^{1/3}}{\left[1 + \left(\dfrac{3175}{W_{\mathrm{TNT}}}\right)^2\right]^{1/6}} \tag{6-60}$$

式中，K_{III}为建筑物三级破坏系数。

若知道可燃气体装置区域的人员密度和财产密度，即可评价确定人员的伤亡数量和财产损失大小。

6.2.3.2 BLEVE 爆炸

沸腾液体扩展蒸气爆炸（BLEVE）的经典模型有：ILO模型、H. R. Greeberg & J. J. Cramer模型和A. F. Roberts模型等。BLEVE主要危害是火球产生的强烈热辐射伤害，因而采用瞬态火灾作用下的热剂量准则确定人员的伤亡和财产损失的区域。

（1）火球当量半径R及持续时间t

$$R = 2.9W^{1/3} \tag{6-61}$$
$$t = 0.45W^{1/3} \tag{6-62}$$

式中，W为可燃气体储存质量，kg。

BLEVE发生后，消防人员及紧急救灾人员最小安全工作建议距离为$4R$，人群安全逃脱最小建议距离为$15R$。

（2）目标接受热剂量Q_r

$$Q_r = \frac{0.27p_0^{0.32}bc(1 - 0.058\ln r)WQ}{4\pi r^2} \tag{6-63}$$

式中，b为储罐形状系数；c为储罐数量影响因子；r为目标为离储罐距离，m；Q_r为目标接受热剂量，kJ/m^2。

（3）死亡、重伤、轻伤热通量

死亡热通量q_1

$$P_r = -37.23 + 2.56\ln(Tq_1^{4/3}) \tag{6-64}$$

重伤热通量q_2

$$P_r = -43.14 + 3.019\ln(Tq_2^{4/3}) \tag{6-65}$$

轻伤热通量q_3

$$P_r = -39.83 + 3.019\ln(Tq_3^{4/3}) \tag{6-66}$$

式中，T为人体暴露于热辐射的时间，s；P_r为伤害概率单位。

（4）死亡、重伤、轻伤及财产损失半径 分别指热辐射作用下的死亡、二度烧伤、一度烧伤和引燃木材半径。

由式(6-63)求得目标处热剂量Q_r，再根据热剂量准则来确定各种伤害半径及财产损失半径。瞬态火灾作用下的热剂量伤害准则见表6-13。

表 6-13　瞬态火灾作用下的热剂量伤害准则

热剂量/kJ·m^{-2}	伤害效应	热剂量/kJ·m^{-2}	伤害效应
1030	引燃木材	392	重伤
592	死亡	172	轻伤

若知道可燃气体装置区域的人员密度和财产密度，即可评价确定人员的伤亡数量和财产损失大小。

6.3　中毒模型

有毒物质泄漏后生成有毒蒸气云，它在空气中飘移、扩散，直接影响现场人员并可能波及居民区。大量剧毒物质泄漏可能带来严重的人员伤亡和环境污染。

毒物对人员的危害程度取决于毒物的性质、浓度和人员与毒物接触的时间等因素。有毒物质泄漏初期，其毒气形成气团密集在泄漏源周围，随后由于环境温度、地形、风力和湍流等影响使气团漂移、扩散，扩散范围变大，浓度减小。在后果分析中，往往不考虑毒物泄漏的初期情况，即工厂范围内的情况，而主要计算毒气气团在空气中飘移、扩散的范围、浓度和接触毒物的人数等。

6.3.1　概率函数法

概率函数法是通过人们在一定时间接触一定浓度毒物所造成影响的概率来描述毒物泄漏后果的一种表述法。概率与中毒死亡百分率有直接关系，二者可以互相换算，见表6-14，概率值在 0～10 之间。

表 6-14　概率与死亡百分率的换算

死亡百分率/%	0	1	2	3	4	5	6	7	8	9
0	0	2.67	2.95	3.12	3.25	3.36	3.45	3.52	3.59	3.66
10	3.72	3.77	3.82	3.87	3.92	3.96	4.01	4.05	4.08	4.12
20	4.16	4.19	4.23	4.26	4.29	4.33	4.26	4.39	4.42	4.45
30	4.48	4.50	4.53	4.56	4.59	4.64	4.64	4.67	4.69	4.72
40	4.75	4.77	4.80	4.82	4.85	4.87	4.90	4.92	4.95	4.97
50	5.00	5.03	5.05	5.08	5.10	5.13	5.15	5.18	5.20	5.23
60	5.25	5.28	5.31	5.33	5.36	5.39	5.41	5.44	5.47	5.50
70	5.52	5.55	5.58	5.61	5.64	5.67	5.71	5.74	5.77	5.81
80	5.84	5.88	5.92	5.95	5.99	6.04	6.08	6.13	6.18	6.23
90	6.28	6.34	6.41	6.48	6.55	6.64	6.75	6.88	7.05	7.33
99	0.0	0.1	0.2	0.3	0.4	0.5	0.6	0.7	0.8	0.9
	7.33	7.37	7.41	7.46	7.51	7.58	7.58	7.65	7.88	8.09

概率值 Y 与接触毒物浓度及接触时间的关系如下。

$$Y = A + B\ln(c^n \cdot t) \tag{6-67}$$

式中，A，B，n 为取决于毒物性质的常数，表 6-15 中列出了一些常见有毒物质的参数；c 为接触毒物的体积浓度，10^{-6}；t 为接触毒物的时间，min。

表 6-15　一些常见有毒物质的参数

物质名称	A	B	n	参考资料
氯	−5.3	0.5	2.75	DCMR1984
氨	−9.82	0.71	2.0	DCMR1984
丙烯醛	−9.93	2.05	1.0	USCG 1977
四氯化碳	0.54	1.01	0.5	USCG 1977
氯化氢	−21.76	2.65	1.0	USCG 1977
甲基溴	−19.92	5.16	1.0	USCG 1977
光气（碳酸氯）	−19.27	3.69	1.0	USCG 1977
氢氟酸（单体）	−26.4	3.35	1.0	USCG 1977

使用概率函数表达式时，必须计算评价点的毒性负荷（$c^n \cdot t$），因为在一个已知点，其毒性、浓度随着气团的稀释而不断变化，瞬时泄漏就是这种情况。确定毒物泄漏范围内某点的毒性负荷，可把气团经过该点的时间划分为若干区段，计算每个区段内该点的毒物浓度，得到各时间区段的毒性负荷，然后再求出总毒性负荷。

总毒性负荷＝∑时间区段内毒性负荷

通常，接触毒物的时间不会超过 30min。因为在这段时间里人员可以逃离现场或采取保护措施。当毒物连续泄漏时，某点的毒物浓度在整个云团扩散期间没有变化。当设定某死亡百分率时，由表 6-14 查出相应的概率 Y 值，根据 $R' = D \cdot (E/p_0)^{-\frac{1}{3}}$ 有 $c^n \cdot t = e^{\frac{y-A}{B}}$ 即可计算出 c 值，于是按扩散公式可以算出中毒范围。

如果毒物泄漏是瞬时的，则有毒气团通过某点时该点处毒物浓度是变化的。这种情况下，考虑浓度的变化情况，计算气团通过该点的毒性负荷，算出该点的概率值 Y，然后查表 6-14 就可得出相应的死亡百分率。

6.3.2 有毒液化气体容器破裂时的毒害区估算

液化介质在容器破裂时会发生蒸汽爆炸。当液化介质为有毒物质，如液氯、液氨、二氧化硫、氢氰酸等，爆炸后若不燃烧，便会造成大面积的毒害区域。

设有毒液化气体质量为 $W(kg)$，容器破裂前器内温度为 $t(℃)$，液体介质比热容为 C [$kJ/(kg \cdot ℃)$]。当容器破裂时，器内压力降至大气压，处于过热状态的液化气温度迅速降至标准沸点 $t_0(℃)$，此时全部液体所放出的热量为：

$$Q = W \cdot c(t - t_0) \tag{6-68}$$

设这些热量全部用于器内液体的蒸发，如它的气化热为 $q(kJ/kg)$，则其蒸发量为：

$$W' = \frac{Q}{q} = \frac{W \cdot c(t - t_0)}{q} \tag{6-69}$$

如介质的摩尔质量（kg/kmol）为 M，则在沸点下蒸发蒸气的体积 $V_g(m^3)$ 为：

$$V_g = \frac{22.4W'}{M} \times \frac{273 + t_0}{273} = \frac{22.4W \cdot c(t - t_0)}{Mq} \times \frac{273 + t_0}{273} \tag{6-70}$$

为便于计算，现将压力容器最常用的液氨、液氯、氢氟酸等有毒物质的有关物化性能列于表 6-16 中。关于常用有毒气体的危险浓度见表 6-17。

表 6-16 常用有毒物质的有关物化性能

物质名称	摩尔质量 M/g·mol⁻¹	沸点 t_0/℃	液体平均比热容 c/kJ·kg⁻¹·℃⁻¹	汽化热 q/kJ·kg⁻¹
氨	17	−33	4.6	1.37×10^3
氯	71	−34	0.96	2.89×10^2
二氧化硫	64	−10.8	1.76	3.93×10^2
丙烯醛	56.06	52.8	1.88	5.73×10^2
氢氟酸	27.03	25.7	3.35	9.75×10^2
四氯化碳	153.8	76.8	0.85	1.5×10^2

表 6-17 常用有毒气体的危险浓度

物质名称	吸入 5~10min 致死的体积分数/%	吸入 0.5~1h 致死的体积分数/%	吸入 0.5~1h 致重病的体积分数/%
氨	0.5		
氯	0.09	0.0035~0.005	0.0014~0.0021
二氧化硫	0.05	0.053~0.065	0.015~0.019
氢氟酸	0.027	0.011~0.014	0.01
硫化氢	0.08~0.1	0.042~0.06	0.036~0.05
二氧化氮	0.05	0.032~0.053	0.011~0.021

若已知某种有毒物质的危险浓度，则可求出其在危险浓度下的有毒空气体积。如二氧化硫在空气中的体积分数达到 0.05％时，人吸入 5～10min 即致死，则 $V_g(m^3)$ 的二氧化硫可以产生令人致死的有毒空气体积为：

$$V = V_g \times 100/0.05 = 2000V_g(m^3)$$

假设这些有毒空气以半球形向地面扩散，则可求出该有毒气体扩散半径为：

$$R = \sqrt[3]{\frac{V_g/c}{\frac{1}{2} \times \frac{4}{3}\pi}} = \sqrt[3]{\frac{V_g/c}{2.0944}} \tag{6-71}$$

式中，R 为有毒气体的半径，m；V_g 为有毒介质的蒸气体积，m^3；c 为有毒介质在空气中的危险体积浓度值，％。

6.4　应用实例

6.4.1　泄漏扩散事故后果分析

6.4.1.1　建设工程项目概况

某建设工程项目拟建设 80000m^3 的转炉煤气气柜 1 座。表 6-18 列出了转炉煤气的组成及其各自的爆炸极限和空气中允许最大浓度。

表 6-18　转炉煤气组成及其危险评价参数

组　　　成	CO_2	CO	H_2	CH_4	O_2	其他
体积分数/％	13.5	59	1.5	20.6	0.4	5
爆炸下限/％	—	12.5	4.1	5.3	—	—
爆炸上限/％	—	74.5	74.1	15	—	—
空气中允许最大浓度/mg·m^{-3}	—	30	—	300	—	—

模拟评价中气象与环境参数如下。

年平均气温：15.4℃

年平均风速：3.4m/s

年主导风向：冬季为东北风；夏季为东南风

静风频率：22％

6.4.1.2　泄漏扩散模拟评价

（1）连续泄漏　根据机械能守恒原理，煤气通过气柜孔洞泄漏的质量流速模型为：

$$Q_m = C_0 Ap \sqrt{\frac{Mk}{RT} \times \left(\frac{2}{R+1}\right)^{\frac{k+1}{k-1}}} \tag{6-72}$$

式中，Q_m 为泄漏的质量速率，kg/s；C_0 为泄漏系数；A 为裂口面积，m^2；p 为储罐内压，Pa；M 为气体或蒸气的摩尔质量，kg/kmol；R 为理想气体常数；T 为泄漏源温度，K；k 为比热容之比。

对于不同的气柜孔洞泄漏，其煤气泄漏的质量速率见表 6-19。

表 6-19　不同泄漏面积下煤气泄漏的质量速率

泄漏面积/m^2	0.002	0.008	0.03
泄漏的质量速率/kg·s^{-1}	0.01	0.05	0.19

不同孔洞大小情况下的煤气连续泄漏所造成的影响如图 6-1～图 6-4 所示。由于泄漏量小，不会在地面形成爆炸范围。

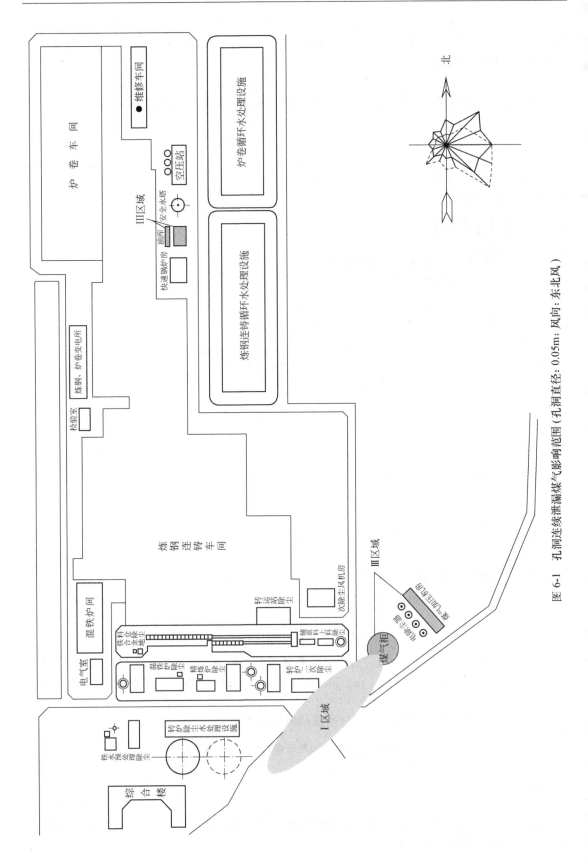

图 6-1 孔洞连续泄漏煤气影响范围（孔洞直径：0.05m；风向：东北风）

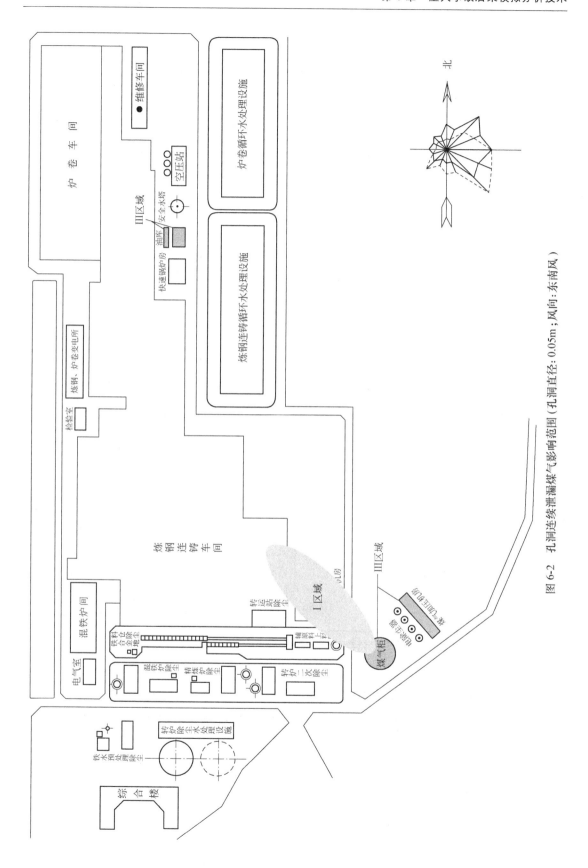

图 6-2　孔洞连续泄漏煤气影响范围 (孔洞直径: 0.05m; 风向: 东南风)

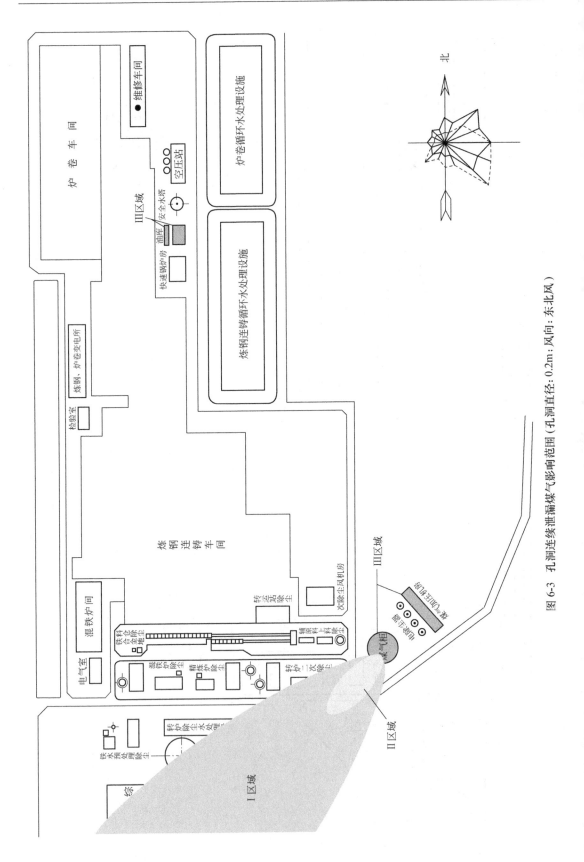

图 6-3　孔洞连续泄漏煤气影响范围（孔洞直径：0.2m；风向：东北风）

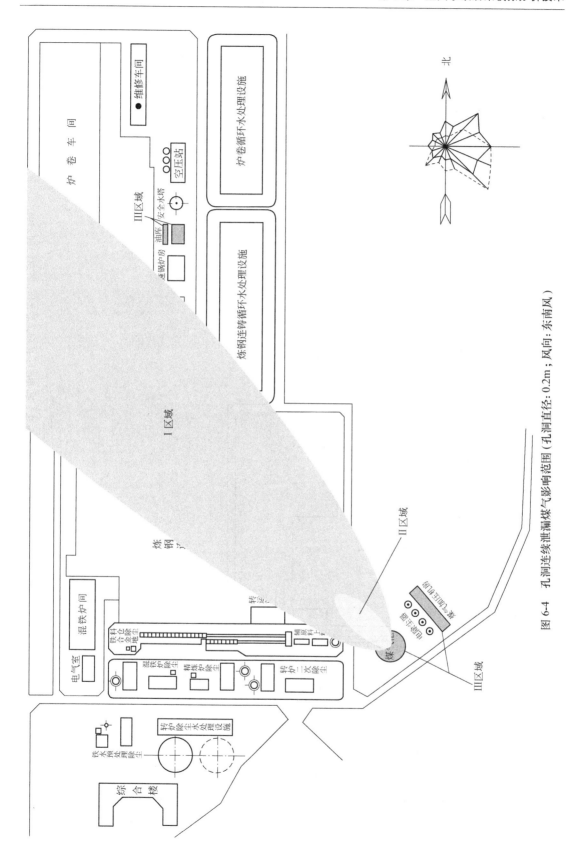

图 6-4　孔洞连续泄漏煤气影响范围（孔洞直径：0.2m；风向：东南风）

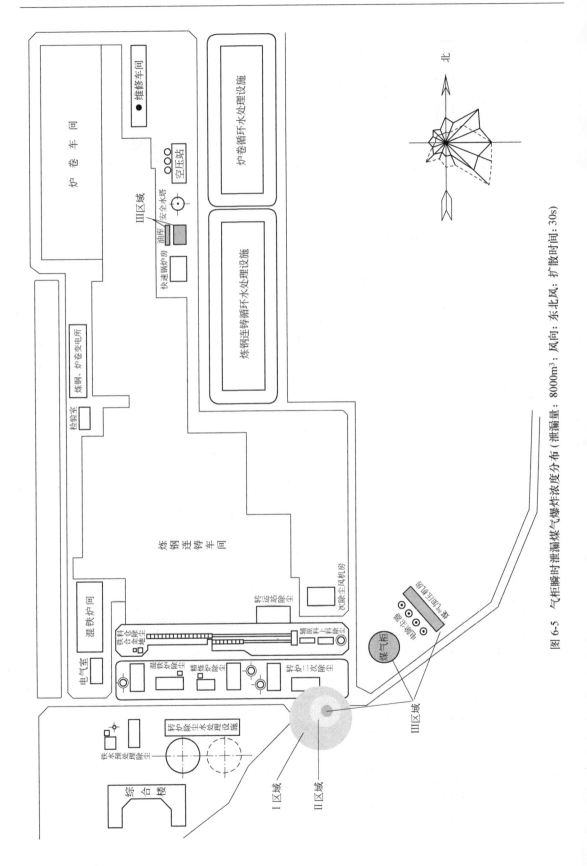

图 6-5　气柜瞬时泄漏煤气爆炸浓度分布（泄漏量：8000m³；风向：东北风；扩散时间：30s）

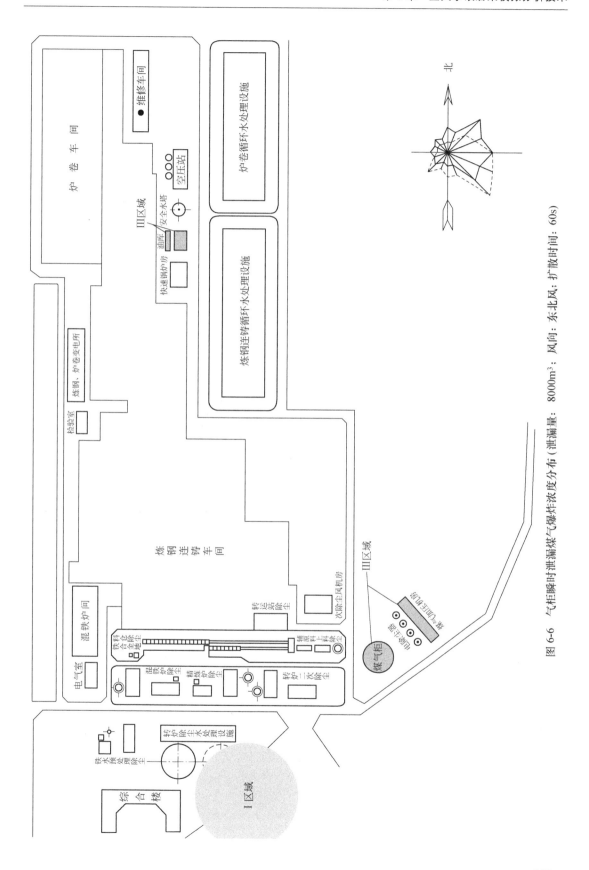

图 6-6　气柜瞬时泄漏煤气爆炸浓度分布（泄漏量：8000m³；风向：东北风；扩散时间：60s）

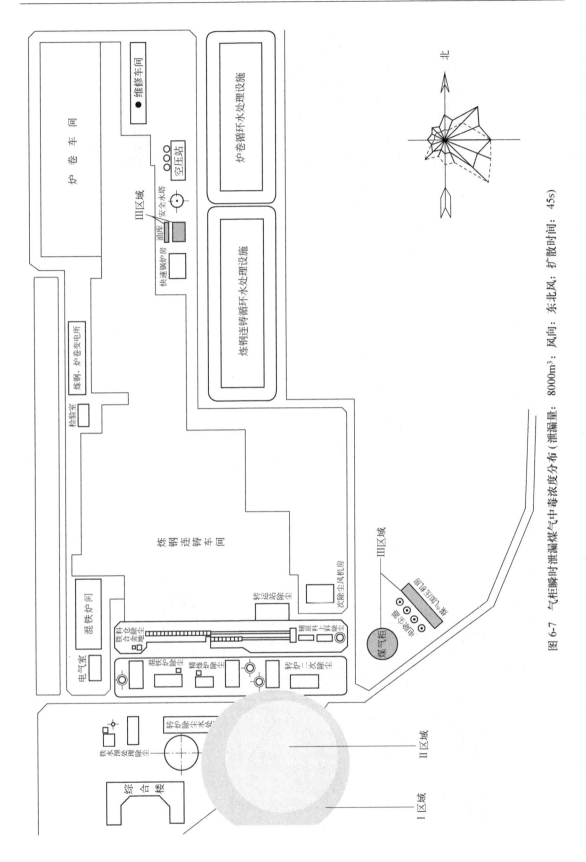

图 6-7 气柜瞬时泄漏煤气中毒浓度分布（泄漏量：8000m³；风向：东北风；扩散时间：45s）

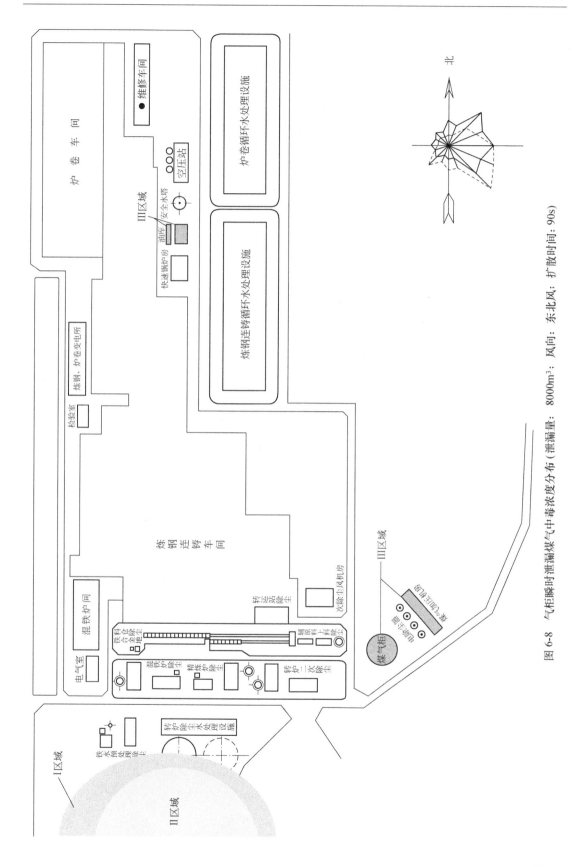

图 6-8　气柜瞬时泄漏煤气中毒浓度分布（泄漏量：8000m³；风向：东北风；扩散时间：90s）

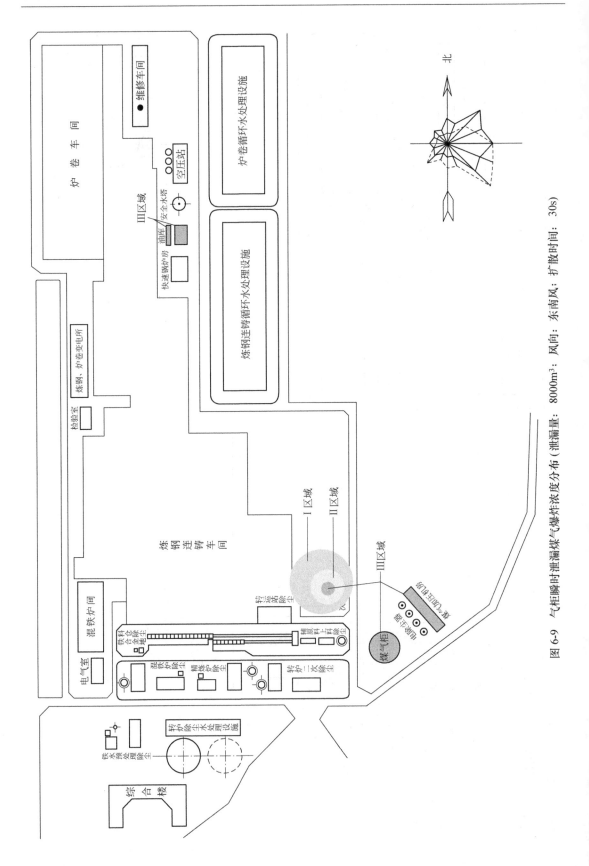

图 6-9 气柜瞬时泄漏煤气爆炸浓度分布（泄漏量：8000m³；风向：东南风；扩散时间：30s）

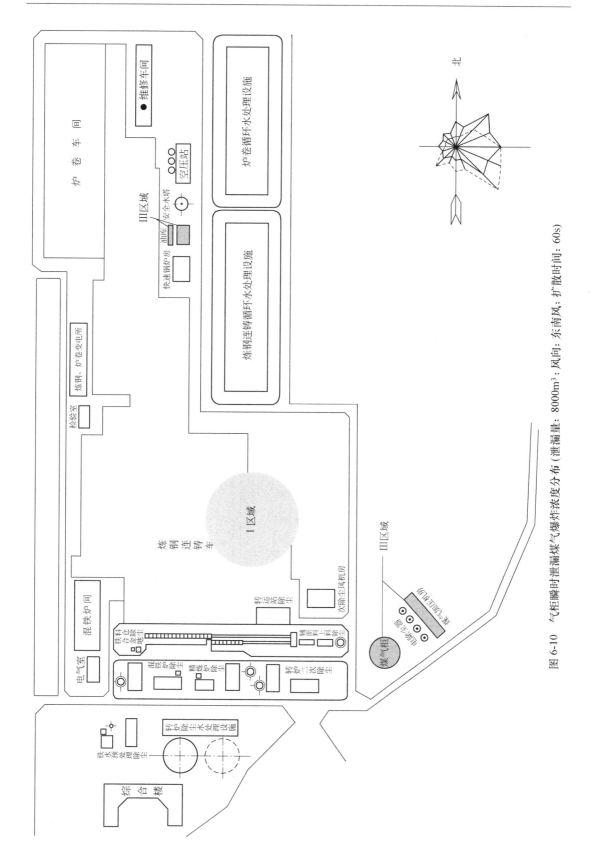

图 6-10　气柜瞬时泄漏煤气爆炸浓度分布（泄漏量：8000m³；风向：东南风；扩散时间：60s）

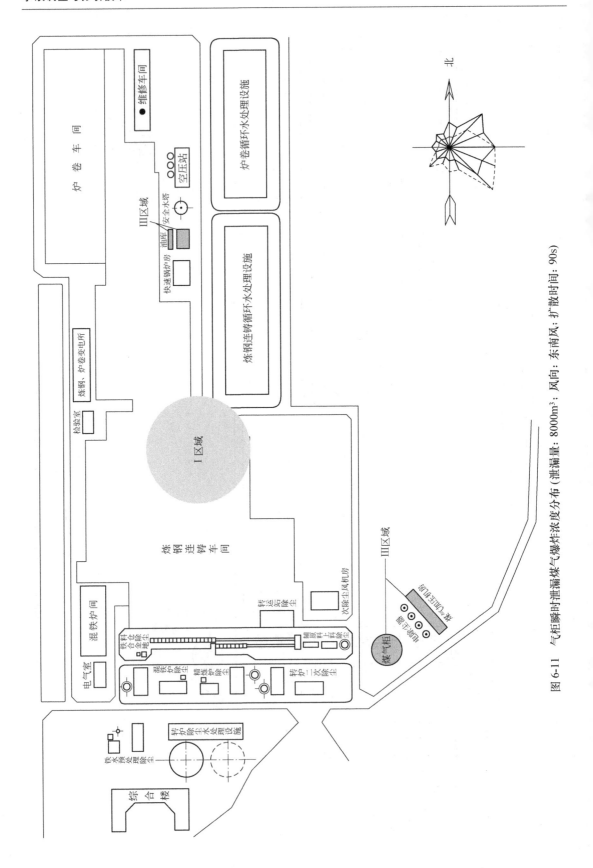

图 6-11 气柜瞬时泄漏煤气爆炸浓度分布（泄漏量：8000m³；风向：东南风；扩散时间：90s）

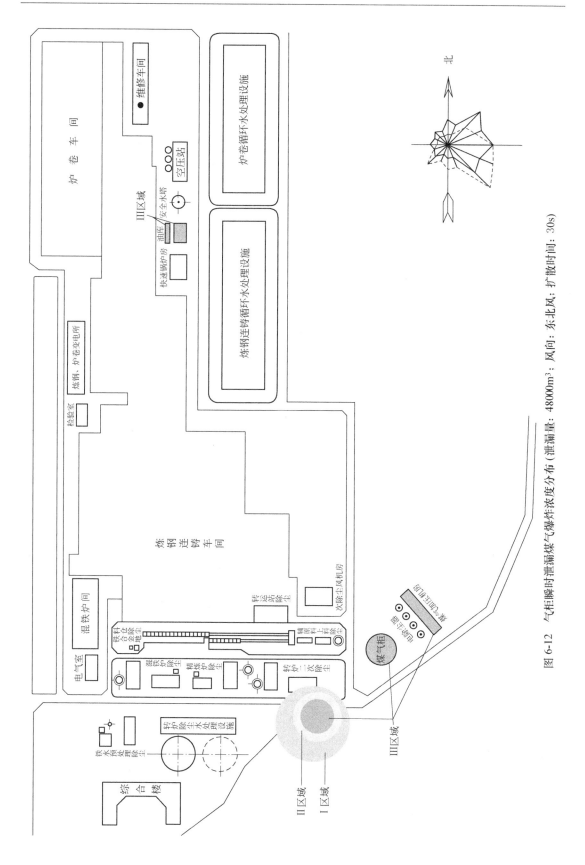

图 6-12　气柜瞬时泄漏煤气爆炸浓度分布（泄漏量：48000m³；风向：东北风；扩散时间：30s）

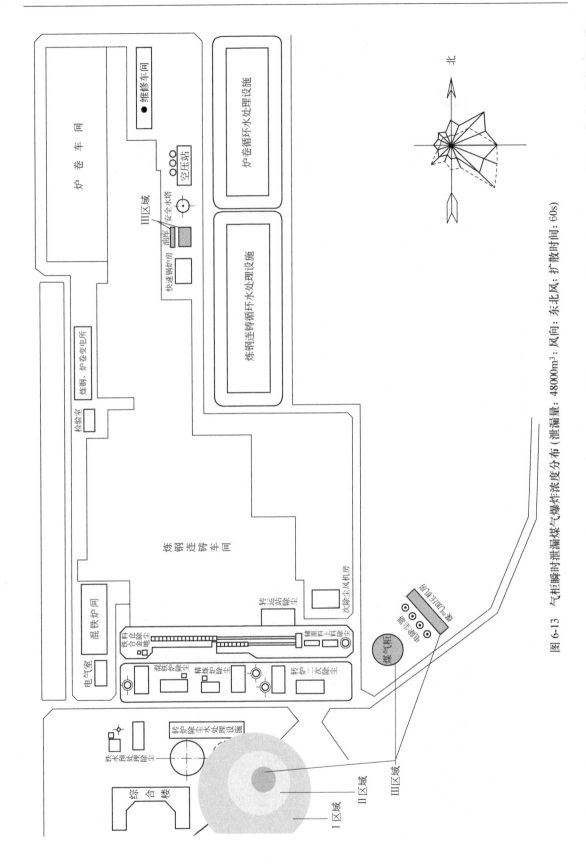

图 6-13 气柜瞬时泄漏煤气爆炸浓度分布（泄漏量：48000m³；风向：东北风；扩散时间：60s）

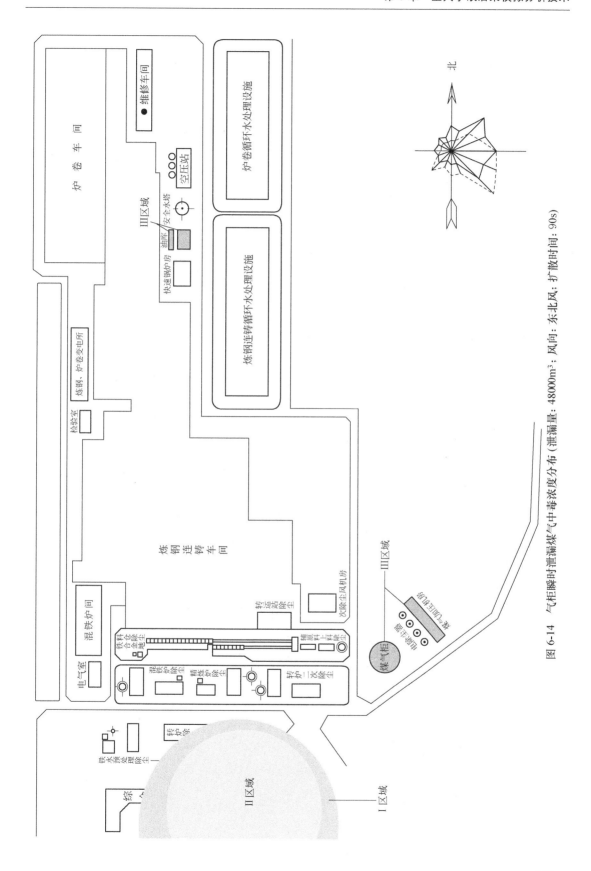

图 6-14　气柜瞬时泄漏煤气中毒浓度分布（泄漏量：48000m³；风向：东北风；扩散时间：90s）

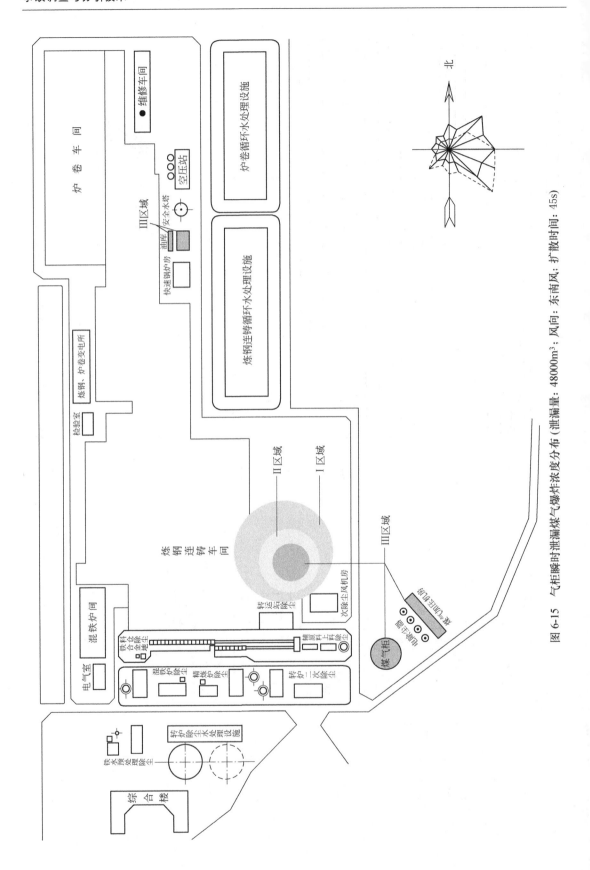

图 6-15　气柜瞬时泄漏煤气爆炸浓度分布（泄漏量：48000m³；风向：东南风；扩散时间：45s）

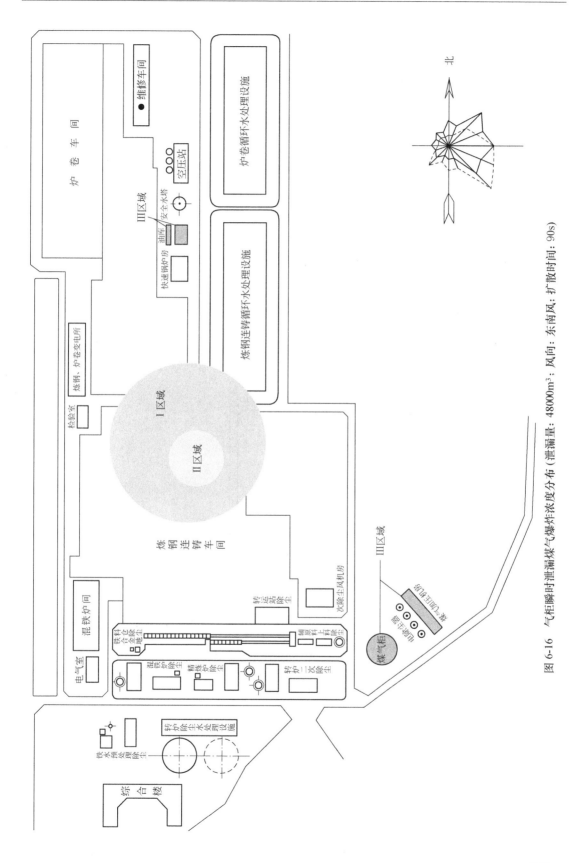

图 6-16　气柜瞬时泄漏煤气爆炸浓度分布 (泄漏量: 48000m³; 风向: 东南风; 扩散时间: 90s)

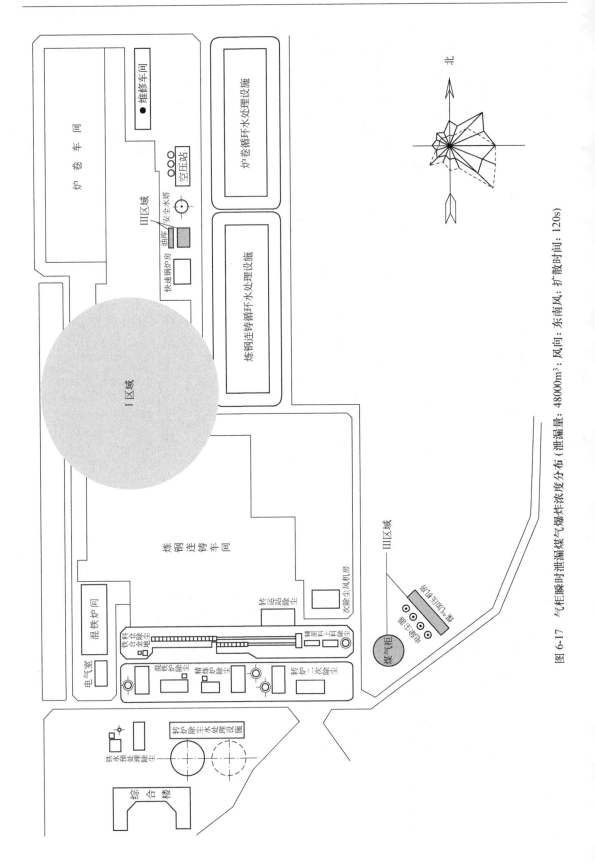

图 6-17 气柜瞬时泄漏煤气气爆炸浓度分布（泄漏量：48000m³；风向：东南风；扩散时间：120s）

（2）瞬时泄漏　假设煤气储柜发生瞬时泄漏时分别有 10% 和 60% 的煤气泄漏到大气环境中，则其造成的影响范围分别如图 6-5～图 6-17 所示。

对图 6-1～图 6-17 的说明：图中 Ⅰ 区域代表安全区域，即该区域内的煤气浓度小于其在空气中的爆炸下限或最高允许浓度；Ⅱ 区域代表易燃易爆区域，即该区域内的煤气浓度大于其在空气中的爆炸下限，但小于爆炸上限或大于最高允许浓度；Ⅲ 区域代表准危险区域，即该区域内的煤气浓度大于其在空气中的爆炸上限，但由于环境的湍流作用，该区域内的浓度随时有可能低于爆炸上限而进入爆炸极限范围之内，因此该区域也是比较危险的。

6.4.2　爆炸灾害模拟分析

液化石油气（LPG）是非常重要的燃料，在工业和日常生活中使用量大。一旦大量泄漏，极易与周围空气混合形成爆炸性混合物，如遇到明火引起火灾爆炸，其产生的爆炸冲击波及爆炸火球热辐射破坏、伤害作用极大，并且危害范围大，极易导致次生灾害。国内外曾发生过多起 LPG 罐区池火灾（Pool Fire）、蒸气云爆炸（UVCE）、沸腾液体扩展蒸气爆炸（BLEVE）事故，伤亡、损失极为严重。因此对 LPG 储罐区进行危险辨识和灾害模拟分析，对于指导罐区安全设计、科学防灾和应急救援，有着重要的社会意义和经济价值。

6.4.2.1　LPG 罐区主要危险性分析

（1）LPG 罐区的 Pool Fire 危险性　LPG 的火灾大多是由于设备及管线跑冒滴漏、容器破裂、阀门开启或失效、超载、雷击等因素所造成的。LPG 罐区的火灾有以下特点：燃烧伴随爆炸、火焰温度高、辐射热强、火灾初发面积大、易形成二次爆炸、破坏性大。

罐区池火灾的主要危害是火焰的强烈热辐射对周围人员及装备的危害，在火焰环境下，易导致周围储罐的破裂而引发二次灾害。

（2）LPG 罐区的 UVCE 危险性　当 LPG 罐区的储存 LPG 等物质的设备罐体在机械作用（如撞击、打击）、化学作用（如腐蚀）或热作用（如火焰环境、热冲击）下发生破坏，就会导致大量液化气泄漏，此外工作人员在装运取样等日常业务中不正确操作，也是导致罐内液化气泄漏的一个重要因素。容器破裂后，LPG 就会快速泄漏并与周围空气形成爆炸性混合气云，在遇到延迟点火的情况下，就会导致 UVCE 的发生。由此可见，罐体破裂是导致 UVCE 发生的直接原因。

LPG 罐区发生的 UVCE 具有以下特点：一般由火灾发展成的爆燃，而不是爆轰；是由于存储温度一般高于 LPG 的常压沸点的 LPG 大量泄漏的结果；是一种面源爆炸模型。UVCE 发生后的破坏作用有爆炸冲击波、爆炸火球热辐射对周围人员、建筑物、储罐等设备的伤害、破坏作用。

（3）LPG 罐区的 BLEVE 危险性　BLEVE 是指 LPG 储罐在外部火焰的烘烤下突然破裂，压力平衡破坏，LPG 急剧气化，并随即被火焰点燃而产生的爆炸。BLEVE 发生有以下条件：储罐内 LPG 在外部热作用下，处于过热状态，罐内气液压力平衡破坏，LPG 急剧气化；罐壁不能承受 LPG 急剧气化导致的超压。

LPG 罐区的 BLEVE 的发生有它自身的规律和条件要求，不同的 BLEVE 事故的发生原因也不同，但它们都有一些共性的规律。其中大多数 BLEVE 的发生是由于外来热辐射作用使得容器内 LPG 处于过热状态，容器内压力超过对应温度下材料的爆炸压力，导致容器发生灾难性的失效，容器内 LPG 发生爆炸的气体快速泄放，即 BLEVE 的发生。

装有 LPG 的容器发生失效时，可能会有以下结果：容器部分失效，伴有 LPG 的喷射泄放或产生喷射火焰；容器罐体产生抛射物；容器内 LPG 完全快速泄放（TLOC）并导致 BLEVE 的发生。导致 TLOC 和 BLEVE 的因素很多，包括罐体材料缺陷、材料疲劳、腐蚀、热应力、压应力、池火焰包围或喷射火焰环境下罐体材料强度下降、容器过载、操作不当等，通常 BLEVE 的发生是上述几个因素的联合作用的结果。

罐区的 BLEVE 发生后爆炸产生的火球热辐射是主要危害，同时爆炸产生的碎片和冲击波超压也有一定的危害，但与火球热辐射危害相比，危害次要。

从上述 LPG 罐区危险性分析，可见罐区主要危险性是 UVCE、BLEVE 和池火灾，下面利用灾害定量评价技术和相应的伤害评价模型对这三种事故的危险性进行定量模拟评价。利用灾害模拟与评价软件系统对某化工厂罐区进行 UVCE、BLEVE 和池火灾危害性的定量模拟评价。

罐区基本参数为：共 6 个 LPG 柱形储罐，存储 LPG（丙烷、丁烷）共 110t，LPG 燃烧热为 46.5MJ/kg，存储压力为 0.4MPa。

6.4.2.2 LPG 罐区的 UVCE 定量评价

蒸气云爆炸主要因冲击波造成伤害，因而按超压-冲量准则确定人员伤亡区域及财产损失区域。

（1）LPG 的 TNT 当量 W_{TNT} 及爆炸总能量 E

LPG 的 TNT 当量

$$W_{TNT} = \frac{\alpha W Q}{Q_{TNT}} \tag{6-73}$$

式中，W_{TNT} 为可燃气体的 TNT 当量，kg；α 为可燃气体蒸气云当量系数，统计平均值为 0.04；W 为蒸气云中可燃气体质量，kg；Q 为可燃气体的燃烧热，J/kg；Q_{TNT} 为 TNT 的爆热，J/kg。

由式（6-73）可求得 LPG 的 TNT 当量 $W_{TNT} = 48752.4$kg。

LPG 的爆炸总能量

$$E = 1.8\alpha W Q \tag{6-74}$$

式中，E 为 LPG 的爆炸总能量，J；1.8 为地面爆炸系数。

由上式可求得 LPG 的爆炸总能量 $E = 368279$MJ。

（2）爆炸伤害半径 R

$$R = C(NE)^{1/3} \tag{6-75}$$

式中，C 为爆炸实验常数，取值 $0.03 \sim 0.4$；N 为有限空间内爆炸发生系数，取 10%。

由上式可求得爆炸伤害半径 $R = 478$m。

（3）爆炸冲击波正相最大超压 Δp　LPG 的爆炸冲击波正相最大超压

$$\ln\left(\frac{\Delta p}{p_0}\right) = -0.9216 - 1.5058\ln(R') + 0.167\ln^2(R') - 0.0320\ln^3(R') \tag{6-76}$$

$$R' = \frac{D}{\left(\dfrac{E}{p_0}\right)^{1/3}} \tag{6-77}$$

式中，R' 为无量纲距离；D 为目标到蒸气云的中心距离，m；p_0 为大气压。

由式（6-77）可求得离气云中心 475m 处的爆炸冲击波超压 $\Delta p = 8.60$kPa。

UVCE 爆炸超压在离爆源中心距离为 550 米的空间分布曲线，如图 6-18 所示。

（4）死亡半径 R_1　指人在冲击波作用下头部撞击致死半径，由下式确定。

$$R_1 = 1.98 W_p^{0.447} \tag{6-78}$$

式中，W_p 为 LPG 蒸气云的丙烷当量，kg。

由上式可求得死亡半径 $R_1 = 82$m。

（5）重伤半径 R_2　指人在冲击波作用下耳鼓膜 50% 破裂半径，由下式确定。

$$R_2 = 9.187W_p^{1/3} \qquad (6-79)$$

由上式可求得重伤半径 $R_2 = 147\text{m}$。

（6）轻伤半径 R_3　指人在冲击波作用下耳鼓膜 1% 破裂半径，由下式确定。

$$R_3 = 17.87W_p^{1/3} \qquad (6-80)$$

由上式可求得轻伤半径 $R_3 = 285\text{m}$。

（7）财产损失半径 R_4　指在冲击波作用下建筑物三级破坏半径，由下式确定。

$$R_4 = \frac{K_{III}W_{TNT}^{1/3}}{\left[1 + \left(\dfrac{3175}{W_{TNT}}\right)^2\right]^{1/6}}$$

式中，K_{III} 为建筑物三级破坏系数。

由上式可求得财产损失半径 $R_4 = 341\text{m}$。

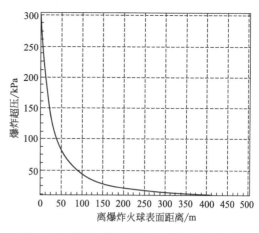

图 6-18　UVCE 爆炸超压在空间的分布曲线

若知道 LPG 罐区的人员密度和财产密度，即可评价确定人员的伤亡数量和财产损失大小。

6.4.2.3　LPG 罐区的 BLEVE 定量评价

BLEVE 主要危害是火球产生的强烈热辐射伤害，因而采用瞬态火灾作用下的热剂量准则确定人员伤亡和财产损失的区域。

（1）火球当量半径 R 及持续时间 t

$$R = 2.9W^{1/3} \qquad (6-81)$$
$$t = 0.45W^{1/3} \qquad (6-82)$$

由于 LPG 采用多罐存储，LPG 质量取 90%W，由上式可求得火球当量半径 $R = 134\text{m}$；火球持续时间 $t = 21\text{s}$。

BLEVE 发生后，消防人员及紧急救灾人员最小安全工作建议距离为 $4R$，即 536 米；人群安全逃脱最小建议距离为 $15R$，即 2010m。

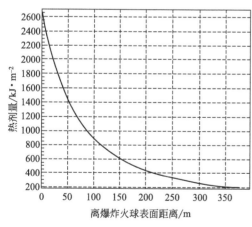

图 6-19　BLEVE 热辐射剂量在空间的分布曲线

死亡热通量 q_1

（2）目标接受热剂量 Q_r

$$Q_r = \frac{0.27P_0^{0.32}bc(1-0.058\ln r)WQ}{4\pi r^2}$$

$$(6-83)$$

式中，b 为储罐形状系数；c 为储罐数量影响因子；r 为目标离储罐的距离，m；Q 为可燃气体的燃烧热，J/kg。

由上式求得 $4R$ 处目标接受热剂量 $Q_r = 164.63\text{kJ/m}^2$。

罐区的 BLEVE 热辐射剂量在离爆源中心距离为 536m 的空间分布曲线，如图 6-19 所示。

（3）死亡、重伤、轻伤热通量

$$P_r = -37.23 + 2.56\ln(Tq_1^{4/3})$$

重伤热通量 q_2

$$P_r = -43.14 + 3.019\ln(Tq_2^{4/3})$$

轻伤热通量 q_3

$$P_r = -39.83 + 3.019\ln(Tq_3^{4/3})$$

式中，T 为人体暴露于热辐射的时间，s；P_r 为伤害概率单位。

当伤害概率为 50%，热辐射作用时间为 21s 时，q_1、q_2、q_3 分别为 24.069、15.928、6.999kW/m^2。

（4）死亡、重伤、轻伤及财产损失半径

死亡、重伤、轻伤及财产损失半径分别指热辐射作用下的死亡、二度烧伤、一度烧伤和引燃木材半径。

由式（6-83）求得目标处热剂量 Q_r，再根据热剂量准则来确定各种伤害半径及财产损失半径。本例求得的死亡、重伤、轻伤及财产损失半径分别为 290、354、525、223m。

若知道 LPG 罐区的人员密度和财产密度，即可评价确定人员的伤亡数量和财产损失大小。

6.4.2.4　LPG 罐区的池火灾的定量评价

池火灾的主要危害来自火焰的强烈热辐射危害，而且火灾持续时间一般较长，因而采用稳态火灾下的热通量准则来确定人员伤亡及财产损失区域。

（1）池火焰半径及高度　池火焰采用圆柱形火焰和池面积恒定假设，火焰半径 R_f 由下式确定。

$$R_f = \sqrt{\frac{S}{\pi}} \tag{6-84}$$

池面积可由 LPG 储罐的防护堤所围的面积确定，本例中按 $S = 500\text{m}^2$，LPG 的燃烧速率 $m_f = 0.02\text{kg}/(\text{m}^2 \cdot \text{s})$，由式（6-84）可求得火焰半径 $R_f = 12.61\text{m}$。

火焰高度 L

$$L = 84R_f \left[\frac{m_f}{\rho_0 \sqrt{2gR_f}}\right]^{0.61} \tag{6-85}$$

式中，ρ_0 为空气密度，kg/m^3。

由式（6-85）可求得火焰高度 $L = 15.26\text{m}$。

（2）火灾持续时间 t

$$t = \frac{W}{m_f} \tag{6-86}$$

由式（6-86）可求得火灾持续时间 $t = 11000\text{s}$。

（3）火焰表面热辐射通量 Q_f

$$Q_f = \frac{2\pi R_f^2 \eta_1 m_f \eta_2}{2\pi R_f^2 + \pi R_f L} \tag{6-87}$$

式中，η_1 为燃烧效率；η_2 为热辐射系数，可取 0.15。

由式（6-87）可求得火焰表面热辐射通量 $Q_f = 39.86\text{kW/m}^2$。

（4）目标接受的热通量 q_r

$$q_r = Q_f V(1 - 0.058\ln d) \tag{6-88}$$

式中，V 为目标处视角系数；d 为目标离火焰表面的距离，m。

由式（6-88）可求得离火焰表面距离 123m 处的目标接受热通量 $q_r = 2.089\text{kW/m}^2$。

罐区的池火灾的热辐射通量在离火焰表面距离为 100m 的空间分布曲线，如图 6-20 所示。

（5）死亡、重伤、轻伤及财产损失半径

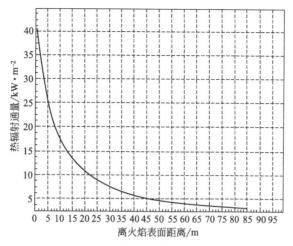

图 6-20　池火灾热辐射通量在空间的分布曲线

死亡、重伤、轻伤及财产损失半径分别指热辐射作用下的死亡、二度烧伤、一度烧伤和引燃木材半径。

根据计算出来的 q_r，依据稳态火灾作用下的热通量伤害准则来确定各个伤害及财产损失半径。稳态火灾作用下的热通量伤害准则见表 6-20。本例中求得的死亡、重伤、轻伤及财产损失半径分别为 50、71、148、20m。

若知道 LPG 罐区的人员密度和财产密度，即可评价确定人员的伤亡数量和财产损失的大小。

表 6-20　稳态火灾作用下的热通量伤害准则

热通量/kW·m^{-2}	伤害效应	热通量/kW·m^{-2}	伤害效应
25.4	引燃木材	4.3	重伤
6.5	死亡	1.9	轻伤

6.4.2.5　三种事故评价结果分析

LPG 罐区可能发生的三种事故模型的伤害/破坏半径比较，见表 6-21。

表 6-21　三种事故模型的伤害/破坏半径比较

事故模型		池火灾	蒸气云爆炸	扩展蒸气爆炸
伤害/破坏半径/m	死亡半径	50	82	290
	重伤半径	71	147	354
	轻伤半径	148	285	525
	财产损失半径	20	341	223

从表 6-21 可以看出，LPG 罐区可能发生的 Pool Fire、UVCE、BLEVE 三种典型重大灾害事故模式中，他们所导致的灾害后果依次增大，针对以上伤害/破坏半径，采取相应的防范措施，可以防止伤亡和破坏事故的发生。

当 LPG 罐区发生 UVCE 时，离气云中心半径为 478m 的圆形区域内的建筑物将会有不同程度的破坏，478m 处的冲击波超压为 8.6kPa，能使受压面玻璃大部分破碎，可见求得爆炸伤害半径正确；离气云中心外径为 285m，内径为 146m 的圆环区域内人员大部分轻伤；离气云中心外径为 146m，内径为 81m 的圆环区域内人员大部分重伤；离气云中心半径为

81m 的圆形区域内的人员可能大部分死亡。因而 UVCE 发生后，救灾人员的最小离气云中心工作距离为 285m。

当 LPG 罐区发生 BLEVE 时，救灾人员最小的离火球中心工作距离为 536m，人群安全逃脱最小的离火球中心距离为 2010m。离火球中心 536m 处目标接受的热剂量为 164.63kJ/m²，此值略小于轻伤热剂量值。可见离火球 536m 处基本上人员不会受热辐射伤害，但可能受到碎片打击伤害。

当 LPG 罐区发生池火灾时，离火焰中心外径为 148m，内径为 71m 的圆环区域内人员大部分轻伤；离火焰中心外径为 71m，内径为 50m 的圆环区域内人员大部分重伤；离火焰中心半径为 50m 的圆形区域内的人员可能大部分死亡。以上分析以圆形伤害区域作为假设。

6.4.2.6 事故预防控制措施

为防止事故发生时，高温火焰烧烤环境下的 LPG 储罐因罐内 LPG 过热而迅速气化导致罐内超压、破裂所引起的二次灾害，应采取水喷淋冷却周围储罐外壁，降低罐内温度。同时，在泄压装置设计方面应考虑到事故状态下泄压装置的动作时间，避免动作时间过晚因超压导致储罐破裂；在确定泄压量时，应考虑到对罐内气液平衡的破坏影响。

为防止池火灾发生，因池面积的扩大而导致灾害的扩大，应根据储罐容积来设计事故状态下防护堤的半径和高度。

为了减少在罐区内形成局限化空间，避免为 UVCE 的发生创造条件，储罐布局时除了满足防火防爆间距的要求外，还应适当减小储罐分布密度，同时尽量避免罐区设计在山谷等低洼地区。

点火源是引起火灾、爆炸的一个重要因素，应采取以下措施来消除和控制火源：罐区内严禁明火，同时注意防止静电；进入罐区的车辆必须配备防火罩，装卸过程中车辆必须熄火；严格执行罐区内动火程序；罐区内应采用防爆电器设施。

设计罐区与周围办公、住宅等建筑物距离时，在满足防火防爆间距要求的同时，还应考虑到根据罐区储量估算的爆炸冲击波或火灾热辐射所导致的各种破坏和伤害半径的大小，以减小突发事故对罐区外人员、建筑物造成的伤害和破坏。

第7章　典型事故案例的调查与分析

现代化工生产的工艺过程相当复杂，工艺条件要求十分严格，介质具有易燃、易爆、有毒、腐蚀等危险特性，生产装置趋向大型化以及生产过程的连续性、自动化程度的提高等，使生产过程发生事故的可能性增大，而且造成的危害和损失也极为惨重。本章将介绍几起国内外典型的重大灾害性事故的调查与分析。

7.1　联合碳化物印度有限公司（UCIL）异氰酸甲酯毒气泄漏

1984 年 12 月 4 日，美国联合碳化物公司在印度博帕尔（BhoPal，Indian）的农药厂发生异氰酸甲酯（CH_3NCO，简称 MIC）毒气泄漏事故，造成 2000 人死亡、200000 人受伤的让世界震惊的重大事故。MIC 是生产氨基甲酸酯类杀虫剂的中间体。甲氨基甲酸萘酯是一种杀虫剂。

MIC 极不稳定，需要在低温下储存。博帕尔的 MIC 储存在两个地下冷冻储槽中，第三个储槽储存不合格的 MIC。博帕尔的联合碳化物印度有限公司（UCIL）建设过程正处于城市的快速发展时期，20 世纪 80 年代因为对杀虫剂的需求减少，UCIL 装置关闭。

三个 MIC 储槽的进料是用带氮气夹套的不锈钢管从精制塔送来，并用普通管道将其送到甲氨基甲酸萘酯反应器，在反应器上装有安全阀。不合格的 MIC 循环至储槽，含 MIC 的废物送至放空气体洗涤器（VGS）被中和。每个 MIC 储槽都有温度和压力显示仪表，以及液位指示和报警，如图 7-1 所示，MIC 储槽上装有固定的水监视器和制冷单元。当 VGS 中有大量释放时可使用燃烧系统，VGS 和燃烧系统的排放高度为 15～20m。1984 年 6 月不再使用储槽的制冷系统，而且把制冷剂放出。1984 年 12 月停止生产 MIC，而且裁员 50%。

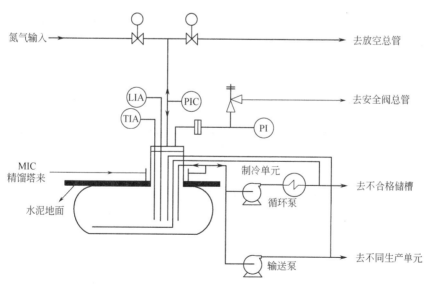

图 7-1　MIC 储槽

1984 年 12 月 2 日，第二班负责人命令 MIC 装置的操作工用水清洗管道，在操作前应该进行隔离，但被忽略了，而且几天前刚进行了检修，加上其他可能性，冲洗水进入了其中一个储槽。

251

23 时，储槽的压力在正常范围；23 时 30 分操作工发现 MIC 和污水从 MIC 储槽的下游管道流出；0 时 15 分，储槽的压力升至 206.84kPa，几分钟后达到 379.21kPa，即最高极限；当操作工走近储槽时，他听到了隆隆声并且感受到储槽的热辐射；在控制室操作工试图启动 VGS 系统，并通知总指挥；当总指挥到来时命令将装置关闭；水喷淋系统已打开但只能达到 15m 的高度，MIC 的排放高度为 33m。他们还试图启动制冷系统，但是因为没有制冷剂而告失败。至此，开始向社区发出了毒气报警。但几分钟后报警声停止，只能用汽笛向 UCIL 的工人发出警报。据称开始时汽笛引起误会，人们以为是装置发生了火灾而且准备参加灭火；而 UCIL 的工人则错误地顺着毒气云的方向逃生。

安全阀一直开了两个小时，气、液、固三相以超过 200℃ 的温度、124106kPa（180psi）的压力释放到空气中。

因为博帕尔城市发展很快，人口多，短时间内无法完全疏散；加上贫民区已建到 UCIL 的围墙下面，简陋的屋子一点也起不到保护作用，城市的基础设施（如医院等）无法应付如此巨大的灾难，仅有的两所医院其设施只能容纳千余人，而中毒人数是其 10 倍。表 7-1 和表 7-2 是这次事故的详细过程和根本原因。

表 7-1 事故的详细过程及原因

后果——伤害和破坏： 2000 余人死亡，200000 人受伤停产； 公司将赔偿几百万美元，股票暴跌，财政危机，联合碳化物公司从世界排名第 37 位降至 200 位	**恢复系统失效：** 放空系统洗涤器能力不足
	MIC 装置出现危险故障： 储槽温度和压力升高
装置外保护设施失效： 无应急计划； 报警系统关闭； 当地居民区无保护设施； 医疗设施有限	**紧急控制系统失效：** 泄放阀放空高度 33m； MIC 储槽上无在线监视系统或高温报警
	危险偏差： 因 MIC 催化聚合引起温度和压力升高
	控制系统失效（报警）： 无报警
释放升级： MIC 蒸气云逸出装置外	**工艺偏差：** 温度和压力升高
装置内的保护设施失效： 消防水只能达到 15m 的高度； 因无制冷剂，所以制冷单元无法工作； 因为维修燃烧系统无法工作； 近两个小时未察觉问题	**正常控制不当：** 该系统实际上无控制； 温度和压力指示器有缺陷
	事故的直接原因： 冲洗时未按规程进行隔离； 水可能在管道冲洗过程或其他地方进入 MIC 储槽
大量有毒物质放出： 36 吨 MIC 放出（气、液、固）	

根据该公司的事故调查报告，这次事故是因为储槽中含有水和三氯甲烷，从而发生剧烈反应而引起的。储槽中含有水和三氯甲烷的原因不太清楚，但是用危险与可操作性分析（HAZOP）方法能够找出可能的原因，并采取必要的措施避免水与异氰酸甲酯接触而导致的剧烈反应。当储槽的安全阀打开后，应有一个独立的洗涤系统吸收所放出的蒸气，同时燃烧系统应将未被洗涤下来的毒气燃烧掉，冷却系统应使储槽保持低温；另外一个重要问题是为什么要储存大量的异氰酸甲酯，因为异氰酸甲酯是中间体，完全没有必要储存那么多，如果进行 HAZOP 分析就完全能够分析到是否需要这个中间储槽。

表 7-2　事故的根本原因

子 系 统	可能发生事故的条件	子 系 统	可能发生事故的条件
外部系统	装置附近入口激增而基础设施建设严重滞后； 当发生紧急情况时与外界的联系不当； 可能存在人为破坏	工程完整性	安全系统不足而且无法工作； 修改不当而且修改后未进行分析； 管道、阀门及仪表缺乏维修
系统环境	检查结果未得到落实； 可能有更为安全的工艺路线； 市政府的决定被地区政府否决； 因需求不足生产不正常； 扩大生产工艺过程而进入相对不太安全的领域	管理控制	目标、责任、制度不明确； 对修改的管理不当而且未选择安全的工艺流程； 安全责任不明确； 缺乏安全训练和技术经验； 无应急计划
组织和管理	未承担足够的安全义务； 应对紧急情况的准备不足； 印度政府安全检查不力； 对公众面临的危险失察； 与设在美国的总公司联系有限； 员工水平不高	通讯和资料	无 MIC 的毒性资料； 总公司发来的警告未得到落实
位 置 和 装 置设备	无区域规划政策； 对工艺过程的预分析不当； 在不当条件下长时间大量储存工艺物料； 储槽未隔离，而且未安装阀门位置指示器； 过量水进入 MIC 储槽	规程和实践	对操作规程的认证不充分； 未按照规程对装置进行冲洗； 缺乏紧急情况处置规程
		工作环境	操作员工裁员 50%； 缺乏有经验的人员
		操作工的操作	操作工无足够的技术知识； 员工因对装置的状况不定而心理紧张

7.2　切尔诺贝利核电站爆炸事故

　　1986 年 4 月 26 日，切尔诺贝利核电站的 4 号反应堆发生爆炸，31 人死于放射疾病。据国际放射保护委员会估计，未来几十年中整个欧洲得癌症的人数将增加 30000 人左右。

　　1970 年，切尔诺贝利开始修建第一座核反应堆，但总工程师只有建设火力发电站的经验，整个设计由乌拉尔电力公司设计院进行。后来由莫斯科 Zukh 水电设计院接手该项目的设计，该设计院主要是水电设计。因为物质缺乏，几乎不大可能找到设计人员设计的某些特殊部件，因此设计者只好将就使用他们自己制造的部件。

　　1977 年，第一座反应堆投入运行，与原定计划推迟了两年。管理人员和操作工并不知道 1975 年在列宁格勒与此相同的反应堆发生了熔化事故。对有关规定也进行了修改，因为它们对实际情况不适合，特别是经常移出比规定多的控制棒。操作工还发现，当输出功率很低时反应堆极不稳定。

　　20 世纪 80 年代初，另外两个反应堆投入运行。1982 年，第三座核反应堆活性区发生爆炸并将放射性物质释放到核电站区域，因为对这次事故保密，其他反应堆的操作员工并不知道此次事故的发生。这期间在整个前苏联还发生了几起类似的事故。1980 年在 Kursk 发生的事故引起了原子能委员会的注意，因为停电导致无动力驱动控制棒和水泵，40s 后才启动备用电源，在此事故中因为冷却水的自然循环量较大才避免了严重破坏。

　　1983 年末，估计切尔诺贝利 4 号反应堆关闭后透平机还能为反应堆水泵提供一定时间的应急电源，曾建议对该系统进行测试，但因为装置到 1983 年底前未获授权，因此对该系统的测试延期进行。在负责 ЯBMK 型反应堆的部长还有其他的事故记录——设计的控制棒因为有裂纹当插入反应堆时引起输出功率剧烈波动，但在操作工的操作记录上没有记录。1984 年 3 月 27 日，4 号反应堆正式投入商业运行。

　　1985 年，报纸上出现了对核电站的批评，能源部命令总工程师替换易燃的遮蔽材料和电缆。但是因为无不易燃的材料供应，这项计划被搁置。高层管理人员的注意力集中在应付商业压力，而让总工程师负责装置的操作。

1986 年 4 月，4 号反应堆停车检修，并且安排了一系列的测试计划，包括应急电源延迟测试。但仍然不知道当透平机动量下降后是否能产生足够的电能驱动水泵达 40s。测试由装置的制造者进行，他们的测试计划与 3 号和 4 号反应堆的总工程师讨论了 15min 后即获同意，并没有征求安全检查员的意见，负责反应堆的总工程师也没有到场，正式的批准文件也没有征求核专家的意见。

1986 年 4 月 25 日 13 时，反应堆的输出功率减为一半，两台发电机一台停车。14 时，对另一台发电机的测试准备就绪。为了避免被联锁，紧急反应堆活性区冷却系统断开。开始准备测试时，Kiev 的电力调度员请求供电到 23 时。23 时，重新开始根据拟定的计划对透平机的作用进行测试。控制棒的自动控制系统被断开，输出功率降低，下降到 30MW，这一步没有按照测试的标准规程进行（按标准规程应该放弃试验），工程师就下一步如何进行没有形成统一的意见。继续移出控制棒，4 月 26 日 1 时，输出功率稳定在 200MW，但这仍然低于推荐的最小功率水平，但是被认为可以继续进行测试。

1 小时过后，另一台冷却泵很快加入该系统，这就需要移出更多的控制棒。大量的水进入反应堆引起蒸汽压力降低。为了避免因为蒸汽压力低导致反应堆关闭，操作人员切断了联锁信号。1 时 22 分，实验刚刚开始，计算机打印结果表明反应性只有最小保留值的一半。1 时 23 分，透平发电机的紧急调节阀门关闭，透平机无蒸汽，计算机显示反应器功率急剧上升，副控手按下紧急停车按钮试图将所有控制棒放入反应堆活性区，此时控制棒无法全部下陷。爆炸发生了，爆炸掀翻了 1000t 反应堆外壳，反应堆直接向大气敞开。

工程师没有意识到反应堆已发生了爆炸，还试图用大量的水来控制反应堆，但是所有的泵都无法工作。发电机房着火，消防队也赶来，关键人物也来到现场。核电厂厂长被告知反应堆未破坏，只是需要他对产生的放射程度进行分析调查，但据说莫斯科官方拒绝授权。

4 月 26 日下午，有足够的证据表明反应堆发生了爆炸，其他的反应堆也已关闭。成千上万吨含有硼、铅等的沙石飞向建筑物。对相邻城镇 Pripyat 的调查于 4 月 27 日展开。表 7-3 和表 7-4 是事故发生的详细过程和根本原因。

表 7-3　切尔诺贝利核反应堆爆炸事故的详细过程

后果——伤害和破坏： 31 人死亡，短期内发现 300 例放射污染疾病； 欧洲癌症发病率将明显上升； 30km 范围内 135000 人将被疏散； 大面积土地受到污染	**装置的危险波动：** 可能是"正空穴系数"所致
	（紧急）状态控制失效： 当出现与测试计划背离的情况时未放弃测试； 因疏忽"滞留电力"进入，使功率降到很低的水平； 操作工严重降低了功率设定值
减轻措施失效： 无第二层保护； 对紧急救援队缺乏保护设备； 因为政治原因未迅速作出反应	**危险偏差：** 14 时 5 分因为 Kiev 控制员请求继续向电网供电，使装置在 50% 的功率下运行了 9h，可能产生氙
事故升级： 1 时 24 分装置达到超临界状态； 输出功率每秒上升 100 倍，结果反应堆爆炸	**状态控制失效：** 反应堆的大部分保护系统不能工作； 维修测试违反操作规程
状态恢复系统失效： 将反应堆剩下的防护设施关闭后继续进行测试； 1 时 22 分反应堆活性区控制棒少于 8 根； 1 时 24 分当反应堆出现故障时试图"紧急刹车"	**工艺（过程）偏差：** 1986 年 4 月 25 日降低输出功率，当输出功率达 25% 时作为测试条件； 操作工降低功率所使用的紧急活性区冷却系统已断开
装置的危险波动： 反应堆输出功率为 7% 时，虽然是稳定的，但低到设计规定最小值的 20% 是非常危险的	**事故的直接原因：** 试验企图分析可能对活性区熔化保护系统造成危险障碍的设备

表 7-4　切尔诺贝利事故的根本原因

子 系 统	可能发生事故的条件	子 系 统	可能发生事故的条件
外部系统	工人的居住区靠近装置； 从上级公司得到的支持不够	管理控制	测试计划不周； 管理者对测试的技术理解有差异； 改正措施不当； 违反规定； 缺乏安全训练,安全责任分工不明； 紧急情况处置不当
系统环境	项目预算紧张,资源短缺； 专家假定反应堆不可能发生爆炸； 因在其他反应堆发生事故所以才进行测试； 因为政治原因未直接进行分析	通讯和资料	提供的紧急情况应对资料不充分
		规程和实践	未提供参考资料
组织和管理	测试未经俄罗斯核建设委员会批准； 设定工作顺序的方法错误； 物资和工程设备的管理不当； 紧急反应物资和设备不足； 对其他装置发生的事故保密	工作环境	为准备测试员工已工作 24 小时； 负责试验的工程师对核反应堆知之甚少； 程序的质量低
位置和装置设备	装置未经授权,不应进行测试； 反应堆的设计使得当输出功率低于 20%时不稳定； 大型活性区需要复杂的控制系统； 因为管线复杂,因此为每个通道提供紧急冷却比较困难	操作工的操作	操作工的操作未达到设计的装置条件； 偏离规定的操作规程,忽视安全规程； 操作工过分自信； 违反一系列的操作规定； 总工程师过于"热心"
工程完整性	自建设开始未对修改后的标准更新； 缺乏工程安全设备,以避免操作工失误； 系统的安全系数不当		

通过对该事故的分析可以得到这样的结论：如果测试计划制定更仔细一些，或者征求有关专家的意见，或者得到有关机构的认证，事故是有可能避免的。对测试计划进行危险性分析，识别可能出现的危险情况并采取相应的措施是制定测试计划的关键。这个过程应当采用某种危险分析方法，本书所介绍的分析方法如 HAZOP、检查表分析、故障假设分析都可以用来对该测试过程进行分析，使用这些方法肯定能找出测试过程可能出现的危险情况。

7.3　"8·5"特大爆炸火灾事故调查报告

7.3.1　事故概况

1993 年 8 月 5 日 13 时 26 分，深圳市清水河化学危险品仓库发生特大爆炸事故，爆炸引起大火，1h 后，着火区又发生第二次强烈爆炸，造成更大范围的破坏和火灾。深圳市政府立即组织数千名消防、公安、武警、解放军指战员及医务人员参加了抢险救灾工作。由于决策正确、指挥果断，加上多方面的全力支持，8 月 6 日凌晨 5 时，扑灭了历时 16h 的大火。据深圳市初步统计，在这次事故中共有 15 人死亡，到 1993 年 8 月 12 日仍有 101 名住院治疗，其中重伤员 25 人。事故造成的直接经济损失超过两亿元人民币。

据查，出事单位是中国对外贸易开发集团下属的储运公司与深圳市危险品服务中心联营的安贸危险品储运联合公司。爆炸地点是清水河仓库清六平仓，其中 6 个仓（2～7 号仓）被彻底摧毁，现场留下两个深 7m 的大爆坑，其余的 1 号仓和 8 号仓遭到严重破坏。

7.3.2　事故发生发展过程及原因分析

（1）事故模型描述　经过事故现场勘察、查取有关资料及认真讨论分析，确认深圳市安贸危险品储运联合公司的深圳红岗路清六平仓"8·5"特大爆炸火灾事故是先起火后爆炸，进一步蔓延扩大成灾。1993 年 8 月 5 日大约 13 时 10 分，清六平仓内冒烟、起火，引燃仓内堆放的可燃物，并于 13 时 26 分发生第一次爆炸，彻底摧毁 2、3、4 号连体仓。强大的冲击波破坏了附近货仓，使多种化学危险品暴露于火焰之前。这些危险品处于持续被加热状态1h左右，在14时27分，5、6、7号连体仓发生第二次爆炸。爆炸冲击波造成更大范围的破坏，爆炸后的带火飞散物（如黄磷、燃烧的三合板和其他可燃物）使火灾迅速蔓延扩大，引燃了距爆炸中心250m处木材场的3000m³木质地板块、300m处6个四层楼干货仓、400～500m处3个山头上的树林。大火燃烧约16h，于8月6日凌晨5时许被基本扑灭。事故模型如图7-2所示。

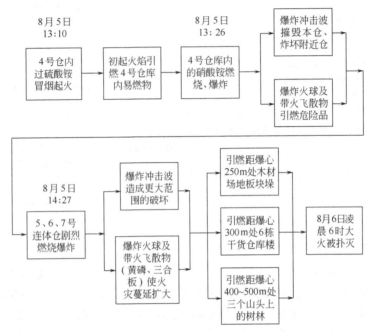

图7-2 "8·5"爆炸事故模型

（2）第一次爆炸点的确定　经深圳市勘察测量公司对事故现场的勘测，测得第一次爆炸形成的爆坑直径为23m、深7m，坑为锅底形，爆坑中心距南面1号仓北墙55m、距东侧中间铁轨29m。

（3）起火与爆炸时间的确定　依据深圳市地震台的监测记录，第一次爆炸时间是13时26分11秒，里氏震级1.8。又据最先得到火灾报警的笋岗消防中队的记录，接警时间是13时22分。报警人危险品仓库保安队员王艳军自述他13时10分左右发现火情，约10km路程需开车10min。以上三次时间到爆炸约为16min。

（4）起火物质的确定　安贸危险品储运公司提供的事故前4号仓内存放货物的名称、数量和位置，以及当事人（仓库保管员、保安员、叉车司机）提供的证词和装卸队提供的旁证，均言证4号仓内东北角处的"过硫酸钠"首先冒烟起火。调查组对"过硫酸钠"提出怀疑和异议。经追查铁路运输发票和安贸公司财务处收款票据，确证4号仓东北角存放的是过碳酸铵而不是过硫酸钠。根据过碳酸铵的特性，它先起火是可能的。

（5）第一次爆炸物数量的确定　4号仓内存放的可爆物品有：多孔硝酸铵49.6t、硝酸铵15.75t、过硫酸铵20t、高锰酸钾10t、硫化碱10t。其中过硫酸铵、高锰酸钾等爆炸威力较弱，而多孔硝酸铵在高温或足够的起爆能量的作用下爆炸威力较强，常被用来制造工业炸药。4号仓内爆炸的主要物质是多孔硝酸铵，其他可爆物品有可能参与了爆炸。

据炸坑直径23m，深7m，依下式算出爆炸的硝酸铵为29t。

$$Q = 4.1888(R_2/K_2)\rho \tag{7-1}$$

式中，Q 为 2 号硝铵炸药的药量，g（若换算成 TNT 则需除以 1.05，若以硝酸铵计算则需再除以 0.35）；R_2 为炸坑半径，cm；K_2 为系数，一般为 7～10，本估算中取 8.5；ρ 为炸药密度，g/cm³。

（6）起火原因分析　经深圳市公安部门证实未发现人为破坏。当事人和建筑图纸提供的信息为：事故当天 4 号仓内无叉车作业；库区禁烟禁火严格；仓内通风尚好；仓内除防爆灯外无其他电气设施，防爆灯开关在 8 号仓旁办公室内集中控制。现场勘察发现 4 号仓电线穿管导线，调查组认为 4 号仓内货物自燃、电火花引燃、明火引燃和叉车摩擦撞击引燃的可能性很小，而忌混物品混存接触反应放热引起危险物品燃烧的可能很大，理由如下。

① 经反复查证，列出了 4 号仓物品种类及数量。大量氧化剂高锰酸钾、过硫酸铵、硝酸铵、硝酸钾等与强还原剂硫化碱、可燃物樟脑精等混存在 4 号仓内，此处仓内还有数千箱火柴。为火灾爆炸提供了物质条件。

② 仓中货物堆放密集，周转频繁。事故前，4 号仓内已无空位，把无法入仓的一千多袋硝酸铵堆在该仓外东北角站台上，现场勘察发现了这堆残留物。

8 月 5 日上午，从 4 号仓搬出 800 袋共 20t 过硫酸铵（剩余 800 袋仍堆在仓内东北角）经仓中间通道运出装入香港来的货柜汽车运走；8 月 5 日中午 12 时又加班运硝酸钾，尚未装完就发生了事故，装运 4 号仓硝酸钾的汽车被爆炸冲击波推出十余米并烧毁。在以上装卸过程中，多有爬上货堆搬运清点，也曾发生坠袋、翻袋现象，难免洒漏过硫酸铵、硝酸钾。

③ 4 号仓内多处存放袋装硫化碱，有的堆放在氧化剂旁边。

④ 文献专著记载工业硫化碱是九水硫化钠，熔点 50℃，易潮解，易吸收空气中二氧化硫变成深红褐色并放出易燃有臭蛋味的硫化氢气体。

北京理工大学实验结果证明，过硫酸铵遇硫化碱立即起激烈反应，放热，产生硫化氢，同时成深褐色黏稠液体；差热实验出现陡峭放热峰。

以上分析说明，4 号仓内强氧化剂和强还原剂混存、接触是事故发生的直接原因。

（7）火灾爆炸的蔓延和扩大　4 号仓硝酸铵爆炸后，引燃了库区多种可燃物质，库区空气温度升高，使多种化学危险品处于被持续加热状态。6 号仓内存放的约 30t 有机易燃液体（乙酸乙酯 9t，闪点 −44℃，沸点 77℃，爆炸下限 3.3%；甲酸甲酯 4t，闪点 −18.9℃，沸点 31.8℃，爆炸下限 5.9%；甲苯 4t，闪点 4.4℃，沸点 110.7℃，爆炸下限 1.27%；工业乙醇 12t，闪点 12.7℃，沸点 78℃，爆炸下限 3.0%）被加热到沸点以上，快速挥发，冲破包装与空气、烟气形成爆炸混合物，并于 14 时 27 分 34 秒发生燃爆。燃爆放出巨大能量，造成瞬间局部高温高热，出现闪光和火球，引发该仓内存放的硝酸铵第二次剧烈爆炸（实际是两次间隔时间极短的大爆炸）。5 号、6 号、7 号连体仓被彻底摧毁，8 号单体仓被严重破坏。现场留下一个长 36m、宽 21m、口为椭圆形、底为两个 6m 深的锅底形炸坑（估算有 37t 和 25t 硝酸铵爆炸）。爆炸核心高温气流急速上升，周围气体向这里补充，形成蘑菇云团。

第二次巨大爆炸产生的大量飞散物，如黄磷（在空气中会自燃）和其他引燃物飞落在约 0.6km² 范围内，成为火种，又引燃了多处火灾，其中火势较大的有 7 处。

① 6 座四层楼的干货仓库。

② 8 栋二层楼的食品和牲畜仓库。

③ 清六平仓东侧隔铁路毗邻的露天堆货场。

④ 肉联厂东侧的木材场上 3000m³ 柚木木地板块垛。

⑤ 距清六平仓中心火场 400～500m 处的 3 个山头的树林。大火的蔓延，使爆炸的清水河仓库区形成一片火海。当时是偏南风，处于下风向的东北部区域受害较重，受灾面积也较大；地处上风向的液化石油气站虽然距爆炸中心仅 200m，但由于风向有利，在消防干警、

武警官兵及时奋力保护下幸免受灾，否则后果不堪设想。火灾区大火持续近16h，8月6日凌晨5时许被基本扑灭。

7.3.3 事故性质

（1）干杂仓库被违章改作化学危险品仓库使用

清水河仓库区总平面布置方案图是北京有色冶金设计研究总院深圳分院设计的，建设单位是深圳仓库开发企业公司。1987年5月29日，市城市规划局方案审查项目名称为干货平仓；设计单位按干杂品库设计；1987年8月26日、9月13日基建工程项目施工报表的工程名称也是杂品干货平仓；1990年4月30日，市公安局消防支队按照干杂货平仓的使用性质对清六干杂货平仓进行消防验收，发给消防验收合格证。干杂货库启用后，未报经有关部门批准，擅自将原2号至3号、4号至5号仓之间搭建，形成两个联体仓。中贸发储运公司在成立安贸公司之前，就在清六平仓存放过烟花爆竹。

1990年6月18日，深圳中贸发（集团）储运公司与深圳市爆炸危险物品服务公司联合给深圳市人民政府报送"关于成立合营公司——深圳市危险物品储运公司的请示"，附有公司章程、合同和可行性研究报告。可行性研究报告中称，清六平仓的地理位置适合作危险品储存仓库，并将干杂货平仓说成是按照有关规定根据化学危险品的种类、性能，设置了相应的通风、防火、防毒、防爆、报警、调温、防潮、避雷、防静电等安全设施的危险物品仓库。市政府办公厅按照轮办文程序，先征求了有关部门意见，经市公安局、运输局同意，市政府办公厅于1990年9月6日下发《关于成立深圳市安贸危险物品储运公司的批复》，批复中指出该公司的经营范围为危险物品的储存、运输及装卸搬运（须经市运输局和公安局审批、备案）。经调查，安贸危险品储运公司只向公安局申报，未向运输局申报。1990年10月15日发了营业执照。

深圳市公安局没有按照国家有关规定审查。如平仓作为爆炸物品（烟花爆竹）库，则库间距离和对外部安全距离，以及库区外主要道路的距离等均不符合有关规定；平仓作为易燃易爆化学品（甲类）库，则每座建筑物的占地面积和防火墙间的占地面积均不符合《建筑设计防火规范》的有关规定。在不具备条件的情况下就审批、发证。1990年10月7日，深圳市公安局发了《广东省爆炸物品储存许可证》；1990年11月6日，深圳市公安局发了《广东省剧毒物品储存许可证》；1990年11月7日，深圳市公安局发了《深圳市爆炸品、危险品接卸中转许可证》。

广州铁路公安局深圳公安局处接到关于申请接卸储存危险物品的报告后，虽然指出清六道南端平仓不宜作爆炸物品仓库、甲类危险物品储存仓库使用，但又同意暂时在清水河六道南端平仓接卸到达深圳北站办理的危险货物。

上述有关部门违反了《中华人民共和国消防条例》、《中华人民共和国消防条例实施细则》、《中华人民共和国民用爆炸物品管理条例》、《国务院化学危险物品安全管理条例》和《中华人民共和国城市规划法》。

（2）对重大火险隐患没有整改

1991年2月13日，深圳市公安局消防支队对安贸危险物品储运公司的仓库进行防火安全检查，发现重大火险隐患，给该公司发出深圳市公安局火险隐患整改通知书，主要内容有两条：第1条，该仓库报消防审核时是按干货中转仓库报的，现将干货仓改为爆炸性危险品仓库，在改变仓库的使用性质时，未报经市消防部门审核；第2条，该公司储存爆炸性危险物品仓库，距离铁路支线的安全间距不足，对铁路外贸物资运输的安全构成威胁。提出的整改意见是，"储存爆炸危险物品的仓库应立即停止使用，储存的爆炸性危险物品应在2月20日前搬出，否则按有关规定严肃查处"。

安贸危险物品储运公司接到火险隐患整改通知书后，没有整改。深圳市公安局也未进行有效监督，致使重大事故隐患没有得到解决，造成了严重后果。

上述有关部门违反了《中华人民共和国消防条例》和《中华人民共和国消防条例实施细则》。

（3）平仓混装严重

按深公爆证字 1 号批准文件和深公毒证字 89105 号批准文件明确规定：8 号平仓存放爆炸品（烟花爆竹）；4 号平仓存放易燃品；7 号平仓存放氧化剂；6 号平仓存放毒害品；3 号平仓存放腐蚀品；2 号平仓存放压缩液化气体。在实际使用中，严重混装，把不相容的物品同库存放、相邻存放，严重违反 1987 年 2 月 17 日国务院发布的《化学危险物品安全管理条例》第三章第二十四条规定。如 3 号平仓内的氨基磺酸、硫化碱、甲苯等与强氧化剂均不相容，不能同库存放，但实际上不但同库存放，且与多孔硝酸铵相邻存放。4 号平仓内高锰酸钾、过硫酸铵、硝酸钾、硝酸铵、多孔硝酸铵等均为氧化剂、强氧化剂，而硫化碱为强还原剂，又有火柴可燃物，均一起存放在一个库内，且相互邻接。5 号平仓内有保险粉和强氧化剂硝酸钾、硝酸铵、高锰酸钾和氧化剂硝酸钡等同库存放。6 号平仓存放有甲苯、硫化碱、保险粉、硫磺等与氧化剂硝酸铵、硝酸钡等。7 号平仓也存放有硝酸铵、高锰酸钾，同时存放有保险粉、布匹、纸板等。同时还存在灭火方法不同的化学危险品同库存放的现象，如金属粉、丙烯酸甲酯、保险粉等遇水或吸潮后易发热，引起燃烧甚至爆炸。

由于将干杂货仓库违章改作危险品仓库使用，化学危险物品混装严重，管理混乱，从业人员业务素质低，因此导致事故发生是必然的。

7.3.4 结论

干杂仓库被违章改作化学危险品仓库及仓内化学危险品存放严重违章，是造成"8·5"特大爆炸火灾事故的主要原因。4 号平仓内混存氧化剂与还原剂，发生接触，发热燃烧，是"8·5"特大爆炸火灾事故的直接原因。

7.4 "5·21"特大瓦斯爆炸事故调查

7.4.1 "5·21"特大瓦斯爆炸事故调查报告

1996 年 5 月 21 日 18 时 11 分，平顶山煤业（集团）有限责任公司（原平顶山矿务局，以下简称平煤集团公司）十矿己二采区己$_{15}$－22210 回采准备工作面发生特大瓦斯爆炸事故，灾害波及整个己二采区，包括己二采区 2 个回采工作面，2 个备用回采工作面，3 个掘进工作面，1 个巷道维修头，以及皮带机巷、轨道运输巷、机电室。事故发生时，该采区有作业人员 170 人，死亡 84 人，受伤 68 人。直接经济损失 984.45 万元。

（1）矿井概况

十矿始建于 1958 年 8 月，1964 年 2 月投产，设计能力 120 万吨/年；1986 年 12 月完成改扩建，设计能力 180 万吨/年，1991 年核定能力为 180 万吨/年。1995 年实际产量 250 万吨（含青年矿 23 万吨），1996 年计划产量 240 吨（含青年矿 25 万吨），其中一季度 53 万吨、二季度 54.5 万吨。

该矿井田走向长 3.8km，倾斜长 5.0km，井田面积 19km^2。可采煤层丁、戊、己、庚 4 组共 10 层，可采储量 1.22 亿吨。矿井为立井开拓，分一、二水平开采，一水平标高为 －140m，二水平标高为－320m。目前开采丁、戊、己三组煤，丁组煤为 1/3 焦煤，戊组煤为肥煤，己组煤为主焦煤。有戊七、己二、北翼中和北翼东四个采区，共 6 个回采工作面，15 个煤巷掘进工作面，3 个开拓工作面。矿井通风方式为分区抽出式。有 4 个回风井，总排风量为 17159m^3/min，其中戊七采区 2560m^3/min，己二采区 5100m^3/min，北翼中采区 4400m^3/min，北翼东采区 5099m^3/min。井下采用皮带运输，主井使用 9 号吨箕斗提升。

1991 年 7 月 22 日，经煤炭科学研究总院重庆分院鉴定，戊$_{8-9}$ 煤层为突出煤层，十矿为突出矿井。1996 年 2 月 13 日，经重庆分院鉴定，丁$_{5-6}$ 煤层为突出煤层。瓦斯绝对涌出量为 68.87m³/min。矿井采用 KJ4 安全监测系统监测瓦斯。

发生事故的己二采区位于该矿二水平南翼，走向长 1.6km，倾斜长 2.9km，采用对角抽出式通风方式，安装 2 台主扇（一台运转，一台备用），型号为 2K60-24。总排风量为 5100m³/min，总进风量为 5012m³/min。开采己$_{15}$、己$_{16}$、己$_{17}$ 三层煤，采区东部己$_{15}$、己$_{16}$、己$_{17}$ 合层，总厚度为 5.4m；采区西部逐渐分开，己$_{15}$、己$_{16}$、己$_{17}$ 厚度分别为 2.0、1.4、1.3m，平均倾角 8°，瓦斯绝对涌出量为 23.7m³/min，相对涌出量为 19.2m³/(d·t)；煤尘爆炸指数为 33.03%～41.01%，自然发火期 4 个月。己二采区有 8 个作业地点，其中 4 个回采工作面（己$_{15}$-22170 综采工作面，己$_{15}$-22140 炮采工作面，己$_{15}$-22210 备用综采工作面，己$_{15}$-22080 备用炮采工作面），3 个掘进工作面（己$_{15}$-22160 机巷，己$_{15}$-22160 风巷，己$_{15}$-22210 辅助回风巷），1 个维修点（己$_{15}$-22150 绕道）。

瓦斯爆炸地点己$_{15}$-22210 工作面，所采煤层为己$_{15-16}$ 合层，厚度 2～5.4m，倾角 0°～12°，直接顶为 8～9m 厚的砂质泥岩，无伪顶；直接底为砂质泥岩。瓦斯绝对涌出量 5.52m³/min；工作面可采储量 22.8 万吨，有效走向长 480m，倾斜长 146m，设计采高 2.6m。5 月 21 日 4 时，开切眼全断面贯通。事故当班进行扩帮作业。

（2）事故发生及抢救经过

5 月 21 日 18 时 15 分，十矿调度室接到己二采区高强皮带机头司机胡东海在皮带机头电话汇报，己二高强皮带巷出现大量煤尘烟雾；随后-320 水平调度员杨新华在-320 调度室汇报，在-320 调度室门口出现水泥尘雾，并有反风现象，持续时间不到 5 分钟。18 时 25 分，十矿调度室通知当天矿值班领导，同时通知矿救护队两个小分队整装待命。18 时 30 分，通知所有在家的副总以上矿领导到调度室。18 时 49 分，综四队任保安在通排车房汇报，他在通排轨道向上走时，听见一声炮响，接着一股强风把安全帽吹掉。几乎同时，采四队张连九在己二高强皮带机头汇报：己$_{15}$-22140 采面机巷烟大，采面人员已跑出，在往外跑的路上有 3 人晕倒。矿调度室立即命令十矿待命的两个救护分队 27 名队员从北翼入井到己二采区。19 时，十矿总工程师陈锦豪向集团公司总调度室汇报己二采区可能发生了瓦斯爆炸事故。公司总调度室当即通知了集团公司救护大队、公司副总工程师及业务处室负责人。

19 时 20 分，在家的公司副总工程师以上领导全部到达十矿。立即成立了以集团公司副总经理兼总工程师聂光国为组长的现场抢救指挥组，以集团公司副总经理常乃全为组长的行政后勤指挥组，制定了抢救方案，投入抢险救灾。

根据井下巷道布置情况，现场抢救指挥组决定，在一水平戊组西大巷和二水平己二通排下山建立两个救护基地，分别负责己$_{15}$-22080 机巷以上所有巷道和峒室，己二采区下部至己$_{15}$-22080 机巷以下所有巷道和峒室的探险和搜索。命令公司通风处和十矿通风科监测回风井风流中有害气体和温度变化。命令救护队进入灾区探险和抢救遇险人员。

19 时 15 分，救护大队直属中队的两个小分队 24 名队员赶到十矿，分别由一、二水平巷道进入灾区。随后，又有 9 个小分队 87 名队员相继赶到十矿，参与抢险救灾。

为深入灾区，搜索抢救其余的遇险人员，确保抢救过程中不再发生爆炸、冒顶事故，指挥部决定全力处理冒顶，进行排水，恢复毁坏的巷道和通风、瓦斯监测设施，在灾区建立了七个通风系统基本恢复正常，运输、洒水灭尘、供电系统部分恢复，开始处理冒顶、排放瓦斯、巷道排水。

经过救护队和抢险救灾人员深入灾区搜索，在灾区先后发现 29 名遇难职工。到 5 月 26 日，已将发现的 75 名遇难职工全部运至井上。由于己$_{15}$-22210 工作面机巷开眼冒顶严重，目前还有 9 名遇难职工尚未找到。

（3）事故的性质及原因

经过现场调查和技术分析认证，现已查明，十矿"5·21"特大瓦斯爆炸事故是一起责任事故，事故原因如下。

① 直接原因　经分析，认为造成这次事故的直接原因是由于己$_{15}$-22210 工作面的己$_{15}$、己$_{16}$、己$_{17}$三层煤合层；且受牛庄斜向构造的影响，使煤层瓦斯含量增大；多头扩帮放炮作业又造成瓦斯大量涌出；切眼贯通后，由于该区域通风设施管理混乱，造成工作面风量严重不足，瓦斯积聚，放炮引起瓦斯爆炸。

② 主要原因

a. 严重超通风能力违章进行生产。1986 年十矿改扩建投产后，设计能力为 180 万吨/年，1995 年生产原煤 250 万吨；1996 年五月上、中旬，平煤集团公司组织十矿"一通三防"工作组，对十矿通风瓦斯进行了全面调查分析，认定矿井通风能力仅有 170 万吨/年。按今年计划的产量，矿井总需风量 20397m³/min，实际供风量仅有 16757m³/min，缺风 3640m³/min，其中己二采区缺风 1213.5m³/min。在矿井通风能力严重不足的情况下，当年矿井产量计划 215 万吨，奋斗目标 229 万吨（不含青年矿产量 25 万吨），造成矿井为完成计划而超通风能力生产。而且，在矿井风量不足，瓦斯频繁超限的情况下，不是积极采取有效措施，综合治理瓦斯隐患，而是超限违章生产。

b. 安全检查、通风管理人员严重不足。根据有关规定，矿应配瓦斯检查人员 120 人，实际人数不足 80 人，通风科应配 9 人，在籍仅有 3 人，也没有按规定配备合格的人员，安置了不少老、弱、病人员，使正常的瓦斯检查、通风管理工作不能到位。

c. 不重视瓦斯抽放工作。按照《煤矿安全规程》要求，十矿有四个工作面应进行瓦斯抽放，实际上仅 20130 工作面进行抽放，而且抽放时间短，瓦斯抽出率低，仅有 8%，给通风工作造成了很大的困难。

d. 违章指挥且违章作业严重

ⓐ 下调瓦斯探头数值，隐瞒瓦斯实际情况。自 1995 年后半年以来，十矿瓦斯涌出量增加，综采工作面频繁断电而影响生产，为不使瓦斯超限时断电，1995 年 11 月矿安全办公会研究决定，把瓦斯传感器向下调 0.2%～0.4%，先后在 20130、17111 和 22170 三个工作面进行调整，造成了长期瓦斯超限冒险作业。为了应付矿务局通风检查，在矿务局检查时，把瓦斯探头调过来，检查结束后，又调回去。当矿务局检查发现这一问题后，明确向十矿指出，不允许再乱调整，但十矿依然一意孤行，我行我素。

ⓑ 瓦斯记录、报表弄虚作假。瓦斯检查记录、监测超限记录人员按照矿领导的授意，高值低记、超限少报、不报、弄虚作假，长期隐瞒瓦斯真实情况，不向矿务局汇报。

ⓒ 违章作业。己二采区 22210 掘进工作面，在瓦斯涌出量较大的情况下，前面掘进作业，后面同时扩帮。严重违反了规定。

e. 通风瓦斯管理混乱

ⓐ 巷道贯通、调风工作无人管理。由于通风科人员严重不足，使通风管理工作不到位，己二采区 22210 工作面贯通后，通风部门无人下井调整风路，造成在无措施、无组织的情况下，机掘队随意调风。

ⓑ 通风设施无人管理。井下要风门无专人管理，风门经常打开、关闭，造成风流不稳定，作业地点风量忽大忽小，瓦斯浓度时高时低。

ⓒ 风路不畅通，风量增不上。通风巷道断面小、阻力大，巷道严重失修，造成用风地点风量不足，如己二采区 22170 采面回风平巷，净高最小处只有 0.7m，人的通风断面不足 2m²。

ⓓ 瓦斯探头管理不严。瓦斯探头多次用炮泥、塑料布、衣服等堵塞，使井下瓦斯情况

在监测系统中显示不出来，甚至破坏断电功能，使瓦斯超限而不能断电，造成超限作业。

f. 领导干部工作作风浮漂　据矿领导下井记录，作为十矿安全生产第一责任者的一矿之长，1995 年下井只有 14 次，1996 年 4 月至 5 月 20 日的 50 天中仅下井 1 次；作为矿技术主要负责人的总工程师，1995 年下井 19 次，1996 年 4 月至 5 月 20 日的 50 天中仅下井 1 次；1995 年十矿领导干部中仅有 3 人下井次数达到上级规定。领导长期不下井，不可能了解井下实际情况，更不可能及时解决事故隐患。安全办公会议流于形式，会议没少开，但是安全方面的问题没有认真研究，没有制定正确措施，没有及时消除事故隐患。

g. "一通三防"责任制没有落实　煤炭部三令五申，明确规定矿总工程师是"一通三防"主要技术负责人，主管"一通三防"工作。但是十矿总工程师却不分管通风工作，而是由一名副矿长分管，由于责任制没有得到落实，造成都管、都不管，工作不协调、不落实。

h. 技术管理混乱　己二采区布置了 2 个采煤工作面，2 个准备工作面，3 个掘进工作面和 1 个维修点。由于在多点作业，造成通风系统复杂、作业人员密集。采区没有完整的通风系统，靠众多挡风墙、调风墙和风门调节风的流量，通风系统不可靠，抗灾能力低；在发生灾变时，通风系统受到破坏，大量有害气体进入其他作业地点，扩大了事故伤亡。

i. 平煤公司对十矿瓦斯问题重视不够，措施不力　十矿每月都向集团公司汇报一次矿井情况，由于没有采取果断措施，瓦斯超限作业等问题未能解决。在十矿生产已经超通风能力的情况下，1996 年仍然安排 215 万吨生产计划，必然促使十矿冒险生产。

（4）建议防范措施

① 认真贯彻落实党的安全生产方针，摆正安全与生产、安全与效益之间的关系　平煤集团公司地处中原，煤炭市场好，是建立现代企业制度的试点企业。因此，摆正安全与生产、安全与效益之间的关系显得尤为重要。全公司各级领导必须牢固树立安全第一的思想，始终不渝地坚持不安全不生产，切实吸取事故教训，正确处理好安全与生产、安全与效益的关系，在指导思想上，在工作安排上，在资金投入上，真正把安全工作放在各项工作的首位，作为各项工作的重中之重。

② 在全公司范围内，全面开展安全整顿　查清井下重大事故隐患，特别是通风瓦斯方面，坚决采取措施，及时消除事故隐患。坚定不移地贯彻、落实好安全法律、法规和有关规定，杜绝违章指挥、违章作业。

③ 突出重点搞好"一通三防"，抓好重大瓦斯煤尘事故的防治　平顶山矿区瓦斯灾害比较严重，随着矿井深度的增加，煤层赋存复杂，瓦斯含量逐渐增大，矿井灾害更为严重。这个问题解决不好，将制约该公司提高产量，增加效益，威胁安全生产，影响企业的进一步发展。因此，提高认识，正确处理瓦斯治理与当前生产和今后发展的关系，是平煤集团公司安全工作的重中之重，也是一切工作的重中之重。

a. 平煤集团公司要按照瓦斯治理的有关规定，认真制定搞好"一通三防"防治瓦斯事故的规划。

b. 认真贯彻落实煤炭部关于防治瓦斯煤尘事故"三个十条"的规定和公司制订的 60 条实施细则，制订全面、切实可行的瓦斯综合治理措施，并认真贯彻执行。

c. 从巷道布置和技术管理入手改造不合理的通风系统，加强通风设施管理，确保矿井有合理、可靠的，具有较强抗灾能力的通风系统。抓好通风设备的维护保养；在长距离、大断面、瓦斯涌出量大的掘进工作面要推广使用对旋局扇；坚决消灭不符合规定的串联通风，严禁微风、无风作业；严格瓦斯排放巷道贯通后，要由通风管理部门现场统一指挥调节通风系统、安全监测系统。

d. 高沼、突出矿井要坚持"多钻孔、严封闭、综合抽"的方针，做到先抽后采。合理发安排采、掘、抽布置，搞好采、掘、抽平衡。

e. 在安全监测系统的使用管理上，加强调校、巡检和维护工作，做到位置正确，数据准确，安全可靠，发生瓦斯超限时确保自动报警和高低压线路断电。瓦斯探头和便携仪必须按规定配备齐全。对随意调整瓦斯监测探头报警值、故意破坏探头等情节要严肃处理。

f. 搞好"一通三防"的日常管理，建立健全管理制度。按规定配齐瓦斯检查员，严禁空班漏检。要认真审查重点头面的瓦斯监测日报。

④ 落实安全生产责任制，搞好业务保安　按照责、权、利相统一的原则，建立健全各级领导的"一通三防"责任制，健全和完善业务保安责任制，明确集团公司和二级单位业务处、室各级领导及工作人员的业务保安职责范围，并建立资格的考核制度。公司、矿总工程师要对"一通三防"技术工作全面负责，把好工程项目设计关，规程措施审批关，重大通风、瓦斯防治措施落实关。

⑤ 加强现场安全管理和监督检查　搞好现场安全评比和监督检查，及时督促整改隐患。采掘工作面必须严格按质量标准和操作规程作业。在生产现场坚持不懈地开展反"三违"事故活动。要把好现场安全管理的各个环节，堵塞各种事故漏洞。

加强放炮管理，严格执行"一炮三检"和"三人连锁"制。要按煤矿许用炸药的使用规定，在高、突矿井使用三级煤矿许用炸药。

落实责任，加强井下机电管理，杜绝违章操作，严禁电器失爆。

7.4.2　"5·21"瓦斯爆炸事故技术原因分析报告

1996 年 5 月 21 日 18 时 11 分，平顶山煤业（集团）有限责任公司十矿己二采区己$_{15}$-22210 回采准备工作面发生特别重大瓦斯爆炸事故，死亡 84 人，伤 68 人。通过调查分析、现场勘察和取证，现将这起事故发生的技术原因报告如下。

（1）事故时间　根据平顶山地震台的测定及事故发生后汇报的时间推断，爆炸事故发生在 5 月 21 日 18 时 11 分。

（2）事故类别　通过对事故现场的勘察分析，认定这次事故为瓦斯爆炸事故。

（3）事故发生地点　通过现场勘察及巷道、设备破坏情况比较，己$_{15}$-22210 采煤工作面的机巷、风巷、切眼巷道及设备破坏严重，巷道贯通前使用的风筒损坏，当班在该区域的作业人员全部遇难。从己$_{15}$-22210 采煤工作面的机巷、切眼及风巷巷道棚子的倒向，损坏风筒的分布状况及己二采区通风设施的破坏情况、设备位移方向等分析，爆炸地点位于己$_{15}$-22210 采煤工作面切眼中部。

（4）瓦斯积聚原因　在己$_{15}$-22210 采煤工作面范围内有己$_{15}$、己$_{16}$、己$_{17}$ 三层煤合层，且处于牛庄向斜构造的影响范围内，使得该区域内煤层瓦斯含量相对增大，掘进过程中瓦斯涌出量增大。因而在该工作面机巷、风巷及眼掘进过程中瓦斯超限频繁。从十矿矿井安全监测系统中心汇报记录查得，5 月 9 日～5 月 17 日机巷里外探头共记录瓦斯超限 30 次，累计超限时间 41h42min，根据调查井下人员及对现有的瓦斯监测数据的分析，从己$_{15}$-22210 采煤工作面切眼 5 月 21 日 4 时左右全断面贯通后到发生事故这段时间，由于调整通风系统措施不完善，而且缺乏必要的组织和落实措施，通风设施状态不稳定，造成工作面通风严重不足，瓦斯超限严重。另外，事故当班多头扩帮作业造成瓦斯涌出量增大。

（5）引爆火源　通过事故现场勘察，切眼第一部溜子的磁力开关大盖和隔爆按钮的上盖已经打开。经鉴定该开关与按钮均处于断电后检修状态，各部件无放电迹象。因此排除其引爆瓦斯的可能。据 21 日 12 点班在此工作面作业的检修工人证实，21 日 17 时 40 分左右切眼扩帮处炮眼已基本打完，并在机巷距切眼一百多米处见正在放炮。根据己$_{15}$-22210 切眼找到的遇难人员遗体的位置分析，均处于躲炮位置。此外，通过对在该区域作业人员的调查，由于扩帮宽度仅为 1m，且煤层松软，扩帮的炮眼有的顶眼深度仅为 0.3～0.4m，底眼深度一般为 0.7~0.8m。按《煤矿安全规程》第 303 条规定炮眼深度小于 0.6m 时，不得装药、放炮，这是因为炮眼深度浅，煤层松软，难以保证放炮的安全。综上分析，认定放炮过程引起了瓦斯爆炸。

(6) 事故的直接原因　己$_{15}$-22210 工作面切眼贯通后的通风系统调整波及三组五道风门。系统调整后的风门开启状态，即 22210 机巷片盘车场的一组两道风门的状态及另外两组内门中的任一道风门中的启闭状态发生变化，都会造成工作面风量下降，甚至造成工作面微风。由于调整通风系统后的风量由风门的开启程度确定，将开启的风门用石头固定，而没有将不用的风门摘下，因而误开关风门会造成通风系统变化。据对该工作面作业人员的调查及现有监测系统提供的数据，21 日 7 时 10 分至 8 时 50 分该工作面因风量不足和风流不稳定造成瓦斯超限，最高瓦斯浓度为 1092%。21 日 18 时左右在该工作面作业的工人在出井途经 22210 片盘车场风门时，两道本应关闭的风门全部敞开，使得工作面风流部分短路，造成工作面风量减少。综上分析，此次事故的直接原因是由于 22210 工作面的己$_{15}$、己$_{16}$、己$_{17}$ 三层煤合层，且由于构造的影响，使煤层瓦斯含量增大，多头扩帮放炮作业又造成瓦斯大量涌出。切眼贯通后，由于该区域通风设施管理混乱，造成工作面风量严重不足，瓦斯积聚，放炮引起瓦斯爆炸。

(7) 事故扩大的主要原因　按矿井生产计划的安排，己二采区 1996 年担负的产量为 78.5 万吨，为完成生产任务，在己二采区安排了 2 个采煤工作面，2 个准备工作面，3 个掘进头同时作业，由于工作面部署过于集中造成通风系统复杂。虽然己二采区按规定已设置了三条上山，但不完整。为保证工作面的供风，在三条上山设置了数处挡风墙、调风墙和风门。此外，部分生产系统不合理，造成通风设施过多，通风系统不可靠，抗灾能力低。在发生灾变时，通风系统受到破坏，大量有害气体进入其他作业地点，这是事故伤亡扩大的主要原因。

7.4.3　"5·21"瓦斯爆炸事故管理原因分析报告

根据调查，十矿"5·21"特别重大瓦斯爆炸事故的发生，与平时重生产、轻安全、通风瓦斯管理混乱、违章指挥、违章作业等有重要关系。安全管理方面调查情况如下。

主要原因

(1) 重生产、轻安全

① 严重超通风能力违章生产　1986 年十矿改扩建投产后，设计能力为 180 万吨/年，1995 年生产原煤 250 万吨；1996 年五月上、中旬，平煤集团公司组织"一通三防"工作组，对十矿通风瓦斯进行了全面调查分析，认定矿井通风能力仅可满足年产 170 万吨原煤的需求，按 1996 年的计划产量，矿井总需风量 20397m³/min，实际供风量仅有 16757m³/min，缺风 3640m³/min，其中己二采区缺风 1213.5m³/min。在井下通风能力严重不足的情况下，今年矿井产量计划 215 万吨，奋斗目标 229 万吨（为含青年矿产量 25 万吨），造成矿井为完成计划而超通风能力生产。而且，在矿井风量不足、瓦斯频繁超限的情况下，不是积极采取有效措施，综合治理瓦斯隐患，而是超限违章生产。

② 安全检查、通风管理人员严重不足　根据人关规定，矿应配瓦斯检查员 120 人，而实际人数不足 80 人；通风科应配 9 人，在籍仅有 3 人；也没有按规定配备合格的人员，安置了不少老、弱、病人员，使正常的瓦斯检查、通风管理工作不到位。

③ 不重视瓦斯抽放工作　按照《煤矿安全规程》要求，十矿有四个工作面应进行瓦斯抽放，实际上仅 20130 工作面进行抽放，而且抽放时间短，瓦斯抽出率低，仅有 8%，给通风工作造成了很大的困难。

(2) 违章指挥、违章作业严重

① 下调瓦斯探头数值，隐瞒瓦斯实际情况　自 1995 年后半年以来，十矿瓦斯涌出量增

加，综采工作面频繁断电而影响生产，为不使瓦斯超限时断电，1995 年 11 月矿安全办公会议研究决定，把瓦斯传感器向下调 0.2%～0.4%，先后在 20130、17111 和 22170 三个工作面进行调整，造成了长期瓦斯超限冒险作业。

为了对付矿务局通风检查，在矿务局检查时，把瓦斯探头调过来，检查后，又调过去。当矿务局检查发现这一问题后，明确向十矿指出，不允许再乱调整，但十矿仍然一意孤行，我行我素。

② 瓦斯记录、报表弄虚作假　瓦斯检查记录、监测超限记录人员按照矿领导的授意，高值低记、超限少报、不报，弄虚作假，长期隐瞒瓦斯真实情况，不向矿务局汇报。

③ 违章作业　己二采区 22210 掘进工作面，在瓦斯涌出量较大的情况下，前面掘进作业，后面同时扩帮。严重违反了规定。

（3）通风瓦斯管理混乱

① 巷道贯通、调风工作无人管理　由于通风科人员严重不足，使通风管理工作不到位，己二采区 22210 工作面贯通后，通风部门无人下井调整风路，造成工人在无措施、无组织的情况下随意调风。

② 通风设施无人管理　井下主要风门无专人管理，风门经常随意打开、关闭，造成用风流不稳定，作业点风量忽大忽小，瓦斯浓度时高时低。

③ 风路不畅通，风量增不上　通风巷道断面小，阻力大，巷道严重失修又不及时修复，造成用风地点风量不足，如己二采区 22170 采面回风平巷，净高最小处只有 0.7m，有的通风断面不足 2m²。

④ 瓦斯探头管理不严　瓦斯探头多次被炮泥、塑料布、衣服等堵塞，使瓦斯情况在监测系统中显示不出来，甚至破坏断电功能，使瓦斯超限而不能断电，造成超限作业。

（4）领导干部工作作风浮飘

据矿领导下井记录，作为十矿安全生产第一责任者的一矿之长，1995 年下井只有 14 次，1996 年 4 月至 5 月 20 日的 50 天中仅下井 1 次；作为矿技术主要负责人的总工程师，1995 年下井 19 次，1996 年 4 月至 5 月 20 日的 50 天中仅下井 1 次；1995 年十矿领导干部中仅有 3 人下井次数达到上级规定。领导长期不下井，不可能了解井下实际情况，更不可能及时解决事故隐患。

安全办公会议流于形式，会议没少开，但是安全方面的问题没有认真研究，没有制定正确措施，没有及时消除事故隐患。

（5）"一通三防"责任制没有落实

煤炭部三令五申，明确规定矿总工程师是"一通三防"主要技术负责人，主管"一通三防"工作，但是十矿总工程师却不分管通风工作，而是由一名副矿长分管，由于责任制没有得到落实，造成都管、都不管，工作不协调、不落实。

（6）平煤公司对十矿瓦斯问题重视不够，措施不力

十矿每月都向集团公司汇报一次矿井情况，由于没有采取果断措施，瓦斯超限作业等问题未能解决；在十矿生产已经超通风能力的情况下，1996 年仍然安排 215 万吨生产计划，必然促使十矿冒险生产。

防范措施

（1）公司、矿各级领导干部必须牢固树立安全第一的思想，始终不渝坚持不安全不生产，切实吸取事故教训，正确处理好安全与生产、安全与效益的关系，在指导思想上，在工作安排上，在资金投入上，真正把安全工作放在各项工作的首位，摆在各项工作的重中之重。

（2）在全公司范围内，全面开展安全整顿，查清井下重大事故隐患，特别是通风瓦斯方

面，坚决采取措施，及时消除事故隐患。坚定不移地贯彻、落实好安全法律、法规和有关规定，杜绝违章指挥、违章生产。

（3）加强通风管理，建立健全通风管理规章制度，加大通风、瓦斯管理工作力度，完善机构，充实人员，切实落实好"一通三防"责任制，严格执行"一炮三检"制度；保证通风系统安全可靠、稳定合理、风量充足，坚决杜绝超通风能力生产、瓦斯超限生产。

（4）加大瓦斯抽放工作力度。凡采掘工作场所，瓦斯涌出量达到抽放条件的，都应进行抽放，并坚持密钻孔、严封闭、综合抽，坚决做到未抽放不作业。

7.5 北京东方化工厂"6·27"事故

7.5.1 概况

事故发生在 1997 年 6 月 27 日晚 20 时，1000m³ 乙烯球罐 A、B、C、D 罐的压力均为 2.0MPa；A 罐的温度为 $-26℃$，B 罐的温度为 $-30℃$，C、D 罐的温度为 $-28℃$；A 罐的装料量为 75%，B 罐的装料量为 65%（在卸料），C 罐的装料量为 70%，D 罐的装料量为 39%（在进料）。乙烯球罐 A、B、C、D 的温度和压力正常，不存在超装的问题。

事故发生当晚 20 时，10000m³ 轻柴油立罐 A 罐、B 罐和石脑油立罐 A 罐、B 罐、C 罐、D 罐的液位高度和温度见表 7-5。

表 7-5 10000m³ 立罐的液位高度和温度

储罐		轻柴油 A 罐 V0101A	轻柴油 B 罐 V0101B	石脑油 A 罐 V0102A	石脑油 B 罐 V0102B	石脑油 C 罐 V0102C	石脑油 D 罐 V0102D
液位高度	/m	8.841	1.796	13.725	1.820	1.677	11.151
	/%	64.18	13.04	99.64	13.21	12.17	80.95
温度/℃		表坏	31	19	24	23	25

从表 7-5 可以看出，石脑油 A 罐的液面高度已达到额定液位高度（13.775m）的 99.64%。

6 月 27 日 21 时 5 分左右，罐区的卸车人员嗅到有"异味"，21 时 10 分左右操作值班人员反映，可燃气体报警器报警。

宝坻地震台 6 月 27 日 21 时 26 分 38.4 秒（按声波传播速度）至 28 分 27.4 秒（按黄土层传播速度）记录到第一次"地震"，21 时 40 分 57.6 秒（按声波传播速度）至 42 分 47.8 秒（按黄土层传播速度）记录到第二次"地震"，"震级"均为一级。两次"地震"之间的间隔时间分别为 14min19.4s（按声波传播速度）和 14min20.4s（按黄土层传播速度）。

1000m³ 乙烯罐区的压力传感器安装在乙烯罐区的围堤外的连接四个乙烯罐的气相 3in（1in＝0.0254m）的管线上，厂中心控制室和环氧乙烷分厂控制室给出当晚 21 时 26 分以前其压力为 2.0MPa，26 分至 28 分之间记录压力突降为零，21 时 42 分起，记录压力又升高，46 分其记录压力达到压力表的满量程，即 3.9MPa。

据当地气象台提供的证明，事故当晚的风向为南、南西。风力一级，风速为 0.7m/s。

爆炸后，B 乙烯罐体分为 7 片向西北飞离原所在位置，在罐底偏南处留下边长约为 2.8m 的"三角形"冲刷地坑，4、5 脚柱之间留下长约 11m、宽约 2.4m 的冲刷斜坑。A 乙烯球罐倒翻在原所在位置的西边，罐体北极附近鼓包两处（两处裂缝呈 T 字形，但不相连），出、进料管断裂。地面留下冲刷地坑；C、D 乙烯球罐仍在原所在位置，进出料管破裂后留下冲刷地坑。D 乙烯球罐 6、7 脚柱被烧折皱。乙烯罐区地面烧灼明显，A、B 球罐的地面烧灼最为严重。

离 B 乙烯球罐东北约 80m 的油泵房爆塌，水泥房柱爆翻；离 B 乙烯球罐东南约 350m 的油水分离站也爆翻，罐区东围墙在第一声响后被气浪推倒，罐区的建筑物均有不同程度的冲击波超压破坏。几乎所有的地沟井盖均被揭翻，不少地沟井盖有烧灼的痕迹，10000m³ 罐区西通道上的地沟烧灼最为严重。

10000m³ 石脑油 A 罐、B 罐区围堤内和罐水泥座烧灼严重，进料管通向石脑油 A 罐的二道气动阀门呈开启状态。通向轻柴油 A 罐的总气动阀呈关闭状态。

B 乙烯罐的残骸拼凑和断口宏观分析表明，A_{11} 焊缝处有一长约 2.8m 的沿焊缝裂纹，占 B 罐断口的 4.3% 和占沿焊缝断口的 73%。A_7 处附件有一长约 2.2m 长的高温塑性断口（A_7 和 A_{11} 是爆炸后罐体的碎片编号）。

从现场死亡人员的尸检中，发现有轻柴油和石脑油残留。

根据事故现场当时死亡的人员（4 人）的倒地位置记录，他们均死在泵房和石脑油 A 罐的附近。

7.5.2　事故经过

6 月 27 日 21 时 5 分左右，有职工闻到泄漏气体异味。21 时 10 分左右，罐体操作室可燃气体报警器报警。21 时 15 分左右，油品罐体操作员张伟和油品调度郑纲去检查气体泄漏源，二人均在火灾爆炸现场死亡。

泄漏的易爆油气迅速扩散，与空气形成可燃性爆炸气体。21 时 26 分遇明火发生瞬间空间爆炸。天空有火光。卸油泵房由于扩散有可燃性爆炸气体，在爆炸火源由门窗引入后立即发生爆炸，房盖和墙壁向外倒塌（宝坻地震台记录为 21 时 26 分 38.4 秒至 28 分 27.4 秒，一级 "地震"）。罐区有油和可燃性气体的泄漏部位多处着火，并造成若干破坏。

油品罐区平面示意如图 7-3 所示。第一次大爆炸时，冲击波或外飞来物将乙烯球罐的保温层及部分管线破坏或摧毁，乙烯开始外泄，压力突然下降，造成乙烯罐区附近燃起大火。接着，着火处附近的其他管线相继被烧烤破裂，致使大量乙烯泄漏，火势越来越大。B 罐 A_7 处附近发生调温塑性破裂的同时，罐内压力迅速下降，液态乙烯发生 "暴沸"（宝坻地震台记录时间为 21 时 40 分 57.8 秒至 42 分 47.08 秒，一级 "地震"）。爆炸瞬间，爆炸物在空

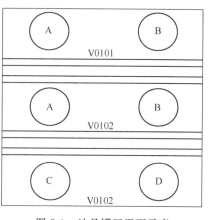

图 7-3　油品罐区平面示意

间形成大火球并向四周抛散，B 爆炸残骸由 A_7 破口反向呈扇形向西北飞散，打坏管网油气线后引起大火，并造成四周建筑物的破坏。在爆炸冲击波的作用下，与 B 罐相邻的 A 罐被向西推倒，A 罐底部出入口管线断开，大量液态乙烯从管口喷出后在地面遇火燃烧。A 罐顶部罐内压力升高，鼓开长达 1m 多的 T 形破口（但不相连），同时，C、D 罐的出入口管线也相继被烧坏，大量乙烯喷出地面后燃烧，造成范围更大的火灾和破坏。

7.5.3　10000m³ 乙烯罐体、C_5 罐体和乙烯罐区管线的爆炸破裂技术原因分析

首先，10000m³ 乙烯球罐 B 球罐（以下简称 B 罐）发生了爆炸，其罐碎片分为 7 片发散。在 B 罐罐体的断口宏观分析表明，虽然沿焊缝断口仅占整个断口长度约 65m 的 5.9%，但沿 A_{11} 焊缝长度达 2.8m 的断口却占整个断口长度的 4.3%（占焊缝断口的 73%）。在乙烯 A 罐和 B 罐附近的地面烧灼严重，在 B 罐下部还有长为约 2.8m 的 "三角形" 地坑和 4、5

脚柱之间的长约 11m 宽约 2.4m 的斜地坑。此外据厂中心控制室值班人员的反映，在当晚 21 时 10 分左右在四个乙烯球罐中心位置的可燃气体报警器报警，厂消防队队长还看见 A 罐、B 罐附近有明火燃烧。根据上述情况，对 B 罐是否是肇事源进行确定并且分析其爆炸模式势在必行。

其次，乙烯 A 罐在附近有一"T 字形"、但不相连的裂口，进出料管破裂并留下相应的冲刷地坑，罐体翻倒在 A 罐原位的西边；乙烯 C 罐和 D 罐仍立在原位，但它们的进出料管破断，并相应地留下冲刷地坑，因此对 A、C、D 罐破口的性质也相应加以分析诊断。

乙烯球罐罐体的爆炸和破裂技术原因分析工作是从 B 罐残骸断口分析、爆炸能量分析、B 罐工况分析、B 罐的化学成分分析、显微组织分析和力学性能等六个方面进行的。下面就排除 B 罐罐体是肇事源的理由、根据和 B 罐的爆炸模式以及 A 罐、C 罐、D 罐破口的性质等两个问题综合叙述如下。

(1) 排除 B 罐罐体是肇事源和理由、根据和 B 罐的爆炸模式

通过专家们认真和科学地分析，排除 B 罐罐体是肇事源的理由如下。

① 从 B 罐的断口的断裂性质分析表明，长约 65m 的断口上，没有发现如应力腐蚀、腐蚀、氢脆等宏观脆性断口形貌，这说明 B 罐的破裂不是由于制造、工况或环境因素引起的。

② B 罐的断口类型分为两类：一类是快速撕裂断口（全剪切断口和两边为双剪切唇、中部为人字纹的断口）；一类是 A_7 附件长约 2.2m 的高温塑性断口（其断面收缩率约达 90%）。快速撕裂断口是 B 罐爆炸时"瞬时"产生的，高温塑性断口说明在 B 罐爆炸前已承受外火焰的加热烧灼及内压作用。从肇事源的角度来分析，其高温塑性断口肯定是一种被害的断裂，不可能成为肇事源。

③ 在快速撕裂断口上，没有发现宏观的母材的冶金缺陷，对母材的化学成分和显微组织分析表明，B 罐的化学成分和显微组织合格。因此可以得出，B 罐母材的撕裂主要是由于 B 罐爆炸时的快速加载造成的，与母材的材质无关。

④ 在 B 罐总长约 65m 的断口上，沿焊缝（或热影响区）的断口约占 5.9%，即在 B 罐的爆炸时，其撕裂的途径基本上沿母材扩展，这一事实得到从 B 罐爆炸残骸片沿 A_{13} 焊缝切取的室温抗拉强度 σ_b 为 667.5MPa、焊缝为 670MPa、在 $-30\,^{\circ}\mathrm{C}$ 低温时焊缝的抗拉强度 σ_b 为 797.5MPa 和接头拉伸试样均大于母材等数据的证实。这说明，在快速撕裂的条件下，即使在 $-30\,^{\circ}\mathrm{C}$ 的低温下，焊缝与母材相比，也具有足够的强度，不存在低温焊缝（或热影响区）的"静载"破坏的可能性。

⑤ 从 B 罐残片 A_{11} 焊缝取样测试其 $-30\,^{\circ}\mathrm{C}$ 的冲击功平均为 17.15J。从 B 罐残片沿 A_{13} 焊缝测试 $-30\,^{\circ}\mathrm{C}$ 的 CTOD 特征值 $\delta_{0.05}$ 平均为 0.034mm。在这样的焊缝断裂韧度、罐压力为 20.13atm 和室温的条件下，要造成沿焊缝的低温低应力脆性断裂应有的穿透裂纹大小 a_c 可粗略估算为 69.4mm。如果按安全评定规定（CVDA-84），考虑残余应力值为材料的屈服应力、评定作断裂韧度为实测值的 0.6 倍时，其穿透临界裂纹尺寸约为 5mm，表面临界裂纹长度约为 20mm，埋藏临界裂纹长度约为 40mm。而从焊缝断裂的 A_{11} 断口和 B 罐的碎片的其他断口上，没有发现有任何由于焊接工艺造成的宏观"老裂纹"。A_{11} 沿焊缝断口是从一端扩展至另一端的"过程裂纹"，不存在从"裂纹"源向两端扩展的形貌。因此，B 罐的爆炸不是由于宏观的缺陷过大（超过临界裂纹尺寸大小）造成的低温低应力脆性破坏，沿焊缝的 A_{11} 断口的性质也不是低温低应力脆断。

⑥ 沿焊缝断裂的 A_{11} 断口的宏观和微观的形貌与其他残片沿焊缝或穿母材断裂的断口宏观和微观形貌基本相同，这从断口学和角度证明了 A_{11} 沿焊缝的断口与其他断口同属于一类快速撕裂和断口，都是在 B 罐爆炸时造成的。没有发现任何焊接冷裂纹的证据，不可能是"第一断裂源"的断口。

⑦ 从 B 罐的残骸拼凑和裂纹的走向分析表明，根据裂纹扩展的"T 字形"原则，沿焊缝的 A_{11} 裂纹不是多条裂纹相交时的第一裂纹或主裂纹，而是一条随后撕裂的"支干"裂纹。因此，A_{11} 裂纹不是酿成 B 罐爆炸的裂纹源。

⑧ 根据以下理由，认为 A_7 附近的高温塑性断口是引起 B 罐罐体爆炸（即"暴沸"）的第一裂口。

ⓐ 从 B 罐残片多条裂纹相交的"T 字形"原则，可以判断 A_7 附近裂纹是 B 罐爆炸的第一裂口。

ⓑ 从 B 罐残片的飞散的方位分析，B 罐的残片方向基本上是对称于 A_7 附近的断口与 B 罐中心轴线形成"平面"，A_7 附近的断口是 B 罐爆炸的第一断口。

ⓒ 根据除 A_7 附近的断口以外的其他断口性质的分析，确认它们是一种快速撕裂断口。这种快速撕裂断口只有在快速加载条件下才可能形成。分析认为，B 罐的爆炸模式是由于罐内突然降压引起的一种"暴沸"。暴沸必须存在过热状态的介质、气相开口、开口速度或面积足够大等必要条件和充分条件。A_7 附近的裂口基本上符合暴沸的形成条件，因此 A_7 附近的裂口是导致 B 罐爆炸的第一裂口。

⑨ 根据力学分析与能量估算，造成 B 罐解体的乙烯暴沸能量相当于 5～6t TNT 爆炸的能量，约有 60t 乙烯参与了暴沸。

⑩ 根据 A_7 附近裂口残片上粗略测得的断面收缩率为 90%、裂口附近存在大的鼓包变形和裂口附近表面有"橘皮状"的氧化等特征分析，A_7 附近在出现裂口之前已经历了的较长时间高温烧灼。根据对 B 罐残片的力学性能测试，A_7 附近的加热温度可能为 600～800℃ 之间。

至此，已可以排除 B 罐罐体是本次事故肇事源，确定 B 罐罐体是受害者。

（2）乙烯 A 罐、C 罐、D 罐和 C_5 罐体破口的性质分析和成为肇事源的可能性

根据对乙烯 A 罐、C 罐、D 罐和 C_5 罐的破坏状况和他们的断口宏观分析表明，乙烯 A 罐北极附近呈 T 字形的裂纹（但不相连）、进出料口的断口、C 罐和 D 罐的进出料品的裂口及 C_5 罐罐体的破口，均属于高温塑性断口，他们都是在受高温和内压共同作用下形成的，都是"被害"断口，不是肇事源。

（3）乙烯罐区阀门和管道为事故源的可能性分析

① 对飞散在事故现场的阀门考察分析表明，除乙烯 B 罐的进料阀门破裂外其他阀体基本完好，连接法兰和螺栓基本完好。对 B 罐进料阀门和破口分析表明，其破口属撞击破坏，不属于本身的原始破坏，可排除其为事故源的可能性。

② 对飞散在事故现场的约 40 多处管道残骸的逐件分析表明，大部分管道均在 B 罐爆炸前受到严重的烧灼、变形、氧化，基本上已无法分析，已经不能从管道残骸分析得出事故是否有泄漏甚至断裂的问题。但从烧损的情况来分析，B 罐爆炸前受到高温的作用。到目前为止，未发现乙烯罐区管道有泄漏的证据。

③ 根据厂中心控制室于事故当晚 21 时 26 分至 28 分，位于乙烯罐区连接 4 个乙烯罐的气相 3in 管的压力传感器"突然"降到零的事实和高挥发性、大容量乙烯的气相泄压特点，21 时 26 分至 28 分压力传感器回零，不可能是管线泄漏造成的，只有是管线断裂才有可能。该压力传感器装在 3in，直径约为 76.2mm 的气相不锈钢管上，按其抗拉强度 σ_b 为 500MPa、最小壁厚为 5mm 来估算，其断裂压力应约为 650atm，如在 2MPa 和工作内压下发生焊缝的断裂，其焊缝强度仅为 15MPa。因此，事故当晚 21 时 16 分至 28 分厂中心控制室的压力传感器突然降至零，该压力传感器为 3in 不锈钢管不可能是在正常内压工作下"突然"自行断裂引起的，而是由于第一声大爆炸时遭受到冲击波或外来的飞来物的作用使装有压力传感器的 3in 管突然断裂造成的。

根据以上分析，乙烯罐罐区的罐体、阀门和管道在该事故中不是肇事源，而是受害者，在事故的技术原因分析中应予以排除。

7.5.4　酿成事故的泄漏物质分析

罐区平面示意如图 7-4 所示，共有 31 台储罐，分三个区域：东部有 6 台每台 $10000m^3$ 的原料油储罐，呈两列南北方向排列；中部有 12 台每台容积 $1000\sim2000m^3$ 的产品及中间产物储罐，呈两列南北方向排列；西部有 13 台球形储罐，每台容积 $650\sim1000m^3$（主要用于盛装产品），呈两列南北方向排列。

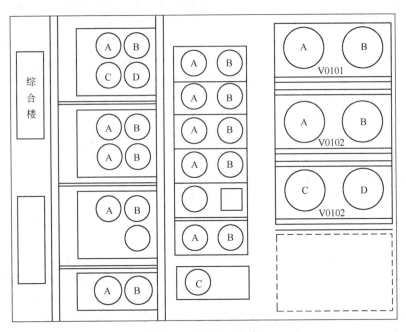

图 7-4　罐区平面示意

罐区北侧为铁路专用线，主要用于卸原料油，专用线与储罐区有一条路相隔。

罐区的爆炸及燃烧是由于物质泄漏引起的，究竟是什么物质泄漏能在罐区空间形成可爆炸的气体，分析如下。

（1）东部原料油储罐　罐区东部 6 台大储罐内北边 2 台装轻柴油，南边 4 台装石脑油。轻柴油属高闪点易燃液体，闪点 50℃，爆炸极限范围为 0.6%～6.5%。在当晚气温下（约 30℃）其蒸气是不会被明火引爆的（因在闪点以下 20℃左右）。

石脑油是石油中较轻成分的总和，即在 C_4 至 C_5 的烷烃，石脑油蒸气比空气密度大，能沿地面远距离扩散，遇明火可引爆或回燃，其爆炸范围为 1.2%～6.0%。石脑油蒸气可引起眼及上呼吸道刺激症状，浓度过高时则会引起呼吸困难。因此，石脑油的大量泄漏是极其危险的，从石脑油 A 罐、B 罐围堤内的地面和它们罐基水泥座的大量损坏情况分析，确有大量石脑油泄漏的痕迹，因此不排除石脑油大量泄漏导致事故的可能性。

（2）中部的常压储罐　中部有 12 台立式常压储罐，分别装有加氢汽油、裂解汽油、调质汽油、C_9、燃料油和乙二醇。三种汽油都是易燃液体，其蒸气与空气混合易发生爆炸，爆炸极限范围为 1.4%～7.6%，如果大量泄漏到空间是非常危险的。C_9 的物化性质与汽油类似。燃料油和乙二醇属不易挥发的可燃物质，常温下是不会发生爆炸和燃烧的。

事故后对中部的常压储罐各罐体及围堤内地面勘察，汽油罐等罐体有被烧的痕迹，罐区围堤地面没有发现泄漏和燃烧痕迹。由此可认为，事故前中部的各储罐没有泄漏，不是事故的原发地。

（3）铁路专用线上的罐车及卸油系统　事故前，一列铁路罐车在专用线上，正在把罐车内的轻柴油往原料罐里卸油。轻柴油因其闪点高（50℃），其蒸气在常温下是不会引爆的。因此，可以排除油罐车、油泵房及连接处泄漏轻柴油导致事故的可能。

（4）球罐区　球罐区在罐区的西部，有 13 台球罐，内分别装有乙烯、抽余 C_4、混合 C_4、丙烷和 C_5 等物质。这些物质泄漏到空间都变成气态，与空气混合后都可形成可爆性气体。事故后对现场勘察发现 4 台乙烯球罐区燃烧爆炸的痕迹最明显，破坏最严重，其次是一台 C_5 罐发生高温塑性破裂，其余 8 台球罐没有爆炸燃烧痕迹，事故后有的球罐里还有物料。因此，可以认为球罐区只有乙烯罐和 C_5 罐有可能泄漏，C_5 罐在事故前只有 1.6m 高的液位，压力只有 0.1MPa，对于容积为 1000m³ 的球罐来说，气相占 84%，在周围大火燃烧中，该球罐因物料少、热容量小，最容易升温升压，并使 C_5 球罐罐体产生高温塑性破坏，而 C_5 罐的破坏正是高温塑性破坏，因此可以排除 C_5 罐泄漏所致的因素。

乙烯球罐区在 B 罐爆炸前的先泄漏是明显的。乙烯罐区内几乎所有管线都被爆灼或烧毁；乙烯 B 罐爆炸飞出，其残片有被火燃烧的痕迹，根据爆炸能量的估算，爆炸前 B 罐内的乙烯存量大约只有 60t，这说明 B 罐爆炸前已有大量的乙烯泄漏燃烧。乙烯属易燃易爆气体，闪点是 -50℃，爆炸范围为 2.7%～3.6%，如果泄漏到空气中很容易被引爆或引燃。

但根据下述理由乙烯罐区在第一声爆炸前没有发生泄漏。

① 排除了乙烯 B 罐罐体爆炸前先泄漏的可能。从罐体残骸上没有找到脆性断口和"老断口"，B 罐是受害罐，爆炸前已受到较长时间的烧烤。

② 初步排除了乙烯 B 罐上阀门及法兰连接处泄漏的可能。从已经找到的阀门及连接法兰看，没有发生异常现象。

③ 乙烯的直管都是无缝钢管，承压能力强，而事故前，乙烯气相管的压力正常，一般不会发生泄漏。从已有的分析工作来看，没有发现直管的泄漏源。

④ 在第一声爆炸前，乙烯罐区如有泄漏，应有下列现象：若为气相泄漏，应有嘘叫声；若为液相泄漏，应在空气中形成白雾状。而从现场存活下来的人的证词中，无一人反应有上述现象，说明乙烯罐区在第一声爆炸前无泄漏。

⑤ 石脑油和乙烯是否会同时泄漏，除人为破坏因素外，这种同时泄漏的可能性极小。

人们认为，石脑油溢漏是事故的直接起因，其理由如下。

a. 从石脑油的物性来看，石脑油的大量泄漏是极危险的。

b. 调查表明，事故当晚 20 时多开始卸轻柴油时，通向石脑油 A 罐、B 罐两道气动阀门处于开启状态，通向轻柴油 A 罐和气动阀门呈关闭状态。

c. 石脑油 A 罐的液位，在事故当晚 20 时左右已达到 13.725m，即已达到额定液位（13.775m）的 99.64%，如果当晚 20 时以后再向罐内灌装轻柴油，很容易将石脑油从罐顶呼吸孔口顶溢外流。

d. 当通向石脑油 A 罐二道气动阀门呈开启状态，通向轻柴油 A 罐和总气动阀门呈关闭状态时，石脑油 A 罐开始罐装外溢时间的外溢量的估算表明，从开始罐装石脑油的时间从当晚 20 时 30 分算起，罐装约 30～35min 后石脑油 A 罐即发生外溢，至第一声爆炸时约有 640m³ 的混合油料溢出（因石脑油的相对密度比轻柴油小，因此外溢的主要是石脑油）。

e. 从石脑油 A 罐、B 罐的水泥基座和围堤内燃烧的情况分析表明，四周防火围堤的排水沟有明显的燃烧痕迹，部分地面碎石表面被烧成白色粉末，水泥罐基的水泥层被烧脱落，罐区内的管线及保温铁皮有过油燃烧的痕迹，上述事实说明，确实有大量石脑油溢出燃烧。

f. 根据事故现场当时死亡的人员（共 4 人）死亡倒地的位置记录，他们均死在油泵房和石脑油 A 罐附近。当晚 21 时 10 分左右，有两位操作人员从综合楼（在球罐区的西侧）出发去现场检查报警器报警的泄漏源，但他们死亡倒地位置却不在乙烯罐区内，这说明在第一声爆炸前乙烯罐区并未发生泄漏。

g. 从现场死亡人员的尸检中，发现有轻柴油和石脑油的残留。

h. 罐区东墙目击证人 A 说："当第一声响后见到挡围墙被推倒，石脑油 A 罐、B 罐方向处起大火"。目击证人 B 反映："在第一声爆炸感觉在挡墙根下，接着第二声响声更大，感觉还是在东侧，两声很近，东北方向起火，不是槽车就是万米罐"。目击证人 C 说："一开门跑进一人，火进屋内，随后听到爆炸声，就看到东北方向两个大罐起火了"。目击证人 D 在综合楼一层配电室，他说："第一、第二响很近，看到的蘑菇云的位置肯定不是 4 个乙烯罐的位置，因为火区比乙烯罐远，像是油泵房附近的位置。第一、第二响后，乙烯 A 罐、B 罐好像没着火"。以上等人证词以及当班操作工——目击证人 E 的类似人证词，都可以作为分析 10000m³ 石脑油 A 罐先泄漏外流、爆炸、爆燃、燃烧的旁证。

i. 石脑油罐区附近地沟污水系统及油水分离站都发生了爆炸。这说明只有比空气密度大的石脑油先泄漏外溢到地下污水系统中才有可能发生。乙烯比空气轻不可能进入东侧的污水系统。

7.5.5 事故模式

该事故的模式如图 7-5 所示。

（1）关于易燃易爆气体的爆炸和爆燃，并形成泄漏区域持续燃烧的进一步说明

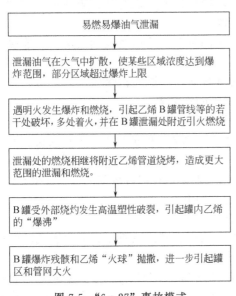

图 7-5 "6·27"事故模式

① 从当晚 21 时 5 分发现有"异味"气体泄漏至 21 时 26 分第一次爆炸，大约有 21min。当时风力为一级（0.7m/s），易燃易爆气体在地面的扩散还受到地面建筑物和地形的影响，从燃烧区域来看，只有易挥发物料才有可能。

② 易燃易爆油气燃爆的跟踪燃烧速度很快，且具有方向性（跟踪泄漏源），从现场燃烧的起始过程来分析，这是一种易燃易爆油气引起的爆燃的爆炸。

③ 罐区处的含油污水，有相互连通的污水井排至油水分离泵房。污水井内既有石脑油、汽油、柴油成分的污水，也有球罐区的排污液。在大爆炸时，大火通过井盖小孔或井盖四周的缝隙将地下污水系统引爆，井盖飞出，直至油水分离泵房发生爆炸性破坏。

④ 从卸油泵房和油水分离泵站的爆炸现场来看，他们的破坏是由内向外的爆炸所致。

（2）关于 B 罐"暴沸"的进一步说明

① B 罐力学性能试验数据表明，B 罐不可能是"静强度"破坏。因为既没有如此大的应力来源，也不可能有这么大的加载速率。不可能是 B 罐内的液相乙烯被加热后压力升高导致的"瞬间"爆破，因为这种模式需要很长的加热时间。不可能是一种材料（包括母体、焊缝和熔合线等）断裂韧度控制的低温低应力脆性断裂破坏。因为在最可疑的 A₁₁ 处沿焊缝开裂的长达 2.8m 的断口上没有发现宏观可见的断裂源区和缺陷。因此，B 罐破坏模式是 A₇ 附近的高温塑性裂口引起的一种"暴沸"。

② "暴沸"是某种液体及其气体共存于密闭压力容器中，在该液体温度升高至沸点以上

时，由于某种原因导致压力容器破坏和容器内压力突然下降，使处于过热状态的液体瞬时迅速沸腾气化、剧烈膨胀而呈现的一种"爆炸"现象。"暴沸"的必要条件是存在过热状态的液体。它的充分条件是有足够的破口面积。从 B 罐的破坏残片来看，上述必要条件和充分条件都能满足。从 B 罐的爆炸破坏力来看，它也是一种暴沸的过程。

③ 对 B 罐 7 块残片的断口分析表明，除 A$_7$ 附近的一处长约 2.2m 的高温塑性断口以外，其他长 65m 的断口均为一种快速撕裂断口，这说明爆炸前的瞬间加载速率相当大。从爆炸现场的条件和过程来分析，这种加载速率只有暴沸才有可能。

④ B 罐的破口、泄漏和"暴沸"的过程是一个比较复杂的过程，很难定量分析。但总的来看，B 罐破口泄漏在先，爆炸在后。在"暴沸"前瞬间，由于前期的乙烯泄漏，再加上液相乙烯温度有所升高，使得暴沸的能量有所下降。

7.5.6　结论

① 北京东方化工厂"6·27"事故的模式是易燃易爆油气引起的爆炸、爆燃、燃烧和乙烯 B 罐的暴沸。

② 乙烯罐区罐体、C$_5$ 罐体及乙烯罐区的阀门和管线不是"6·27"事故的肇事源，而是受害者。

③ 石脑油 A 罐的满装外溢是酿成"6·27"事故的起因。

7.5.7　预防建议

① 易燃易爆系统应加强监测，完善应急措施，达到快速反应，早期控制的目的。

② 卸油站台在卸油作业中容易发生泄漏，卸油作业应由经过培训教育的正式职工承担。

③ 乙烯罐不能用玻璃板式液面计。

④ 罐区为甲类防火区，防爆型仪表不安全，应采用本安型。

⑤ 裂解中心控制室乙烯罐应有工艺自动控制流程图画面及压力、液面、温度等工作参数；除压力外，应有温度、液位的时、日、周、趋势记录，并应自动存储。罐区操作室应有压力、液位和温度的显示和记录。

⑥ 总图布局时，乙烯罐区应单独布置不宜与常压罐及 C$_3$、C$_4$ 和 C$_5$ 球罐建在一起，常压罐应与球罐分开。

⑦ 应对阀门和管道做定期的泄漏检查。

⑧ 应对乙烯罐区和其他坏罐进行一次全面的安全评估，并做好善后处理。

⑨ 应对 LT50 焊缝和熔合线的低温冲击功值和断裂韧度值进行系统的研究。

7.6　中国石油吉林石化分公司双苯厂"11·13"爆炸事故调查

2005 年 11 月 13 日 13 时 35 分，吉林石化分公司双苯厂硝基苯精馏塔发生爆炸，造成 8 人死亡，60 人受伤，其中 1 人重伤，直接经济损失 6908 万元。同时，爆炸事故造成部分物料泄漏进入清净下水管线直接流入松花江，引发了松花江水污染事件。

7.6.1　概况

7.6.1.1　吉林石化分公司双苯厂基本情况

吉林石化分公司双苯厂（原吉化染料厂）位于吉林市龙潭区吉化中部工业区，占地面积约 83 万平方米，工厂东侧为吉化集团中部生产基地，北侧为电石厂。

工厂共有 5 套生产装置：2 套总生产能力为 13.6 万吨/年苯胺装置，1 套生产能力为 12 万吨/年苯酚丙酮装置，1 套生产能力为 4 万吨/年苯酐装置（包括 2000 吨/年富马酸装置），1 套生产能力为 0.675 万吨/年 DEA/MEA 装置（2,6-二乙基苯胺/2-甲基，6-乙基苯胺）。事故发生地苯胺二车间。

7.6.1.2 硝基苯和苯胺生产过程情况

苯胺生产装置主要包括硝基苯和苯胺两个单元。生产硝基苯和苯胺的原料、中间品及产品均为危险化学品，其中大部分为易燃、易爆及高毒物质，一旦失控将导致能量异常释放，引起火灾、爆炸、毒物泄漏事故的连锁反应。

在硝基苯生产单元，生产过程中的主要危险物质很多，主要有：苯、硝酸（硫酸）、液碱、硝基苯及硝基酚类、二硝基苯等副产物。副产物尽管量少，但在之后的精制过程中可富集而产生爆炸危险。

硝基苯通常采用混酸硝化法生产，硝化反应过程由混酸制备、硝化、后处理与精制等工序组成。苯硝化反应会生成一定量的硝基酚、二硝基苯、二硝基苯酚等易爆炸性副产物，后处理工序包括硝基苯分离、水洗、碱洗、再水洗等操作。硝化反应方程式为：

$$C_6H_6 + HNO_3（浓）\xrightarrow{H_2SO_4} C_6H_5NO_2 + H_2O + 152.8\,kJ$$

苯胺大多采用硝基苯催化加氢法生产，该法以硝基苯为原料，氢气为还原剂，在硅胶为载体的单铜催化剂作用下，将硝基苯还原生成苯胺。胺化工艺通常有固定床气相加氢、流化床气相加氢以及硝基苯液相催化加氢工艺。还原产物经苯胺水回收、脱水、精馏工艺过程，制得苯胺。胺化反应方程式为：

$$C_6H_5NO_2 + 3H_2 \xrightarrow[270℃]{催化剂} C_6H_5NH_2 + 2H_2O + 543.9\,kJ$$

硝基苯和苯胺均采用负压蒸馏精制，以期降低操作温度，防止物料在高温下分解。双苯厂苯胺生产工艺流程简图见图 7-6。

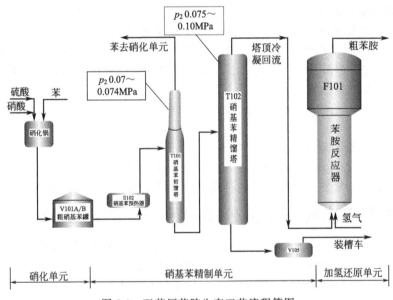

图 7-6 双苯厂苯胺生产工艺流程简图

双苯厂新苯胺装置硝化单元工艺流程控制主要条件：

硝化温度≤78℃，提取温度≤55℃；

硝化后苯含量≤6%，二硝含量≤0.3%。

7.6.2 事故发生经过

2005 年 11 月 13 日，吉林石化分公司双苯厂苯胺二车间二班（白班）班长徐德成在值班的同时，替本班休假职工刘阁学顶岗操作。因硝基苯精馏塔（以下称 T102 塔）塔釜蒸发量不足、循环不畅，需排放 T102 塔塔釜残液，降低塔釜液位。徐德成遂组织操作人员停硝基苯初馏塔和硝基苯精馏塔进料，排放硝基苯精馏塔塔釜残液。

　　根据 DCS 系统记录和当班岗位操作记录，10 时 10 分（本段所用时间均为 DCS 系统时间，比北京时间慢 1 分 50 秒）在停止硝基苯初馏塔（以下称 T101 塔）进料时，操作人员没有按照操作规程及时关闭应该关闭的粗硝基苯进料预热器 E102（以下称预热器）加热蒸汽阀，导致预热器内物料汽化，见图 7-7。T101 塔进料温度在 15min 内即超过 150℃量程上限。11 时 35 分左右，徐德成回到控制室发现超温，遂关闭了预热器加热蒸汽阀，T101 塔进料温度才开始缓慢下降至正常值，超温时间达 70min 之久。13 时 21 分恢复正常生产开车时，操作工本应该按操作规程先启动 T101 塔进料泵阀门后，再启动预热器加热蒸汽阀，但操作人员却先启动预热器加热蒸汽阀，使预热器温度再次出现超温，见图 7-7。7min 后，进料预热器温度超过 150℃量程上限。13 时 34 分，操作人员启动 T101 塔进料泵向预热器输送粗硝基苯，温度较低的（约 26℃）粗硝基苯进入超温的预热器，引起突沸并产生剧烈振动，造成固定管板式预热器两个法兰（事故后该设备外形和内部列管基本完好，70%的螺栓存在不同程度的松动）及进料管线（8m 长，有 2 个法兰，被炸碎无法辨认）密封不严，封头嘴开，空气被系统负压吸入，与粗硝基苯突沸形成的汽化物一同被抽入硝基苯初馏塔，引起硝基苯初馏塔爆炸。

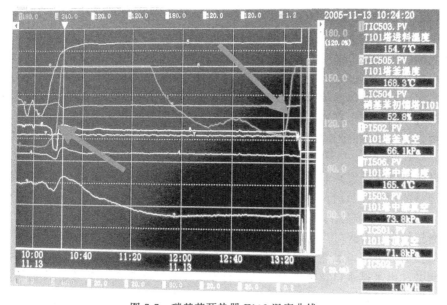

图 7-7　硝基苯预热器 E102 温度曲线

　　DCS 记录也进一步证实，13 时 34 分，塔 T101 进料流量急剧上升；13 时 34 分 10 秒，DCS 显示数据异常，见图 7-8。13 时 35 分左右，由于摩擦、静电等原因，导致已具备爆炸条件的硝基苯初馏塔 T101 塔首先发生爆炸，接着 T102 塔也发生爆炸，随后致使与 T101、T102 塔相连的两台硝基苯储罐（容积均为 150m³，存量合计 145t）及附属设备、装置区内的两台硝酸储罐（容积均为 150m³，存量合计 216t）相继发生燃烧爆炸。爆炸产生的高动能残骸打击到距初期爆炸区域约 165m 外的 55 号罐区，使得罐区内的 1 台硝基苯储罐（容积 1500m³，存量 480t）和 2 台苯储罐（容积均为 2000m³，存量为 240t 和 116t）也相继发生泄漏、火灾和爆炸。上述储罐周边的其他设备设施也受到不同程度损坏。

7.6.3　事故原因分析

　　经过现场调查和技术分析，吉林石化分公司双苯厂"11·13"爆炸事故原因分析如下。

　　由于操作工在停硝基苯初馏塔进料时，没有将应关闭的硝基苯进料预热器加热蒸汽阀关

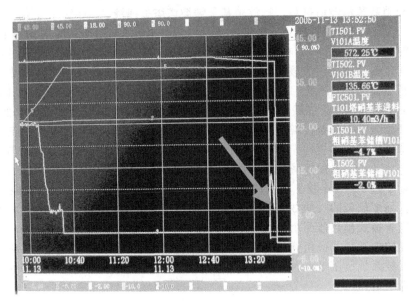

图 7-8　硝基苯初馏塔 T101 进料物料曲线

闭，导致硝基苯初馏塔进料温度长时间超温；恢复进料时，操作工本应该按操作规程先进料、后加热的顺序进行，结果出现误操作，先开启进料预热器的加热蒸汽阀，使进料预热器温度再次出现升温。7min 后，进料预热器温度超过 150℃量程上限。13 时 34 分启动硝基苯初馏塔进料泵向进料预热器输送粗硝基苯，当温度较低的 26℃粗硝基苯进入超温的进料预热器后，出现突沸并产生剧烈振动，造成预热器及进料管线法兰松动，造成密封不严，空气吸入系统内，空气和突沸形成的气化物被抽入负压运行的硝基苯初馏塔，引发硝基苯初馏塔爆炸。

　　由于苯胺装置相继发生 5 次较大爆炸，造成塔、罐及部分管线破损、装置内罐区围堰破损，部分泄漏的物料在短时间内通过下水井和雨水排水口，进入东 10 号线，流入松花江，造成松花江水体污染，爆炸事故是导致重大水污染事件发生的直接原因。

　　因装置连续爆炸着火，火势凶猛，在事故初期，人员无法进入现场实施封堵下水井和雨水排水口等措施；另外，虽然当时采取了一些应急措施，但因爆炸造成装置管架倒塌，压住了部分下水井和雨水排水口，仍然无法及时有效实施封堵等措施，导致泄漏物料进入东 10 号线，苯系物流入松花江。

　　爆炸事故的发生暴露出双苯厂对安全生产管理重视不够，对存在的安全隐患整改不力及安全生产管理制度和劳动组织管理等方面存在的问题。

　　(1) 双苯厂执行安全生产管理制度不力　双苯厂虽然制定了很多规章制度，但检查方式针对性不强，在巡检时间安排上有漏洞。苯胺二车间当天巡检人员在事故发生前虽对各工作点作了两次巡检，但未能发现该车间长达 190min 的非正常工况停车。双苯厂的生产调度人员虽在当天 10 时 13 分与苯胺二车间班长徐德成通电话了解情况，但也未发现该班在 10 时 10 分就已经停车。苯胺二车间 11 月 13 日当班应属正常作业，但在非工况停车后，现场操作人员虽在硝基苯精制单元操作记录上记有停车记录，但未向调度和巡检人员报告停车情况。

　　(2) 苯胺二车间生产岗位操作人员的配备不合理　苯胺二车间设置 4 个班、12 名内操人员、20 名外操人员、1 名班长、1 名备员，但实际配备 12 名内操人员、1 名班长、1 名备员、42 名外操人员。按照吉林石化分公司岗位责任制的规定，内、外操作人员不能互相顶替。因操作人员休假导致当班班长经常兼值内、外操作岗位。徐德成从 2005 年 3 月 18 日担任班长至 11 月 13 日事故发生时，共有 35 班兼值内、外操作岗位。11 月 13 日，徐德成在当班的同时，兼值精制单元内操作岗位。由于硝基苯精制装置出现了故障，作为当班班长的徐德成既要组织指挥其他人员处理问题，又要进行精制单元内岗位的操作，因此既没有履行好班长的职责，又没有履行好精制单元内操作岗位职责，最后导致处置问题不当，发生了爆炸事故。

（3）公司安全生产管理的重点不突出，抓安全管理薄弱环节的针对性不强　2004 年 12 月 30 日，公司化肥厂合成车间曾发生过一起三死三伤的爆炸事故，已经暴露出公司在工艺流程和现场安全管理方面存在一定漏洞。在 2004 年的工作总结中，也已经指出公司现场管理工作极不平衡，非计划停车问题比较突出。此次爆炸事故表明生产中停车不报告等违反规章制度和操作规程的安全生产问题仍然存在，非计划停车问题没有得到认真解决。

7.6.4　爆炸事故后果分析

爆炸事故造成 8 人死亡、1 人重伤、59 人轻伤。苯胺二车间装置相继发生 5 次较大爆炸，共造成硝基苯初馏塔 T101 和硝基苯精馏塔 T102 塔 2 个塔爆炸性损毁，7 个储罐燃烧和爆炸，上述储罐周边的 5 个储罐及附属管线破损，物料外泄并燃烧；主要反应器硝化锅、流化床反应器受到一定程度的损坏，废酸精制厂房、硝基苯精制厂房、氢压机厂房、萃取工段、硝化工段的部分厂房坍塌。爆炸产生的冲击波还造成双苯厂附近建筑物和民宅门窗玻璃破损。

在事故发生前，现场共存有物料约 1349.61t，其中苯 358.8t、硝基苯 697.08t、苯胺 77.43t、硝酸 216.3t。事故后回收的物料为 337.6t，其中苯 100t、硝基苯 237.6t。其余物料通过爆炸、燃烧、挥发、地面吸附、导入污水处理厂和进入松花江等途径损失。经专家组计算，爆炸发生后，约有 98t 物料（其中苯 17.6t、苯胺 14.7t、硝基苯 65.7t）随现场泄漏的循环水和现场灭火消防水进入双苯厂清净下水排水系统，经东 10 号线流入松花江，造成松花江水体严重污染。

苯胺装置固定资产原值为 13424 万元，固定资产净值为 11535 万元。损失固定资产原值为 7933 万元，残存固定资产原值为 5491 万元；损失固定资产净值为 6840 万元，残存固定资产净值为 4695 万元。加上泄漏物料的损失，事故直接经济损失为 6908 万元。

7.6.5　建议防范措施

（1）改善工艺安全控制水平，提高本质安全度　双苯厂生产系统本质安全度不高，安全监控和保护系统不完善，应从设计上进一步改善生产工艺，增配安全设备和装置，完善监控系统，采取防止误操作和事故预警措施，增强工艺操作的可靠性，防止发生生产安全事故。

（2）合理规划布局，防止连锁事故　苯胺生产装置区和储罐区装置、储罐多，且装置与储罐距离较近，事故状态下易引发连锁事故。双苯厂"11·13"爆炸事故中，硝基苯精馏塔发生爆炸，并引发其他装置、设施连续爆炸。爆炸造成部分厂房坍塌，还造成双苯厂附近建筑物和民宅的门窗玻璃破损。因此，危险化学品生产、储存装置在设计时应进行合理的安全规划，优化平面布局，以降低事故风险，减少对周边的影响。

（3）加强员工安全培训，强化日常管理　双苯厂"11·13"爆炸事故充分暴露了操作人员对非正常工况下分析判断和处理问题的能力较低，安全意识和操作技能差的问题。因此，双苯厂要充分重视企业员工的安全生产培训，尤其是一线操作人员的安全技能培训，切实提高其处理非正常工况问题的能力，并要注重对员工实际操作技能的考核。同时，要强化日常安全管理，进一步完善和严格执行装置停车、局部停车要有专业技术人员现场指导的制度；建立完善开停车、非正常工况处理程序等重要操作的确认制度等。

（4）完善企业应急预案，增强应急响应及处理能力　应针对可能发生的危险化学品事故编制切实可行、有效的应急预案，并做好企业内部间、企业和当地政府及有关部门间应急预案的有机衔接，实现应急救援整体联动。同时，应进一步加强应急演练工作，开展多种形式的应急演练，切实形成战斗力和提高应急处置能力。重视应急演练，不断提高应急演练质量；及时修订应急预案，增强应急预案的科学性、针对性、实效性和可操作性，提高危险化学品应急管理水平和事故防范与应急处置能力。

（5）重视事故"清净下水"收集、处置工作的重要性，制定并采取针对性对策和措施　由于双苯厂对生产安全事故引发水体环境污染事件的认识不足，无事故状态下阻止含有大量苯、硝基苯等物料进入松花江的设施和有效措施，致使事故现场含有大量苯、硝基苯等物料的地面水进入"清净下水"排水系统，造成松花江水体严重污染。因此，要认真吸取事故教训，解决事故状态下防止"清净下水"引发水体环境污染相关标准缺乏问题，完善企业事故状态下防范环境污染的措施，如：有效和适用的应急预案，关键生产装置、危险化学品储罐区和仓库事故状态下防止污染事件的设施，事故状态下防止"清净下水"引发环境污染的设施和措施等。

（6）科学合理实施危险化学品事故应急处置　危险化学品事故应急处置较其他类型事故更为复杂，若处置不当，反而会使灾情进一步扩大。因此，应根据物料的危险特性及事故现场实际情况，实施科学、有效的危险化学品应急处置，确保在处置过程中避免发生次生事故、人员伤亡。

第8章 事故救援与安全管理

8.1 事故应急救援预案

生产场所的应急救援工作，首先应注重于分析和评估生产过程及储存地区的危害因素、风险程度、控制方法及疏散路径等。

① 以危害鉴定方法，分析过程或场所内的危害。

② 评估现有可控制或抑制事故发生的资源及防护措施。

③ 组建应急救援组织及其成员。

④ 分析所有应急救援预案（见表 8-1），并评估可行性。

表 8-1 应急救援预案一览表

序号	内 容	序号	内 容
1	**应急救援组织：** 负责人员、单位名称及指挥系统； 负责人员、单位的功能； 负责人员紧急联络电话	6	**恢复正常操作状况的步骤**
2	**场所风险评估：** 危害物质存量及位置； 危害物质特性分析； 设备或系统的隔离装置位置； 消防步骤； 其他处理	7	**训练及演习：** 事故或紧急状况发生通报步骤； 报警系统意义及应变； 防火器材、设施位置及使用方法； 防护器材(防护服、护目镜、安全帽等)的位置及使用方法； 人员疏散步骤及路径； 定期演习
3	**地区风险评估：** 附近工厂危害物质存量及特性； 附近社区、商业区的人口分布； 附近工厂、机关、消防部门、公安部门等的联络人电话； 通报附近工厂、社区有关事故发生或危害物质排放消息的方式及步骤	8	**应急救援组织及救援方案的测验：** 定期举行假想式演习； 定期检验及测试消防设施； 人员疏散演习
4	**通报及传播方式：** 报警系统； 传播工具及设备； 通报对象； 与外界联络的人员及联系方式； 通知失事或受伤员工家属的步骤； 咨询系统	9	**方案改善及修正：** 至少每年检验一次应急救援方案； 依据演习及测验结果，修正方案内容
5	**应急设施：** 救火设施； 医疗应急供应； 毒性物质探测器； 风速/风向探测器； 呼吸器； 防护服； 围堵设施； 人员疏散路径及运输工具	10	**应急救援步骤及措施：** 联络及传播步骤； 台风、地震、火灾等天灾来临时应急步骤； 公共设施供应失常应急步骤； 战争、恐怖活动的应急步骤
		11	**应急操作手册：** 每一企业及公共设施单位皆应具备应急操作手册，内容如下。 紧急启动/停车步骤； 可能发生的事故分析； 事故发生后采取的应急措施

⑤ 决定外界（其他邻近企业、机关、社区等）可提供的支援项目及范围。

分析工作完成后，应根据分析结果，研制可行的应急救援方案，内容包括救援组织、功能、救援行动训练、演习等。

应急救援组织是事故发生时，实际执行应急救援方案的组织体系如图 8-1 所示。

应急救援组织负责人主要由企业法人担任，负责人必须非常了解场所的布置，并且懂技

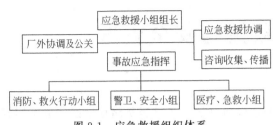

图 8-1 应急救援组织体系

术，主要负责包括所有灾害救灾、消防、疏散、控制等措施的监督及指挥。

（1）应急救援协调主管主要负责以下工作。

① 协助应急救援负责人组织及组织应急救援行动。

② 研制策略，以降低事故发生所造成的灾害。

③ 与事故现场救灾人员保持联络。

④ 协调执行现场救灾、医疗、人员疏散行动所需之人员及资源的调配、支援。

（2）现场救护及事故控制行动则有事故应急指挥负责人员，其任务如下。

① 指挥及协调所有现场的行动及人员。

② 评估事故。

③ 提供有关保护厂中员工的安全建议，例如紧急疏散。

④ 执行现场救灾、消防及灾害控制任务。

应急救援组织的功能为咨询传播和联络、救火及救护、泄漏控制、过程紧急停车、医疗、安全、环境及灾情评估、公关、资源调配等。

（3）应急救援方案中包括下列应急救援行动执行步骤及顺序。

① 事故发生后的警示。

② 事故评估及分类。

③ 宣告进入紧急状态，应急救援小组开始作业。

④ 通报地方公安机关。

⑤ 执行应急救援行动及防护措施。

⑥ 协调厂外救护、救火单位。

⑦ 进行善后工作。

任何一个应急救援方案都必须配合足够的训练和演习，否则无法有效发挥作用，所有员工应熟悉基本警示信号及主要疏散路径。直接参与应急救援行动的人员必须定期接受训练，以熟悉应急救援步骤。演习方法可分为模拟演习、局部功能性演习及全面性演习。

厂区内的应急救援行动应与厂外社区应急救援中心、公安部门、消防部门及其他工厂甚至其他机构密切配合，并主动将正确的通信方式传播给各新闻传播机关。

8.2 应急救援预案的编制

8.2.1 事故应急救援预案编制的目的

事故应急救援预案是为了提高对突发事故的处理能力，根据实际情况预计未来可能发生的事故，预先制定的事故应急救援对策，它是为在事故中保护人员和设施的安全而制定的行动计划。

编制应急救援预案的目的是要迅速而有效地将事故损失减至最少。应急措施能否有效地实施，在很大程度取决于预案与实际情况的符合与否，以及准备的充分与否。应急救援预案的总目标是：将紧急事故局部化，并尽可能予以消除；尽量缩小事故对人和财产的影响。

8.2.2 事故应急救援预案编制的准备工作

编制应急预案应做好以下准备工作：

① 全面分析本单位危险因素、可能发生的事故类型及事故的危害程度；

② 排查事故隐患的种类、数量和分布情况，并在隐患治理的基础上，预测可能发生的事故类型及其危害程度；

③ 确定事故危险源，进行风险评估；

④ 针对事故危险源和存在的问题，确定相应的防范措施；

⑤ 客观评价本单位应急能力；

⑥ 充分借鉴国内外同行业事故教训及应急工作经验。

8.2.3　事故应急救援预案编制的基本要求

① 符合有关法律、法规、规章和标准的规定；

② 结合本地区、本部门、本单位的安全生产实际情况；

③ 结合本地区、本部门、本单位的危险性分析情况；

④ 应急组织和人员的职责分工明确，并有具体的落实措施；

⑤ 有明确、具体的事故预防措施和应急程序，并与其应急能力相适应；

⑥ 有明确的应急保障措施，并能满足本地区、本部门、本单位的应急工作要求；

⑦ 预案基本要素齐全、完整，预案附件提供的信息准确；

⑧ 预案内容与相关应急预案相互衔接。

8.2.4　事故应急救援预案的编制程序

（1）应急预案编制工作组　结合本单位部门职能分工，成立以单位主要负责人为领导的应急预案编制工作组，明确编制任务、职责分工，制定工作计划。

（2）资料收集　收集应急预案编制所需的各种资料（相关法律法规、应急预案、技术标准、国内外同行业事故案例分析、本单位技术资料等）。

（3）危险源与风险分析　在危险因素分析及事故隐患排查、治理的基础上，确定本单位的危险源、可能发生事故的类型和后果，进行事故风险分析，并指出事故可能产生的次生、衍生事故，形成分析报告，分析结果作为应急预案的编制依据。

（4）应急能力评估　对本单位应急装备、应急队伍等应急能力进行评估，并结合本单位实际，加强应急能力建设。

（5）应急预案编制　针对可能发生的事故，按照有关规定和要求编制应急预案。应急预案编制过程中，应注重全体人员的参与和培训，使所有与事故有关人员均掌握危险源的危险性、应急处置方案和技能。应急预案应充分利用社会应急资源，与地方政府预案、上级主管单位以及相关部门的预案相衔接。

（6）应急预案评审与发布　应急预案编制完成后，应进行评审。评审由本单位主要负责人组织有关部门和人员进行。外部评审由上级主管部门或地方政府负责安全管理的部门组织审查。评审后，按规定报有关部门备案，并经生产经营单位主要负责人签署发布。

8.2.5　应急预案体系的构成

应急预案应形成体系，针对各级各类可能发生的事故和所有危险源制订专项应急预案和现场应急处置方案，并明确事前、事发、事中、事后的各个过程中相关部门和有关人员的职责。生产规模小、危险因素少的生产经营单位，综合应急预案和专项应急预案可以合并编写。

（1）综合应急预案　是从总体上阐述处理事故的应急方针、政策，应急组织结构及相关应急职责，应急行动、措施和保障等基本要求和程序，是应对各类事故的综合性文件。

（2）专项应急预案　是针对具体的事故类别（如煤矿瓦斯爆炸、危险化学品泄漏等事故）、危险源和应急保障而制定的计划或方案，是综合应急预案的组成部分，应按照综合应急预案的程序和要求组织制定，并作为综合应急预案的附件。专项应急预案应制定明确的救援程序和具体的应急救援措施。

（3）现场处置方案　是针对具体的装置、场所或设施、岗位所制定的应急处置措施。现场处置方案应具体、简单、针对性强。现场处置方案应根据风险评估及危险性控制措施逐一编制，做到事故相关人员应知应会，熟练掌握，并通过应急演练，做到迅速反应、正确处置。

8.2.6　事故应急救援预案的主要内容

事故应急救援预案包括综合应急预案、专项应急预案和现场处置方案。

8.2.6.1　综合应急预案

（1）总则

① 编制目的。简述应急预案编制的目的、作用等。

② 编制依据。简述应急预案编制所依据的法律法规、规章，以及有关行业管理规定、技术规范和标准等。

③ 适用范围。说明应急预案适用的区域范围，以及事故的类型、级别。

④ 应急预案体系。说明本单位应急预案体系的构成情况。

⑤ 应急工作原则。说明本单位应急工作的原则，内容应简明扼要、明确具体。

（2）生产经营单位的危险性分析

① 生产经营单位概况。主要包括单位地址、从业人数、隶属关系、主要原材料、主要产品、产量等内容，以及周边重大危险源、重要设施、目标、场所和周边布局情况。必要时，可附平面图进行说明。

② 危险源与风险分析。主要阐述本单位存在的危险源及风险分析结果。

（3）组织机构及职责

① 应急组织体系。明确应急组织形式，构成单位或人员，并尽可能以结构图的形式表示出来。

② 指挥机构及职责。明确应急救援指挥机构总指挥、副总指挥、各成员单位及其相应职责。应急救援指挥机构根据事故类型和应急工作需要，可以设置相应的应急救援工作小组，并明确各小组的工作任务及职责。

（4）预防与预警

① 危险源监控。明确本单位对危险源监测监控的方式、方法，以及采取的预防措施。

② 预警行动。明确事故预警的条件、方式、方法和信息的发布程序。

③ 信息报告与处置。按照有关规定，明确事故及未遂伤亡事故信息报告与处置办法。包括：ⓐ信息报告与通知。明确24h应急值守电话、事故信息接收和通报程序；ⓑ信息上报。明确事故发生后向上级主管部门和地方人民政府报告事故信息的流程、内容和时限。3）信息传递。明确事故发生后向有关部门或单位通报事故信息的方法和程序。

（5）应急响应

① 响应分级。针对事故危害程度、影响范围和单位控制事态的能力，将事故分为不同的等级。按照分级负责的原则，明确应急响应级别。

② 响应程序。根据事故的大小和发展态势，明确应急指挥、应急行动、资源调配、应急避险、扩大应急等响应程序。

③ 应急结束。明确应急终止的条件。事故现场得以控制，环境符合有关标准，导致次生、衍生事故隐患消除后，经事故现场应急指挥机构批准后，现场应急结束。应急结束后，应明确：事故情况上报事项；需向事故调查处理小组移交的相关事项；事故应急救援工作总结报告。

（6）信息发布 明确事故信息发布的部门，发布原则。事故信息应由事故现场指挥部及时准确地向新闻媒体通报事故信息。

（7）后期处置 主要包括污染物处理、事故后果影响消除、生产秩序恢复、善后赔偿、抢险过程和应急救援能力评估及应急预案的修订等内容。

（8）保障措施

① 通信与信息保障。明确与应急工作相关联的单位或人员通信联系方式和方法，并提供备用方案。建立信息通信系统及维护方案，确保应急期间信息通畅。

② 应急队伍保障。明确各类应急响应的人力资源，包括专业应急队伍、兼职应急队伍的组织与保障方案。

③ 应急物资装备保障。明确应急救援需要使用的应急物资和装备的类型、数量、性能、存放位置、管理责任人及其联系方式等内容。

④ 经费保障。明确应急专项经费来源、使用范围、数量和监督管理措施，保障应急状态时生产经营单位应急经费的及时到位。

⑤ 其他保障。根据本单位应急工作需求而确定的其他相关保障措施（如：交通运输保障、治安保障、技术保障、医疗保障、后勤保障等）。

（9）培训与演练

① 培训。明确对本单位人员开展的应急培训计划、方式和要求。如果预案涉及到社区和居民，要做好宣传教育和告知等工作。

② 演练。明确应急演练的规模、方式、频次、范围、内容、组织、评估、总结等内容。

（10）奖惩 明确事故应急救援工作中奖励和处罚的条件和内容。

8.6.2.2 专项应急预案

（1）事故类型和危害程度分析 在危险源评估的基础上，对其可能发生的事故类型和可能发生的季节及其严重程度进行确定。

（2）应急处置基本原则 明确处置安全生产事故应当遵循的基本原则。

（3）组织机构及职责

① 应急组织体系。明确应急组织形式，构成单位或人员，并尽可能以结构图的形式表示出来。

② 指挥机构及职责。根据事故类型，明确应急救援指挥机构总指挥、副总指挥以及各成员单位或人员的具体职责。应急救援指挥机构可以设置相应的应急救援工作小组，明确各小组的工作任务及主要负责人职责。

（4）预防与预警

① 危险源监控。明确本单位对危险源监测监控的方式、方法，以及采取的预防措施。

② 预警行动。明确具体事故预警的条件、方式、方法和信息的发布程序。

（5）信息报告程序 主要包括：①确定报警系统及程序；②确定现场报警方式，如电话、警报器等；③确定24h与相关部门的通讯、联络方式；④明确相互认可的通告、报警形式和内容；⑤明确应急反应人员向外求援的方式。

（6）应急处置

① 响应分级。针对事故危害程度、影响范围和单位控制事态的能力，将事故分为不同的等级。按照分级负责的原则，明确应急响应级别。

② 响应程序。根据事故的大小和发展态势，明确应急指挥、应急行动、资源调配、应急避险、扩大应急等响应程序。

③ 处置措施。针对本单位事故类别和可能发生的事故特点、危险性，制定的应急处置措施（如：煤矿瓦斯爆炸、冒顶片帮、火灾、透水等事故应急处置措施，危险化学品火灾、

爆炸、中毒等事故应急处置措施）。

（7）应急物资与装备保障 明确应急处置所需的物质与装备数量、管理和维护、正确使用等。

8.6.2.3 现场处置方案

（1）事故特征 主要包括：①危险性分析，可能发生的事故类型；②事故发生的区域、地点或装置的名称；③事故可能发生的季节和造成的危害程度；④事故前可能出现的征兆。

（2）应急组织与职责 主要包括：①基层单位应急自救组织形式及人员构成情况；②应急自救组织机构、人员的具体职责，应同单位或车间、班组人员工作职责紧密结合，明确相关岗位和人员的应急工作职责。

（3）应急处置 主要包括以下内容：①事故应急处置程序。根据可能发生的事故类别及现场情况，明确事故报警、各项应急措施启动、应急救护人员的引导、事故扩大及同企业应急预案的衔接的程序；②现场应急处置措施。针对可能发生的火灾、爆炸、危险化学品泄漏、坍塌、水患、机动车辆伤害等，从操作措施、工艺流程、现场处置、事故控制，人员救护、消防、现场恢复等方面制定明确的应急处置措施；③报警电话及上级管理部门、相关应急救援单位联络方式和联系人员，事故报告的基本要求和内容。

（4）注意事项 主要包括：①佩戴个人防护器具方面的注意事项；②使用抢险救援器材方面的注意事项；③采取救援对策或措施方面的注意事项；④现场自救和互救注意事项；⑤现场应急处置能力确认和人员安全防护等事项；⑥应急救援结束后的注意事项；⑦其他需要特别警示的事项。

8.2.7 事故应急救援预案的评审、备案与实施

（1）事故应急救援预案的评审 地方各级安全生产监督管理部门应当组织有关专家对本部门编制的应急预案进行审定；必要时，可以召开听证会，听取社会有关方面的意见。组织专家对本单位编制的应急预案进行评审。评审应当形成书面纪要并附有专家名单。涉及相关部门职能或者需要有关部门配合的，应当征得有关部门同意。

应急预案的评审或者论证应当注重应急预案的实用性、基本要素的完整性、预防措施的针对性、组织体系的科学性、响应程序的可操作性、应急保障措施的可行性、应急预案的衔接性等内容。

（2）事故应急救援预案的备案 地方各级安全生产监督管理部门的应急预案，应当报同级人民政府和上一级安全生产监督管理部门备案。其他负有安全生产监督管理职责的部门的应急预案，应当抄送同级安全生产监督管理部门。

各级安全生产监督管理部门应当指导、督促检查生产经营单位做好应急预案的备案登记工作，建立应急预案备案登记建档制度。

（3）事故应急救援预案的实施 各级安全生产监督管理部门、生产经营单位应当采取多种形式开展应急预案的宣传教育，普及生产安全事故预防、避险、自救和互救知识，提高从业人员安全意识和应急处置技能。应当定期组织应急预案演练，提高本部门、本地区生产安全事故应急处置能力。

各级安全生产监督管理部门应当将应急预案的培训纳入安全生产培训工作计划，并组织实施本行政区域内重点生产经营单位的应急预案培训工作。生产经营单位应当组织开展本单位的应急预案培训活动，使有关人员了解应急预案内容，熟悉应急职责、应急程序和岗位应急处置方案。应急预案的要点和程序应当张贴在应急地点和应急指挥场所，并设有明显的标志。

生产经营单位应当制定本单位的应急预案演练计划，根据本单位的事故预防重点，每年至少组织一次综合应急预案演练或者专项应急预案演练，每半年至少组织一次现场处置方案演练。应急预案演练结束后，应当对应急预案演练效果进行评估，撰写应急预案演练评估报告，分析存在的问题，并对应急预案提出修订意见。生产经营单位制定的应急预案应当至少每三年修订一次，预案修订情况应有记录并归档。

生产经营单位应当按照应急预案的要求配备相应的应急物资及装备，建立使用状况档案，定期检测和维护，使其处于良好状态。生产经营单位发生事故后，应当及时启动应急预案，组织有关力量进行救援，并按照规定将事故信息及应急预案启动情况报告安全生产监督管理部门和其他负有安全生产监督管理职责的部门。

有下列情形之一的，应急预案应当及时修订：①生产经营单位因兼并、重组、转制等导致隶属关系、经营方式、法定代表人发生变化的；②生产经营单位生产工艺和技术发生变化的；③周围环境发生变化，形成新的重大危险源的；④应急组织指挥体系或者职责已经调整的；⑤依据的法律、法规、规章和标准发生变化的；⑥应急预案演练评估报告要求修订的；⑦应急预案管理部门要求修订的。

8.3　事故的应急救援

8.3.1　应急处置

① 发现或发生紧急情况，必须先尽最大努力作出妥善处理，同时向有关方面报告，必要时，先处理后报告。工艺及机电设备等发生异常情况时，应迅速采取措施，并通知有关岗位协调处理，必要时，按步骤紧急停车；发生停电、停水、停气（汽）时，必须采取措施，防止系统超温、超压、跑料及机电设备的损坏；发生爆炸、着火、大量泄漏等事故时，应首先切断气（物料）源，同时尽快通知相关岗位并向上级报告。

② 单位负责人接到事故报告后，根据应急救援预案和事故的具体情况迅速采取有效措施，组织抢救；千方百计防止事故扩大，减少人员伤亡和财产损失；严格执行有关救护规程和规定，严禁救护过程中的违章指挥和冒险作业，避免救护中的伤亡和财产损失；同时注意保护事故现场，不得故意破坏事故现场，毁坏有关证据。

③ 发生重大生产安全事故时，单位的主要负责人应当立即组织抢救。有关地方政府负责人接到重大生产安全事故报告后，要立即赶到现场组织抢救。负有安全生产监督管理职责的部门负责人接到重大生产安全事故报告后，也必须赶到现场组织抢救。重大生产安全事故的抢救应当成立抢救指挥部，由指挥部统一指挥。

8.3.2　事故救援的基本程序

对化学事故实施处置是一项极其艰巨的危险工作，也是一项技术性较强的系统工程，处置运行要本着"先控制后处置、救人第一"的指导思想，在指挥部的统一领导下周密计划，科学实施。处置中要加强个人防护，灵活运用各种有效的技术手段和进退得当的战术措施，把握全局，争取主动。

为保障救援行动有效开展，应根据实际情况将救援力量分成相应机构和作业小组，以分工负责、协作完成各项救援工作。化学事故处置的基本程序和主要方法如下。

（1）部署救援任务　接到报警后，应立即依事故情况调集救援力量，携带专用器材，分配救援任务，下达救援指令，迅速赶赴事故现场。这里应掌握的事故情况主要包括：事故发生的时间、地点，危险品种类、数量，事故性质，危害范围等。此外，还应做好以下几点工作。

① 组织检查现有器材装备状态，发现问题尽快处理。

② 与事故单位保持联系，进一步了解事故情况。

③ 根据掌握的情况确定救援预案。

④ 到达目的地后选取有利地形迅速设立现场指挥部。

⑤ 立即将事故情况向上级部门汇报。

（2）控制危险区域　对危险区实施控制主要是防止无关人员、车辆等误入而引起的伤害。实施要点如下。

① 实施警戒。在事故现场划分警戒区、轻危区和重危区，设置警戒线；一般情况下重危区为50m、轻危区为100m、警戒区为200m，对下风方向或泄漏量比较大时还要扩大警戒区，警戒区的划分如图8-2所示。对进入警戒区的人员要严加控制，尤其是对进入重危区的人员要做好详细的登记；在警戒边界要实施不间断的检测，以确保警戒区的有效性。用白石灰沿警戒区边界打上白线、小黄旗或警示牌等醒目标志对危险边界作出明显的标示，必要时应视情组织有关人员沿警戒边界进行巡逻。

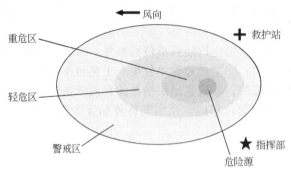

图 8-2　警戒区划分示意

② 清除火源。迅速熄灭警戒区内的所有明火，关闭电气设备，包括呼机、手机以及电话机等通信器材；车辆熄火，以便高温物体降温，并应注意摩擦、静电等潜在火源。

③ 维护秩序。切实对危险区严加控制管理，以防人员、车辆误入险区；在事故地区的主要交通要道、路口设安全检查站，控制车辆人员的进入，保证抢险救援车辆通行。加强对重要目标和地段的警戒和巡逻，防止人为破坏，制造事端。

为更好地维护危险区及其附近地区的社会秩序，还应及时利用通告、广播等形式将事故的有关情况及处置措施向群众通报，通过宣传教育稳定群众情绪，严防由于群众恐慌或各种谣传引起社会混乱。

（3）侦检事故现场　化学事故发生后，应由侦检作业组对事故现场及周围环境尽快侦察，对环境物质及时采样检测，以迅速了解事故性质、现场地形，掌握危险类型、浓度、危害程度、危害人数，从而为救人方法和进攻路线的确定、防毒防爆防扩散的选取以及有效开展其他救援工作提供科学依据。实施要点如下。

① 侦检程序。侦检应按照严格的程序实施，如图8-3所示，以确保侦检的有效性。

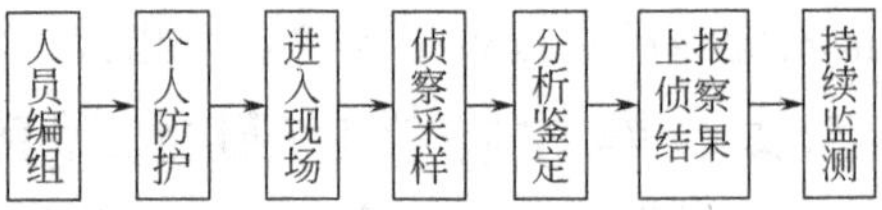

② 侦检中应注意的问题

人员编组 → 个人防护 → 进入现场 → 侦察采样 → 分析鉴定 → 上报侦察结果 → 持续监测

图 8-3　侦检程序示意

a. 在实施侦察前要根据已掌握的情况，采取可靠的防毒防爆措施。进入烟雾大、光线差的事故现场时，应编成小组，携带防爆灯具、安全绳等必要器材，并相互约定好撤退等行动的有关信号。

b. 侦察过程中，应与指挥部随时保持联系，及时反馈信息，特别是发现急需抢救的人员时，应立即通知指挥部调派力量抢救或直接施救。

c. 采样检测可采用固定和巡回检测相结合的方法，居民密集区和交通要道应作为检测的重点；检测工作应贯穿救援工作全过程，实施动态检测，检测结果应及时报告现场总指挥部。

d. 侦检过程中应注意保存样品，以利于进一步的验证和人为案件的侦破。必要时应进行拍照、录像，但应注意防爆。

（4）救援灾区人员　抢救危险区内人员由救人疏散组负责，这是救援中最重要、最紧迫的任务，主要包括人员的疏散和伤亡人员的抢救。实施要点如下。

① 组织人员撤离。对危险区域内的人员应及时组织疏散至安全地带（上风或侧上风方向），在污染严重、被困人员多、情况比较复杂时，应有其他组的配合。

a. 撤离准备。救援人员首先应熟悉地形，明确撤离方向；准备好进入危险区应携带的标志物（如小红旗）、扩音器以及强光手电等必要器材。

b. 组织指挥。救援人员进入危险区后应立即通过敲门、呼叫等方式搜索受困人员。人数较多、地形复杂时，则应充分发挥事故单位原有组织机构的作用，尽快召集、组织所有被困人员。

c. 积极防护。撤离前应及时指导危险区的群众做好个人防护，缺乏防护器材时，可就地取材，采用简易防护措施保护自己，如用透明的塑料薄膜袋套在头部，将衣服、毛巾等织物浸湿后捂住口鼻，同时用雨衣、塑料布、床单等物把暴露的皮肤保护起来，快速转移至安全区域。对于一时无法撤出的群众，可将密封性好、耐火等级高的房间设置为临时避难间，指导他们紧闭门窗，用湿布将门窗缝塞严，关闭空调等通风设备和熄灭火源，等待时机再做转移。

d. 迅速撤离。组织群众撤离危险区域时，应选择合理的撤离路线，避免横穿危险区域；对粘有毒害性物品的人员要在警戒区口处实施洗消，进入安全区后再作进一步的检查，造成伤害的要尽快进行救护。

② 抢救伤亡人员。具体实施中分 3 个步骤。

a. 脱离险区。救援中首先应根据灾前人员的分布情况和已经撤出人员提供的信息，有针对性地进行查找和施救，然后再对整个危险区全部搜寻，确保将所有伤亡人员转至安全地带。

b. 现场急救。由医疗救护组实施紧急救护。

ⓐ 清除口鼻内异物，让受害者呼吸新鲜空气，如果呼吸困难或已不能呼吸，则应在现场采取立即供氧或人工呼吸等急救措施。如果化学品是毒害品或具有较大的毒害性，则不能直接采取口对口人工呼吸，应先清除毒害物，然后在专业人员的指导下施救。

ⓑ 及时脱去污染衣物，如果因接触液化气体已被冻住，则应采取解冻措施。对脸部、眼睛和手脚等暴露部位用大量的水冲洗 $15 \sim 20$min，冲洗时先冲眼睛，并要将眼皮掰开。

ⓒ 针对受害人员损伤程度和中毒出现的症状，采取相应的措施进行紧急抢救和治疗。由于毒物的伤害，往往造成人体机能的严重障碍，如呼吸衰竭、休克、肺水肿、急性肾功能衰竭、严重灼伤等，这就需要使用特效药对症医治。

c. 转院治疗。对一些现场难以急救的重伤员，救护组要一边采取应急救护措施，一边组织转送到指定医院。到医院后要尽可能说明中毒原因并提供毒害物样品，以供检测确诊。

（5）控制事故源头　控制或切断造成事故的危险源头在事故单位的协助下，严格按照有关专家制定的方案进行。实施要点如下。

① 灭火。根据燃烧物的具体性质，选用合适的灭火剂扑救火灾。灭火时消防车要注意远距离停靠，一般距离危险源 $50 \sim 100$m，最好在轻危区外；对泄漏的压缩和液化气体、易燃液体若已形成稳定燃烧，一般不要急于灭火，而应首先用大量水冷却容器及相邻的有关设施，在做好充分准备并确有把握处置事故的情况下再灭火。

灭火过程中要注意安全，如果出现容器颤抖、通风孔发出尖叫以及火焰变亮的耀眼等危险征兆时，指挥员应及时下达撤退命令，现场人员看到或听到事先规定的撤退信号后，必须迅速撤至安全区域。

② 堵漏。根据现场的实际情况，利用车上的器材和堵漏工具，灵活运用不同的堵漏方

法（内封法、外封法、捆绑式、金属封堵套管、堵漏枪、阀门具组、高压堵漏工具箱、堵漏木楔、下水通道阻流袋、双管式污油围栏等）对容器、管道实施堵漏。对发生在生产过程中的泄漏，应积极配合事故单位切断物料输送，关闭电源、水源、气源。泄漏物为液态且在向附近蔓延，尤其是流向江河、湖泊时，应立即筑堤或挖坑收容。

③ 稀释。采用喷射水或其他相应的惰性介质，使危险物的浓度迅速降低，从而达到排险目的。如对污染区喷洒喷水雾、加强通风，向有易燃易爆气体的有限空间充入氮气等。

④ 输转。对积聚在事故现场的化学危险品，应及时转移至安全地带；对泄漏罐体中的液态危险品，应在充分论证的基础上利用压差或用防爆输转泵抽转至槽车或其他指定设备中，并尽快转移出危险区，进一步采取有效措施，避免燃烧、爆炸或泄漏等事故的再次发生，防止事态扩大。

在控制事故源头的过程中，救援人员进入事故现场前必须视情况佩戴空气呼吸器、穿避火服和防化服、扎紧裤口等；对空气呼吸器的气瓶压力、进出人员姓名和时间须有专人负责检查登记；必要时应对进入现场的人员用花水流掩护，以确保人员的安全。

（6）洗消污染区域　为避免毒害物持续造成危害，应对化学事故现场的人员和物资及时进行洗消。洗消时应根据毒害物的理化性质和受污染物体的具体情况采用相应的洗消方法和洗消剂。

① 洗消方法

a. 化学洗消法。通过化学药剂与毒害物直接起反应，使毒害物成分改变，成为无毒或低毒物质。通常将洗消药剂装在消防车水缺罐或专用洗消器材装备中，再经过加压进行喷洒洗消。

ⓐ 中和。如处理酸性毒物用碱性药剂洗消。

ⓑ 水解。如处理卤代烷、酯类等毒害物水解。

ⓒ 氧化。如利用次氯酸盐的强氧化性消毒，燃烧消毒。

b. 物理洗消法。通常有 3 种方式。

ⓐ 清洗。用大量水冲洗，用汽油、酒精、煤油等溶剂浸泡，少量的也可用棉花、纱布等浸以相应溶剂，将毒害物溶解擦除。

ⓑ 吸附。利用吸附性能较强的物质（如活性白土、活性炭、蛭石等）吸附泄漏物品或过滤空气、水中的毒害物，亦可用棉花、纱布等吸去人体皮肤上的毒害物液滴。

ⓒ 转移。通过铲除、切断或覆盖等手段将毒害物移走或覆盖掉，减轻或消除毒害物的危害。

② 对不同对象的洗消

a. 人员洗消。在污染区边界处设若干个洗消点（通常每个出口处设一个），用清水、肥皂水或其他洗消剂进行清洗或用毛巾擦拭等方法清除身体上的污染物；用水洗、拍打、抖拂等方法清除服装上的污染物。洗消时产生的废弃物要妥善处理，防止污染扩散。

b. 动物洗消。以有重要保留价值的珍稀动物采取与人员一样的洗消方法，其他牲畜一般应进行宰杀、深埋或焚烧处理。

c. 地区（物品）洗消

ⓐ 冲洗。用水或其他合适的洗消剂冲洗地面、建筑物以及设备表面，对价值高、易造成水渍损失的精密仪器（如计算机），则应尽量分开擦洗。

ⓑ 铲运。将危险品或被污染地面的表层土壤铲除并运走，有的也可采用铺清洁土壤的方法予以覆盖。

ⓒ 聚合。向地面、路面和建筑物及设备表面喷洒快速凝聚剂，待其凝固成薄膜后，将凝固着有害物质的薄膜清除运走。

d. 空间洗消。用洗消器材（如喷雾器、消防车、洗消车等）加压向被污染空间喷洒雾状洗消剂。

③ 洗消程序　对受害人员、污染物品及参与处置的有关人员、器材实施洗消时，首先要根据污染程度及物品性质进行分类，然后再按照图 8-4 的程序实施。

④ 洗消中应注意的问题

a. 应根据有毒有害物质的性质及状态选择洗消方法。如对毒性大且又较持久的油状液体毒物，一般应用氧化氯化洗消或碱性洗消剂，洗消后还需用大量的清水冲洗；对气体毒害物，浓度较高时，则

图 8-4　洗消程序示意

应喷洒一些洗消剂加速消毒，浓度低时，可不作专门洗消，一般可暂时控制污染区，依靠自然条件如通风等使毒害物逸散消失。

b. 根据污染物品、设施的性质及污染程度选择洗消方法。如对污染的水泥构件，可喷洒洗消剂实施洗消；对精密仪器、设备可用有机溶剂擦拭。但无论使用哪种洗消剂和洗消方法，都应遵循"既要消毒及时、彻底、有效，又要尽可能不损坏被污染物品"的原则。

8.4　危险化学品火灾事故的扑救

危险化学品容易发生着火、爆炸事故，不同的危险化学品在不同的情况下发生火灾时，其扑救方法差异很大，若处置不当，不仅不能有效地扑灭火灾，反而会使险情进一步扩大，造成不应有的财产损失。由于危险化学品本身及其燃烧产物大多具有较强的毒害性和腐蚀性，极易造成人员中毒、灼伤等伤亡事故，因此扑救危险化学品火灾是一项极其重要又非常艰巨和危险的工作。从事危险化学品生产、经营、储存、运输、装卸、包装、使用的人员和处置废弃危险化学品的人员，以及消防、救护人员平时应熟悉和掌握这类物品的主要危险特性及其相应的灭火方法。只有做到知己知彼，防患于未然，才能在扑救各类危险化学品火灾中百战不殆。

扑救危险化学品火灾总的要求如下。

① 先控制，后消灭。针对危险化学品火灾的火势发展蔓延快和燃烧面积大的特点，积极采取统一指挥、以快制快；堵截火势、防止蔓延；重点突破，排除险情；分割包围，速战速决的灭火战术。

② 扑救人员应占领上风或侧风阵地。进行火情侦察、火灾扑救、火场疏散人员应有针对性地采取自我防护措施。如佩戴防护面具，穿戴专用防护服等。

③ 应迅速查明燃烧范围、燃烧物品及其周围物品的品名和主要危险特性、火势蔓延的主要途径。

④ 正确选择最适应的灭火剂和灭火方法。火势较大时，应先堵截火势蔓延，控制燃烧范围，然后逐步扑灭火势。

⑤ 对有可能发生爆炸、爆裂、喷溅等特别危险需紧急撤退的情况，应按照统一的撤退信号和撤退方法及时撤退。（撤退信号应格外醒目，能使现场所有人员都看到或听到，并应经常预先演练）。

⑥ 火灾扑灭后，起火单位应当保护现场，接受事故调查，协助公安消防监督部门和上级安全管理部门调查火灾原因，核定火灾损失，查明火灾责任，未经公安监督部门和上级安全监督管理部门的同意，不得擅自清理火灾现场。

8.4.1　扑救爆炸物品火灾的基本方法

爆炸物品一般都有专门的储存仓库。这类物品由于内部结构含有爆炸性基团，受摩擦、撞击、震动、高温等外界因素诱发，极易发生爆炸，遇明火则更危险；发生爆炸物品火灾

时，一般应采取以下基本方法。

①　迅速判断和查明再次发生爆炸的可能性和危险性，紧紧抓住爆炸后和再次发生爆炸之前的有利时机，采取一切可能的措施，全力制止再次爆炸的发生。

②　不能用沙土盖压，以免增强爆炸物品爆炸时的威力。

③　如果有疏散可能，人身安全上确有可靠保障，应迅即组织力量及时疏散着火区域周围的爆炸物品，使着火区周围形成一个隔离带。

④　扑救爆炸物品堆垛时，水流应采用吊射，避免强力水流直接冲击堆垛，以免堆垛倒塌引起再次爆炸。

⑤　灭火人员应积极采取自我保护措施，尽量利用现场的地形、地物作为掩蔽体或尽量采用卧姿等低姿射水；消防车辆不要停靠离爆炸物品太近的水源。

⑥　灭火人员发现有发生再次爆炸的危险时，应立即向现场指挥报告，现场指挥应迅即作出准确判断，确有发生再次爆炸征兆或危险时，应立即下达撤退命令。灭火人员看到或听到撤退信号后，应迅速撤至安全地带，来不及撤退时，应就地卧倒。

8.4.2　扑救压缩气体和液化气体火灾的基本方法

压缩气体和液化气体总是被储存在不同的容器内，或通过管道输送。其中储存在较小钢瓶内的气体压力较高，受热或受火焰熏烤容易发生爆裂。气体泄露后遇着火源已形成稳定燃烧时，其发生爆炸或再次爆炸的危险性与可燃气体泄漏未燃时相比要小得多。遇压缩或液化气体火灾一般应采取以下基本方法。

①　扑救气体火灾切忌盲目灭火，即使在扑救周围火势以及冷却过程中把泄漏处的火焰扑灭了，在没有采取堵漏措施的情况下，也必须立即用长点火棒将火点燃，使其恢复稳定燃烧。否则，大量可燃气体泄漏出来与空气混合，遇着火源就会发生爆炸，后果将不堪设想。

②　首先应扑灭外围被火源引燃的可燃物火势，切断火势蔓延途径，控制燃烧范围，并积极抢救受伤和被困人员。

③　如果火势中有压力容器或有受到火焰辐射热威胁的压力容器，能疏散的应尽量在水枪的掩护下疏散到安全地带，不能疏散的应部署足够的水枪进行冷却保护。为防止容器爆裂伤人，进行冷却的人员应尽量采用低姿射水或利用现场坚实的掩蔽体防护。对卧式储罐，冷却人员应选择储罐四侧角作为射水阵地。

④　如果是输气管道泄漏着火，应首先设法找到气源阀门。阀门完好时，只要关闭气体阀门，火势就会自动熄灭。

⑤　储罐或管道泄漏关阀无效时，应根据火势大小判断气体压力和泄漏口的大小及其形状，准备好相应的堵漏材料（如软木塞、橡皮塞、气囊塞、黏合剂、弯管工具等）。

⑥　堵漏工作准备就绪后，即可用水扑救火势，也可用干粉、二氧化碳灭火，但仍需用水冷却烧烫的罐或管壁。火扑灭后，应立即用堵漏材料堵漏，同时用雾状水稀释和驱散泄漏出来的气体。

⑦　一般情况下完成了堵漏也就完成了灭火工作，但有时一次堵漏不一定能成功，如果一次堵漏失败，再次堵漏需一定时间，应立即用长点火棒将泄漏处点燃，使其恢复稳定燃烧，以防止较长时间泄漏出来的大量可燃气体与空气混合后形成爆炸性混合物，从而潜伏发生爆炸的危险，并准备再次灭火堵漏。

⑧　如果确认泄漏口很大，根本无法堵漏，只需冷却着火容器及其周围容器和可燃物品，控制着火范围，直到燃气燃尽，火势自动熄灭。

⑨　现场指挥应密切注意各种危险征兆，遇到火势熄灭后较长时间未能恢复稳定燃烧或受热辐射的容器安全阀火焰变亮耀眼、尖叫、晃动等爆裂征兆时，指挥员必须适时作出准确判断，及时下达撤退命令。现场人员看到或听到事先规定的撤退信号后，应迅速撤退至安全

地带。

⑩ 气体储罐或管道阀门处泄漏着火时，在特殊情况下，只要判断阀门还有效，也可违反常规，先扑灭火势，再关闭阀门。一旦发现关闭已无效，一时又无法堵漏时，应迅速点燃，恢复稳定燃烧。

8.4.3　扑救易燃液体火灾的基本方法

易燃液体通常也是储存在容器内或用管道输送的。与气体不同的是，液体容器有的密闭，有的敞开，一般都是常压，只有反应锅（炉、釜）及输送管道内的液体压力较高。液体不管是否着火，如果发生泄漏或溢出，都将顺着地面流淌或水面漂散，而且易燃液体还有相对密度和水溶性等涉及能否用水和普通泡沫扑救的问题以及危险性很大的沸溢和喷溅问题，因此扑救易燃液体火灾往往也是一场艰难的战斗。遇易燃液体火灾，一般应采取以下基本方法。

① 首先应切断火势蔓延的途径，冷却和疏散受火势威胁的密闭容器和可燃物，控制燃烧范围，并积极抢救受伤和被困人员。如有液体流淌时，应筑堤（或用围油栏）拦截漂散流淌的易燃液体或挖沟导流。

② 及时了解和掌握着火液体的品名、相对密度、水溶性以及有无毒害、腐蚀、沸溢、喷溅等危险性，以便采取相应的灭火和防护措施。

③ 对较大的储罐或流淌火灾，应准确判断着火面积。

ⓐ 小面积（一般 $5m^2$ 以内）液体火灾，一般可用雾状水扑灭。用泡沫、干粉、二氧化碳灭火通常更有效。

ⓑ 大面积液体火灾则必须根据其相对密度、水溶性和燃烧面积大小，选择正确的灭火剂扑救。

比水密度小又不溶于水的液体（如汽油、苯等），用直流水、雾状水灭火往往无效。可用普通蛋白泡沫或轻水泡沫扑灭。用干粉扑救时灭火效果要视燃烧面积大小和燃烧条件而定，最好用水冷却罐壁。

比水密度大又不溶于水的液体（如二硫化碳）起火时可用水扑救，水能覆盖在液面上灭火。用泡沫也有效。用干粉扑救，灭火效果要视燃烧面积大小和燃烧条件而定。最好用水冷却罐壁，降低燃烧强度。

具有水溶性的液体（如醇类、酮类等），虽然从理论上讲能用水稀释扑救，但用此法要使液体闪点消失，水必须在溶液中占很大的比例，这不仅需要大量的水，也容易使液体溢出流淌，而普通泡沫又会受到水溶性液体的破坏（如果普通泡沫强度加大，可以减弱火势），因此最好用抗溶性泡沫扑救。用干粉扑救时，灭火效果要视燃烧面积大小和燃烧条件而定，也需用水冷却罐壁，降低燃烧强度。

④ 扑救毒害性、腐蚀性或燃烧产物毒害性较强的易燃液体火灾，扑救人员必须配戴防护面具，采取防护措施。

⑤ 扑救原油和重油等具有沸溢和喷溅危险的液体火灾，必须注意计算可能发生沸溢、喷溅的时间和观察是否有沸溢、喷溅的征兆。指挥员发现危险征兆时应迅速作出准确判断，及时下达撤退命令，避免造成人员伤亡和装备损失。扑救人员看到或听到统一撤退信号后，应立即撤至安全地带。

⑥ 遇易燃液体管道或储罐泄漏着火，在切断蔓延方向、把火势限制在一定范围内的同时，对输送管道应设法找到并关闭进、出阀门，如果管道阀门已损坏或是储罐泄漏，应迅速准备好堵漏材料，然后先用泡沫、干粉、二氧化碳或雾状水等扑灭地上的流淌火焰，为堵漏扫清障碍，其次再扑灭泄漏口的火焰，并迅速采取堵漏措施。与气体堵漏不同的是，液体一次堵漏失败，可连续堵几次，只要用泡沫覆盖地面，并堵住液体流淌和控制好周围着火源，

不必点燃泄漏口的液体。

8.4.4　扑救易燃固体、自燃物品火灾的基本方法

易燃固体、自燃物品一般都可用水和泡沫扑救，相对其他种类的危险化学品而言是比较容易扑救的，只要控制住燃烧范围，逐步扑灭即可。但也有少数易燃固体、自燃物品的扑救方法比较特殊，如2,4-二硝基苯甲醚、二硝基萘、萘、黄磷等。

2,4-二硝基苯甲醚、二硝基萘、萘等是易升华的易燃固体，受热发出易燃蒸气。火灾时可用雾状水、泡沫扑救并切断火势蔓延途径，但应注意，不能以为明火焰扑灭即已完成灭火工作，因为受热以后升华的易燃蒸气能在不知不觉中飘逸，在上层与空气能形成爆炸性混合物，尤其是在室内，易发生爆燃。因此，扑救这类物品火灾千万不能被假象所迷惑。在扑救过程中应不时向燃烧区域上空及周围喷雾状水，并用水浇灭燃烧区域及其周围的一切火源。

黄磷自燃点很低，在空气中能很快氧化升温并自燃。遇黄磷火灾时，首先应切断火势蔓延途径，控制燃烧范围。对着火的黄磷应用低压水或雾状水扑救。高压直流水冲击能引起黄磷飞溅，导致灾害扩大。黄磷熔融液体流淌时应用泥土、砂袋等筑堤拦截并用雾状水冷却，对磷块和冷却后已固化的黄磷，应钳入储水容器中。来不及钳时可先用砂土掩盖，但应做好标记，等火势扑灭后，再逐步集中到储水容器中。

少数易燃固体和自燃物品不能用水和泡沫扑救，如三硫化二磷、铝粉、烷基铅、保险粉等，应根据具体情况区别处理。宜选用干砂和不用压力喷射的干粉扑。

8.4.5　扑救遇湿易燃物品火灾的基本方法

遇湿易燃物品能与潮湿和水发生化学反应，产生可燃气体和热量，有时即使没有明火也能自动着火或爆炸，如金属钾、钠以及三乙基铝（液态）等。因此这类物品有一定数量时，绝对禁止用水、泡沫等湿性灭火剂扑救。这类物品的这一特殊性给其火灾时的扑救带来了很大的困难。

对遇湿易燃物品火灾一般应采取以下基本方法。

① 首先应了解清楚遇湿易燃物品的品名、数量、是否与其他物品混存、燃烧范围、火势蔓延途径。

② 如果只有极少量（一般50g以内）遇湿易燃物品，则不管是否与其他物品混存，仍可用大量的水或泡沫扑救。水或泡沫刚接触着火点时，短时间内可能会使火势增大，但少量遇湿易燃物品燃尽后，火势很快就会熄灭或减小。

③ 如果遇湿易燃物品数量较多，且未与其他物品混存，则绝对禁止用水或泡沫等湿性灭火剂扑救。遇湿易燃物品应用干粉、二氧化碳扑救，只有金属钾、钠、铝、镁等个别物品用二氧化碳无效。固体遇湿易燃物品应用水泥、干砂、干粉、硅藻土和蛭石等覆盖。水泥是扑救固体遇湿易燃物品火灾比较容易得到的灭火剂。对遇湿易燃物品中的粉尘如镁粉、铝粉等，切忌喷射有压力的灭火剂，以防止将粉尘吹扬起来，与空气形成爆炸性混合物而导致爆炸发生。

④ 如果其他物品火灾威胁到相邻的遇湿易燃物品，应将遇湿易燃物品迅速疏散，转移至安全地点。如因遇湿易燃物品较多，一时难以转移，应先用油布或塑料膜等其他防水布将遇湿易燃物品遮盖好，然后再在上面盖上棉被并淋上水。如果遇湿易燃物品堆放处地势不太高，可在其周围用土筑一道防水堤，在用水或泡沫扑救火灾时，对相邻的遇湿易燃物品应留有一定力量的监护。

8.4.6　扑救氧化剂和有机过氧化物火灾的基本方法

氧化剂和有机过氧化物从灭火角度讲是一个杂类，既有固体、液体，又有气体；既不像遇湿易燃物品一概不能用水和泡沫扑救，也不像易燃固体几乎都可用水和泡沫扑救。有些氧化剂本身不燃，但遇可燃物品或酸碱能着火和爆炸。有机过氧化物（如过氧化二苯甲酰等）

本身就能着火、爆炸，危险性特别大，扑救时要注意人员防护。不同的氧化剂和有机过氧化物火灾，有的可用水（最好雾状水）和泡沫扑救，有的不能用水和泡沫，有的不能用二氧化碳扑救。因此，扑救氧化剂和有机过氧化物火灾是一场复杂而又艰难的战斗。遇到氧化剂和有机过氧化物火灾，一般应采取以下基本方法。

① 迅速查明着火或反应的氧化剂和有机过氧化物以及其他燃烧物的品名、数量、主要危险特性、燃烧范围、火势蔓延途径、能否用水或泡沫扑救。

② 能用水或泡沫扑救时，应尽一切可能切断火势蔓延，使着火区孤立，限制燃烧范围。同时应积极抢救受伤和被困人员。

③ 不能用水、泡沫、二氧化碳扑救时，应用干粉、水泥或干砂覆盖。用水泥、干砂覆盖应先从着火区域四周尤其是下风等火势主要蔓延方向覆盖，形成孤立火势的隔离带，然后逐步向着火点进逼。

由于大多数氧化剂和有机过氧化物遇酸会发生剧烈反应甚至爆炸，如过氧化钠、过氧化钾、氯酸钾、高锰酸钾、过氧化二苯甲酰等。因此，专门生产、经营、储存、运输、使用这类物品的单位和场合对泡沫和二氧化碳也应慎用。

8.4.7　扑救毒害品、腐蚀品火灾的基本方法

毒害品和腐蚀品对人体都有一定危害。毒害品主要是经口、吸入蒸气或通过皮肤接触引起人体中毒的。腐蚀品是通过皮肤接触使人体形成化学灼伤。毒害品、腐蚀品有些本身能着火，有的本身并不着火，但与其他可燃物品接触后能着火。这类物品发生火灾时通常扑救不很困难，只是需要特别注意人体的防护。遇这类物品火灾一般应采取以下基本方法。

① 灭火人员必须穿着防护服，佩戴防护面具。一般情况下采取全身防护即可，对有特殊要求的物品火灾，应使用专用防护服。考虑到过滤式防毒面具防毒范围的局限性，在扑救毒害品火灾时应尽量使用隔绝式氧气或空气面具。为了在火场上能正确使用和适应，平时应进行严格的适应性训练。

② 积极抢救受伤和被困人员，限制燃烧范围。毒害品、腐蚀品火灾极易造成人员伤亡，灭火人员在采取防护措施后，应立即投入寻找和抢救受伤、被困人员的工作，并努力限制燃烧范围。

③ 扑救时应尽量使用低压水流或雾状水，避免腐蚀品、毒害性品溅出。

④ 遇毒害品、腐蚀品容器泄漏，在扑灭火势后应采取堵漏措施。腐蚀品需用防腐材料堵漏。

⑤ 浓硫酸遇水能放出大量的热，会导致沸腾飞溅，需特别注意防护。扑救浓硫酸与其他可燃物品接触发生的火灾，浓硫酸数量不多时，可用大量低压水快速扑救。如果浓硫酸量很大，应先用二氧化碳、干粉等灭火，然后再把着火物品与浓硫酸分开。

8.4.8　扑救放射性物品火灾的基本方法

放射性物品是能放射出人类肉眼看不见但却能严重损害人类生命和健康的 α、β、γ 射线和中子流的特殊物品。扑救这类物品火灾必须采取特殊的能防护射线照射的措施。平时经营、储存、运输和使用这类物品的单位及消防部门，应配备一定数量防护装备和放射性测试仪器。遇这类物品火灾一般应采取以下基本方法。

① 先派出精干人员携带放射性测试仪器，测试辐射（剂）量和范围。测试人员应尽可能地采取防护措施。对辐射（剂）量超过 0.0387C/kg 的区域，应设置写有"危及生命，禁止进入"的文字说明的警告标志牌。对辐射（剂）量小于 0.0387C/kg 的区域，应设置写有"辐射危险，请勿接近"警告标志牌。测试人员还应进行不间断巡回监测。

② 对辐射（剂）量大于 0.0387C/kg 的区域，灭火人员不能深入辐射源纵深灭火进攻。

对辐射（剂）量小于 0.0387C/kg 的区域，可快速出水灭火或用泡沫、二氧化碳、干粉扑救，并积极抢救受伤人员。

③ 对燃烧现场包装没有破坏的放射性物品，可在水枪的掩护下配戴防护装备，设法疏散，无法疏散时，应就地冷却保护，防止造成新的破损，增加辐射（剂）量。

④ 对已破损的容器切忌搬动或用水流冲击，以防止放射性污染范围扩大。

8.5 安全教育与培训

在现代工业生产过程中，大多数操作人员并未经历过可怕的灾难，难以自然而然地建立危机意识，因此除了经过不断地训练和加强外，必须将安全作业程序及步骤溶于一般操作规程中，以建立合理的安全意识。合理的安全意识应被视为员工的基本理论，安全管理工作成败的关键是管理阶层的态度。许多企业过于追求盈利目标，往往忽视安全设施的投资及安全意识的加强，不知不觉就会埋下事故发生的种子。只有员工的安全意识提高了，才能确保生产的安全，要员工的安全意识得到增强，只有不断地进行安全教育与培训。

8.5.1 安全教育

安全教育的内容一般包括：安全生产思想教育、安全生产知识教育和安全管理理论及方法教育。生产经营单位应根据不同的教育对象，侧重于不同的教育内容，提出不同的教育要求。

（1）安全生产思想教育　主要包括安全生产方针政策教育、法制教育、典型经验及事故案例教育。通过学习方针、政策，提高生产经营单位各级领导和全体职工对安全生产重要意义的认识，使其在日常工作中坚定地树立"安全第一"的思想，正确处理好安全与生产的关系，确保安全生产。

通过安全生产法制教育，使各级领导和全体职工了解和懂得国家有关安全生产的法律、法规和生产经营单位各项安全生产规章制度。使生产经营单位各级领导能够依法组织经营管理，贯彻执行"安全第一，预防为主"的方针；使全体职工依法进行安全生产，依法保护自身安全与健康权益。

通过典型经验和事故案例教育，可以使人们了解安全生产对企业发展、个人和家庭幸福的促进作用，发生事故对企业、对个人、对家庭带来的巨大损失和不幸，从而坚定安全生产的信念。

（2）安全生产知识教育　主要包括一般生产技术知识教育、一般安全技术知识教育和专业安全技术知识教育。就是说，通过教育，提高生产技能，防止误操作；掌握一般职工必须具备的、最起码的安全技术知识，以适应对工厂通常危险因素的识别、预防和处理；而对于特殊工种的工人，则是进一步掌握专门的安全技术知识，防止受特殊危险因素的危害。

（3）安全管理理论和方法的教育　通过教育提高各级管理人员的安全管理水平。总结以往安全管理的经验，推广现代安全管理方法的应用。

8.5.2 安全培训

安全训练是确保员工熟悉安全法规、标准、合理的操作步骤及适当的应急救援方案的必须的工作，训练计划应具系统性和层次性，所要达到的目标必须有明确的界定，否则就是形式化、表面化，徒然浪费人力、物力罢了，训练方式可分为以下几种。

① 课堂讲解。

② 现场实习，例如消防、应急处理、人员疏散等。

③ 阅读资料。

④ 定期举行安全会议。

⑤ 使用多媒体教材。

⑥ 电脑模拟。

训练手册应准备充分，并定期进行修订，主要训练计划可分以下 3 类。

（1）新进人员训练　新进人员训练包括安全法规标准介绍、警示符号辨认、紧急疏散路径辨识、基本消防常识、工业卫生介绍、卫生及医疗设施、简单急救箱的使用、危害传播介绍等，其目的在于协助新进员工了解与工作有关的基本安全规定及应变原则。

（2）定期性员工训练　定期性训练计划包括安全意识的建立，生产过程中的主要危害，如静电、火灾、爆炸、毒性物质排放等介绍、紧急应变措施及人员疏散计划、个人防护用品的选择及使用、灭火器的介绍与使用、现场救火实习、安全设计方法、危害鉴定等介绍。

（3）管理阶层训练　管理阶层训练注重于简易风险评价方法介绍、安全作业流程、紧急应变措施、安全管理会议、事故及灾害演习，训练计划以一至三年为一周期，反复举行，以加强职工印象及效果，训练记录妥善保管，并列入考评记录。

附录 事故调查、分析相关的法律法规

1. 《中华人民共和国安全生产法》中华人民共和国主席令第 70 号
2. 《中华人民共和国城市规划法》中华人民共和国主席令第 23 号
3. 《中华人民共和国消防法》中华人民共和国主席令第 6 号（2008 年）
4. 《中华人民共和国海上交通事故调查处理条例》1990 年 3 月 3 日交通部令第 14 号发布施行
5. 《中华人民共和国民用爆炸物品管理条例》1984 年 1 月 6 日国务院发布第 5 号发布实施
6. 《国务院关于特大安全事故行政责任追究的规定》国务院令第 302 号
7. 《生产安全事故报告和调查处理条例》国务院令第 493 号
8. 《工程建设重大事故报告和调查程序规定》中华人民共和国建设部令第 3 号
9. 《重大事故隐患管理规定》劳部发〔1995〕322 号
10. 《火灾事故调查规定》1999 年 3 月 15 日中华人民共和国公安部令第 37 号发布施行
11. 《火灾统计管理规定》公安部 劳动部 国家统计局公通字〔1996〕82 号公布
12. 《化工企业安全管理制度》1991 年 4 月 14 日以（1991）化劳字第 247 号文发布
13. 《煤矿安全规程》煤安监政法字〔2001〕80 号
14. 《国务院化学危险物品安全管理条例》化学工业部、国务院经贸办以化劳发（1992）第 677 号文发布
15. 《机械设备安装工程及验收规范》GB 50231—98
16. 《企业职工伤亡事故分类标准》GB 6441—86
17. 《企业职工伤亡事故调查分析规则》GB 6442—1986
18. 《建筑设计防火规范》GBJ 16—87，2001 版
19. 《企业职工伤亡事故经济损失统计标准》GB 6721—86
20. 《安全生产事故隐患排查治理暂行规定》国家安全生产监督管理总局令第 16 号
21. 《生产经营单位生产安全事故应急预案编制导则》AQ/T 9002—2006
22. 《生产安全事故应急预案管理办法》国家安全生产监督管理总局令第 17 号
23. 《〈生产安全事故报告和调查处理条例〉罚款处罚暂行规定》国家安全生产监督管理总局令第 13 号
24. 《生产安全事故统计制度》安监总统计〔2008〕63 号
25. 《关于划分企业登记注册类型的规定》国统字〔1998〕200 号

参 考 文 献

[1] Pan Xuhai, Jiang Juncheng, Cai Lihui. Theory and Practice of Energetic Materials, 2003, 5: 765~770.

[2] Wang Zhirong, Jiang Juncheng. Theory and Practice of Energetic Materials, 2003, 5: 796~801.

[3] Xing Zhixiang, Jiang Juncheng. Theory and Practice of Energetic Materials, 2003, 5: 866~870.

[4] 冯肇瑞, 杨有启. 化工安全技术手册. 北京: 化学工业出版社, 1993.

[5] 蒋军成, 王志荣. 城市与工业安全, 2003, 1: 161~167.

[6] 潘旭海, 蒋军成. 化学工程, 2003, 31 (1): 35~39.

[7] 潘旭海, 蒋军成. 工业安全与环保, 2003, 29 (3): 30~32.

[8] 北川彻三. 化学安全工学. 北京: 群众出版社, 1981.

[9] 魏宝明. 金属腐蚀理论及应用. 北京: 化学工业出版社, 1996.

[10] 潘旭海, 蒋军成. 南京工业大学学报, 2002, 24 (1): 105~110.

[11] 王志荣, 蒋军成. 工业安全与环保, 2002, 28 (1): 20~24.

[12] 潘旭海, 蒋军成. 化学工业与工程, 2002, 19 (3): 248~252.

[13] 田兰, 曲和鼎等. 化工安全技术. 北京: 化学工业出版社, 1984.

[14] 蔡凤英等. 化工安全工程. 北京: 科学出版社, 2001.

[15] 廖学品. 化工过程危险性分析. 北京: 化学工业出版社, 2000.

[16] 王志荣, 蒋军成. 化工进展, 2002, 21 (8): 607~610.

[17] Pan Xuhai, Jiang Juncheng. Progress in Safety Science and Technology. 2002, 4: 1199~1203.

[18] Wang Zhirong, Jiang Juncheng, Li Ling. Progress in Safety Science and Technology. 2002, 2: 1276~1280.

[19] 王志荣, 蒋军成, 潘旭海. 石油化工高等学校学报, 2002, 15 (4): 65~69.

[20] 王建伦主编. 特大事故调查处理案例选编. 北京: 冶金工业出版社, 1998.

[21] 苏毅勇, 叶继香, 郎宏图. 伤亡事故分析与预防. 北京: 中国劳动出版社, 1991.

[22] 刘相臣, 张秉淑. 化工装备事故分析与预防. 北京: 化学工业出版社, 1994.

[23] 邢志祥, 蒋军成. 消防科学与技术, 2002, 21 (5): 36~39.

[24] Jiang Juncheng, Wang Sanming. Theory and Practice of Energetic Materials, 2001, 4: 411~416.

[25] 蒋军成, 王三明等. 安全与环境学报, 2001, 1 (2): 7~10.

[26] 韩文光. 化工装置使用操作技术指南. 北京: 化学工业出版社, 2001.

[27] 何学秋. 安全工程学. 徐州: 中国矿业大学出版社, 2000.

[28] Juncheng Jiang, Zhigang Liu, Andrew K. Kim. Comparison of blast prediction models for vapor cloud explosion. The Combustion Institute Canadian Section. Montreal: 2001, (23): 1~6.

[29] Pan Xuhai, Jiang Juncheng. Numerical simulation research on instantaneous release dispersion of heavy gases. 2nd Asia Pacific Symposium on Safety. Kyoto, Japan: 2001. Session T7-1.

[30] Pan Xuhai, Jiang Juncheng. Theory and Practice of Energetic Materials 2001, 4: 720~729.

[31] 王三明, 蒋军成, 姜慧. 南京化工大学学报, 2001, 23 (6): 32~35.

[32] 公安部政治部编. 火灾调查. 北京: 警官教育出版社, 1998.

[33] 王三明, 蒋军成. 工业安全与防尘, 2001, 27 (7): 30~33.

[34] 潘旭海, 蒋军成. 南京化工大学学报, 2001, 23 (1): 19~22.

[35] Pan Xuhai, Jiang Juncheng, et al. Progress in Safety Science and Technology, 2000, 2: 297~301.

[36] Wang Sanming, Jiang Juncheng. Progress in Safety Science and Technology, 2000, 2: 523~527.

[37] Jiang Juncheng, Wang Baoquan, et al. Progress in Safety Science and Technology, 2000, 2: 41~46.

[38] 王三明, 蒋军成. 兵工安全技术, 2000, (4): 21~24.

[39] 公安部政治部编. 火灾物证分析. 北京: 警官教育出版社, 1999.

[40] 蒋军成, 王省身. 煤炭学报, 1997, 22 (2): 165~170.

[41] Jiang Juncheng, Wang Xinsheng. Trans. of Nonferrous Metal Society of China, 1997, 7 (4): 164~168.

[42] Daniel A. Crowl, Joseph F. Louvar 著, 蒋军成, 潘旭海译. 化工过程安全理论及应用. 北京: 化学工业出版社, 2006.

[43] 蒋军成, 虞汉华. 危险化学品安全技术与管理. 北京: 化学工业出版社, 2005.

[44] 王志荣, 蒋军成, 郑杨艳. 化工学报, 2007, 58 (4): 854~861.

[45] 潘旭海, 徐进等. 南京工业大学学报, 2008, (3): 15~20.

[46] Yu Hanhua, Wang Zhirong et al. Theory and practice of energetic materials, 2005, 1052~1059.

［47］ 蒋军成. 化工安全. 北京：机械工业出版社，2008.

［48］ Wang Zhirong, Jiang Juncheng. Progress in safety science and technology，2004，1280～1286.

［49］ 王志荣，蒋军成，徐进. 石油化工高等学校学报，2006，19（3）：76～80.

［50］ 王志荣，蒋军成，潘旭海. 石油与天然气化工，2003，32（4）：181～184.

［51］ Wang Zhirong, Jia Xi et al. Progress in safety science and technology, Beijing：Science Press，2006，780～785.

［52］ 严建骏，蒋军成，王志荣. 化工学报，2009，60（1）：260～264.

［53］ 王志荣，蒋军成，王三明. 石油化工高等学校学报，2004，17（1）：75～79.